Hubert Hellmann

Umweltanalytik von Kohlenwasserstoffen

© VCH Verlagsgesellschaft mbH, D-69451 Weinheim (Bundesrepublik Deutschland), 1995

Vertrieb:
VCH, Postfach 10 11 61, D-69451 Weinheim (Bundesrepublik Deutschland)
Schweiz: VCH, Postfach, CH-4020 Basel (Schweiz)
United Kingdom und Irland: VCH (UK) Ltd., 8 Wellington Court, Cambridge CB1 1HZ (England)
USA und Canada: VCH, 220 East 23rd Street, New York, NY 10010–4606 (USA)
Japan: VCH, Eikow Building, 10-9 Hongo 1-chome, Bunkyo-Ku, Tokyo 113 (Japan)

ISBN 3-527-28750-7

Hubert Hellmann

Umweltanalytik von Kohlenwasserstoffen

Weinheim · New York · Basel · Cambridge · Tokyo

Dr. Hubert Hellmann
Albert-Schweitzer-Str. 9
D-56076 Koblenz

Das vorliegende Werk wurde sorgfältig erarbeitet. Dennoch übernehmen Autor und Verlag für die Richtigkeit von Angaben, Hinweisen und Ratschlägen sowie für eventuelle Druckfehler keine Haftung.

Lektorat: Dr. Steffen Pauly
Herstellerische Betreuung: Peter J. Biel

Die Deutsche Bibliothek – CIP-Einheitsaufnahme
Hellmann, Hubert:
Umweltanalytik von Kohlenwasserstoffen / Hubert Hellmann. –
Weinheim ; New York ; Basel ; Cambridge ; Tokyo : VCH, 1995
  ISBN 3-527-28750-7

© VCH Verlagsgesellschaft mbH, D-69469 Weinheim (Federal Republic of Germany), 1995

Gedruckt auf säurefreiem und chlorfrei gebleichtem Papier.

Alle Rechte, insbesondere die der Übersetzung in andere Sprachen, vorbehalten. Kein Teil dieses Buches darf ohne schriftliche Genehmigung des Verlages in irgendeiner Form – durch Photokopie, Mikroverfilmung oder irgendein anderes Verfahren – reproduziert oder in eine von Maschinen, insbesondere von Datenverarbeitungsmaschinen, verwendbare Sprache übertragen oder übersetzt werden. Die Wiedergabe von Warenbezeichnungen, Handelsnamen oder sonstigen Kennzeichen in diesem Buch berechtigt nicht zu der Annahme, daß diese von jedermann frei benutzt werden dürfen. Vielmehr kann es sich auch dann um eingetragene Warenzeichen oder sonstige gesetzlich geschützte Kennzeichen handeln, wenn sie nicht eigens als solche markiert sind.
All rights reserved (including those of translation into other languages). No part of this book may be reproduced in any form – by photoprinting, microfilm, or any other means – nor transmitted or translated into a machine language without written permission from the publishers. Registered names, trademarks, etc. used in this book, even when not specifically marked as such, are not to be considered unprotected by law.
Satz: Typo Design Hecker GmbH, D-69115 Heidelberg
Druck: Druckhaus Diesbach, D-69469 Weinheim
Bindung: Industrie- und Verlagsbuchbinderei Heppenheim GmbH, D-64646 Heppenheim
Printed in the Federal Republic of Germany

Die Wahrheit siegt nie,
nur der Irrtum stirbt aus.

Max Planck

Vorwort

Wer Wasser- oder Bodenproben analysiert, findet stets Kohlenwasserstoffe. Diese wurden und werden häufig ohne spezielle Untersuchung mit Mineralölen gleichgesetzt. Eine weitergehende Analyse mit geeigneten Verfahren läßt jedoch in nicht wenigen Fällen Zweifel aufkommen. Denn einerseits treten ubiquitär milieutypisch und in entsprechenden Konzentrationen biogene Kohlenwasserstoffe auf, andererseits werden beide Sorten – die mineralölbürtigen und die biogenen – von Mikroorganismen angegriffen und mehr oder weniger rasch abgebaut. Das unterschiedliche physikalisch-chemische Verhalten der einzelnen Fraktionen (Alkane, Aromaten) sowie deren Einzelverbindungen (z. B. Cyclohexan, Benzol) im Dreiphasensystem Wasser/ Schwebstoff (Boden)/Luft bewirkt eine weitere Aufspaltung des ursprünglichen Kohlenwasserstoff-Gemisches. In Fließgewässern verdunsten ganze Siedebereiche, selbst dann, wenn sie zuvor im Wasser gelöst waren. Schwimmende Ölfilme unterliegen bei entsprechenden Strahlungsverhältnissen rasch signifikanten Veränderungen durch die Photooxidation. Es kann bei massiven Öleinträgen zur Bildung von Wasser-in-Öl oder Öl-in-Wasser-Emulsionen kommen.

Kurz: der Analytiker steht vor dem Problem, nicht nur Kohlenwasserstoffe mengenmäßig zu bestimmen, sondern auch das Ergebnis zu interpretieren. Es kann sein, daß sich seine Meßergebnisse einem definierten Mineralöl zuordnen lassen. Dazu benötigt er natürlich fachliche Kenntnisse zur Zusammensetzung von Standardölen. Zuweilen wird von ihm verlangt, in einem Schadensfall auf dem Lande dem Alter der analysierten Kohlenwasserstoffe nach zu differenzieren: hier wiederum ist er auf besondere Kenntnisse zum Verhalten von Ölen im Untergrund oder im Wasser angewiesen.

Es wäre vermessen zu sagen, daß z.Z. alle, vor allem die letztgenannten Fragen beantwortet werden können. Dies ist sicherlich nicht der Fall. In der vorliegenden Monographie wird vielmehr versucht, die im Laufe von fast drei Jahrzehnten vom Verfasser gewonnenen Erfahrungen und Erkenntnisse unter Einbeziehung der ihm verfügbaren Fachliteratur sowie Erkenntnisse aus der Mitarbeit in entsprechenden Fachausschüssen und Arbeitsgruppen darzulegen in der Absicht, einen Beitrag über dieses hochaktuelle Thema zu liefern und den zahlreichen anfragenden Kollegen ihre diesbezügliche Bitte zu erfüllen.

Der Verfasser dankt den ihn auf diesem langen Wege begleitenden Mitarbeiterinnen und Mitarbeitern im engeren fachlichen sowie im technischen (Zeichenbüro, Schreibbüro) Bereich, dem Bundesministerium für Umwelt, Naturschutz und Reaktorsicherheit (früher Bundesministerium des Innern) für die langjährige Förderung der entsprechenden Forschungsvorhaben und den stets aufgeschlossenen Vorgesetzten in der Bundesanstalt für Gewässerkunde.

Koblenz im August 1995   Hubert Hellmann

Inhalt

Vorwort

Teil I **Allgemeine Grundlagen** **1**

1 Definition und Zusammensetzung von Kohlenwasserstoff-Gemischen 3
1.1 Mineralöl-Kohlenwasserstoffe 3
1.1.1 Rohöle 4
1.1.2 Vergaserkraftstoffe 7
1.1.3 Mitteldestillate 9
1.1.4 Schmieröle 11
1.1.5 Schweres Heizöl und Bitumen 12
1.2 Synthetische Öle 15
1.3 Teeröle 17
1.4 Biogene Kohlenwasserstoffe 21
1.4.1 Chemische Zusammensetzung biogener Kohlenwasserstoffe 22
1.4.2 Zur Produktion von biogenen Kohlenwasserstoffen 26
1.4.3 Schicksal biogener Kohlenwasserstoffe 28

2 Verhalten von Mineralölprodukten in Wasser und Boden 34
2.1 Das Verhalten auf und in Gewässern 34
2.1.1 Ausbreitung auf dem Wasser; erste Phase 36
2.1.2 Zweite Ausbreitungsphase 37
2.1.3 Verdunstung 38
2.1.4 Lösen in Wasser 39
2.1.5 Bildung von Öl-in-Wasser-Emulsionen 40
2.1.6 Bildung von Wasser-in-Öl-Emulsionen 41
2.2 Das Verhalten in Boden und Untergrund 45
2.2.1 Öl im Untergrund 45
2.2.2 Verhalten im Untergrund 46

Teil II Kohlenwasserstoff-Analyse 53

3	Spektroskopische und chromatographische Methoden	55
3.1	IR-Spektroskopie 55	
3.1.1	Bereich der Valenzschwingung 2800 – 3100 cm^{-1} 57	
3.1.2	Bereiche 1000 – 1700 und 400 – 1000 cm^{-1} 61	
3.1.3	Weitergehende IR-Untersuchungen 63	
3.1.4	Alkanfraktion 64	
3.1.5	Aromatenfraktion 67	
3.1.6	Sonstige Stoffe 71	
3.2	UV-Absorptionsspektroskopie 72	
3.2.1	Quantitative Kohlenwasserstoffbestimmung 73	
3.2.2	Theoretische Grundlagen 74	
3.2.3	Qualitative Aspekte 76	
3.2.4	Vergleich IR/UV-Spektroskopie 76	
3.2.5	Biogene Extrakte 76	
3.2.6	UV-Derivativspektren 78	
3.2.7	UV-Detektion auf Adsorberschichten 82	
3.3	Fluoreszenzspektroskopie 83	
3.3.1	Vorbemerkung 83	
3.3.2	Quantitative Bestimmungen 84	
3.3.3	Qualitative Fluoreszenzmessungen 86	
3.3.4	Synchronspektren 89	
3.3.5	Synchron-Derivativspektren 91	
3.3.6	Fluoreszenzdetektion auf Adsorberschichten 92	
3.4	Gaschromatographie 98	
3.4.1	Mineralölanalytik 98	
3.4.2	Biogene Kohlenwasserstoffe 102	
3.4.3	Umweltproben 102	
3.4.4	Biochemischer Abbau 104	
3.4.5	Quantitative KW-Bestimmung 107	
3.5	Hochdruckflüssigkeitschromatographie (HPLC) 108	
3.6	Massenspektrometrie (GC/MS) 113	
3.7	Allgemeine Methoden 117	
3.7.1	Allgemein 117	
3.7.2	Viskosität 119	
3.7.3	Strukturviskosität/Fließkurven 119	
4	Extraktion/Anreicherung 126	
4.1	Wasserproben 126	
4.1.1	Stripping-Verfahren/Purge & Trap-Technik 129	
4.2	Luftproben 131	
4.3	Feststoffe 132	
5	Clean up-Verfahren 136	
5.1	Säulenchromatographie 136	
5.1.1	Quantitative KW-Bestimmung 136	
5.1.2	Gruppentrennung 140	

5.1.3	Systematik bei Umweltproben 141	
5.2	Dünnschichtchromatographie 142	
5.2.1	Anwendung in der Umweltanalytik 143	
6	Probenahme und Probenaufbereitung 148	
6.1	Probenahme 148	
6.1.1	Wasserproben 148	
6.1.2	Gewässerschwebstoffe 149	
6.1.3	Aquatische Sedimente 150	
6.1.4	Terrestrische Sedimente (Böden, Untergrund) 151	
6.1.5	Luftstaub 152	
6.1.6	Nasser Niederschlag 153	
6.1.7	Luft 154	
6.2	Probenaufbereitung 154	
6.2.1	Konservierung 154	
6.2.2	Trocknung 155	
6.2.3	Kornfraktionierung 155	
6.2.4	Biologische Matrices 157	

Teil III Anwendung in der Praxis 159

7	Wasser- und Feststoffanalysen 161	
7.1	Trink- und Grundwässer 161	
7.1.1	Extraktion 162	
7.1.2	Clean up 163	
7.1.3	Weitere Beispiele 166	
7.1.4	Oberflächen- und Sickerwasser 167	
7.1.5	Zusammenfassung und Folgerungen für Trinkwasser 168	
7.2	Milieubezogene Analytik 169	
7.3	Hochwasserschwebstoffe 178	
7.3.1	IR-Spektroskopie 178	
7.3.2	UV-Spektroskopie 180	
7.3.3	Fluoreszenzspektroskopie 183	
7.3.4	Schlußfolgerungen 184	
7.4	Terrestrische Sedimente (kontaminiert) 185	
7.4.1	Einführung 185	
7.4.2	Chemische Analysen – Stoffkonzentrationen 186	
7.4.3	IR-Spektren 190	
7.4.4	HPLC-Analyse der Aromaten 192	
7.4.5	Weitere Fallbeispiele 195	
7.5	Sonstige Kompartimente 196	
7.5.1	Mineralöle 196	
7.5.2	Weitere Kompartimente 196	
8	Änderungen der Kohlenwasserstoffzusammensetzung 198	
8.1	Biochemischer Abbau 199	
8.1.1	Abbau im Fließgewässer 199	

8.1.2	Mikrobieller Abbau von n-Hexadecan 201
8.1.3	Abbau biogener Kohlenwasserstoffe in Rheinwasser 202
8.1.4	Abbau von Heizöl EL in Rheinwasser 205
8.1.5	KW-Abbau im Untergrund 206
8.2	Photochemischer Abbau 207
8.2.1	Alterung auf Gewässern 207
8.2.2	Sonstige Oberflächen 212
8.3	Sonstige Prozesse 215
9	Charakterisierung – Identifizierung – Verursachernachweis 218
9.1	Charakterisierung 218
9.2	Identifizierung 219
9.3	Verursachernachweis 220
10	Gewässerkundliche und weitere Untersuchungen 227
10.1	Schwebstoffe im Flußlängsprofil 227
10.2	Fracht und Abfluß 228
10.3	Gesamtextrakt und Kohlenwasserstoffe 229
10.4	Kohlenwasserstoffabbau 229
10.5	Kohlenwasserstoffe in Elbe-Mündung und Deutsche Bucht 231
10.6	Kohlenwasserstoffe im Regenwasser 233
10.7	PAK-Gehalte in Böden 233
10.8	PAK in pflanzlichem Material 234

Teil IV Anhang zur speziellen Analytik   237

11	Chromatographische Methoden 239
11.1	Säulen- und Dünnschichtchromatographie 239
11.2	Gas- und Hochdruckflüssigkeitschromatographie 241
12	Spektroskopische Methoden 242
12.1	IR-Spektroskopie 242
12.2	UV-Spektroskopie 243
12.3	Fluoreszenzspektroskopie 243
12.4	Fluoreszenzdetektion 244
12.5	Weitere Hinweise 244

Register/Sachnachweis   247

Verzeichnis der Abkürzungen

AK	Aktivkohle
C	Kohlenstoff
DC	Dünnschichtchromatographie
E	Extraktion
ECD	Elektroneneinfangdetektor
EL	extra leicht (Heizöl)
EPA	Environmental Protection Agency (US-Umweltbehörde)
FID	Flammenionisationsdetektor
Fluo	Fluoreszenz
G.C.	Gaschromatogramm
HD	Heavy Duty (Öle)
HPLC	Hochdruckflüssigkeitschromatographie
i.p.	in-plane (IR-Spektroskopie)
IR	Infrarot
IS	interner Standard
KW	Kohlenwasserstoffe
LM	Lösungsmittel
MÖP	Mineralölprodukte
MS	Massenspektrometrie
n-	normal (Alkane)
NKG	nicht-aufgelöstes komplexes Gemisch
NS	Niederspannung (MS)
o.o.p.	out-of-plane (IR-Spektroskopie)
O/W	Öl-in-Wasser
P	Paraffine
PAK	Polycyclische aromatische Kohlenwasserstoffe
PAO	Poly-alpha-Olefine
PCB	Polychlorierte Biphenyle
S	Schwefel
SC	Säulenchromatographie
SIM	Selected Ion-Monitoring
TR	Trockenrückstand (105 °C)
TV	Deutsche Trinkwasserverordnung (TV)
UV	Ultraviolett
VK	Vergaserkraftstoff
W/O	Wasser-in-Öl

Teil I
Allgemeine Grundlagen

1 Definition und Zusammensetzung von Kohlenwasserstoff-Gemischen

Einerlei, welche Analysenverfahren und Detektionsmethoden in der Umweltanalytik eingesetzt werden: ohne Produktkenntnis wäre nicht selten schon die Analyse, in jedem Fall aber die Interpretation der Meßergebnisse fragwürdig. Im Rahmen der zunächst groben Einteilung in Mineralöle, Teeröle (auf Steinkohle basierend), biogene Kohlenwasserstoffe und – nicht ausschließbar – synthetische Öle sollen nun die wichtigsten Produktzusammensetzungen abgehandelt werden.

1.1 Mineralöl-Kohlenwasserstoffe

Die von Schadensfällen auf dem Lande her meistgenannten Produkte sind Mitteldestillate (Heizöl EL und Dieselkraftstoff), seltener Vergaserkraftstoffe (Benzin) und Schmieröle. Hauptsächlich wohl als Kriegsfolgelasten zwingen auch schwere Heizöle (z. B. Bunkeröle?) und Spezialöle zur aufwendigen Sanierung. Bei Ölverunreinigungen auf Gewässern hingegen spielen Vergaserkraftstoffe so gut wie keine Rolle, da diese rasch in die Atmosphäre entweichen. Abgesehen von Havarien auf Wasserstraßen, bei denen neben Dieselöl schwere Öle, Bunkeröle und, seltener, Rohöle betroffen sind, dominierten in den 60er und 70er Jahren, heute anerkanntermaßen weniger [1], als Schadöle sog. Bilgenöle. Bei diesen handelt es sich um Mischungen wechselnder Anteile von Dieselöl, Schmier- und „Altölen".

In Küstengebieten und auf See findet man hauptsächlich Rohöle unterschiedlicher Zusammensetzung und Herkunft, sei es durch unerlaubte Tankreinigung, sei es durch Leckagen, Havarien oder Naturkatastrophen.

Ein noch nicht in vollem Umfang abschätzbares Problemfeld betrifft die Teeröle, besonders soweit sie aus früher – in der Zeit vor 1945 – betriebenen Gasanstalten stammen. Flächendeckende Bombardements auf Werftgebiete und der Schiffahrt dienende Anlagen wie Reparatur- und Bauhöfe, vielleicht auch durch nachfolgende eilige Aufräumarbeiten, ließen heute unbekannte Mengen an Teerölen mit extrem hohen Gehalten an polycyclischen aromatischen Kohlenwasserstoffen (PAK) im Untergrund eine vorläufige Bleibe finden. Dies solange jedenfalls, bis daß Baumaßnahmen und/oder das Austreten von Ölspuren auf anliegenden Gewässeroberflächen zur näheren Untersuchung zwingen. Diese wenigen Anmerkungen lassen bereits etwas von der Vielgestalt von Probenahme, Probenaufbereitung, Analyse und Interpretation ahnen.

Obwohl die allgemeine Definition besagt, daß Kohlenwasserstoffe (KW) nur aus Kohlenstoff und Wasserstoff bestehen, findet man in der Ölschadensliteratur selbst heute noch Begriffe wie „Gesamt-KW", polare Kohlenwasserstoffe, unpolare Kohlenwasserstoffe, und Paraffin-Kohlenwasserstoffe im Gegensatz zu den „Gesamt-KW". Im Hinblick auf das verwendete Extraktionsmittel ist der Begriff „Gesamt-Extrakt" eingeführt und legitim. Nach der Abtrennung der polaren, vor allem Sauerstoff- und Schwefelverbindungen durch ein geeignetes clean up-Verfahren (s. Kapitel 5) spricht man zweckmäßig von der Gesamtfraktion der KW, in welcher dann die Stoffgruppen (= Fraktionen) der Alkane und Aromaten unterschieden werden müssen. Eine weitergehende Differenzierung der Alkane in normal- und iso- sowie Cyclo-Paraffine (= Naphthene) kann analytisch Vorteile bringen. Die zwischen den Alkanen und Aromaten liegende Stoffgruppe der Alkene, wiewohl vor allem in der belebten Natur weit verbreitet (= dort biogene KW), wird im folgenden nicht besonders berücksichtigt.

Mit Nachdruck muß jedoch eine weitere Stoffgruppe hervorgehoben werden: die der *polycyclischen Aromaten (PAK)*. Obgleich formal zu den aromatischen Kohlenwasserstoffen rechnend, scheint doch eine Sonderbehandlung bereits im theoretischen Bereich angebracht. Bei den üblichen Mineralölprodukten auf Rohölbasis handelt es sich im wesentlichen um homologe Reihen von Alkylbenzolen und -naphthalinen gleicher Siedebereiche, wie die der zugehörigen Alkane. Alkylierte Phenanthrene/Anthracene oder noch höher kondensierte Verbindungen sind weniger vertreten. Hinzu kommen typischerweise die Reihen der Indane und Indene. In vielen Publikationen aber stehen im Mittelpunkt die PAK, die in der Hauptmenge aus unsubstituierten Drei- bis Sechs-Kern-Aromaten bestehen. Sie können durch Pyrolyse-Prozesse aus den Mineralölen entstehen. In den Teerölen jedoch bilden sie schon per se den Hauptanteil. Mineralöle und Teeröle verhalten sich bei bestimmten clean-up-Verfahren unterschiedlich und können auf diesem Wege leicht getrennt werden, ganz abgesehen von ihren jeweiligen toxikologisch relevanten Eigenschaften. Daher wird auf die Analytik der beiden Aromaten-Fraktionen der Mineral- und Teeröle separat eingegangen.

1.1.1 Rohöle

Ausgangsprodukt aller Mineralöle (= Raffinate) ist das Rohöl. Je nach Art der chemischen Zusammensetzung und dem Herkunftsort unterscheidet man eine große Zahl von Rohölen [2]. Ihr Schwefelgehalt liegt typischerweise zwischen 0,1 und 10 % organisch gebundenen Schwefels (s. Tab. 1.1). Hier einige Beispiele: *Sourakhany* aus dem Kaukasus, klar, sehr leicht, schwefelfrei und so rein, daß man es nach [2] in der Medizin benutzen kann.

Arabian light ist ein Rohöl aus dem Nahen Osten von mittlerem, spezifischen Gewicht (0.8545 kg/l) und mittlerem Schwefelgehalt, aus dem 16 % Benzin, 41 % Mitteldestillat und 43 % schweres Heizöl und Schmieröl gewonnen werden können.

Boscan ist ein venezolanisches Öl, sehr schwer (0.9994 kg/l), welches praktisch keine Benzine und Alkane enthält. Aus ihm gewinnt man das Bitumen. *Altamount* wird in Utah/USA gefördert, es ist extrem reich an Alkanen und bei Zimmertemperatur fest. Aus diesem Rohöl gewinnt man Benzine und schweres Heizöl. Man kann es sogar wie Holz im Kamin verbrennen.

Die vom Verfasser u. a. im Langzeitverfahren untersuchten Rohöle nebst ihren physikalisch-chemischen Eigenschaften sind in Tab. 1.1 zusammengefaßt. Die außerordentli-

Tabelle 1-1. Physikalisch-chemische Daten der untersuchten Rohöle nach Angaben der Lieferfirmen.

Rohöl u. Herkunft	Dichte [g/ml]; 15°C	Viskosität [Pas]; 20°C	Schwefelgehalt [Gew. %]	Siedebeginn [°C]
Aramco Saudi Arabien	0.855	8.3	1.6	< 100
Arabien light Crude Saudi Arabien	0.845	14.4	?	< 24
Kirkuk Irak	0.846	8.0	2.2	50
Agha Jari Iran	0.854	3.4	1.5	41
Es Sider Libyen	0.818	16.7	?	82
Brega Libyen	0.827	6.1	0.3	< 100
Cabimas Venezuela	0.927	611	?	95
Tia Juana Venezuela	0.983	100 °C 65.7	2.9	> 370
Emsland	0.899	380	1.0	?
Holstein	0.860	23.7	?	42
Brigitta Hannover	0.974	50 °C 300	7.2	> 350

eigene Meßwerte (siehe Tab. 2.1) weichen zum Teil von diesen Angaben ab. Dabei sind vor allem Temperaturunterschiede bei der Messung zu berücksichtigen.

chen Unterschiede auch in der chemischen Zusammensetzung bieten dem Analytiker das, was ihm bei den Raffinaten fehlt: die Möglichkeit zur Identifizierung und zum Herkunftsnachweis, auf die in Kapitel 9 zurückzukommen sein wird.

Je nach Rohöl-Typ lassen sich im Rückstand mehr oder weniger hohe Gehalte an PAK's nachweisen. PAK wiederum sind in Mitteldestillaten und Schmierölen nur nach aufwendigen Anreicherungsverfahren zugänglich [3].

In Tab. 1.2 findet man einen Auszug aus der chemischen Zusammensetzung eines Rohöls nach [4]. Bei der Gewinnung von Mineralölprodukten (Raffinaten) bedient man sich der *atmosphärischen* und der *Vakuumdestillation*. Je nach Konsistenz und Herkunft des Öls unterscheiden sich die Ausbeuten nach der atmosphärischen Destillation z.B. gemäß Abb. 1.1 [5]. Es resultieren Gase (C-Anzahl 1-4), Benzine (5-12), Mitteldestillate (10-22) und Restprodukte wie schweres Heizöl und Bitumen (19-90). Daß die durch den Destillationsprozeß gewonnenen KW-Fraktionen nicht bereits als solche das Fertigprodukt ergeben, sondern durch Reformieren, Hydrofinieren und Cracken weiter verarbeitet werden, veranschaulicht Abb. 1.2 [6] – s. auch [7] mit detaillierter Beschreibung der Aufarbeitung des Rohöls zu fertigen Raffinaten.

Im Rahmen dieser durchgreifenden Verarbeitung wird der zuvor, analytisch gesehen, einmalige Zustand der Rohöle, als Identitäts- und Herkunftsmerkmal, vernichtet: es blei-

Tabelle 1-2. Chemische Zusammensetzung eines Aramco-Rohöls (Ausschnitt nach [4]).

Verbindungstyp	Anzahl der Verbindungen			insgesamt
	Siedepunkt: unter 25 °C	25–180 °C	über 180 °C	
n-Alkane	4	6	2	12
iso-Alkane	1	29	–	30
Cyclopentane	–	13	–	13
Cyclohexane	–	8	–	8
Benzole	–	15	5	20
Naphthaline	–	–	3	3
Tetrahydronaphthaline	–	–	3	3
Benzol-Cyclopentan	–	–	1	1
Bicyclo-Alkane	–	1	–	1
Summe	5	72	14	91

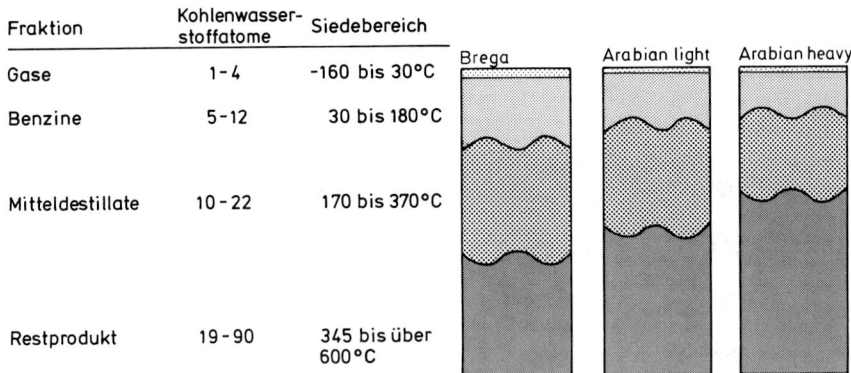

Abb. 1.1: Produktausbeute dreier Rohöle bei der atmosphärischen Destillation nach [5].

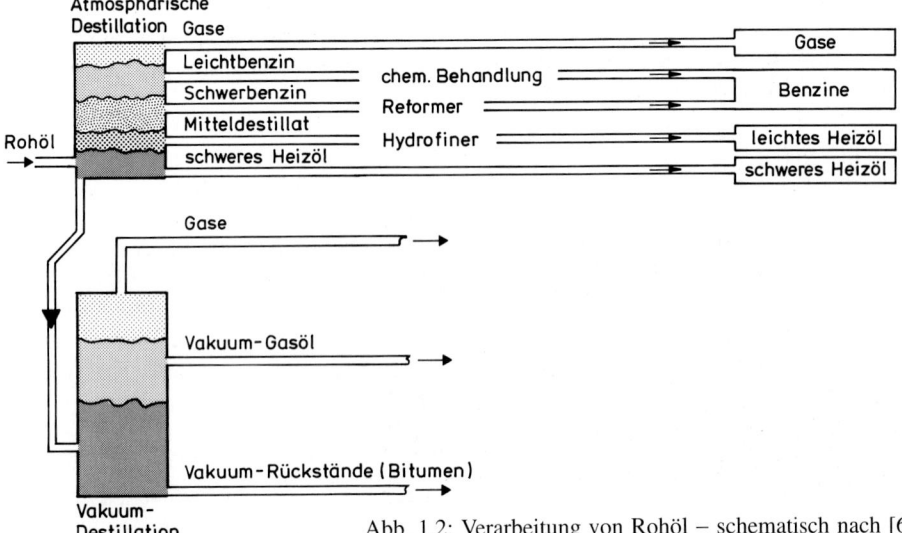

Abb. 1.2: Verarbeitung von Rohöl – schematisch nach [6].

ben Standardprodukte, wie sie Industrie und Verkehr in gleichbleibender Güte fordern. Diese weisen aber nun innerhalb der Produktgruppe, z.B. als Dieselöl, keine verwertbaren chemischen Unterschiede mehr auf. Die Folge: ungebrauchte Mineralöle als Schadensöle lassen sich nicht per se einem Verursacher zuordnen.

Zu erwähnen ist jedoch, daß den „reinen" KW-Gemischen je nach Verwendungszweck *Qualitätsverbesserer* zugesetzt werden. Nach [7] sind dies z.B. Schmierfähigkeits-, Stockpunkts- und Viskositätsverbesserer, Oxidationsinhibitoren, Entschäumer, Korrosionsinhibitoren, Detergents und Dispersants – um nur die Zusätze bei den Schmierölen zu nennen. Da diese im Einzelfall und im Laufe der Zeit abgeändert bzw. durch bessere Zusätze ersetzt werden, könnte man über sie möglicherweise einen Herkunftsnachweis, u.U. sogar eine „Altersdatierung" bei Ölschäden auf dem Lande und im Untergrund, führen. Dieses schwierige und komplexe Gebiet scheint jedoch von der Umweltanalytik her (also nicht von der Produktanalytik!) so dürftig bearbeitet, daß eine weitere Vertiefung im Rahmen dieser Monographie nicht opportun ist. In Kapitel 9 wird allerdings kurz auf diesen Aspekt eingegangen.

1.1.2 Vergaserkraftstoffe

Einen annähernden Eindruck vom Mengenanteil einzelner Raffinate am gesamten Mineralölverbrauch in der Bundesrepublik Deutschland vermittelt Abb. 1.3. Demnach stehen die Mitteldestillate 3 + 4 mit Abstand an der Spitze, gefolgt etwa gleichauf von Benzinen und Heizöl S.

Die durch atmosphärische und Vakuum-Destillation gewinnbaren Benzine überstreichen einen weiten Siedebereich [7, Tab. 30]. Dort sind 13 Sorten mit Siedepunkten zwischen 30 und 200 °C angeführt, wobei die höher siedenden 135–145 °C als „Testbenzine", die anderen 180–200 °C als „Spezialbenzine" geführt wurden.

Benzine eignen sich für den Betrieb von Vergasermotoren; sie müssen aber ganz bestimmten Anforderungen genügen, wenn der einwandfreie Betrieb der Motoren unter allen Betriebsbedingungen sichergestellt werden soll [7]. Dies erfordert Eingriffe in deren Zusammensetzung nebst gewissen Zusätzen, von denen in der Vergangenheit das Blei in Form des Bleitetraethyls zur Erhöhung der Oktanzahl und Klopffestigkeit der wohl bekannteste war. Normal- und Superkraftstoffe unterscheiden sich u.a. auch in dem Mengenanteil der klopffesteren Aromaten – Tab. 1.3.

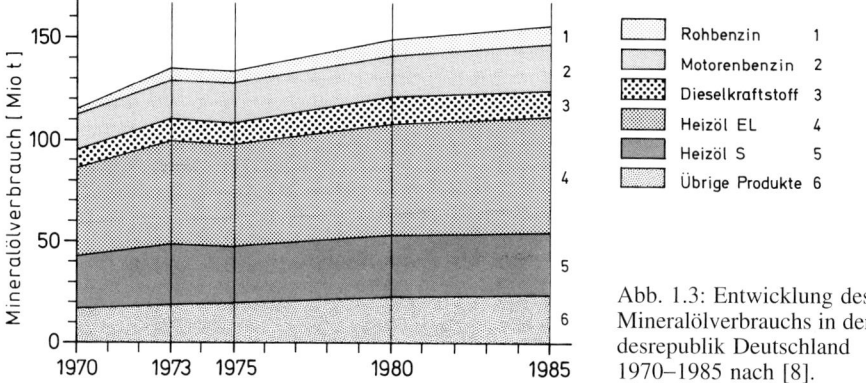

Abb. 1.3: Entwicklung des Mineralölverbrauchs in der Bundesrepublik Deutschland 1970–1985 nach [8].

Tabelle 1-3. Zusammensetzung von Normal- und Superbenzin in der Bundesrepublik Deutschland in Gewichtsprozent [9].

Fraktion	Normalbenzin [Gew. %]	Superbenzin [Gew. %]
Olefine	5–20	5–20
Aromaten	20–30	35–55
Alkane und Cycloalkane	75–50	60–25

Außer dem Motorenbenzin gibt es vor allem die Flugbenzine für Kolbenmotoren. Nach [7] haben diese „nur noch wenig mit einem Fahrbenzin gemeinsam". Das Petroleum im Siedebereich zwischen 150 und 300 °C (zwischen Benzinen und Gasölen liegend) eignet sich zur Herstellung von Düsentreibstoff – Abb. 1.4. Dieser unterliegt noch schärferen Anforderungen als das Flugbenzin, und wird im Gegensatz zu jenem auch in der Bundesrepublik aus der Benzin- und Petroleumfraktion in großen Mengen hergestellt [7].

Der Analytiker von Wasser- und Bodenproben sollte sich stets vor Augen halten, daß – abgesehen von Unfällen mit lokalem Charakter – stets und nicht nur eng-regional verbreitet die Pyrolyse-Produkte der Vergaserkraftstoffe im Extrakt auftauchen. Der Vergleich der Meßergebnisse mit einem Öl-Standard, sei es im Rahmen von IR- oder gaschromatographischen Diagrammen, geht deswegen am Ziel vorbei! Soweit leichtflüchtige Verbindungen im Spiel sind, werden diese hier nicht weiter berücksichtigt. Höher molekulare Stoffe, vor allem aber solche in Form von kondensierten Aromaten, können zurecht als „Leitstoff" und Indikator für Pyrolyseprodukte dienen. Die PAK sind zwar im Ausgangsraffinat (Benzin) nur in Spuren nachweisbar, im Abgaskondensat hingegen in erheblich größerer Menge. Aufgrund umfangreicher Untersuchungen steht fest [10], daß selbst bei Verwendung PAK-freier Kraftstoffe in Ottomotoren in deren Abgaskondensaten Polycyclen nachgewiesen werden, die offenbar während des Verbrennungsprozesses neu gebildet wurden. Dabei werden die niedriger siedenden Aromaten in bedeutend größeren Mengen emittiert, als die hochsiedenden. Nach [10] liegen die Phenanthren-Emissionen im Mittel um ein bis zwei Zehnerpotenzen über dem Gehalt des Abgases an fünf-Ring- (Benz-a-pyren, Dibenz-a,h-anthracen) Aromaten. Nach [11]: Anthracen gilt als Leitsubstanz für Pyrolysate, Vergaserkraftstoffe und Teeröle.

Auf diese wichtigen Tatsachen und die Folgerungen daraus für die Analytik wird im Abschnitt „Teeröle" noch genauer eingegangen.

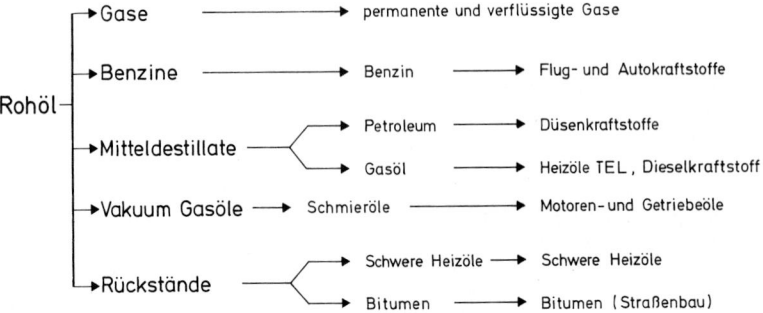

Abb. 1.4: Beispiele für Mineralölerzeugnisse und Anwendungsgebiete. Auszug nach [12].

1.1.3 Mitteldestillate

Von Zeit zu Zeit dürfte es nützlich sein, für den nicht gerade in der Mineralölanalytik tätigen Wissenschaftler den Untersuchungsrahmen mit den dort gebrauchten Begriffen offen zu legen: Abb. 1.4 [12]. Die Abkömmlinge des Leichtöls in Form von Benzin und Petroleum (Kp 25–200 °C bzw. 180–250 °C und einer C-Anzahl von C_5–C_{12}), die für Otto-, Flug- und Düsenkraftstoff gebraucht werden, sind bereits besprochen worden. Als Derivate der Mittelöle oder Mitteldestillate findet man zunächst das Gasöl (Kp 180–360 °C, C-Anzahl 10–22), aus dem technisch die Heizöle EL und die Dieselkraftstoffe erzeugt werden.

Nach [7] benötigt der Dieselmotor einen zündfreudigen Kraftstoff – als Maß dient die Cetanzahl – und eine gewisse Schmierwirkung, was beides durch eine paraffinische Fraktion des Siedebereiches 170–370° gewährleistet wird. Neben den schnellaufenden Fahrzeug-Dieselmotoren gibt es vor allem in der Schiffahrt große, langsam laufende Motoren, die mit Schwerölen betrieben werden können.

Das Heizöl EL (= extra leicht) gleicht dem Dieselkraftstoff, denn beide sind chemisch gleich zusammengesetzt. Seitdem die Heizöl-Kennzeichnung durch Zusatz eines roten Farbstoffs und Furfurol eingeführt wurde, hat die Mineralölindustrie die beiden Produkte allerdings stärker an die jeweiligen Verwendungszwecke angepaßt. In [13] wird als Gesichtspunkt die Kältebeständigkeit beim Dieselkraftstoff genannt. Die Dieselkraftstoffe enthalten zudem geringe Mengen von Qualitätsverbesserern wie Additiven, Zündverbesserern (Alkylnitrat) und Fließverbesserern, über deren Bedeutung und Erfassung in der speziellen Umweltanalytik nichts weiter ausgeführt wird, und denen wir hier auch nicht weiter nachgehen können.

In Tab. 1.4 sind die chemischen Einzelheiten zur Zusammensetzung von Mitteldestillaten aufgeführt. Nach diesen – analytisch sehr relevanten – Zahlen bilden die Alkane mit 70–80 % den Hauptbestandteil, unter ihnen die Naphthene mit 20–25 %, und die nicht weiter in Prozenten genannten iso-Paraffine. In der Aromatenfraktion (20–30 %) herrschen die Alkylbenzole vor (bis etwa 15 %), gefolgt von den Alkylnaphthalinen. Auch die Indane (Benzolkern mit Cyclopentan kondensiert, s. Abb. 1.5) sind mit 4–6 % noch durchaus deutlich vertreten. HPLC-Analysen nebst wichtigen Folgerungen [11]

Tabelle 1-4. Zusammensetzung eines Mitteldestillats (hier Gasöl) in Gewichtsprozent [4], aus dem technisch Dieselkraftstoff erzeugt wird.

Verbindungen	Gasöl [Gew. %] (Kp 180–360 °C)	Dieselkraftstoff [Gew. %] (Kp 170–370 °C)
1. n- und iso-Alkane	50 –53	46 –50
2. Monocyclische Alkane	10 –16	9 –15
3. Dicyclische Alkane	6 – 9	7 – 9
4. Tetracyclische Alkane	1.5– 4	2
5. Alkylbenzole	4 –12	9 –15
6. Indane, Tetraline	4 – 6	4 – 6
7. Indene	0.5– 1.5	0.1– 0.5
8. Naphthalin	0.1– 0.2	0.1– 0.4
9. Alkylnaphthaline	7 – 9	5 – 8
10. Acenaphthene	0.5– 1.5	0.5– 0.9
11. Tricyclische Aromaten	0.1– 0.9	0.2– 0.4

bestätigen die Angaben der Tab. 1.4: In Mitteldestillaten findet man Alkylbenzole, Alkylnaphthaline und Alkylanthracene. Aus massenspektroskopischen Untersuchungen läßt sich zusätzlich die symmetrische C-Verteilung um C_{18} bis C_{20} entsprechend dem Destillationsschnitt der Mitteldestillate zeigen. Indane und Indene gleicher Siedelage sind als Begleitsubstanzen vorhanden. Die Konzentration der 4-, 5- und mehrkernigen Aromaten ist so gering (einige µg/g), *daß ohne Anreicherungsverfahren, d. h. bei Direktuntersuchung, der Nachweis nicht mehr gelingt.*

Tabelle 1-5. Zusammensetzung eines Venezuela-Rohöls und eines Mitteldestillats in Gewichtsprozent der Aromatenfraktion [14].

Verbindungstyp	Rohöl [Gew. %]	Mitteldestillat [Gew. %]
Aromatische KW		
1 Ring	32.2	32.0
2 Ringe	34.5	59.1
3 Ringe	15.1	5.2
4 Ringe		
u.w.	12.0	0.3
O_2-enthaltende Verbindungen		
Gesättigte KW	0.0	0.0
1 Ring[a]	0.0	0.1
2 Ringe[b]	0.7	1.5
3 Ringe	0.1	Spuren
4 Ringe		
u.w.	1.4	0.0

[a] Phenole
[b] zumeist Naphthole

In diesem Zusammenhang ist der in Tab. 1.5 aufgeführte Vergleich eines (schweren) Rohöles mit einem Mitteldestillat interessant. In der Aromatenfraktion eines Mitteldestillates erreichen Alkylbenzole und -naphthaline zusammen 91 Gewichts-%, in der eines Rohöles 67%. Dafür ist das Verhältnis bei den alkylierten PAK, den vier- und höherfach kondensierten Aromaten – mit 5.5 und 27 % – entsprechend umgekehrt. Mit Nachdruck sei auch darauf verwiesen, daß die im Rohöl vorfindbaren hochkondensierten Aromaten substituiert sind, im Gegensatz zu den in der Regel in Umweltproben nachgewiesenen, sowie den für Teeröl typischen – überwiegend – unsubstituierten Vertretern.

Abb. 1.5 zeigt die Zusammensetzung der Aromatenfraktion eines Mitteldestillates, sowie die dazugehörigen Molekül- und Strukturformeln.

Nr.	Molekülformel	Strukturformel	Bezeichnung	Nr.	Molekülformel	Strukturformel	Bezeichnung
1	C_nH_{2n}	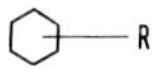 ⬡—R	Cycloparaffine	7	C_nH_{2n-12}	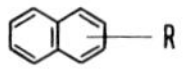 ⬡⬡—R	Naphthaline
2	C_nH_{2n-2}	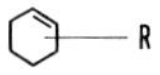 ⬡—R	Cycloolefine	8	C_nH_{2n-14}	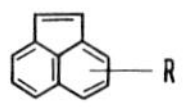 ⬡⬡⬠—R	Acenaphthene
3	C_nH_{2n-4}	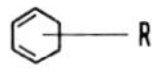 ⬡—R	Cyclodiolefine	9	C_nH_{2n-16}	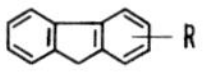 ⬡⬠⬡—R	Fluorene
4	C_nH_{2n-6}	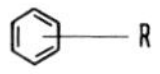 ⬡—R	Alkylbenzole	10	C_nH_{2n-18}	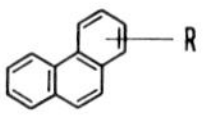 ⬡⬡⬡—R	Phenanthrene
5	C_nH_{2n-8}	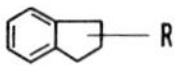 ⬡⬠—R	Indane	11	C_nH_{2n-20}	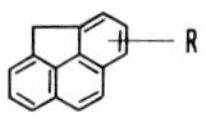 ⬡⬡⬡⬠—R	Naphtho-phenanthrene
6	C_nH_{2n-10}	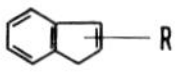 ⬡⬠—R	Indene	12	C_nH_{2n-22}	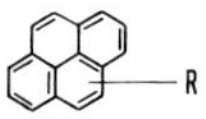 ⬡⬡⬡⬡—R	Pyrene

Abb. 1.5: Zusammensetzung der Aromatenfraktion eines Mitteldestillats nach [14].

1.1.4 Schmieröle

Unter dem Begriff Schmieröle werden nach [7] folgende Produkte genannt:

– Motorenöle
– Getriebeöle
– Dampfturbinen- und Kältemaschinenöle
– Schmierfette

Es würde den Rahmen dieser Monographie sprengen, auf alle Produkte im einzelnen einzugehen. Im großen und ganzen sind die Motorenöle von größter Umweltrelevanz. Sie stellen von der Menge her die bedeutendste Gruppe der Schmieröle. Entsprechend den speziellen Anforderungen werden die bereits in Abschnitt 1.1.1 genannten Qualitätsverbesserer zugesetzt. Außerdem muß auch das ursprüngliche Vakuumdestillat (= Maschinenöl) gezielt gereinigt und in der chemischen Zusammensetzung umgewandelt werden. Zu nennen sind die Säureraffination, die Laugenwäsche, die selektive Fällung von Asphaltstoffen, das Hydrofinieren zur Entfernung des Schwefels, sowie die folgenden, für die Analytik in der Umwelt besonders wichtigen Prozesse: die *Entparaffinierung* und selektive Extraktion. Nach [7]: „Unter Paraffinen in engerem Sinn versteht der Mineralölchemiker diejenigen kettenförmigen, gesättigten Kohlenwasserstoffe, die schon bei Temperaturen über 0 °C erstarren, aus dem Öl ausfallen und dabei Trübungen und bei weiterem Abkühlen das Stocken des Öls verursachen". Das heißt mit anderen Worten, daß im Motorenöl gerade die längerkettigen normal-Paraffine weitestgehend fehlen – ein Unterschied gegenüber den biogenen Paraffinen, wie wir noch sehen werden. Dagegen sind die iso-Paraffine eines bestimmten Siedebereiches sowie die „zugehörigen" Naphthene noch enthalten – Tab. 1.6. Diesen Befund bestätigen auch die eigenen Gaschromatogramme.

Auch die Aromaten stören. Man entfernt die Hauptmenge durch die *selektive Extraktion* mit Furfurol und Phenol bzw. verflüssigtem CO_2. Folgerichtig wird man bei der

Analyse von Motorenölen im Vergleich zum Heizöl EL wesentlich geringere Mengen an Aromaten vorfinden – s. Tab. 1.6.

Tabelle 1-6. Zusammensetzung eines HD-Motorenöles [16] in Gewichtsprozent.

Teilfraktion	Anteil [Gew. %]
n-Alkane	0
iso-Alkane	50
Cyclo-Alkane	30–40
Alkylbenzole	ca. 20
Alkylnaphthaline	≤ 1

Durch die beiden letztgenannten Maßnahmen kann die Menge des Ausgangsöles auf die Hälfte schrumpfen. Natürlich lassen sich die Aromaten nicht völlig entfernen. Für die verbliebenen gilt nach [11]: „... ergibt sich ein ähnliches Bild wie bei den Mitteldestillaten mit dem Unterschied, daß sich der symmetrische Schwerpunkt der C-Verteilung der Alkylbenzole, -naphthaline und -phenanthren/-anthracene wegen der höheren Siedelage zu höheren Werten verschiebt."

Wenn PAK in Schmierölen bestimmt werden sollen, ist wieder eine aufwendige Anreicherung unerläßlich [15]. In einem naphthen- und paraffinbasischen Schmieröl-Destillatschnitt wurden durch GC und MS folgende Verbindungen nachgewiesen: Fluoranthen, Pyren, Benzo-b-fluoren, Benzo-b-naphtho-thiophen, Benzo-g,h,i-fluoranthen, Benzo-a-anthracen, Triphenylen, Chrysen, Benzo-b-fluoranthen, Benzo-e-pyren, Benzo-a-pyren und Perylen. Daneben fand man noch Mono- und Dimethylderivate des Chrysens und vermutlich des Benzo-b-naphtho-thiophens.

Unter der Bezeichnung *Industrie-Sonderöle* werden in [7] einige Mineralölprodukte abgehandelt, die in der Siedelage den Schmierölen entsprechen, bei denen aber die Schmiereigenschaften weniger oder gar nicht wichtig sind. Da nicht völlig auszuschließen ist, daß diese bei Ölverunreinigungen auf dem Lande beteiligt sind, sollen hier wenigstens die Namen genannt werden:

– Metallbearbeitungsöle
– Energieübertragungsöle
– Transformatoren- und Isolieröle
– Korrosionsschutzmittel

Abb. 1.6 zeigt in einem Überblick die Siedebereiche der einzelnen Mineralölprodukte und deren chemische Zusammensetzung im einzelnen n. [21].

1.1.5 Schweres Heizöl und Bitumen

Bei der atmosphärischen Destillation von Rohöl verbleibt ein Rückstand aus Kohlenwasserstoffen des Siedebereiches von C_{19} bis C_{90} und einem Siedepunktintervall von 345 bis über 600 °C (s. Abb. 1.1). Dieses schwere Heizöl (S) enthält vor allem die Schmierölfraktionen und kann nach entsprechender Veredelung unter Zusatz von Qualitätsverbes-

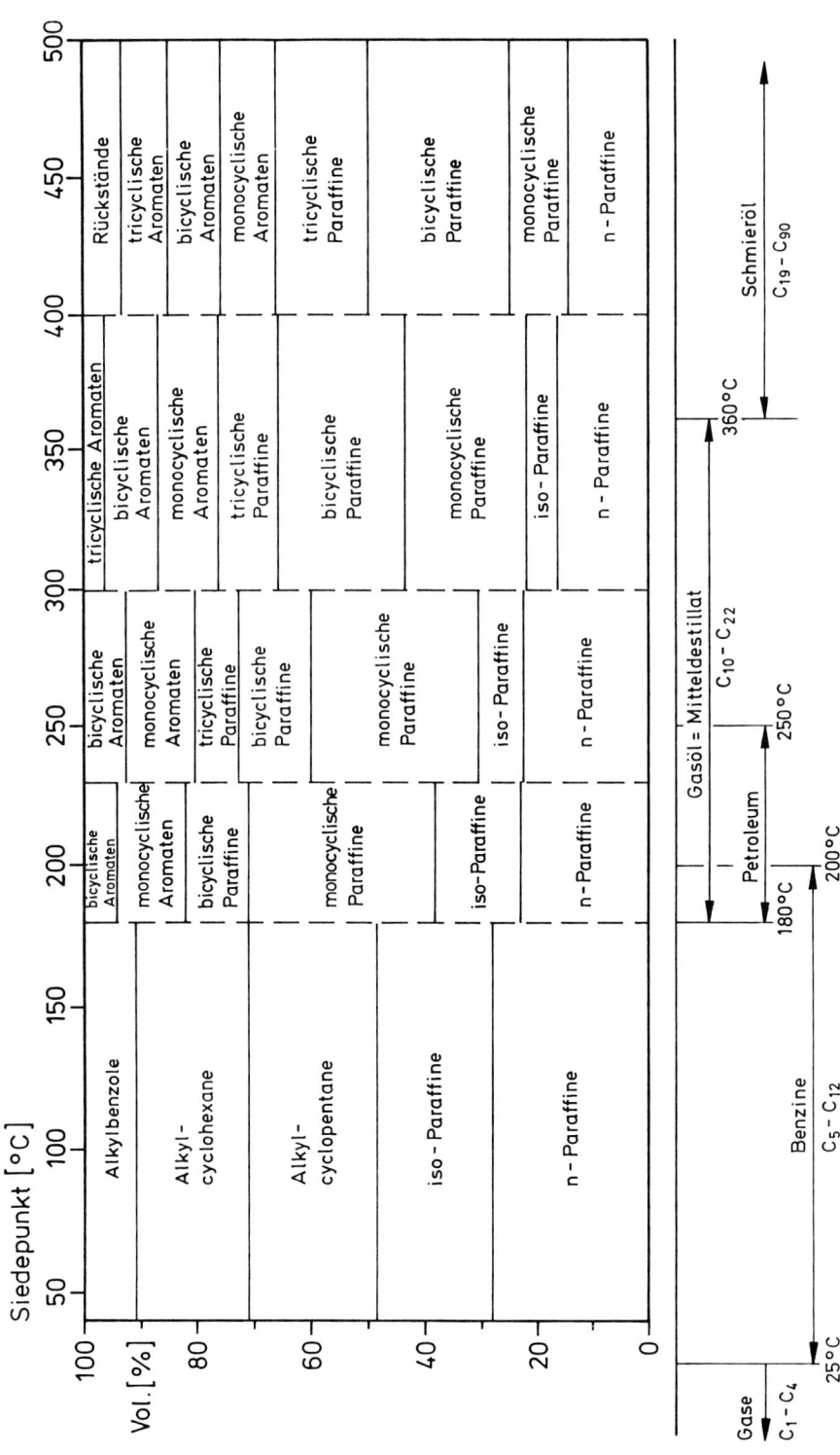

Abb. 1.6: Relative Mengen verschiedener Kohlenwasserstoff-Verbindungen in fünf Fraktionen eines repräsentativen Rohöls nach [22] und deren Zuordnung zu Mineralölprodukten.

serern standardisiert und in den Handel gebracht werden. Die Anforderungen nach DIN müssen dabei erfüllt sein [7]. Im allgemeinen enthält das Heizöl S wechselnde Mengen an Asphaltstoffen, die durch Standardisierungsvorschriften begrenzt sind.

Setzt man den Rückstand der *atmosphärischen* nachfolgend einer *Vakuumdestillation* aus, so gewinnt man einerseits die Schmierölfraktionen (s. Abschnitt 1.1.4) und andererseits als Rückstand das Bitumen. Auch beim Bitumen gibt es je nach Anwendungsbereich verschiedene Spezifikationen. Dem Analytiker begegnet es im Straßen- und Wasserbau, in Baustoffen und (Holz-)Schutzanstrichen. Bereits hier muß auf die besonders großen Unterschiede in der chemischen Zusammensetzung von Bitumenanstrichen und -Belägen, und solchen auf der Basis von Steinkohlenteer hingewiesen werden [17]. Die eher groben Angaben zur Zusammensetzung eines Bitumens der Spezifikation B 45 [18]

Tabelle 1-7. Zusammensetzung eines Bitumens B 45 aus einem Mittelost-Rohöl [18] in Gewichtsprozent.

Teilfraktion	Anteil [Gew. %]
n-Alkane	< 0.1
iso-Alkane und Cyclo-Alkane	16.1
Aromaten und Naphtheno-Aromaten	38.3
Asphaltene	15.6
Heteroverbindungen	29.9

Tabelle 1-8. Polycyclische aromatische Kohlenwasserstoffe (PAK) in zwei repräsentativen marktüblichen Bitumen (A und B) sowie einem Rohöl-Destillationsrückstand nach [19] in mg/kg.

PAK	Handelsübliche Bitumen:		Destillationsrückstand
	A (B 80)	B (B 80)	(Penetration 200)[c]
Fluoranthen	0.10	0.18	1.25
Pyren	0.17	0.80	4.54
Benzo(a)fluoren	0.02	0.10	0.61
Benzo(b)fluoren	0.02	0.09	0.44
Benzonaphthothiophen	0.52	1.91	7.60
Benzo(ghi)fluoranthen	0.11	0.43	2.97
Chrysen[a]	1.64	5.14	18.95
Benz(a)anthracen[b]	0.13	0.86	1.67
Benzo(b)fluoranthen[b]	0.40	1.60	4.07
Benzo(k)fluoranthen[a]	0.34	1.41	2.91
Benzo(e)pyren[a]	1.62	6.56	10.44
Benzo(a)pyren[b]	0.30	1.14	1.85
Perylen	0.11	2.29	5.46
Anthanthren	0.04	0.30	0.31
Benzo(ghi)perylen	1.37	5.50	4.25
Summe	6.89	28.31	67.32

[a] Verdacht auf Kanzerogenität
[b] Wahrscheinlich kanzerogen
[c] Die Konsistenz wird durch die Penetration nach DIN 51 804 gemessen

in Tab. 1.7 läßt immerhin den sehr geringen Anteil an n-Alkanen und den im Verhältnis beträchtlichen Prozentsatz an aromatischen Verbindungen neben den Asphaltenen und Heteroverbindungen hervortreten – das sind analytisch relevante Aussagen.

Bemerkenswert – vor allem im Hinblick auf den erwähnten Steinkohlenteer und dessen Öle – ist der sehr niedrige Gehalt an polycyclischen Aromaten, der für die Einzelverbindungen zumeist unter 1 mg/kg liegt – Tab. 1.8. Diese geringen Mengen erfordern im Rahmen der Analyse wie schon bei den Schmierölen eine geeignete Abtrennung der Mengenbestandteile mit nachfolgender Aufarbeitung des Extraktes vor der Endbestimmung [19]. Zur Größenordnung der in der Bundesrepublik Deutschland verarbeiteten Mengen an Bitumen sowie deren Einsatz informiert Abb. 1.7 [17].

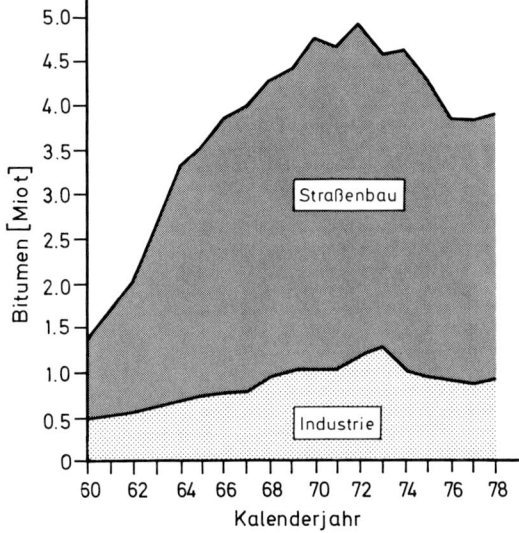

Abb. 1.7: Bitumenverbrauch in der Bundesrepublik Deutschland 1960–1978 zit. in [17].

> *Selbst Schmierungsfachleute haben zuweilen noch Illusionen und träumen von unerreichbaren Möglichkeiten.*
> T. Salomon, *zit. in [23]*

1.2 Synthetische Öle

Sie werden hier erwähnt, obwohl sie großenteils nicht wie die Mineralöle ihren Ursprung im Rohöl haben, und im großen und ganzen auch nicht als Kohlenwasserstoffe bezeichnet werden können. Ihre Entwicklung ist nicht zuletzt im Zeichen des Umweltschutzes zu sehen, ihr bevorzugtes, wenn auch nicht ausschließliches Anwendungsgebiet ist die Hydraulik [20]. Man unterscheidet zwischen Polyglykolen, vegetabilischen Ölen, speziell Rapsöl, und synthetischen Esterölen. Bei den Polyglykolen kann man wiederum zwischen Polyethylen- und Polypropylenglykolen sowie einer Mischung beider unterscheiden. Dementsprechend unterschiedlich sind auch die Eigenschaften, vor allem die Wasser- und Fettlöslichkeit.

Die mengenmäßige Bedeutung wird klar, wenn man von „16 000 t Hydraulikölen ausgeht, die jährlich allein in Deutschland verbraucht werden, davon 6000 t in mobilen Anlagen" [21]. Gemessen an den etwa 100 Mio t an Mineralölprodukten ist dies allerdings nur ein kleiner Betrag, auf den aus methodischen Gründen hier nicht weiter eingegangen wird. Bei der Analyse von Wasser und Boden können sie ohnedies nicht mit Mineralölen verwechselt werden.

Etwas anders sieht die Situation bei synthetischen Motorenölen aus, die nach [22] aus 20 Vol% Ester und 80 Vol% Isoparaffinen bestehen.

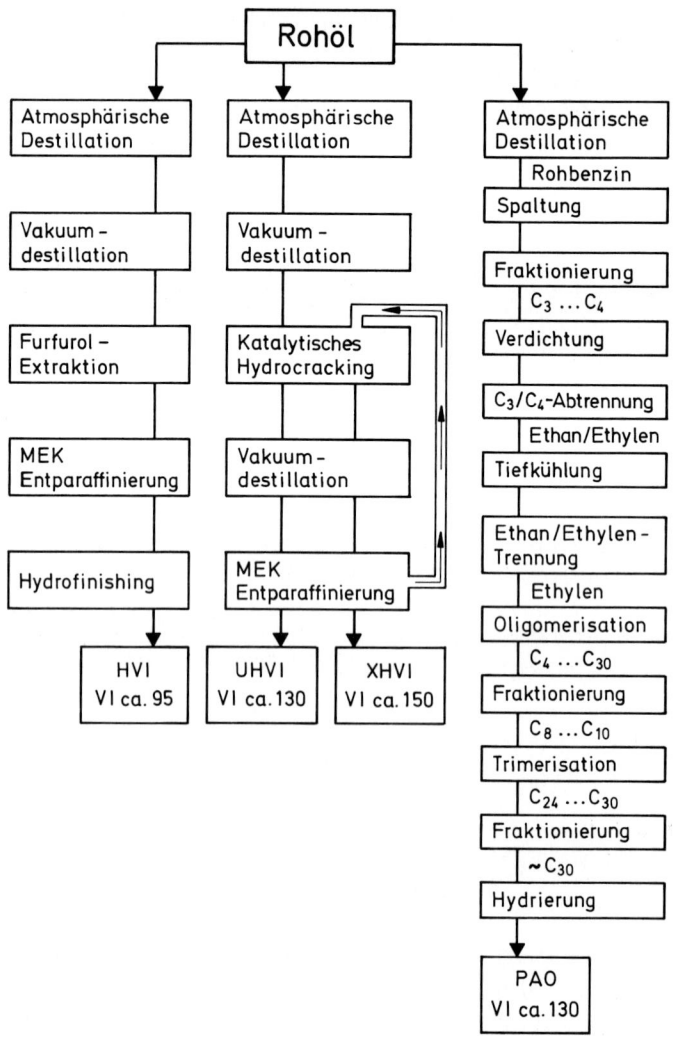

Abb. 1.8: Synthetische und mineralische Grundöle – Gegenüberstellung verschiedener Herstellungsverfahren nach [23]. (HVI = Hoher Viskositätsindex (VI). UHVI = ultra-hoher VI, XHVI = extrem hoher VI, PAO = Poly-alpha-Olefine).

Unter dem Begriff synthetische Öle führt man aber auch Rohölabkömmlinge wie die *Poly-alpha-Olefine (PAO)*, die man gemäß Abb. 1.8 über zahlreiche Arbeitsgänge aus dem Rohöl gewinnt, und die daher die Bezeichnung Mineralölprodukte durchaus verdienen. Sie zeichnen sich durch einen sehr engen und relativ hohen Siedebereich aus [23].

1.3 Teeröle

In einer Monographie zur Kohlenwasserstoff-Bestimmung in Wasser- und Bodenproben darf eine KW-Gruppe nicht fehlen, die ihren Ursprung nicht im Rohöl hat, und die auch eine grundlegende andere chemische Zusammensetzung aufweist, als die Mineralölprodukte: die bereits erwähnten Steinkohlenteeröle.

Während die Welterdölvorräte auf 400 bis 600 Milliarden t geschätzt wurden, sind es bei den Steinkohlen unvergleichlich mehr, nämlich 6700 Milliarden t [24], die, ziemlich gleichmäßig über die Erde verteilt, als „Renaissance der Kohlechemie" noch eine große Zukunft haben könnten.

Nach [25] wurden in der Vergangenheit in der Bundesrepublik Deutschland in über 70 Kokereien und mehr als 290 Gasanstalten ca. 50% der geförderten Steinkohle verkokt, wobei neben dem Koks und Gas (Leuchtgas) etwa 2.8% an Steinkohlenteeröl anfiel. Zur weltweiten Erzeugung von Steinkohlenpech, die etwa derjenigen des Teeröls entspricht, s. Tab. 1.9. Neben dem Tieftemperaturteer (Schwelteer), dessen Gewinnung bei Temperaturen unter 700 °C betrieben wird, hat der Hochtemperaturteer (Kokerei- und Gaswerksteer) bei Temperaturen von 900 bis 1300 °C eine wesentlich größere, auch mengenmäßige Bedeutung. 80% der Teerwelterzeugung werden auf diese Weise gewonnen. Man nimmt an [26], daß die nachfolgend genannten Teerbestandteile nicht als solche in der Steinkohle vorliegen, sondern erst nachträglich bei der Erhitzung unter Luftabschluß durch Zersetzung und Polymerisation entstehen, zum wesentlichen Unterschied von den Erdölprodukten. So werden die ursprünglich offenkettigen aliphatischen KW ringförmig zusammengeschlossen. Im Detail: Hydroaromaten werden dehydriert, Olefine cyclisiert und aromatisiert, Paraffine gespalten, dehydriert und über Olefine in Aromaten überführt, schließlich Alkylphenole dealkyliert und reduziert [26].

Tabelle 1-9. Erzeugung an Steinkohlenteerpech 1965 [26].

Land	Erzeugung [in 1000 t]
Bundesrepublik Deutschland	972
Großbritannien	470
Frankreich	250
Belgien	100
Italien	85
Niederlande	~ 80
USA	1816
Japan	602
UdSSR	~ 1200
Weltweit	~ 7000

18   1 Definition und Zusammensetzung von Kohlenwasserstoff-Gemischen

Tabelle 1-10. Die in einer Menge von 1 % und mehr in Steinkohlen-Hochtemperaturteer enthaltenen Verbindungen [26].

Verbindung	Kp$_{760}$ [°C]	Fp [°C]	Durchschnittl. Gehalt im Rohteer [Gew.- %]
Naphthalin	217.9	80.2	10.0
Phenanthren	338.4	100	5.0
Fluoranthen	383.5	111	3.3
Pyren	393.5	150.0	2.1
Acenaphthylen	270	93	2.0
Fluoren	297.9	115.0	2.0
Chrysen	441	256	2.0
Anthracen	340	218	1.8
Carbazol	354.7	244.4	1.5
2-Methylnaphthalin	241.0	34.5	1.5
Diphenylenoxid	285.1	85	1.0
Inden	182.4	~1.5	1.0
Summe der Hauptinhaltsstoffe			33.2

Tabelle 1-11. Ergebnis der gaschromatographischen Untersuchung der verdampfbaren Anteile eines typischen Kokereiteers aus dem Ruhrgebiet.

Teerinhaltsstoffe	%-Gehalt, bezogen auf Rohteer
Unterhalt 215 °C siedende Verbindungen ohne Phenole und Basen (Benzol, Benzolhomologe, Inden, Hydrinden, Methylindene	3.5
Naphthalin (und Thionaphthen)	10.3
2-Methylnaphthalin	1.5
1-Methylnaphthalin	0.5
Diphenyl	0.4
Dimethylnaphthaline	1.0
Acenaphthylen	2.0
Acenaphthen	0.3
Diphenylenoxid	1.4
Fluoren	2.0
Methylfluorene	0.8
Diphenylensulfid	0.3
Phenanthren, Anthracen, Carbazol	9.0
Methylphenanthrene, Methylanthracene	1.8
2-Phenylnaphthalin	0.3
Fluoranthen	3.3
Pyren	2.1
Benzofluorene und Siedebegleiter	2.3
Chrysen	2.0
Benzanthracen, Triphenylen, Benzofluoranthene	1.7
Perylen, Benzopyrene, Picen, Coronen und Siedebegleiter	3.5
Summe	50

Man schätzt die Anzahl der Inhaltsstoffe des Teeröles insgesamt auf 10000. 475 davon sind mit Sicherheit nachgewiesen und identifiziert, doch ist der Mengenanteil der Einzelverbindungen sehr unterschiedlich. Das Naphthalin überwiegt i. allg. bei weitem mit durchschnittlich 10 % des Teers, gefolgt vom Phenanthren und Fluoranthen. Zusammen mit 11 weiteren Verbindungen, deren Gehalte bei 1 % und darüber liegen, ist bereits ein Drittel des Teers erfaßt – Tab. 1.10 (Teeröle fallen in gleicher Größenordnung wie das Teerpech an) und Tab. 1.11. Einschränkend sei erwähnt, daß die quantitative Zusammensetzung der Kokereiteere in weiten Grenzen schwanken kann und abhängig ist von der Ausgangskohle, dem Typ des Kokereiofens, der Verkokungstemperatur und der – Zeit.

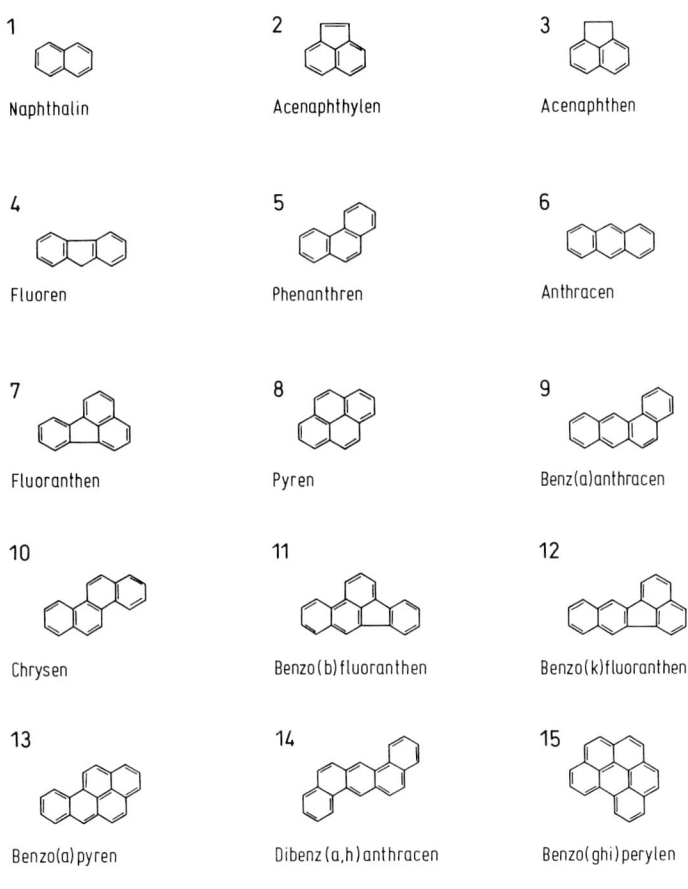

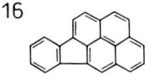

Indeno(1,2,3-cd)pyren

Abb. 1.9: Die 16 Aromaten (PAK) nach der US-EPA- Liste. Zit. nach [31], Nummer 7, 11, 12, 13, 15, und 16 stehen auch in der deutschen Trinkwasserverordnung.

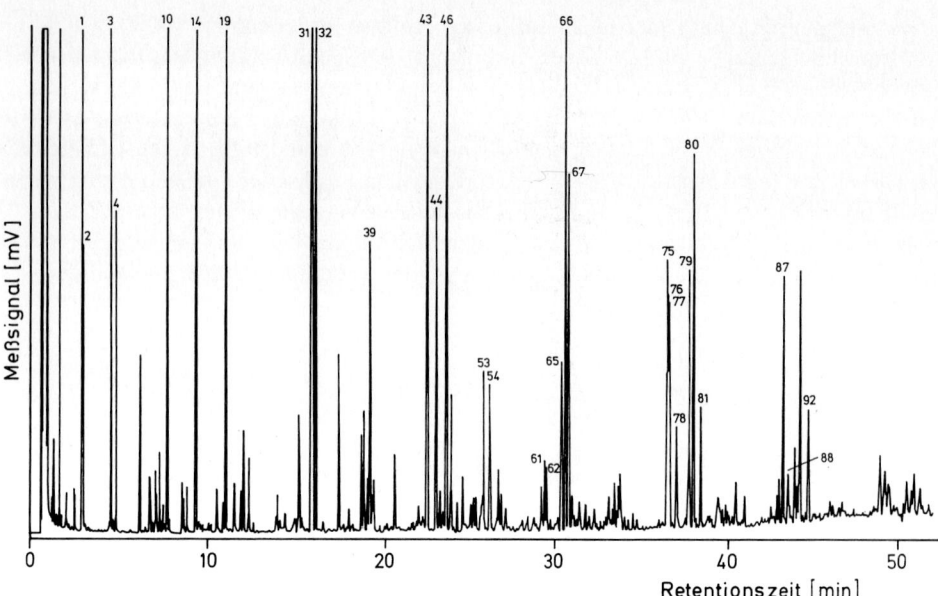

Abb. 1.10: Gaschromatographische Analyse eines Steinkohlenteer-Standards 1597 nach [27].

In den Gaswerken, bei denen nicht Koks, sondern Stadtgas als Haupterzeugnis erwünscht ist, werden zudem andere Verkokungsverfahren eingesetzt, als bei der Produktion von Hüttenkoks, bei welch letzterer der Steinkohlenteer das Nebenprodukt bildet. Die Menge des Gaswerksteers lag 1965 bei etwa 11% des gesamten Steinkohlenteers.

Die Umweltrelevanz ergibt sich aus dem extrem hohen Anteil – besonders verglichen mit den Mineralölen – an PAK. Die lange schon bekannte Giftwirkung einzelner Aromaten gegenüber Schädlingen führte in der Vergangenheit zum Einsatz der Teeröle im Holzschutz von Eisenbahnschwellen, als Bindemittel im Straßenbau, für Parkplätze, Flughäfen und Bauhöfe. Als „Imprägnieröl" wurden allein in Deutschland (alte Bundesländer) 60000 t, in den USA 600000 t pro Jahr erzeugt [26]. Nicht zu vergessen seien die Teeranstriche im Schiffs- und Wasserbau.

Das bedeutet, daß man bei einer Boden- [28, 29] oder Gewässerkontamination durch Teeröle eine hochprozentige Mischung kanzerogener Aromaten vor sich hat, darunter die sechs der deutschen Trinkwasserverordnung [30] (s. Abb. 3.35) und die 16 der amerikanischen Umweltschutzbehörde EPA [31] – Abb. 1.9, während die für Mineralölprodukte typischen Alkane, Naphthaline und Alkylaromaten weitgehend bis gänzlich fehlen. Dies wiederum erfordert auch eine andere Analytik, als bei jenen.

Die beherrschende Stellung der unsubstituierten kondensierten Aromatenkerne vom zwei- bis zum sechs-Ring kommt deutlich im Referenzstandard SRM 1597 [27] – Abb. 1.10 und Tab. 1.12 – zum Ausdruck. Die dort ausgewiesene verhältnismäßig geringe Konzentration speziell des Dibenz-(a,h)-anthracens – Nr. 14 der EPA-Liste – konnte in unseren Proben allerdings nicht bestätigt werden, vielmehr fanden wir diese Substanz mit fast dem selben hohen Anteil wie Fluoranthen – s. Abb. 7.32.

Der Steinkohlenteer unterscheidet sich chemisch sehr stark vom Braunkohlenteer [25]. Letzterer schmilzt leichter und enthält als Hauptbestandteile gesättigte sowie ungesättigte KW von C_6 bis C_{27}.

Tabelle 1-12. Identifizierte Verbindungen im Teerstandard SRM 1597 (Abb. 1.10) nach [27].

Peak-Nr.	Verbindung
1	Naphthalin
2	Benzothiophen
3	2-Methyl-naphthalin
4	1-Methyl-naphthalin
10	Acenaphthylen
14	Dibenzofuran
19	Fluoren
31	Phenanthren
32	Anthracen
39	Cyclopentanphenanthren
43	Fluoranthen
44	Acephenanthren
46	Pyren
53	Benzo(a)fluoren
54	Benzo(b)fluoren/Methylpyren
61	Benzo(ghi)fluoranthen
62	Benzo(c)phenanthren
65	Cyclopentanpyren
66	Benz(a)anthracen
67	Chrysen/Triphenylen
75	Benzo(b)fluoranthen
76	Benzo(j)fluoranthen
77	Benzo(k)fluoranthen
78	Benzo(a)fluoranthen
79	Benzo(e)pyren
80	Benzo(a)pyren
81	Perylen
87	Indeno(1,2,3-cd)pyren
88	Dibenz(a,h)anthracen
92	Anthanthren

Über die humantoxikologische Beurteilung des Steinkohlenteeröles auch im Vergleich zu Teerölen anderer Herkunft sowie des Bitumens informiert [17].

1.4 Biogene Kohlenwasserstoffe

Mineralölprodukte (MÖP), wie sie aus den Rohölen gewonnen werden und nach mancherlei chemisch/technischen Eingriffen im Handel sind, können nach Abschnitt 1.1 charakterisiert und definiert werden. Daher bereiten sie bei massiven Ölschadensfällen von der Analytik her keine Probleme. Die Einordnung bzw. Definition von Pyrolysaten und Abgaskondensaten ist erheblich schwieriger, und dies besonders dann, wenn sie in die Troposphäre emittiert und dort möglichen photochemischen Reaktionen ausgesetzt

22 *1 Definition und Zusammensetzung von Kohlenwasserstoff-Gemischen*

wurden – s. weiter unten –, und im Regen oder Staub zurückkommen. Fraglos wissen wir noch zu wenig darüber, was sich in der erdnahen Atmosphäre im UV-Licht an einzelnen Verbindungen und KW-Fraktionen – besonders der Aromaten – abspielt.

Im Rahmen der Gewässer- und Sediment/Boden-Analyse begegnet dem Analytiker ein weiteres Phänomen: das Erscheinen von neugebildeten (= rezenten) Kohlenwasserstoffen. Die Tatsache der Bildung als solche ist schon lange bekannt, wenn auch nicht die der Emission. Ihre Bedeutung erhalten die biogenen KW vor allem durch die Tatsache, daß die MÖ-Kohlenwasserstoffe z. B. durch Internationale Konventionen zur Reinhaltung des Meeres, durch EG-Richtlinien und nationale Verordnungen und Gesetze indiziert wurden. So wird in der deutschen Trinkwasserverordnung (TV) für „gelöste oder emulgierte Kohlenwasserstoffe, Mineralöle" ein Grenzwert von 0.01 mg/l bei einem zulässigen Meßfehler von 0.005 mg/l vorgeschrieben [30]. Leider wird nicht gesagt, wie man Mineralöl von biogenen KW unterscheiden kann, und aufgrund welcher Analysenverfahren gegebenenfalls beide Anteile zahlenmäßig ermittelt werden können.

Für aquatische und terrestrische Böden gibt es zur Zeit noch keine Grenzwerte, obwohl an ihnen gearbeitet wird. Bei dieser Sachlage stellen sich folgende Fragen:

– Was sind biogene Kohlenwasserstoffe?
– Wo kommen sie her?
– In welcher Menge treten sie auf?
– Was ist ihr Schicksal in der Bio- und Atmosphäre?

1.4.1 Chemische Zusammensetzung biogener Kohlenwasserstoffe

In der Fachliteratur wird von niemandem bestritten, daß grüne Pflanzen einschließlich der Blätter der Bäume und Sträucher Alkane bilden, und zwar der Menge nach vor allem geradkettige (n-) Paraffine. Der Siedebereich liegt ganz überwiegend jenseits desjenigen

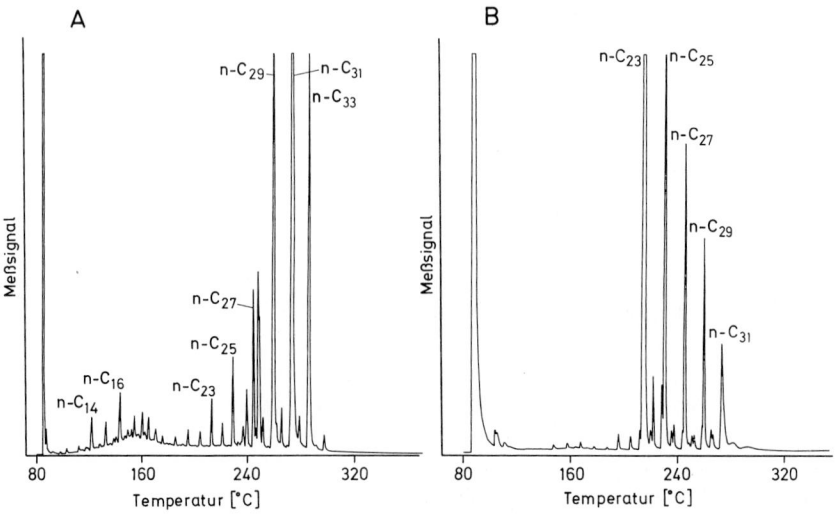

Abb. 1.11: Gaschromatogramme der Alkan-Fraktion von Gras (A) und Forsythien-Blüten (B). Gepackte Säule, 3 m, K/NaNO$_3$-Eutektikum, Temperaturprogramm 80–320 °C, 8 °/min.

der Mitteldestillate: die C-Verteilung erstreckt sich etwa von C_{20} bis zum C_{33}. Auffallend ist die Dominanz der ungeradzahligen Paraffine, was man als „Alternierung" bezeichnet – Abb. 1.11.

Biogene KW werden aber nicht nur von den Landpflanzen, sondern auch vom Phytoplankton der Gewässer synthetisiert. Bei diesen aquatischen Spezies ist die Verteilung der Einzelverbindungen eine andere, wenn auch offensichtlich nicht einheitlich. Bei einigen Arten und vielleicht *unter bestimmten Produktionsphasen und Lichtverhältnissen* dominiert das n-C_{17}. Es kann aber auch eine homologe Reihe ohne die soeben definierte Alternierung angetroffen werden – Abb. 1.12. Der Anteil der iso-Alkane ist im Vergleich mit den Mineralölprodukten des mittleren Siedebereichs und erst recht mit Motor- und Schmierölen relativ gering, gleichwohl analytisch von Belang. Als biogene Leitsubstanz wird häufig das Triterpen Squalan $C_{30}H_{62}$ herangezogen, ein Abkömmling des Squalens

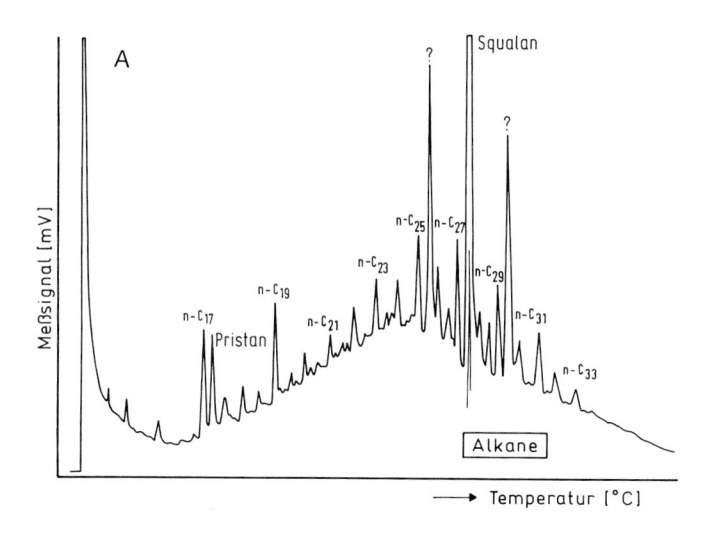

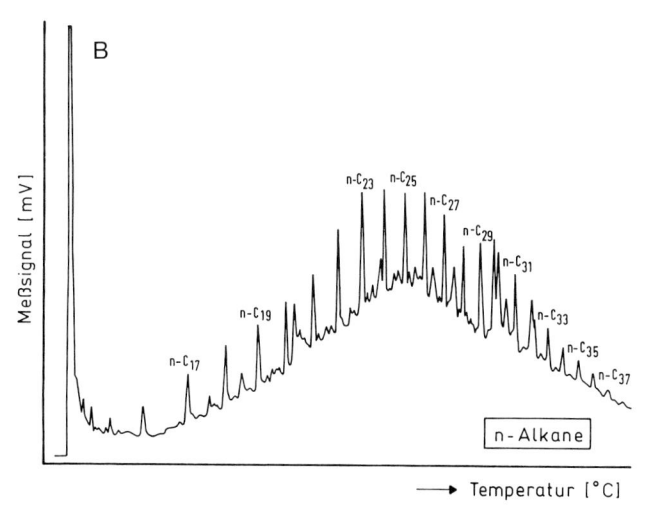

Abb. 1.12: Gaschromatogramme der Alkanfraktion von Grünalgen. A gesamte Fraktion, B n-Alkane. Bedingungen wie in Abb. 1.11.

Verbindung	Molekülformel	Strukturformel
Isopren	C_5H_8 C_nH_{2n-2}	$CH_2=C-CH=CH_2$ $\quad\quad\;\;\vert$ $\quad\quad\;\;CH_3$
Phytan (Diterpen)	$C_{20}H_{40}$ C_nH_{2n}	$CH_3-CH-CH_2-CH_2\text{-}[CH_2-CH-CH_2-CH_2]_2\text{-}CH_2-CH-CH=CH_2$ $\quad\quad\;\vert\quad\quad\quad\quad\quad\;\;\vert\quad\quad\quad\quad\quad\quad\;\;\vert$ $\quad\quad\;CH_3\quad\quad\quad\quad\quad CH_3\quad\quad\quad\quad\quad\;\; CH_3$
Squalan (Triterpen)	$C_{30}H_{62}$ C_nH_{2n+2}	$CH_3-CH-CH_2-CH_2\text{-}[CH_2-CH-CH_2-CH_2]_4\text{-}CH_2-CH-CH_2-CH_3$ $\quad\quad\;\vert\quad\quad\quad\quad\quad\;\;\vert\quad\quad\quad\quad\quad\quad\;\;\vert$ $\quad\quad\;CH_3\quad\quad\quad\quad\quad CH_3\quad\quad\quad\quad\quad\;\; CH_3$
Menthan (monocyclisches Terpen)	$C_{10}H_{20}$ C_nH_{2n}	
Sesquiterpene	$C_{15}H_{24}$ C_nH_{2n-6}	z. B. Cadinen
Diterpene	$C_{20}H_{32}$ C_nH_{2n-8}	

Abb. 1.13: Wichtige Naturverbindungen von isoprenoidem Aufbau – Molekül – und Strukturformeln.

$C_{30}H_{50}$ und von isoprenoidem Aufbau. Mit ihm verwandt sind diejenigen Alkane, die gleichfalls den Baustein des Isoprens erkennen lassen, wie das von dem Chlorophylbestandteil Phytol abgeleitete Phytan $C_{20}H_{40}$ und das um ein Kohlenstoffatom kürzere Pristan, die uns noch oft begegnen werden. Die Natur synthetisiert also in nicht unbedeutenden Mengen weitere Terpene, nicht nur mit offener (acyclischer) sondern auch mit ringförmiger (cyclischer) Struktur. Dazu gehören z. B. Abkömmlinge des selbst nicht existenten Menthans [32] und weitere mono-, bi- und tricyclische Terpene [33] sowie tetra- und pentacyclische Triterpene [33, 34], die allesamt in der Umwelt gefunden werden können und auch für die Analytik interessant sind (s. Kapitel 9) Abb. 1.13.

Was diesen ubiquitär verbreiteten Alkanen, Alkenen und Naphthenen im Vergleich zu den Mineralölprodukten signifikant fehlt, ist die begleitende homologe Abfolge von

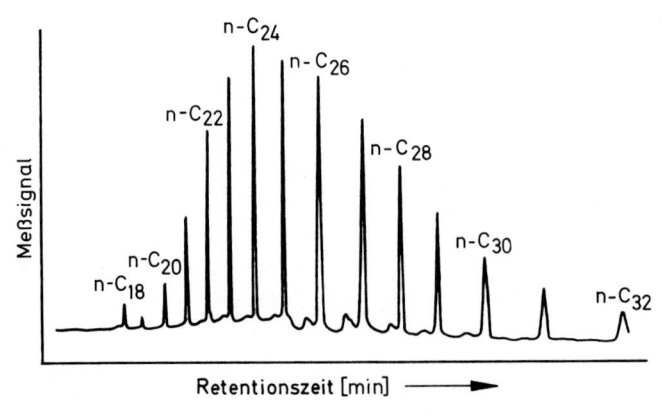

Abb. 1.14: Gaschromatogramm der Alkanfraktion von anaerob behandelten Küchenabwasser. Kapillarsäule OV 101, splitting 1:100, Temperaturprogramm 80–250°, 2°/min.

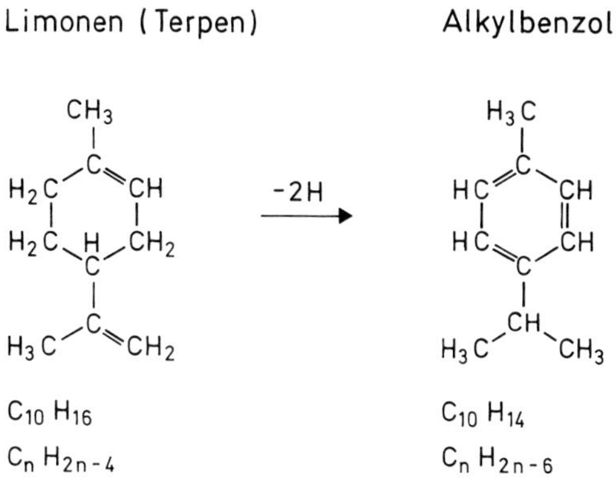

1.4 Biogene Kohlenwasserstoffe

Limonen (Terpen)

$C_{10}H_{16}$
C_nH_{2n-4}

$-2H \longrightarrow$

Alkylbenzol

$C_{10}H_{14}$
C_nH_{2n-6}

Abb. 1.15: Mögliche Umwandlung eines Terpens in ein Alkylbenzol unter anaeroben Bedingungen (Sapropel).

Alkylbenzolen, -naphthalinen, -phenanthren/anthracen und höherer Aromaten zugunsten von ungesättigten/aromatischen Einzelstoffen, also die Mineralöl-typische Aromatenfraktion! Erwähnenswert ist weiterhin, daß der PAK-Spiegel in natürlichen Systemen ohne Verschmutzung nicht über ein bestimmtes Niveau hinausgeht: wird dieser nennenswert überschritten, sind in der Regel weniger Raffinate, als Pyrolysate die Ursache.

Soweit läßt sich aus der Fachliteratur ein grundsätzlicher Konsens bezüglich der Definition der biogenen Kohlenwasserstoffe herleiten. Weniger bekannt oder doch nicht gleichermaßen akzeptiert scheint die nach Meinung des Verfassers offensichtliche Bildung von KW im Abwasser – Abb. 1.14 – sowie, vor allem unter reduktiven Bedingungen, in Faul- und Klärschlämmen im Rahmen der „Diagenese". Unter dem Begriff der Erdölgenese wird ja schon seit vielen Jahren die Entstehung von Kohlenwasserstoffen im Sapropel, dem Faulschlamm der Gewässer, hervorgehoben. (Abb. 1.15 ist zu entnehmen, wie aus dem Terpen Limonen unter reduktiven Bedingungen ein Alkylbenzol entstehen kann). In [35 – 37] wird geschildert, wie in dieser „Matrix" die Umbildung der pflanzlichen Masse hin zum Erdöl begann – und, in gewissen „Vorstufen", heute noch beginnt! Daher dürfte es kaum überraschen, wenn eine zunächst biogene C-Verteilung im Sediment verloren geht, auch ohne daß von außen Mineralöl hinzugekommen ist. In der Literatur gibt es keine befriedigende Kennzeichnung dieser KW-Gemische, abgesehen von dem Versuch, über eine Präzisierung von sogenannten Standardmilieus und deren KW-Zusammensetzung zum Ziel zu kommen. Hierauf wird später noch eingegangen. Als Resümee ist festzuhalten:

Neben der Bildung von rezent biogenen KW vor allem durch die Landpflanzen, das Phytoplankton und durch Bakterien (s. u.) muß wohl zusätzlich von einer Entstehung im Rahmen von biochemischen Prozessen in Faulschlämmen (Sapropels) ausgegangen werden. Hierbei werden in einer Art Vorstufe zur Erdölgenese KW gebildet, deren Kennzeichnung und Charakterisierung im Gemisch, etwa analog den rezenten KW, wesentlich schwieriger ist als bei den rein biogenen oder rein mineralölbürtigen Kohlenwasserstoffen.

Weiterhin enthalten lebende Tiere biogene KW, und zwar vorwiegend Alkane und Naphthene zu etwa 0.1 Promille ihres Gewichtes. Die Fette der Bakterien sollen zu etwa 1/5 bis 1/3 aus KW bestehen [35].

1.4.2 Zur Produktion von biogenen Kohlenwasserstoffen

Wenn man sich die globale Verbreitung der angeblich nur in geschlossenen Systemen eingesetzten polychlorierten Biphenyle in der Umwelt, zuvörderst in aquatischen Sedimenten, vor Augen hält, ist man geneigt, um so mehr und nachdrücklich überall Mineralölbestandteile in der Biosphäre zu erwarten. Denn: allein in der alten Bundesrepublik Deutschland wird die Emission an unverbrannten KW auf 1.6 Mio Tonnen jährlich geschätzt. Nach einer Modellrechnung [38] kommt man so auf eine KW-Konzentration von 8 mg/l im Niederschlag, eine Größenordnung, die nicht einmal annähernd durch Messungen bestätigt werden konnte [38].

Sollte sich nun herausstellen, daß biogene KW nicht nur ubiquitär, sondern auch dort gefunden werden, wo mit gleichen Analysenmethoden keine Mineralöle und deren Produkte nachzuweisen sind, dann wäre dies zumindest ein Hinweis auf eine gewaltige biogene Produktion. Einschränkend sei gesagt: sofern man das Ausmaß photochemischer Abbauprozesse in der Troposphäre und biochemischer Prozesse im Erdboden, die Mineralölprodukte betreffend, außer acht läßt. Nach Tab. 1.13 [39] fand man in Blättern und Blüten Alkangehalte von 140 bis 1700 mg/kg im Trockenrückstand. Rechnet man hoch mit einem Mittelwert von 800 mg/kg sowie einer globalen jährlichen Biomasseproduktion von 100 Milliarden t Kohlenstoff, davon 90% durch die Wälder [40], dann ergeben sich für die Produktion an biogenen Kohlenwasserstoffen 160 Mio t. Vermutlich ist diese Zahl eher noch zu niedrig angesetzt.

Wie schon erwähnt produziert auch das Phytoplankton Kohlenwasserstoffe. Über deren Stoffkonzentrationen liegen sehr unterschiedliche und zudem lückenhafte Angaben vor. Nach Tab. 1.14 [41] nimmt man 1200 mg/kg Trockengewicht an, nach anderen Autoren [42] 300–8000 oder gar 15 300 mg/kg. In kultivierten Algen fanden sich 4800 bis 57 000 mg/kg an biogenen KW. Geht man im Durchschnitt von 6 Promille des Trockengewichtes aus, so werden z. B. allein im Schwarzen Meer jährlich 13.5 Mio t KW vom Phytoplankton gebildet – s. Tab. 1.15. Kurz: die weltweite Produktion von biogenen KW im Jahr dürfte sich jeweils der Milliardengrenze nähern.

Tabelle 1-13. Mengenbestimmung von Kohlenwasserstoffen nebst PAK in einigen ausgewählten Landpflanzenproben.

Probengut	Beschaffenheit	Probenahme	Alkane [mg/kg]	PAK [µg/kg]
Blüten von Wildkirschen	frisch	März 1977	640	150
Salat	frisch/grün	März 1977	500	140
Gras (Nähe Autobahn)	frisch/grün	20. 11. 1976	360	360
Wacholder	frisch/grün	5. 10. 1976	500	550
Wacholder	braun	2. 2. 1977	1200	640
Eichenlaub	gelb	20. 11. 1976	680	640
Kastanienlaub	gelb/braun	20. 11. 1976	520	460
Platanenlaub	gelb	20. 11. 1976	620	360
Pappellaub	gelb	20. 11. 1976	1700	520
Blätter v. Zaubernuß	braun	10. 1. 1976	140	360
Blätter v. Jap. Zierkirsche	gelb	11. 11. 1976	1400	350
Blätter v. Jap. Zierkirsche	gelb	5. 12. 1976	1400	780
Blätter v. Jap. Zierkirsche	braun	10. 1. 1977	1350	800
Blätter v. Jap. Zierkirsche	braun	8. 3. 1977	1200	850

1.4 Biogene Kohlenwasserstoffe   27

Tabelle 1-14. Der Kohlenwasserstoffgehalt verschiedener Sedimente und Schwebstoffe
a) Angaben nach Lit. [42] b) Angaben nach Lit. [37] c) Angaben nach Lit. [43].

Datum	Art der Probe	Ort der Probenahme	Gesamt-extrakt [mg/g]	Kohlen-wasser-stoffe [mg/g]	Glühverlust der Trocken-probe [%]
18. 10. 1968	rezentes Sediment	Bienhorntal/Koblenz	2.4	0.2–0.5	13
10. 1968	Sediment	Rhein/Koblenz	2.0	0.5	9
29. 8. 1968	rezentes Sediment (0–5 cm)	Deutsche Bucht (Feuerschiff Elbe 1)	2.6	0.7	9.7
28. 8. 1968	(5–25 cm)	Deutsche Bucht (Feuerschiff Elbe 1)	4.1	0.4	5.2
3. 1966 a)	rezentes Sediment	Tarpaulin Cove Massachusetts	2.8	0.3	1.8
10. 1968	Schwebstoff	Rhein/Koblenz	33.7	4.2	25
23. 7. 1968	Schwebstoff	Rhein/Rheinfelden	10.8	1.2	15
7. 1968	Schwebstoff	Rhein/Wesel	65	4.9	31
11. 1968 a)	Benthische Algen	Little Harbor, Woods Hole, Massachusetts	5.6–75	0.3–8	100
3. 1966 a)	Marines Plankton	Tarpaulin Cove Naushon Island	150	15.3	100
a)	Plankt. Algen (Kultur)	Labor	120–480	4.8–57	100
b)	Marines Plankton	Kaspisches Meer	100	6.2	100
b)	Marines Plankton	Schwarzes Meer	80	4–7	100
1966 c)	Sapropel (3.5–5.5 Tiefe)	Malo Jezero/MLJET Jugoslawien	40	9.6	15.9
1966 c)	Sapropel (42–44 m Tiefe)	Malo Jezero/MLJET Jugoslawien	100	18	3.0

Tabelle 1-15. Bilanz der organischen Substanz im Schwarzen Meer nach [36].

Organismen	Bio-Masse [Mio t]	Jährl. Produktion von Kohlenwasserstoffen [Mio t]	[%]
Plankton i. allg.	15.0	2745	11.6
Phytoplankton	13.5	2700	11.4
Zooplankton	1.5	45	0.19
Benthos i. allg.	40.0	80	0.34
Makrophyten	20.0	40	0.17
Zoobenthos	20.0	40	0.17
Bakterien i. Wasser	30.0	12000 – 18000	50.7
Bakterien i. Boden	10.0	6000 – 8000	25.3
Fische	1.0	0.17	0.1
Summe	151.0	23650[a]	100

[a] Addition der niedrigsten Ziffern

Dies insbesondere dann, wenn man noch die Schätzungen bezüglich der Emission von Terpenen – und deren Produktion – mit einbezieht. Nach [44] werden mehr als 15 % der produzierten Terpene, mithin 175 Mio t jährlich und weltweit an die Atmosphäre abgegeben. Dem stehen nach dem gleichen Autor 27 Mio t an Mineralöl- und verwandten Emissionen gegenüber.

Auch wenn man davon ausgehen kann, daß bei weitem nicht die gesamte, sondern nur ein Bruchteil von etwa 10–20 % der biogenen Produktion in die Atmosphäre emittiert wird, verbleibt – wenn schon nicht ein deutliches Übergewicht – so doch allem Anschein nach mindestens eine gleiche Größenordnung, wie bei den bekannten Emissionen der KW aus dem Kraftfahrzeug-Verkehr einschließlich der Mineralölverarbeitung.

Nun gelangen mit dem Laubabfall etc. jährlich zusätzlich die nicht emittierten KW in die Biosphäre, überwiegend direkt in und auf den Erdboden. Da der Analytiker es sowohl mit diesen, als auch mit den vom Regen aus der Troposphäre ausgewaschenen Stoffen zu tun hat, kommt er nicht umhin, die biogenen KW bei der Analyse von Wasser- und Bodenproben als background von vornherein einzukalkulieren.

1.4.3 Schicksal biogener Kohlenwasserstoffe

Biogene KW sind per Definition neu gebildete Stoffe, die sich, soweit man die Gesamtfraktion der Alkane, Alkene, Aromaten oder auch der PAK betrachtet, eindeutig vom Verteilungsmuster (= fingerprint) der MÖP unterscheiden. Einschränkungen sind – bis auf weiteres – bei den biochemisch/abiotisch entstandenen KW im Sapropel und möglicherweise in Klärschlämmen angebracht.

De facto entscheidet weniger die Einzelverbindung über den biogenen Charakter, als der „Habitus" der Gesamtfraktion. Wie wir noch sehen werden, sind die betroffenen Fraktionen chromatographisch leicht zugänglich. Das Verteilungsmuster der Standardöle und dazu im Gegensatz dasjenige biogener KW der Landpflanzen oder des Phytoplanktons wird nun durch abiotische Prozesse in der Troposphäre sowie biochemische in Gewässern und Böden verändert. Im Fall der Standardöle der Kraftfahrzeuge und Energieerzeuger zeigte sich bereits die erste entscheidende Veränderung der fingerprints, nämlich durch thermische Vorgänge. (Streng genommen stellen die Pyrolysate dieser MÖP einen neuen Typus dar, dessen Verteilungsmuster im einzelnen dem Verfasser nur unzureichend bekannt ist.)

Biogene KW, Pyrolysate und verdampfte „Originalöle" treten im Bereich der Troposphäre in Wechselwirkung mit der UV-Strahlung und den dort vorhandenen Radikalen.

Abb. 1.16 [45] zeigt die spektrale Verteilung des Sonnenlichtes oberhalb der Atmosphäre, nach dem Passieren der schützenden Ozonschicht und auf der Erdoberfläche. Die Troposphäre ist demnach charakterisiert durch den Energiebereich oberhalb von 290 nm, während in der darüberliegenden mittleren Atmosphäre (Strato- und Mesosphäre) der UV-Bereich von 175 bis 290 nm zusätzlich anzutreffen ist.

Auf dem Erdboden wird die Energie oberhalb von 800 nm weitgehend durch CO_2 und H_2O-Dämpfe absorbiert. Das Wettergeschehen spielt sich in der Troposphäre ab, die 80 bis 90 % der gesamten Lufthülle der Erde umfaßt [46]. Die „Selbstreinigungsprozesse" unter Mitwirkung von UV, Ozon u. a. sind seit langem am drastischen Beispiel des Smog bekannt. Reaktive Bestandteile des Smogs sind außer den genannten Faktoren CO, Stickoxide und – eben – unverbrannte KW. In dem komplexen photochemischen Geschehen werden „sowohl die Alkane wie die Olefine durch OH-Radikale abgebaut,

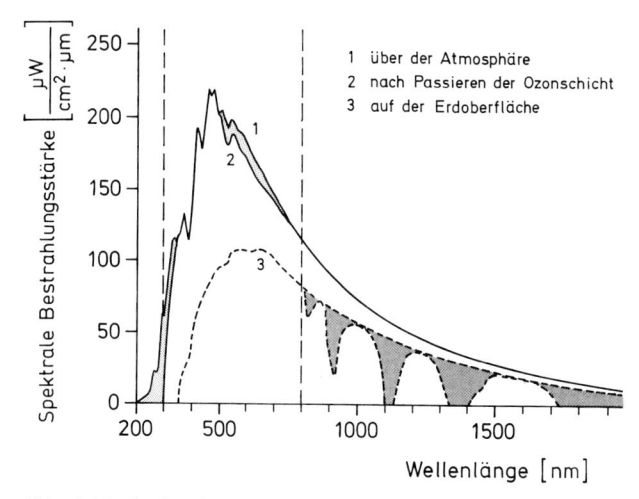

Abb. 1.16: Spektrale Verteilung der Sonnenstrahlung in verschiedenen Höhen nach [45]. Rasterzonen = Absorption durch Stoffe in der Atmosphäre, gestrichelte Zone = Region verantwortlich für Licht-induzierte Reaktionen.

wobei weitere Radikale entstehen, die sich mit Sauerstoff zu Peroxyl-Radikalen verbinden" [46]. Neben der an sich erwünschten Selbstreinigung der Troposphäre, den Photoabbau von KW inbegriffen, resultiert jedoch eine hohe und unerwünschte Ozonkonzentration, die bereits die Größenordnung der natürlichen Gehalte erreicht bzw. regional überschritten hat.

Eigene Untersuchungen (s. Abschnitt 8.2) bestätigen die verhältnismäßig rasche Zersetzung der Aromaten, mit gewissen Einschränkungen bei den PAK. Die Oxidation der Paraffine scheint, wenn überhaupt, dann weniger durchgreifend zu sein. Nach [47] scheinen lediglich Alkane und Alkene von 1–3 Kohlenstoffatomen befriedigend abgebaut zu werden, doch dürften weitere Untersuchungen anzuraten sein, sofern sie die UV-Strahlung über der Erdoberfläche anbetreffen. Ein genauer untersuchter Einzelstoff ist u. a. das Toluol. Die bereits aufgrund der Modellversuche zu erwartenden Abbauzwischenprodukte Nitro- und Dinitrophenol wurden in schweizerischen Regenwasserproben identifiziert und quantitativ bestimmt [48].

Nach alledem überrascht wohl nicht mehr, wenn in der Alkanfraktion des Niederschlags u. a. nach [48, 49] sowohl im Regen wie im Schnee n-Alkane des Siedebereiches von C_{20} bis C_{36} mit typisch biogener Alternierung gefunden wurden – Abb. 1.17.

Im Schnee, dessen Absorptions- und „Filtrier"-Potential für Feststoffpartikel wie Luftstaub eigens erwähnt wird, tauchten außerdem die Individuen C_{15} bis C_{19} auf, sowie ein nicht-aufgelöstes-komplexes Gemisch (NGK) ungefähr im Bereich von C_{17} bis C_{37}. Das NKG, angeblich aus verzweigten und cyclischen KW bestehend, soll ein Hinweis auf Mineralölprodukte sein. Gezielte Untersuchungen unter Einsatz der Stripp-Technik wiesen tatsächlich die typischen Aromaten der Vergaserkraftstoffe in Luft- und Gewässerproben nach [50], doch liegt deren Menge um eine bis sogar drei Zehnerpotenzen unter derjenigen der offensichtlich biogenen Alkane. Ein Verteilungsmuster ähnlich demjenigen eines Mitteldestillates läßt sich aus den Gaschromatogrammen nicht ersehen, doch sollte man entsprechend den Ausführungen des Kapitels 1 eher nach Pyrolysaten suchen.

Grundsätzliche Ausführungen zum Problem des KW-Abbaus in der Troposphäre nebst zahlreichen Zitaten findet man in [51].

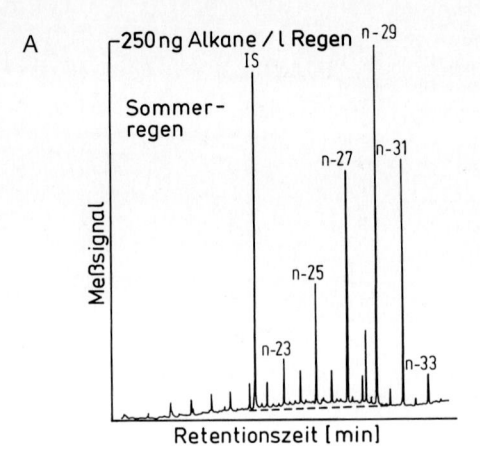

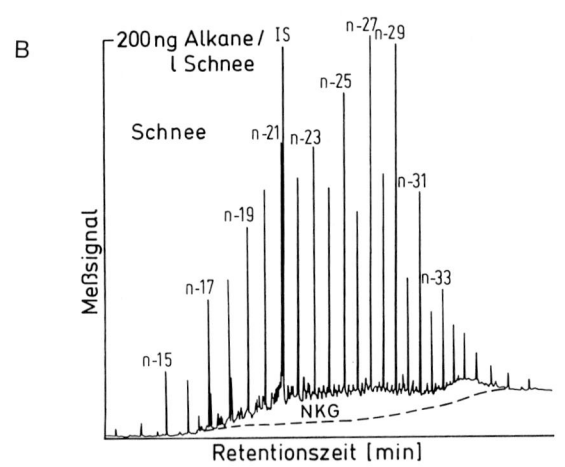

Abb. 1.17: Gaschromatogramm der Alkanfraktion in Regen (A) und Schnee (B) nach [48].
NKG = nicht-aufgelöstes komplexes Gemisch, IS = interner Standard.

Wenn nun Analysenergebnisse verschiedener Arbeitsgruppen darauf hindeuten, daß eine ganze Fraktion, nämlich die der Aromaten, in der Troposphäre bezüglich ihrer Stoffverteilung durchgreifend verändert wird, so daß man nach einem wash out im Niederschlag nicht mehr mit dem sonst zu erwartenden Muster rechnen kann, so scheint dies nicht für die Alkane zu gelten. Denn die eigenen wie die veröffentlichten Gaschromatogramme enthalten übereinstimmend zumindest Anteile biogener Muster. Da man sich außerdem schwer vorstellen kann, daß die mineralölbürtigen Alkane leichter photochemisch abgebaut werden, als die biogenen, bietet sich als Erklärung wohl nur die These an, daß die biogenen Emissionen zumindest örtlich und regional, möglicherweise auch global dominieren.

Anders stellt sich freilich die Lage in Wasser und Boden dar. Der Abbau biogener KW setzt nach Abb. 1.18 (Modellversuch mit Rheinwasser) an den konzentrationsmäßig vorherrschenden n-Alkanen an [52]. In der kurzen Zeit von wenigen Tagen ist die Alternierung verschwunden, und die C-Verteilung liegt nun symmetrisch mit einem Maxi-

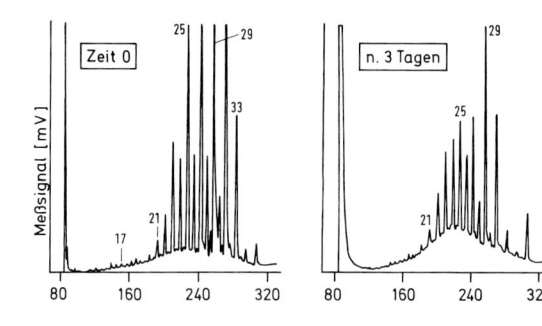

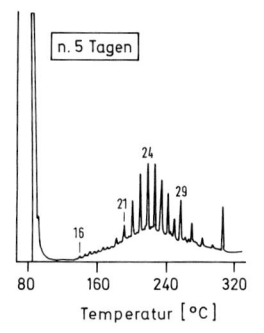

Abb. 1.18: Gaschromatogramme der Alkanfraktionen von Landpflanzen im Verlaufe des biochemischen Abbaus in Rheinwasser. Modelluntersuchungen nach [52].

mum bei C_{24}–C_{25} vor. Gleichzeitig aber erscheint ein verstärktes NKG. Beide Phänomene werden nach dem geläufigen Argumentationsschema sowie dem in [42] definierten „Carbon preference Index" (CPI) dazu verleiten, das vorliegende KW-Gemisch als mineralölbürtig auszugeben.

Sofern man die Möglichkeit der Emission von biochemisch angegriffenen Alkanfraktionen von der Erdoberfläche zur Troposphäre bejaht, wird man den „gestörten biogenen Habitus" auch im nassen Niederschlag erwarten dürfen. Hier sei nur soviel angemerkt, daß man zur Unterscheidung biogener und mineralölbürtiger KW simultan mehrere Methoden heranziehen sollte. Dazu in Kapitel 7 mehr.

In adaptierten wäßrigem Milieu verläuft der KW-Abbau natürlich rascher, als im Boden oder im Untergrund, in welchem die Alkane – wenn überhaupt – die gleiche fingerprint-Änderung durchlaufen. Für die Aromaten fehlt allerdings der Photoabbau, der auf Wasseroberflächen sehr durchgreifend sein kann – s. Abschnitt 8.2.

Literatur zu Kap. 1

[1] Klosterkcmper, K.: Die Bilgenentölung auf dem Rheinstromgebiet. Zeitschrift f. Binnenschiffahrt und Wasserstraßen 100, 87–89 (1973) u. spätere Veröffentlichungen
[2] ESSO Magazin 3/1983. Hrsg. ESSO AG, Hamburg 1983
[3] Deutsche Gesellschaft für Mineralölwissenschaft und Kohlechemie (Hrsg.): Ein Anreicherungsverfahren für die gaschromatographische Bestimmung von polycyclischen aromatischen Kohlenwasserstoffen in Schmierölen. Forschungsbericht 4559. Bearbeitet von G. Grimmer und H. Böhnke. Hamburg 1975
[4] Van Nes, H. und van Westen, A.: Aspects of the Constitution of Mineral-Oils. Elsevier Publishing Company, Inc. Amsterdam, London, Brüssel 1951
[5] ESSO Magazin 2/1978. Hrsg. ESSO AG., Hamburg 1978
[6] ESSO AG. (Hrsg.): Das kleine Oelphabet. Hamburg 1988/89
[7] Kahsnitz, R.: Das Mineralöl-Taschenbuch. Verlag J. Eberl KG., Immenstadt 1964
[8] ESSO Magazin 3/1974. Hrsg. ESSO AG., Hamburg 1974
[9] ESSO Magazin 1/1976. Hrsg. ESSO AG., Hamburg 1976
[10] Deutsche Gesellschaft für Mineralölwissenschaft und Kohlechemie (Hrsg.): Forschungsberichte 4547 I und II. Bearbeitet von J.P. Meyer u. G. Grimmer. Hamburg 1973/74

[11] Berthold, I.: Analytik, Struktur und Vorkommen von biogenen Kohlenwasserstoffen. Teil II: Aromatische Kohlenwasserstoffe. 24. Haupttagung der DGMK vom 30. 9. bis 3. 10. 1974 in Hamburg. Compendium 74/75
[12] Mayer, F.: Erdöl Weltatlas. Hrsg. ESSO AG., Hamburg, Georg Westermann Verlag, Braunschweig 1976 (2. Aufl.)
[13] ESSO AG., (Hrsg.): Dieselkraftstoff, Fakten und Faktoren. Hamburg 1987
[14] Frankenfeld, J.: Factors Governing the Fate of Oil at Sea. In: Prevention and Control of Oil Spills, 485–495, API, Washington 1973
[15] Deutsche Gesellschaft für Mineralölwissenschaft und Kohlechemie (Hrsg.): Forschungsbericht 4579. Bearbeitet von G. Grimmer, D. Janssen, B. Wisken und W. Zander. Hamburg 1975
[16] Private Mitteilung der Aral AG Bochum vom 4. 9. 1992
[17] Saathoff, G. und Schecker, H.-G.: Teer, Pech, Teeröl und Bitumen. Schriftenreihe der Bundesanstalt für Arbeitsschutz GA 14, 1–162 (1985)
[18] Neumann, H.-J.: Bitumen – neue Erkenntnisse über Aufbau und Eigenschaften. Erdöl und Kohle, Erdgas Petrochemie 34, 336–342 (1981)
[19] Neumann, H.-J. und Kaschani, D.T.: Bestimmung und Gehalt von polycyclischen aromatischen Kohlenwasserstoffen in Bitumen. Wasser, Luft und Betrieb 21, 648–650 (1977)
[20] Staeck, D.: Die „neuen" Druckflüssigkeiten – biologisch abbaubare, umweltschonende Medien. O + P-Ölhydraulik und Pneumatik 34, 385–395 (1990)
[21] Bongardt, F.: Native Ester – Basisöle für leistungsfähige und umweltverträgliche Hydraulikflüssigkeiten. Teil A: Anwendungstechnische Aspekte. Henkel-Referate 29, 113 (1993)
[22] Rossini, F.D., Mair, B.J. und Streiff, A.J.: Hydrocarbons from Petroleum. Reinhold Publishing Corporation, New York 1953
[23] Hütten, H.: Synthetische Schmierstoffe. Neue Konflikte, neue Konzepte: Motoröle für morgen. Frankfurter Allgemeine Zeitung 283, 35 (1979)
[24] N.N. Kohlechemie oder/statt Kohleverbrennung. Nachr. Chem. u. Techn. 5, 227–232 (1977)
[25] Römpp, H.: Chemie Lexikon. Franckh'sche Verlagsbuchhandlung. Stuttgart, Bd. 5, Stuttgart 1992
[26] Franck, H.-G. und Collin, G.: Steinkohlenteer. Springer-Verlag, Berlin, Heidelberg 1968
[27] Wise, S.A. u. a.: Determination of Polycyclic Aromatic Hydrocarbons in a Coal Tar Standard Reference Material. Anal. Chem. 60, 887–894 (1988)
[28] Friman, L. und Marose, U.: Untersuchungen der Gefährdungsabschätzung für Gaswerksstandorte. wbl, Wasser, Luft und Betrieb 31 (11/12), 52–57 (1987)
[29] Bewley, J.F. und Hilker, J.K.: Mikrobiologische On-Site-Sanierung eines ehemaligen Gaswerkgeländes, dargestellt am Beispiel Blackburn/England. Teil I Entsorga 9, 29–32 (1988), Teil II Entsorga 10, 35–39 (1988)
[30] Verordnung zur Änderung der Trinkwasserverordnung und der Mineral- und Tafelwasserverordnung. Bundesgesetzblatt Teil I, Z. 5702 A. Bonn 12. 12. 1990 (Nr. 66)
[31] Starke, U., Herberg, M. und Einsele, G.: Polycyclische aromatische Kohlenwasserstoffe (PAK) in Boden und Grundwasser. Teil I: Grundlagen und Beurteilung von Schadensfällen. Bodenschutz, Erich Schmidt Verlag, Bos 9. Lfg. X/91, 1680: 1–38 (1991)
[32] Karrer, P.: Lehrbuch der organischen Chemie. Georg Thieme Verlag, Stuttgart 1963 (14. Aufl.)
[33] Zielinski, J. und Konopa, J.: Die Dünnschichtchromatographie von Cucurbitacinen – einer Gruppe von tetracyclischen Triterpenen. J. Chromat. 36, 540–542 (1968)
[34] Dawidar, A.M., Saleh, A.A. und Abdel-Malek, M.M.: Identification and Determination of Pentacyclic Triterpens in Natural Mixtures. Z. Anal. Chem. 273, 127–128 (1975)
[35] Smith, P.V.: Occurrence or Hydrocarbons in Recent Sediments. Bull. Americ. Ass. Petrol. Geol. 38, 3 (1954)
[36] Kreijci-Graf, K.: Diagnostik der Herkunft des Erdöls. Erdöl und Kohle 12, 706–712 (1959)
[37] Wassojewitsch, N.B.: O proischozdjenii njefti, Geol. sbornik 1, Trudy wnigri nov. Ser. 83, 29 (1955)
[38] Hellmann, H.: Analytik von Oberflächengewässern. Georg Thieme Verlag, Stuttgart 1986
[39] Hellmann, H.: Fluorimetrische Bestimmung von polycyclischen Kohlenwasserstoffen in Blättern, Blüten und Phytoplankton. Fresenius Z. Anal. Chem. 287, 148–151 (1977)
[40] Osteroth, D.: Biomasse. Springer Verlag, Berlin, Heidelberg 1992

[41] Hellmann, H. und Bruns, F.J.: Ein Beitrag zum Auftreten von Kohlenwasserstoffen natürlicher Herkunft in Gewässern. Deutsche Gewässerk. Mitt. 13, 54–60 (1969)
[42] Clark, R.C. und Blumer, M.: Distribution of n-Paraffins in Marine Organisms and Sediment. Limnol. Oceanogr. 12, 79–87 (1967)
[43] Seibold, E., Müller, G. und Fesser, H.: Chemische Untersuchungen eines Sapropels aus der mittleren Adria. Erdöl und Kohle 5, 296 (1958)
[44] Rasmussen, R.A.: What do the Hydrocarbons from Trees Contribute to Air Pollution? Journ. Air Poll. Contr. Ass. 22, 537–543 (1972)
[45] Timpe, H.J.: Light-induced Conversion of Chemicals in Ecological Systems. Kontakte (Darmstadt) 14–20 (1993)
[46] Fabian, P.: Atmosphäre und Umwelt. Springer Verlag, Berlin, Heidelberg 1992
[47] Korte, F. und Boedefeld, E.: Ecotoxicological Review of Global Impact of Petroleum Industry and its Products. Ecotoxicological and Environmental Safety 2, 55–103 (1978)
[48] EAWAG/Zürich-Dübendorf (Hrsg.): Jahresbericht 1986. Dort: Organische Umweltchemikalien in Regen und Schnee. Bearbeitet von W. Giger, C. Leuenberger, J. Czuczwa und J. Tremp
[49] Winkler, H.-D., Puttius, U. und Levsen, K.: Organische Verbindungen im Regenwasser. Vom Wasser 70, 107–117 (1988)
[50] Grob, K. und Grob, G.: Organische Stoffe in Zürichs Wasser. Neue Zürcher Zeitung. Beilage Forschung und Technik, 10. 9. 1973, Nr. 419 sowie: Die Verunreinigung der Zürcher Luft durch organische Stoffe, insbesondere Autobenzin. 7. 8. 1972, Nr. 364
[51] Umweltbundesamt (Hrsg.): Texte 51/91: Reaktionskonstanten zum abiotischen Abbau von organischen Chemikalien in der Atmosphäre. Bearbeitet von W. Klöpffer und D. Daniel. Berlin 1991
[52] Hellmann, H.: Abbau biogener Kohlenwasserstoffe. Vom Wasser 54, 81–92 (1980)

*Die analytische Chemie hat sich
... von einer retrospektiven in eine
diagnostische Wissenschaft gewandelt. Sie hat heute bereits den
Status einer prognostizierenden
Wissenschaft.*
Michael Widmer [1]

2 Verhalten von Mineralölprodukten in Wasser und Boden

Fraglos kann man Kohlenwasserstoffe quantitativ in Wasser- und Bodenproben analysieren, ohne einen Gedanken an die Vergangenheit, das Schicksal der KW zu verschwenden. Dort, wo es lediglich um die Erfüllung von behördlichen Auflagen, der Kontrolle von Grenz- oder Richtwerten geht, ist zumindest aus ökonomischen Gründen eine weitere Untersuchung überflüssig. Indessen gewinnt gerade die retrospektive Sicht – im Gegensatz zu obigem Motto – entscheidend dort an Bedeutung, wo die Beurteilung des Meßergebnisses, die Diagnose, fallweise auch die Prognose ansteht. Zur Entscheidung zwischen Mineralöl und biogenen KW, zur Beurteilung von Alterungsvorgängen, zur Bewertung von KW-Komponenten in Grund- und Trinkwässern, zur Vorhersage der möglichen Auswirkungen von Ölverschmutzungen sind, neben der Kenntnis der Zusammensetzung von in Frage kommenden Standardölen, auch Kenntnisse über die möglichen Veränderungen von Ölen und KW-Mischungen in Wasser und Boden unentbehrlich. Dies wird man spätestens nach dem Vorliegen von Gaschromatogrammen, IR- oder UV-Spektren feststellen. Denn: im Gegensatz z.B. zum genetischen Fingerabdruck durch DNA-Analyse, der unveränderlich ist, verändert sich das Muster von Mineralölprodukten sowie biogenen KW in der Umwelt.

2.1 Das Verhalten auf und in Gewässern

Das Verhalten ausgelaufener Mineralöle geht aus Abb. 2.1 hervor. Es handelt sich dort um Teilvorgänge, die ineinander greifen, sich überlagern, miteinander konkurrieren, einander bedingen, und die über das endgültige Schicksal des Öles bzw. seiner Bestandteile entscheiden. In der ersten Zeile der Abbildung findet man die *primären* Teilvorgänge. Primär im Hinblick auf ihr zeitliches Auftreten. Darunter stehen im gleichen Sinn die

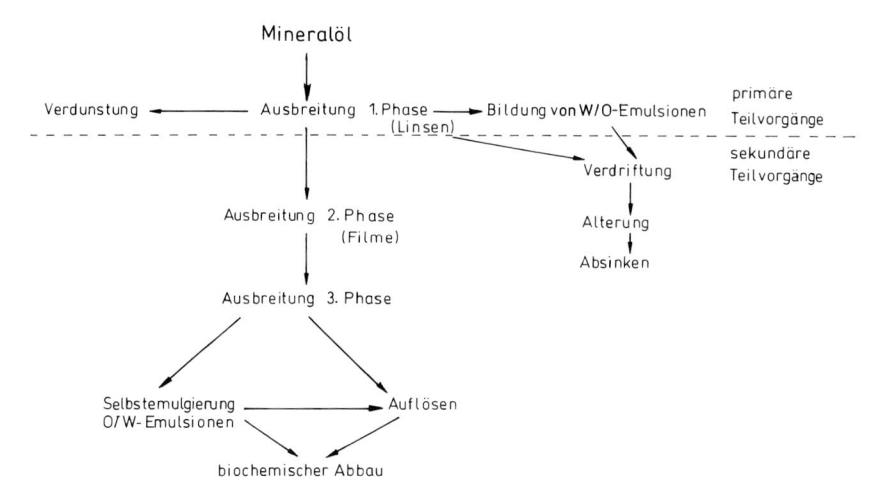

```
                          Mineralöl
                              │
                              ▼
Verdunstung ◄─── Ausbreitung 1.Phase ───► Bildung von W/O-Emulsionen      primäre
- - - - - - - - - - - -(Linsen)- - - - - - - - - - - - - - │ - - - - - - Teilvorgänge
                              │                             │            
                              │                             ▼            sekundäre
                              │                         Verdriftung      Teilvorgänge
                              ▼                             │
                     Ausbreitung 2.Phase                    ▼
                          (Filme)                        Alterung
                              │                             │
                              │                             ▼
                              ▼                          Absinken
                     Ausbreitung 3.Phase
                         ╱        ╲
                        ╱          ╲
       Selbstemulgierung ─────► Auflösen
       O/W-Emulsionen ╲         
                       ╲        
                   biochemischer Abbau
```

Abb. 2.1: Verhalten von Mineralölen auf Wasseroberflächen – Teil- und Folgeprozesse.

sekundären. Diese haben nicht unbedingt zur Voraussetzung, daß der zugehörige primäre Vorgang abgeschlossen ist: beide Typen können nebeneinander ablaufen. Verdunstung, Ausbreitung bis zum Ende der ersten Phase und in gewissem Sinn die Bildung von Wasser-in-Öl (W/O)-Emulsionen (Wasser-in-Rohöl-Emulsionen enthalten kleine Wassertröpfchen in Öl emulgiert. Das Verhältnis Öl:Wasser ist etwa wie 1:3 [2]) sind primäre Prozesse, während die Ausbreitung des Öles vom Ende der ersten Ausbreitungsphase (Schichtdicke ab 1–8 mm) bis hin zu den bunten Ölfilmen (Dicke etwa 0.3–3 µm) einen sekundären Vorgang darstellt. Sekundäre Prozesse müssen nicht unbedingt auf primäre folgen, vielmehr können die primären Prozesse so stark dominieren, daß eine filmförmige Ausbreitung des Öles auf dem Wasser entweder gar nicht, oder nur in ganz untergeordnetem Maße zustande kommt. Bei der Ausbreitung von Benzinen z.B. ist die Verdunstung der beherrschende Vorgang. Ebenso kann eine W/O-Emulsion so rasch und vollständig entstehen, daß von diesem Zeitpunkt ab die weitere Verdunstung wie auch die Ölausbreitung praktisch bedeutungslos werden, wenngleich sie vielleicht zu Beginn des Ölausbruchs dominierten. Dieses Verhalten beobachtet man vor allem bei leichten Rohölen.

Das auf die Gewässeroberfläche gelangte Öl muß bis zum völligen Auflösen drei Etappen durchlaufen, die jeweils eigenen Gesetzmäßigkeiten gehorchen. Das Überspringen einer Etappe ist nicht möglich. Generell ist die Beziehung jedes „Stadiums" zu anderen Stadien eindeutig fixiert. Dementsprechend können Ölfilme in der Regel keine W/O-Emulsionen mehr bilden – Abb. 2.1. Auch tragen sie nicht weiter zur Verdunstung bei. Allerdings sei einschränkend vermerkt: es läßt sich nicht ausschließen, daß unter entsprechenden Wind- und Strömungsverhältnissen bereits ausgedehnte Ölfilmflächen zusammengeschoben werden und dann erneut massive Verschmutzungen bilden können. Solches läßt sich gelegentlich in Häfen oder den Stauhaltungen staugeregelter Flüsse beobachten. Nach Abb. 2.1 sind auch Lösevorgänge erst in vollem Umfang zu erwarten, wenn die dritte Ausbreitungsphase von weniger als 1 µm überschritten wird. Das heißt nicht, daß sich vorher keine Ölbestandteile im Wasserkörper lösen könnten. Nur ist dieser Anteil häufig gering und abhängig vom Typ des betreffenden Öles bzw. dessen Siedeverlauf. Das ist in Gewässern, aus denen Trinkwasser gewonnen wird, im Auge zu behalten. Den Transport des Öles durch Strömung und/oder Wind bezeichnet man als Verdriftung.

Schließlich ist die Alterung der Öle zu erwähnen. Man versteht darunter die unter dem Einfluß von Licht, Luft (Sauerstoff) und Wärme ablaufenden, im übrigen sehr komplexen Vorgänge physikalisch-chemischer Art. Da die Alterung ein ausgesprochener Langzeitvorgang im Gegensatz zu den bisher erwähnten Kurzzeitprozessen ist, kann sie z. B. nicht an Ölfilmen ansetzen, deren Lebensdauer recht kurz ist. Die Alterung setzt vielmehr an verhältnismäßig dicken Ölschichten, z. B. nach (Roh-)Ölkatastrophen an und führt zu hoch viskosen Massen, die nicht selten langlebige Bestandteile der Gewässer werden, und biochemisch nur langsam abgebaut werden können. Analog den W/O-Emulsionen nehmen sie bei Gelegenheit Feststoffe wie Luftstaub, Sand oder Laub, im Meer auch anorganische Salze auf und sinken mit diesen dann größtenteils im Laufe der Zeit ab.

Dieser kurze Abriß zeigt, daß trotz der im einzelnen gesetzmäßig ablaufenden Vorgänge durch die verschiedenen Möglichkeiten der Kombination doch die Variationsbreite beträchtlich ist, innerhalb deren sich das Schicksal des gesamten Öles oder häufiger: das von unterschiedlich großen Ölanteilen realisiert.

2.1.1 Ausbreitung auf dem Wasser; erste Phase

Die Ausbreitung von Öl auf Wasseroberflächen ist zunächst als ein Vorgang anzusehen, bei dem sich eine spezifisch leichtere Flüssigkeit auf einer schwereren ausbreitet. Bei genauerer Betrachtung sind zumindest zwei verschiedene physikalisch-chemische Ursachen mit entsprechend zwei Ausbreitungsphasen zu unterscheiden. Für beide ist der Hauptsatz der Thermodynamik maßgebend, nach welchem Vorgänge nur dann von selbst ablaufen können, wenn freie Energie verfügbar ist bzw. entsteht. Eine solche ist die potentielle Energie, die ein ausgelaufenes Öl im Anfangsstadium − bezogen auf das Wasserniveau − hat. Sie ist die treibende Kraft der ersten Ausbreitungsphase − Abb. 2.1, und verläuft bei nicht zu großen Ölmengen verhältnismäßig rasch. Sie führt bei Rohölen in Abhängigkeit von der Öldichte zu Endschichthöhen zwischen 1−8 mm gemäß Tab. 2.1.

Tabelle 2-1. Endschichtdicke des Rohöls nach der ersten Ausbreitungsphase nach Messungen des Verfassers.

Rohöl	Endschichthöhe [mm]	Spiegeldifferenz [mm]	Dichte [g/ml]; 20 °C	Viskosität [Pas] 20 °C
Brega	1.6	0.26	0.834	5.9
Irak	1.6	0.25	0.840	7.5
Arabien light	1.7	0.25	0.849	9.0
Iran	1.6	0.25	0.855	8.0
Aramco	1.6	0.24	0.852	8.1
Libyen	1.6	0.25	0.840	8.0
Holstein	2.3	0.31	0.864	17.2
Emsland	3.5	0.39	0.889	231
Cabimas	4.2	0.33	0.921	156
Venezuela	6.8	0.20	0.972	1230
Brigitta	8.0	0.22	0.974	4600

2.1.2 Zweite Ausbreitungsphase

Bunt schillernde Ölfilme unterscheiden sich von den soeben erwähnten Öllinsen oder -teppichen durch ihre 3 bis 4 Zehnerpotenzen geringere Schichtstärke von etwa 0.3–3 µm, Abb. 2.1. Ihre Entstehung aus den dickeren Schichten ist thermodynamisch dann möglich, wenn die Oberflächenenergie des Öles durch den Energiegewinn überkompensiert wird, der durch die Bedeckung einer freien Wasseroberfläche mit ihrer erheblich größeren Oberflächenenergie durch den Ölfilm eintritt [3].

Bei Ölausbreitungsversuchen mit kleinen Mengen (2–3 l) eines leichten Rohöles wurden Vorgänge beobachtet, die in Abb. 2.2 nicht ganz originalgetreu skizziert sind. Während im Zentrum der aufgebrachten Ölmenge ein überwiegend höher molekularer Anteil unmittelbar nach dem Ausgießen seine maximale Ausdehnung erreichte, breiteten sich leichtere Ölbestandteile kreisförmig immer weiter aus (= Spreiten), wobei wir den farbigen Filmen eine Schichthöhe von etwa 1 µm, den gerade noch bläulich opaliszierenden Zonen eine Schichthöhe unter 1 µm zuordneten. Während die Grenzen zwischen den beiden Filmphasen kontinuierlich ineinander übergingen, verblieb der höher molekulare Hauptölanteil jedenfalls für die Dauer des Versuches (ca. 30 min) im Zentrum liegen. Ein Spreiten mit abnehmender Schichthöhe wäre hier nur bei frischer Wasseroberfläche möglich. Es bilden sich also nicht nur unterschiedliche Ölschichten, sondern es kommt auch zu einer gewissen Fraktionierung der Ölbestandteile, die von uns allerdings nicht unter Beweis gestellt wurde. Bekannt ist das Spreiten von polaren und grenzflächenaktiven Verbindungen des Rohöls, dazu von leichteren Aromaten. Sowohl bei der Luftaufnahme mit Laser-Fluoreszenz und Infrarot-Licht wie bei der Untersuchung von Ölproben im Hinblick auf den Schadensverursacher ist dies zu berücksichtigen – vergl. auch Kap. 8 und 9.

Die Ausbreitung des Ölfilms wird durch frische Wasseroberflächen gefördert [4]. Durch unterschiedliche Strömungsverhältnisse in einem Gewässer und durch Schiffsschrauben kann die mechanische Zerteilung des Ölteppichs in kleinere Ölflächen erfol-

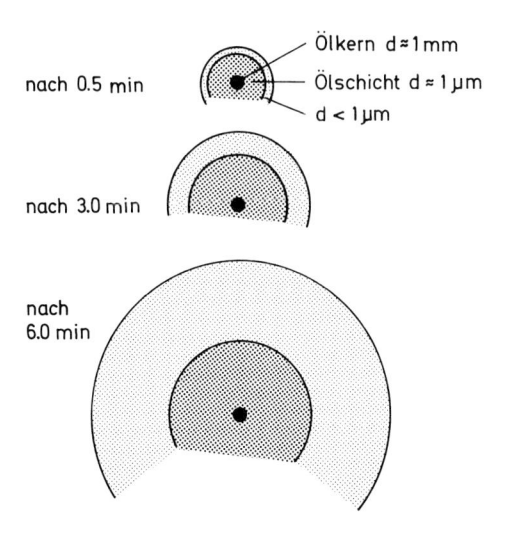

nach 0.5 min — Ölkern d ≈ 1 mm / Ölschicht d ≈ 1 µm / d < 1 µm

nach 3.0 min

nach 6.0 min

Abb. 2.2: Ausbreitung von Mineralöl auf Gewässern – zeitlicher Verlauf der Ölausbreitung der zweiten Phase.

gen, die nun von frischen Wasseroberflächen umgeben sind. Bewegt sich aber der Teppich mit der Strömung und/oder dem Wind rascher als die Filmfront in einer Richtung, dann kann die filmförmige Ausbreitung ganz zum Erliegen kommen. Ohne hier auf weitere Einzelheiten einzugehen, kann doch gesagt werden, daß die völlige Ausbreitung im Gefolge von größeren Ölunfällen auf stehenden Gewässern sowie auf kleinen und langsam fließenden Gewässern nur in sehr eingeschränktem Umfang und in größeren Zeiträumen möglich ist. Umgekehrt ist die Situation bei kleinen Ölunfällen auf größeren Fließgewässern.

2.1.3 Verdunstung

Der Übergang von Ölbestandteilen aus dem Wasser in die Atmosphäre stellt in gewissem Sinn eine Verlagerung der Wasser- in eine Luftverschmutzung dar. Wir dürfen jedoch annehmen, daß diese Luftverschmutzung in den meisten Fällen keine große Rolle im Zusammenhang mit dem betreffenden Fall spielt.

Von erheblichem Interesse sind die mit der Verdunstung verknüpften Änderungen der physikalisch-chemischen Konsistenz der auf dem Wasser zurückbleibenden Ölteppiche, worauf wir noch zurückkommen. Die Frage nach Ausmaß und Geschwindigkeit der Verdunstung von Kohlenwasserstoffen ist allerdings sehr aktuell. Dieser Prozeß hängt außer von der chemischen Zusammensetzung des Öles von der Wassertemperatur, der Windbewegung und der Ölschichthöhe ab.

Leichte Öle, deren Dichte zwischen 0.82 und 0.85 g/ml liegt, enthalten erhebliche Mengen an niedrigsiedenden Verbindungen, die an die Atmosphäre abgegeben werden können. Man kann die Verdunstung durch den Anstieg der Zahlenwerte für den Flammpunkt, die Dichte und die Viskosität des zurückbleibenden Öles verfolgen und durch den Gewichtsverlust dieses Ölteiles charakterisieren – Abb. 2.3. Der zeitliche Verlauf der Verdunstung läßt sich mathematisch sehr gut durch den positiven Ast einer Parabel gemäß

$$y = a \cdot x^b$$

y = Verdunstungsverlust (Gew. %)
x = Zeit (Stunden)
a = Konstante
b = Konstante

darstellen [3, 5].

Der Verdunstungsverlust in Relation zu Öltyp und -menge ist innerhalb von Minuten bis wenigen Stunden verhältnismäßig groß. Er nähert sich dann im Laufe von einigen Tagen immer langsamer einem Grenzwert von maximal 30 Gew. %. Leichte Öle gaben im Modellversuch innerhalb von 7 Tagen rund 25 % ihres Gewichtes an die Atmosphäre ab. Mittlere Öle der Dichte 0.88 bis 0.92 und schwere der Dichte über 0.92 erleiden geringere – 10 % – oder kaum ins Gewicht fallende Verluste.

Der dem Verdunstungsverlust analoge zeitliche Verlauf der Meßwerte für Viskosität, Dichte und Flammpunkt im Zeitraum von wenigen Tagen wird verständlich, wenn man annimmt, daß die Verdunstung allein oder in beherrschendem Maße die Veränderungen im Öl bewirkt. Bei Benzinen und ähnlich leichtsiedenden Mineralölprodukten wird die

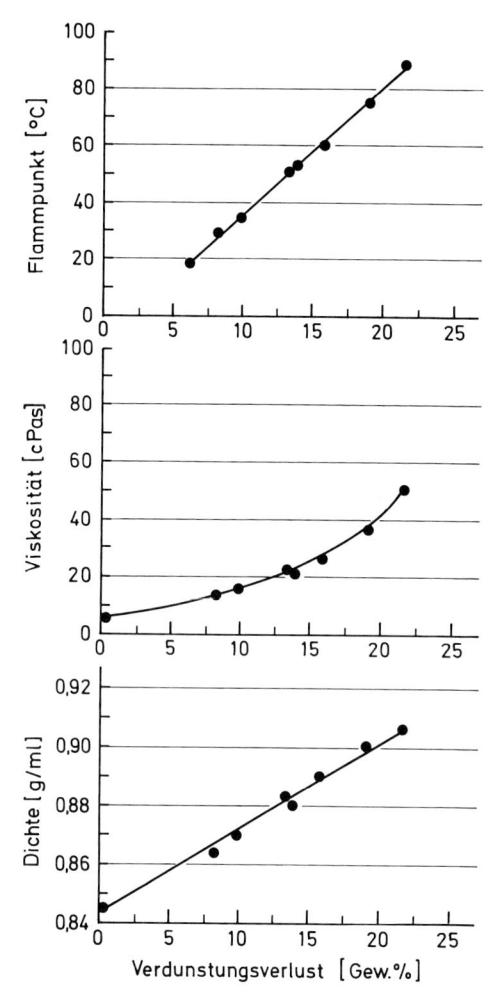

Abb. 2.3: Zusammenhang zwischen dem Verdunstungsverlust einer Ölmenge und der Zunahme von Dichte, Viskosität und Flammpunkt; Rohöl „Irak" nach [5].

Verdunstung überhaupt zum dominanten Prozeß, der bis zum völligen Verschwinden des Öles von der Wasseroberfläche anhält. Eine Bekämpfung ist hier normalerweise unnötig, wie i. allg. auch eine KW-Analyse des verunreinigten Wasserkörpers.

2.1.4 Lösen in Wasser

Der vollständige Übergang von Mineralölen in die Wasserphase wird selbst bei kleineren Ölmengen um 1 bis 10 Tonnen mit großer Wahrscheinlichkeit nur in entsprechend großen Gewässern erreicht, und zwar weitaus überwiegend über das Stadium der völligen Ölausbreitung und über monomolekulare Schichten [6]. Bei größeren (100 t) und sehr großen Mengen (1000 t) kann die Zeit, die vom Ausfließen bis zum optischen Verschwinden erforderlich ist, vor allem bei gehinderter Ausbreitung so groß sein, daß mit

| | 1 t | 10 t | 100 t | 1000 t | Ölmenge |

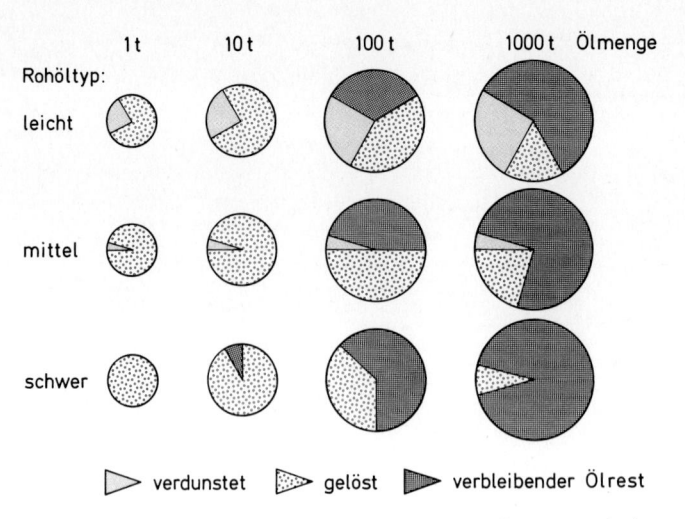

Rohöltyp:
leicht

mittel

schwer

▷ verdunstet   ▷ gelöst   ▶ verbleibender Ölrest

Abb. 2.4: Prozentuales Ausmaß der einzelnen Teilvorgänge bei verschiedenen Rohöltypen und -mengen.

zunehmender Wahrscheinlichkeit andere Teilvorgänge wie die Ölalterung und die Bildung von W/O-Emulsionen (s. unten), ferner Absinken im Wasserkörper und Anlanden an Ufern dem Auflösen zuvorkommen. Der zu erwartende Restölgehalt, der weder in die Atmosphäre noch völlig in die Wasserphase übergeht, nimmt mit der Ölmenge und dem spezifischen Ölgewicht zu und kann durchaus 80 bis 90 % des ausgelaufenen Öles umfassen – Abb. 2.4. Es gilt als sicher, daß die in verschiedenen Veröffentlichungen beschriebenen Ölklumpen (tars, lumps) auf hoher See sowie die vielerorts bemängelten Strandverschmutzungen solche Restöle darstellen. Bei ungehinderter Ausbreitung jedoch und in größeren Fließgewässern ist umgekehrt damit zu rechnen, daß der weitaus überwiegende Anteil des Öles im Wasser gelöst oder emulgiert wird. (Nachdem man in gewissem Ausmaß voraussehen kann, ob eine Ölverschmutzung völlig in die Wasserphase übergeht, d. h. letztendlich gelöst wird, ist im Hinblick auf die Ölbekämpfung zu überlegen, ob dieser Vorgang erwünscht ist oder nicht, wobei auch die Möglichkeiten und Grenzen der Bekämpfung zu beachten sind – vergl. „trockener" Schadensfall, Abschnitt 2.1.6.

2.1.5 Bildung von Öl-in-Wasser-Emulsionen

Unter einer Öl-in-Wasser (O/W)-Emulsion versteht man die Verteilung von Öltröpfchen der Größe 20 µm und darunter in Wasser [7]. Obwohl sowohl Rohöle wie Raffinate unterschiedliche Mengen an natürlichen Emulgatoren enthalten, reicht doch deren Menge bei weitem nicht zur Selbstemulgierung aus, so daß schwimmende Öle ohne künstliche Einwirkung auch durch starke Wind- und Wellenbewegung nicht nennenswert emulgiert werden. Das schließt nicht aus, daß in einem weit fortgeschrittenen Stadium der Ölausbreitung die Selbstemulgierung eine beherrschende Rolle erlangt. Man kann diese Tatsache anhand eines energetischen Modells verstehen: bei Ölen, die noch in verhältnismäßig dicken Schichten auf dem Wasser schwimmen, ist die verfügbare Energie, fixiert u. a. in der Summe der Grenzflächenenergien Wasser-Öl, Wasser-Luft und

Öl-Luft noch so groß, daß sie durch die Bildungsenergie einer O/W-Emulsion nicht kompensiert werden kann. Beim Vorliegen sehr dünner Ölfilme indessen ist die Grenzflächenenergie weitgehend erschöpft. Der energetische Zustand ist also instabil und kann durch Wind und Wellen so nachhaltig gestört werden, daß der Teilvorgang der Selbstemulgierung sich durchsetzen kann (Abb. 2.1). O/W-Emulsionen sind auch möglich, wenn die Ölausbreitung über das Stadium der irisierenden Filme hinaus fortschreitet bis hin zu den für unser Auge unsichtbaren Filmen der Dicke um 0.1 µm.

Nach Ansicht von Baker [6] würden die bei einem Zusammenbruch solcher Filme entstehenden Tröpfchen der Teilchengröße um 0.05 µm bereits Lösungen von KW im Wasser darstellen.

Unter natürlichen Bedingungen bilden sich O/W-Emulsionen vor allem dann, wenn sich relativ kleine Ölmengen auf einer unverschmutzten Wasseroberfläche ungehindert ausbreiten können. Es ist aber sicher, daß auch bei größeren Ölverunreinigungen ein Teil des Öles vor allem in größeren Fließgewässern diese Endphase erreicht.

2.1.6 Bildung von Wasser-in-Öl-Emulsionen

Sofern die leicht oder mäßig flüchtigen Verbindungen aus schwimmenden Ölen ungehindert verdunsten können, läuft dieser Vorgang gewissermaßen nach einer strengen Gesetzmäßigkeit ab, wobei Dichte und Viskosität des Öles kontinuierlich zunehmen. Diese Kontinuität wird u. a. durch Niederschläge gestört. Denn dieses Wasser bleibt nicht immer auf der (wasserabstoßenden) Öloberfläche liegen oder sinkt durch die Ölschicht hindurch, sondern wird, wie im Modell vor allem bei Rohölen betrachtet, vom Öl aufgenommen und „verarbeitet".

Dies geschieht nicht, wenn es sich bereits um sehr stark gealterte oder um abgetoppte, d. h. von den leichter flüchtigen Bestandteilen befreite Öle handelt. Durch die dabei auftretenden Farbänderungen nach schokoladenbraun zeigt sich der Beginn einer Emulsionsbildung besonderer Art an [2], die meines Wissens nur bei Rohölen, nicht aber bei den gängigen Raffinaten wie Heizöl und Motorenöl möglich ist. Das eindringende Wasser wird hierbei in Form von sehr kleinen Tröpfchen im Öl verteilt, wobei eine mechanische Bewegung, z. B. die Turbulenz der fließenden oder stehenden Wellen, diese feine Verteilung fördert. Die entstehende Wasser-in-Rohöl-Emulsion unterscheidet sich vom Ausgangsöl in ganz charakteristischer Weise. Volumen, Dichte und Viskosität steigen, im Gegensatz zu den Folgen der Verdunstung, sprunghaft an [2]. Die Fähigkeit des Öles, sich weiter auszubreiten, wird praktisch völlig unterbunden, die Verdunstung stark verlangsamt oder ganz gestoppt [5].

Die äußere Ursache und die Randbedingungen für die Bildung einer solchen W/O-Emulsion sind so vielgestaltig, daß sie hier nicht weiter behandelt werden können – s. [2]. Im Viskositätsmaximum hat sich das Volumen des Öles mitunter vervierfacht, die Viskosität ist z. B. von 8 auf 500 cPas – also um fast zwei Zehnerpotenzen – angestiegen. Sind derartige Emulsionen erst einmal entstanden, können sie zu einem langlebigen Bestandteil des Gewässers werden, wobei in der Regel mit dem Absinken zu einem späteren Zeitpunkt zu rechnen ist. (Die Beurteilung der W/O-Emulsionen unter dem Aspekt der Bekämpfung und des Gewässerschutzes ist nicht immer in wünschenswerter Eindeutigkeit möglich. Einerseits sind sie schwierig zu handhaben: sie lassen sich mit Bindemitteln nicht abbinden und auch nur schwer abpumpen. Andererseits verhindern

42 2 Verhalten von Mineralölprodukten in Wasser und Boden

sie durch ihre physikalisch-chemischen Eigenschaften eine rasche Ausbreitung mit nachfolgendem Übertritt des Öles in den Wasserkörper.)

Die weitere Zunahme der Viskosität unter dem Einfluß nunmehr der Witterung allein zeigt Abb. 2.5. Im Modellversuch erreichte die zeitliche Zunahme der Viskosität in den strahlungsintensiven Sommermonaten einen Höhepunkt. Es entstehen die erwähnten Restöle, die sich kaum noch weiter ausbreiten, vielmehr zum Absinken neigen und gerade so wie die W/O-Emulsionen langlebige Bestandteile des Gewässers werden können. Diese letztgenannten Vorgänge laufen jedoch verhältnismäßig langsam ab: innerhalb von Wochen oder Monaten, so daß sie in Binnengewässern nicht zum Tragen kommen.

Abb. 2.6 vermittelt einen Eindruck vom kurzzeitlichen Verlauf der Photooxidation schwimmender Ölfilme im Freilandversuch n. [10] – s. auch Abschnitt 8.2. Hier wurde die Fluoreszenzabnahme der auf Kieselgel-Dünnschichten chromatographierten Aroma-

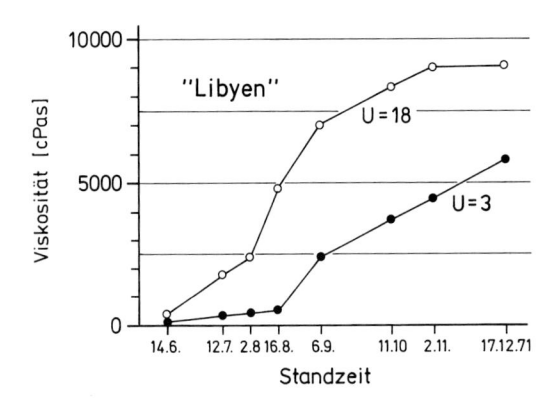

Abb. 2.5: Fließverhalten: Zunahme der Viskosität des Rohöls „Libyen" bei längerer Standzeit nach [5]. U = Geräteparameter. U = Geräteparameter bedeutet, daß die Viskosität keine Konstante mehr ist (Übergang Newton'sche → strukturviskose Flüssigkeit), sondern von den Meßbedingungen abhängt [8, 9].

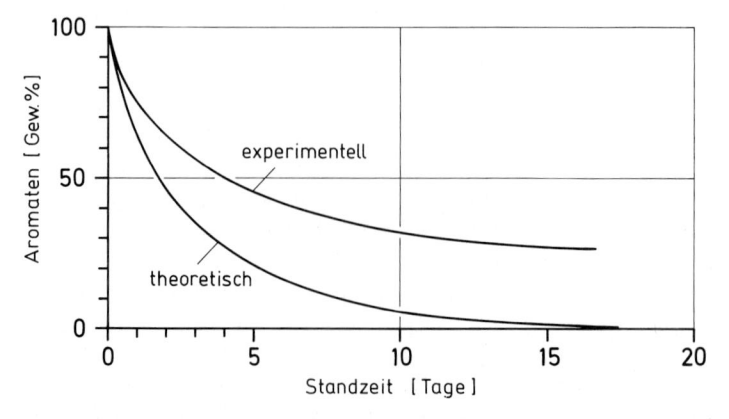

Abb. 2.6: Fluoreszenzabnahme der Aromatenfraktion eines schwimmenden Ölfilmes nach Isolierung auf Kieselgel-Dünnschichten, ausgedrückt in Prozent der Ausgangsfluoreszenz als Maß für den photochemischen Abbau nach [10].

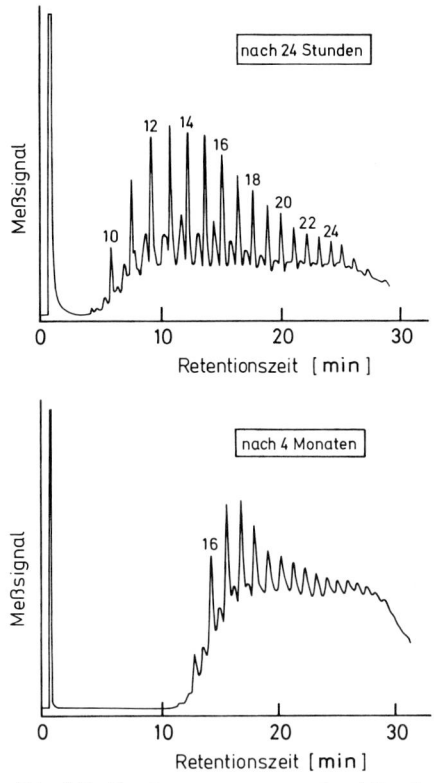

Abb. 2.7: Gaschromatogramme der Alkanfraktion des Rohöls „Irak" im Freilandversuch zu Beginn und nach 4 Monaten nach [5]. Gepackte Säule 1.5 m, Silikongummi, Temperatur 50–280 °C.

tenfraktion gemessen. Dem experimentell gemessenen ist der theoretische Verlauf in der unteren Kurve gegenüber gestellt, welcher sich aus den ersten 4 Meßwerten unter der Annahme einer Exponentialfunktion ableiten läßt. Anhand der gaschromatographischen Vermessung der Alkanfraktion eines Rohöls ließ sich im Langzeitprozeß das Verschwinden von n-Alkanen vor allem durch den biochemischen Abbau verfolgen – Abb. 2.7. Die iso-Alkane als weniger gut abbaubare Verbindungen reichern sich relativ zu den n-Alkanen an und bilden ein zunehmendes nicht-aufgelöstes-komplexes-Gemisch in Form des Untergrundes [11]. In Abb. 2.8 ist das Ergebnis eines sich über zwei Jahre erstreckenden Langzeitversuches dargestellt. Es handelt sich um die Untersuchung der Vorgänge an den verhältnismäßig dicken Schichten eines schwimmenden Rohöles, deren Fraktionen vor der quantitativen Bestimmung chromatographisch isoliert wurden [11].

Der Zusammenhang zwischen den beschriebenen Teilvorgängen und ihrer meßtechnischen Erfassung ist in Tab. 2.2 wiedergegeben.

Und nun zur *PROGNOSE* im Sinne des Eingangmottos am Beispiel des Studienfalls Dieselkraftstoff:

Für eine Prognose in einem angenommenen (trockenen) Schadensfall ist einiges an Kenntnissen erforderlich: die Eigenart und das grundsätzliche Verhalten des betreffenden Stoffes ebenso wie die Eigenart und die Dynamik des Gewässers selbst. Zur Diskussion stand kürzlich folgender Fall:

In Höhe Basel (km 162) seien 460 t Dieselkraftstoff ausgelaufen. Mit welcher Restkonzentration muß im Niederrhein (km 850) gerechnet werden? Sind die Wasserwerke betroffen?

Wie beschrieben breitet sich das Öl schwimmend zunächst auf der Wasseroberfläche aus und verbleibt dort vorerst auch wegen der geringeren Dichte und der geringen Wasserlöslichkeit. Je nach der unterschiedlichen Strömung im Flußquerschnitt kommt es zur Fahnenbildung. Der Ölfilm unterschreitet bald eine Ölschichthöhe von wenigen Mikrometern. Während selbst unter günstigsten Voraussetzungen durch Abschöpfen allenfalls 10–15 % (60 t) Kraftstoff zurückzugewinnen sind, geht man von einer starken Verdun-

Tabelle 2-2. Veränderungen an schwimmenden Rohölen und deren meßtechnische Erfassung.

Vorgang	Veränderung im Öl	meßtechnische Erfassung
Verdunstung	Verschwinden von Einzelverbindungen – Anstieg von Flammpunkt, Viskosität und Dichte	Gaschromatographie; rheologische Messungen; Bestimmung von Dichte und Flammpunkt
Emulsionsbildung	Sprunghafte Änderung im Fließverhalten – Zunahme von Dichte, Volumen und Viskosität, Veränderung von Löse-, Verdunstungs- und Ausbreitvermögen	rheologische Messungen
Alterung	Kontinuierliche Zunahme von Viskosität bzw. Strukturviskosität, Kondensationen und sonstigen molekulare Reaktionen	Gaschromatographie UV-, IR- und Fluoreszenzspektroskopie
biochemischer Abbau	Abbau von Einzelverbindungen, Besiedlung durch Mikroorganismen Änderungen in Dichte und Fließverhalten	Gaschromatographie IR-Spektroskopie in Verbindung mit Dünnschichtchromatographie

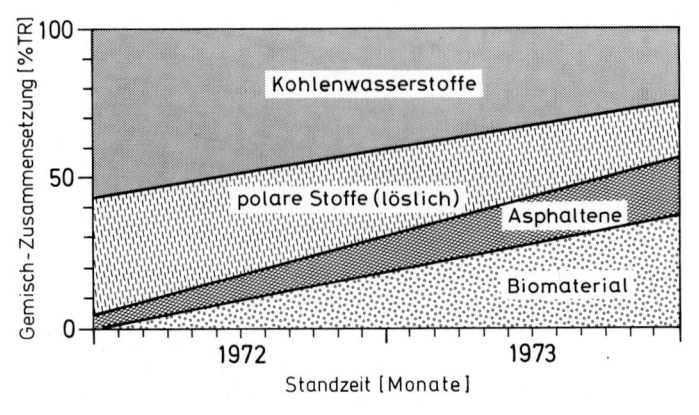

Abb. 2.8: Änderung der Zusammensetzung des Rohöls „Arabian light", im Langzeitversuch unter dem Einfluß der Witterung (= Alterung), nach [11].

stung bei den schwimmenden Ölen aus. Wir veranschlagen sie im Laufe der nächsten Stunden und 1 bis 2 Tagen auf 90 – 95% von 400 t. So verbleiben noch 40 t, die nicht durch Anhaften an Ufern, Bauwerken und Buhnen zusammen mit der Verdunstung irgendwie „verlorengehen". Diese 40 t verteilen sich kaum auf eine, vielmehr auf mehrere Fahnen von einer Gesamtlänge am Niederrhein von etwa 150–200 km in 2-3 Tagen. Nach dem Aufbrechen der Ölfilme ist eine Emulgierung und Dispergierung in die Tiefe des Wasserkörpers zu erwarten, und das auf einem Wasserkörper von etwa 150 km Länge der etwa 2 Tage zum Passieren des Flußquerschnittes benötigt. Unter Bezug auf eine Niedrigwasserführung im Niederrhein ist also dort mit einer zusätzlichen Kohlenwasserstoffkonzentration um 0,1–0,2 mg/l zu rechnen. Das bedeutet zwar eine analytisch meßbare Aufstockung des Normalpegels um etwa 100%, die Trinkwasserversorgung ist aber, abgesehen von der Situation bei Wasserwerken in unmittelbarer Lage am Unfallort, nicht tangiert.

2.2 Das Verhalten in Boden und Untergrund

Versickert ein Mineralöl im Boden, so bildet das Öl die vierte Phase im System Wasser/Luft/Boden/Öl [12]. „Wasser bleibt aber die das Bodenkorn benetzende Phase, das Öl kann sich in den lufterfüllten Poren bewegen, indem es die Luft verdrängt". Nach [12] liegt für den Analytiker das Öl im Boden vor

– als kompakte Flüssigkeit in den lufterfüllten Bodenporen mit wechselndem Wassergehalt,
– als Dampfphase in den lufterfüllten Poren des Bodens, sofern das Produkt entsprechend flüchtige Bestandteile enthält,
– kolloid- und moleküldispergiert in den verschiedenen im Boden vorkommenden Wasserformen und
– adsorbiert an Bodenbestandteilen ... , z.B. durch Umnetzung der Bodenkörper durch das Öl.

2.2.1 Öl im Untergrund

Die folgenden Ausführungen wurden zu einem großen Teil aus dem Leitfaden des Arbeitskreises „Wasser und Mineralöl" [13] entnommen, dem auch die Abbildungen nach Neuzeichnung entstammen.

Die Ausbreitung von Mineralöl im System Boden/Wasser/Öl/Luft wird im wesentlichen durch die Schwerkraft und durch Grenzflächenkräfte bewirkt. Mitentscheidend sind die Art und Struktur des Untergrundes, die hydrologischen Verhältnisse und die Eigenschaften des Mineralöls selbst.

Der Untergrund kann aus Locker- oder als Fest (Fels)gestein gebildet sein. Während im Bauwesen die unverfestigten Lockergesteine sowie die verwitterten Felsgesteine als Boden geführt werden, versteht man in der Landwirtschaft und Bodenkunde unter diesem Begriff nur die belebte, durchwurzelte oberste Zone der Gesteine von einer Mächtig-

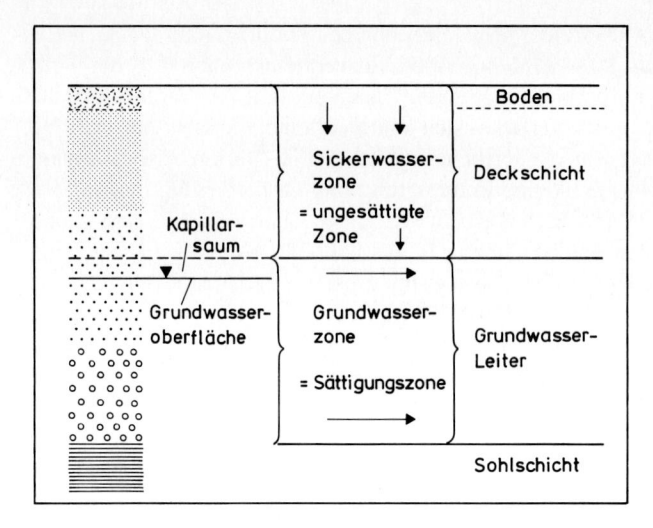

Abb. 2.9: Hydrologische Gliederung des Untergrundes nach [13].

keit zwischen 0.2 und 1.5 Meter. Sie ist bedeutungsvoll für die Grundwasserneubildung und -beschaffenheit. Wichtige Parameter für die Ausbreitung von Mineralölen im Lockergestein sind Kornzusammensetzung (DIN 4022) und die mit ihr zusammenhängende Durchlässigkeit und Kapillarität. Bei den Lockergesteinen erfolgt die Ausbreitung des Öles in den Poren, bei Festgesteinen hauptsächlich in Klüften und Spalten.

Locker- und Festgesteine bilden – geologisch gesehen – den Untergrund. Unter hydrologischen Aspekten unterscheidet man nun zwischen Sicker- und Grundwasserzone – Abb. 2.9, die auch als ungesättigte und gesättigte Zone bezeichnet werden. Die Grenze dazwischen, der Kapillarsaum, wird i. allg. in die Grundwasserzone miteinbezogen.

2.2.2 Verhalten im Untergrund

Entsprechend der geologischen Klassifizierung unterscheidet man die Ölausbreitung im Lockergestein von derjenigen im Festgestein. Die Vorgänge der Mineralölausbreitung im Festgestein sind unübersichtlich und entziehen sich einer engeren systematischen Darstellung [13]. Im Lockergestein geht es um die Ausbreitung im Sicker- und im Grundwasserbereich, wobei im Einzelfall Öl als Phase, in gelöster Form und als Gas auseinander zu halten sind. Man kann sich vorstellen, welchen großen Einfluß Öltyp und -zusammensetzung jeweils haben werden.

So ändert sich mit steigendem Siedebereich (Abb. 1.6) Fließfähigkeit und Viskosität des Öles. Daher breiten sich die höher siedenden Mineralölprodukte langsamer auf der Erdoberfläche aus, als die niedriger siedenden. Die Fließfähigkeit hängt auch vom Gehalt an – in der Kälte auskristallisierenden – Kohlenwasserstoffen, den sog. Hart- oder Weichparaffinen ab. Am Stockpunkt ist die Fließfähigkeit gleich Null.

Was die Wasserlöslichkeit anbetrifft lassen sich für Gemische i. allg. keine Löslichkeiten angeben. In etwa können die Löslichkeiten von definierten Einzelverbindungen einen abschätzenden Eindruck vermitteln – Abb. 2.10 und [12, 16]. Demzufolge variiert die Löslichkeit um mehr als drei Zehnerpotenzen, wobei die ungesättigten (Aromaten und

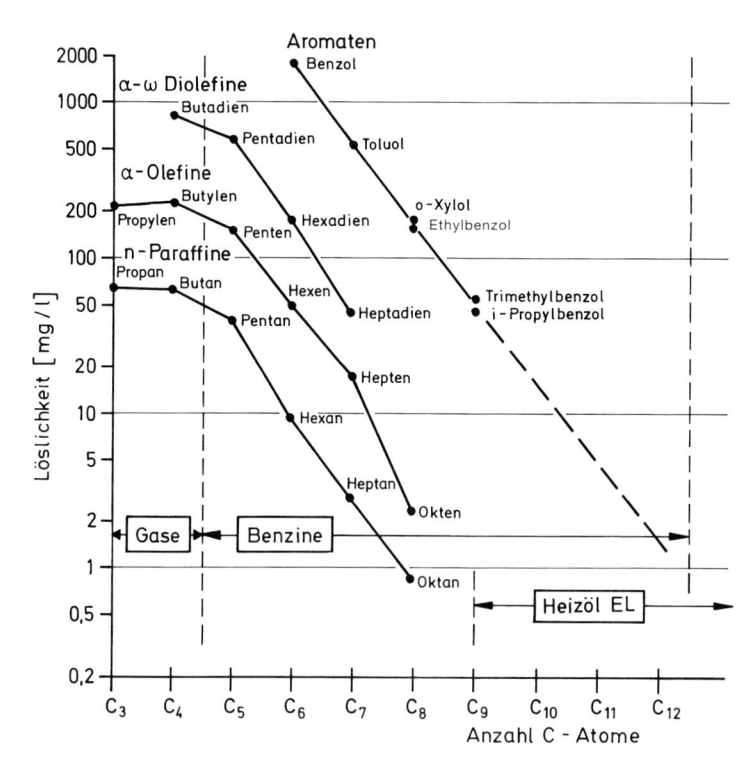

Abb. 2.10: Abhängigkeit der Löslichkeit von reinen Kohlenwasserstoffen in Wasser von der Kohlenstoffzahl und der Konfiguration nach [16].

Olefine) und kurzkettigen Verbindungen am besten im Wasser löslich sind. Eine gewisse Differenzierung nach abnehmender Löslichkeit folgt der Reihe

Gase > Benzine > Mitteldestillate (Heizöl EL) > Schmieröle.

Im Modellversuch lieferten die Gaschromatogramme am Beispiel des Heizöls EL die in Abb. 2.11 dargestellten Ergebnisse [14]. Der Wasserauszug enthält praktisch nur Aromaten, z.T. mit einer bis zwei Methylgruppen – Tab. 2.3. Ein gänzlich anderes Bild vermittelt die Resorption gelöster Komponenten aus der Wasserphase an dem Adsorbens Kaolinit, bei dem auch höher siedende Stoffe angetroffen werden. Diese Eigenarten kann man durchaus auf die entsprechenden Verhältnisse im Untergrund übertragen.

Für die de facto-Kontamination etwa des Grundwassers durch Mineralölbestandteile ist neben der spezifischen Löslichkeit an sich und dem Verteilungskoeffizienten auch die Lösegeschwindigkeit zu beachten. Diese ist nach [13] allerdings „in komplizierter Weise von der Temperatur, der Viskosität des Öles, der Molekülgröße, den Konzentrationen usw. abhängig". Und – fügen wir hinzu – von dem Verteilungsgrad des Öles im Untergrund.

Bei der Versickerung von Öl im Lockergestein muß man die Ausbreitung des Öles als Phase von derjenigen der gelösten Stoffe unterscheiden. Letztere wandern natürlich mit dem Sicker- und Grundwasser, während ersteres in den Gesteinen zunächst einen zusammenhängenden Ölkörper bildet. Dieser versickert weiter unter der Wirkung der

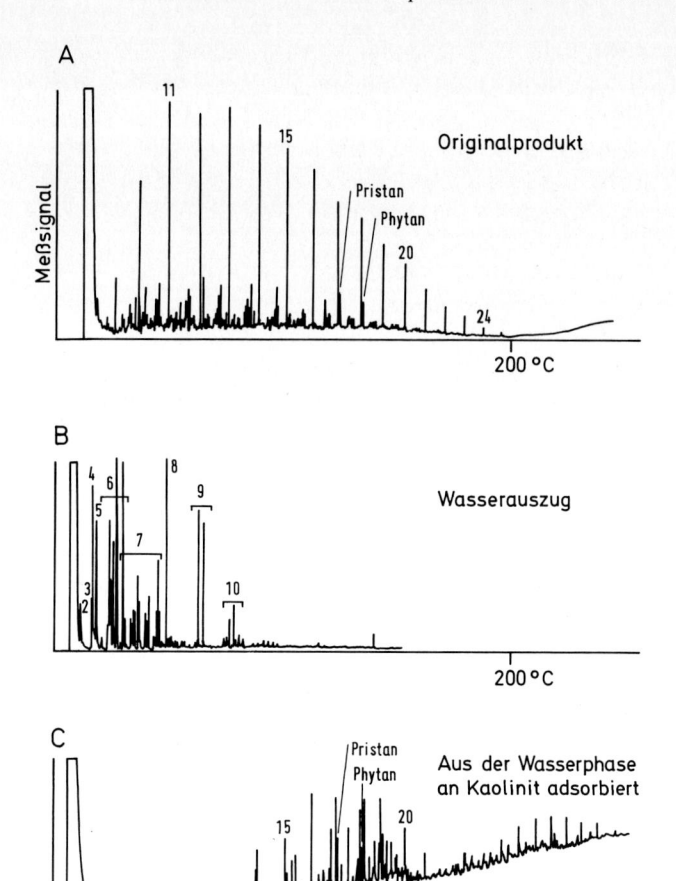

Abb. 2.11: Gaschromatogramme des Orginalproduktes Heizöl EL (A) sowie der gelösten (B) und adsorbierten (C) Mineralölbestandteile nach [14]. Zuordnung der Nummern von B s. Tab. 2.3.

Tabelle 2-3. Im Wasserauszug vom Heizöl EL (Abb. 2.11.B) nachgewiesene Verbindungen nach [14].

Nr.	Verbindung
1	Benzol
2	Toluol
3	Ethylbenzol
4	m-/p-Xylol
5	o-Xylol
6	C_3-Benzole
7	C_4-Benzole
8	Naphthalin
9	Methylnaphthalin
10	C_2-Naphthaline

Schwerkraft, wobei Form und Größe des Ölkörpers je nach Art und Struktur des Untergrundes stark differieren können – Abb. 9 – 11 in [13]. Der Fall der gelösten Stoffe wird akut, wenn sich das Öl im Sickerbereich nach Abb. 2.9 befindet und mit dem Sickerwasser in Berührung kommt. Liegt Öl als Phase oberhalb der Grundwasseroberfläche (Abb. 2.12), so kann nur das Sickerwasser Kohlenwasserstoffe lösen. Dringt der Ölkörper aber bis ins Grundwasser vor (Abb. 2.13), so werden KW auch vom Grundwasserstrom gelöst und mitgeführt. Beim weiteren Transport im Grundwasser des porösen Lockergesteins wird die KW-Konzentration fortlaufend verdünnt. Bei längerem Aufenthalt im Untergrund können chemische und biologische Vorgänge das Öl verändern, wobei es u.U. zu „reduzierten Grundwässern" kommt [15]. Über den mikrobiellen Abbau im Ölkörper selbst wird noch berichtet. Die gelösten KW werden rascher angegriffen, als solche im Ölkörper, an dem der Abbau ohnedies nur an der Phasengrenze Öl/Wasser ansetzen kann. Es ist nicht auszuschließen, daß die aromatischen und ungesättigten KW in relativ kurzer Zeit oxidiert werden. Ihr Fehlen in Bodenextrakten, die nur gesättigte KW enthalten, wäre dann nicht schon per se ein Kriterium für das Vorliegen von rein biogenen KW – vgl. Abschnitt 7.1.

Unter dem mikrobiellen Angriff auf KW im Grundwasser wird Sauerstoff verbraucht. Dadurch bildet sich ein Milieu aus, in dem NH_3 und H_2S freigesetzt werden und Eisen

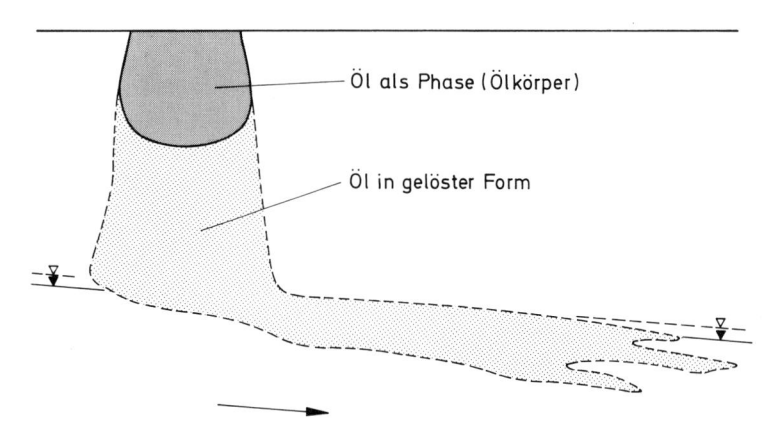

Abb. 2.12: Ausbreitung gelöster Stoffe im Untergrund – Vertikalschnitt nach [13].

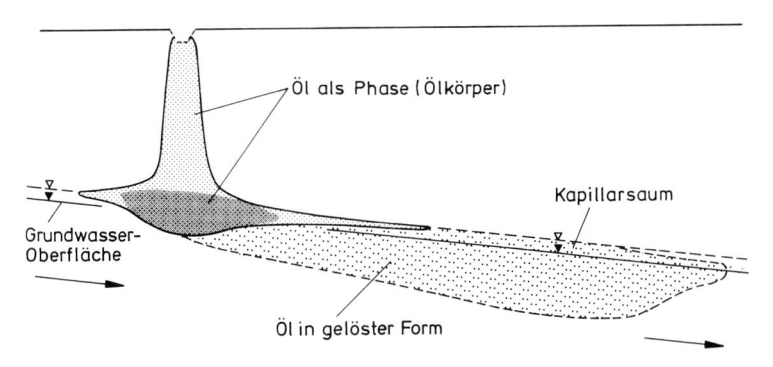

Abb. 2.13: Ausbreitung gelöster Stoffe im Untergrund – Vertikalschnitt nach [13]. (Öllinse im Grundwasser).

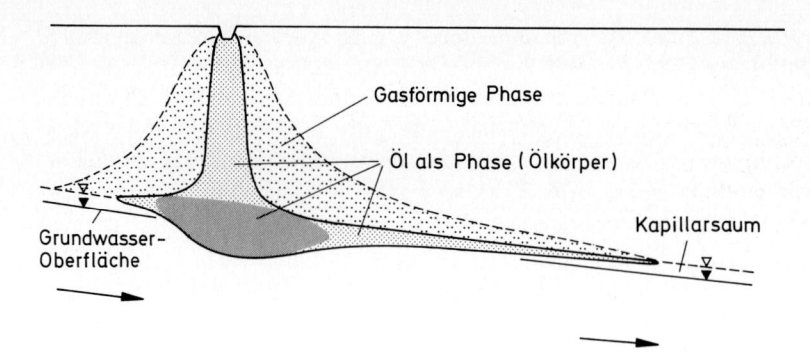

Abb. 2.14: Ausbreitung gasförmiger Kohlenwasserstoffe im Untergrund – Vertikalschnitt nach [13].

und Mangan in der zweiwertigen Form auftreten [15]. Diese Parameter deuten daher in zahlreichen Schadensfällen auf Mineralölverschmutzungen hin.

Nach [14] ist eine Re-Adsorption zuvor gelöster KW im Untergrund praktisch zu vernachlässigen. Nicht zu vernachlässigen ist fallweise die Ausbreitung der gasförmigen Phase – Abb. 2.14. Denn relativ niedrig siedende KW wie die Vergaserkraftstoffe verdunsten auch im Untergrund relativ schnell, wobei sie den Ölkörper mit einer Hülle umgeben.

Liegt eine Öllinse auf dem Grundwasser, bildet sich eine KW-Decke. Da die KW-Dämpfe schwerer als Luft sind, kann man sie im Einzelfall unmittelbar über dem Kapillarsaum antreffen. Gasförmige KW diffundieren auch teils in das Haft- und Sickerwasser bzw. Grundwasser, teils treten sie in die Atmosphäre über.

Literatur zu Kap. 2

[1] Widmer, M.: In der Analytik noch zu viele Spezialisten. In: Chemische Rundschau 16 (1993)
[2] Hellmann, H. und Bruns, F.-J.: Modellversuche zur Bildung von Wasser-in-Rohöl-Emulsionen und ihre Bedeutung für die Ölbekämpfung auf See. Tenside 7, 11–15 (1970)
[3] Blokker, P.C.: Die Ausbreitung von Öl auf Wasser. Deutsche Gewässerkundl. Mitt. 10, 112–114 (1966)
[4] Hellmann, H.: Ausbreitung von Mineralölen auf Wasseroberflächen. Neue DELIWA-Zeitschrift 5, 189–191 (1971)
[5] Hellmann, H.: Langfristige Untersuchungen zum Verhalten von Rohölen auf Gewässern. Deutsche Gewässerkundl. Mitt. 16, 46–52 (1972)
[6] Baker, E.G.: The solubility of the high molecular weight paraffin and hydrocarbons in water. ESSO Research and Engineering Company. Report Nr. IPR-3N-57 (1956)
[7] Hellmann, H., Klein, K. und Knöpp, H.: Untersuchungen über die Eignung von Emulgatoren für die Beseitigung von Öl auf Gewässern. Deutsche Gewässerkundl. Mitt. 10, 29–35 und 60–70 (1966)
[8] Hellmann, H. und Zehle, H.: Viskosität und Fließanomalitäten als Hilfsmittel bei der Identifizierung von Ölverunreinigungen. Erdöl und Kohle – Erdgas 26, 341–344 (1973)
[9] Hellmann, H. und Zehle, H.: Die Alterung von Rohölen auf Gewässern. Erdöl und Kohle – Erdgas 27, 422–425 (1974)

[10] Hellmann, H.: Zur Analytik der photochemischen Oxidation schwimmender Ölfilme. Z. Anal. Chem. 275, 193–199 (1975)
[11] Bundesanstalt für Gewässerkunde (Hrsg.): Untersuchungen der langfristigen Veränderungen von Mineralölen auf Gewässern. Bericht für das Bundesministerium des Innern. Bearbeitet von H. Hellmann und D. Müller. Koblenz 1973
[12] Rübelt, C.: Mineralölspurenbestimmung in Boden- und Wasserproben. Dissertation Universität Saarbrücken 1969, 19–23
[13] Bundesministerium des Innern (Hrsg.): Beurteilung und Behandlung von Mineralölunfällen auf dem Lande im Hinblick auf den Gewässerschutz. Bearbeitet vom Arbeitskreis „Wasser und Mineralöl". 2. Aufl., Bonn 1970
[14] Thuer, M.: Transportmechanismen von Öl in natürlichen Gewässern. Dissertation ETH Zürich Nr. 5628, 1975
[15] Schwille, F. und Vorreyer, C.: Durch Mineralöl „reduzierte" Grundwässer. GWF 110, 1225–1232 (1969)
[16] ESSO-Magazin 3/78. Hrsg. ESSO AG, Hamburg 1978

Teil II
Kohlenwasserstoff-Analyse

> *Probenspezifität kann in vorgeschriebenen Analysenmethoden grundsätzlich nicht berücksichtigt werden.*
>
> R.E. Kaiser *[1]*

Überblickt man die in Teil I geschilderten Fakten:

– chemisch sehr unterschiedlich zusammengesetzte Rohöle und Mineralölraffinate,
– Pyrolysate und Teeröle,
– biogene KW-Mischungen und
– die möglichen Veränderungen dieser Produkte in Luft, Wasser und Boden,

dann stellt sich die Frage, ob ein *vorgeschriebenes Analysenverfahren* im Sinne des obigen Mottos dieser Aufgaben- und Problemvielfalt gerecht werden kann.

Und was konkret sollte dieses eine, möglichst genormte Verfahren leisten? Eine quantitative KW-Bestimmung? Eine Charakterisierung und Identifizierung der vorliegenden Probe? Eine Beurteilung deren Veränderung im Untergrund?

Alle diese drei Teilthemen füllen eine halbwegs umfassende Monographie, in welcher die quantitativen Aspekte nicht immer von den qualitativen zu trennen sind. In den folgenden Kapiteln wird dieser Versuch auch gar nicht erst unternommen, vielmehr soll der Leser in allen Kapiteln zu einer umfassenderen Sichtweise angeregt werden.

3 Spektroskopische und chromatographische Methoden

3.1 IR-Spektroskopie

In der Kohlenwasserstoff-Analytik ist allgemein bekannt, daß den IR-Spektren die Anregung von Molekülschwingungen zugrunde liegt – Abb. 3.1 sowie [2, 3, 4]. Im Rahmen unserer Problemstellung geht es um die KW-Grundschwingungen im Wellenlängenbereich von 2.5 bis 25 µm (Wellenzahl 4000 bis 400 cm^{-1}).

Konkret sind es drei Spektrenabschnitte, in denen die Schwingungen der beteiligten Gruppen (Tab. 3.1) unterschiedlich absorbieren.

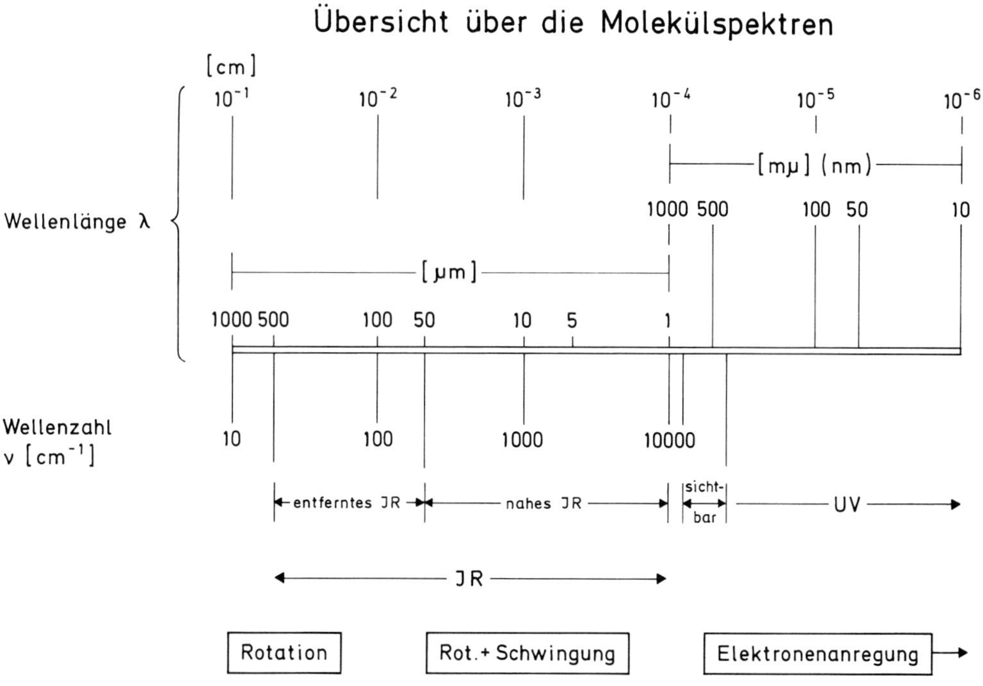

Abb. 3.1: Übersicht über die Molekülspektren nach [23].

In der ersten Zeile der Tabelle sind die sog. Valenz-, Streck- oder Dehnschwingungen – englisch: bond stretching – (ν) angesprochen, die mit der insgesamt größten Intensität angeregt werden und daher auch zur quantitativen KW-Bestimmung dienen. Bei ihnen bleiben die Winkel zwischen den schwingenden Atomen erhalten, während sich die Abstände in symmetrischer und asymmetrischer Form ändern. Im einzelnen sind es die sehr stark auftretenden asymmetrischen und symmetrischen Valenzschwingungen der C–H-Bindung in CH_2- und CH_3-Gruppen, die mäßig starken der C–H-Gruppen von Alkanen, = C–H- und = CH_2-Gruppen (Olefine), sowie die ebenfalls mäßig bis schwachen C–H-Schwingungen der aromatischen Verbindungen – Tab. 3.2.

Tabelle 3-1. In der Kohlenwasserstoff-Analytik relevante C–H-Schwingungsbereiche (nahes Infrarot).

Wellenlänge [µm]	Wellenzahl [cm^{-1}]
3.22– 3.57	3100–2800
5.88–10.0	1700–1000
10.0–25.0	1000– 400

Tabelle 3-2. Infrarot-Absorption von Kohlenwasserstoffen im Grundschwingungsbereich der Valenzschwingung (ν) nach [5]; as = asymmetrisch, s = symmetrisch.

Molekülgruppe	Wellenzahl [cm^{-1}]	Art der Schwingung	Intensität	Extinktionskoeffizient [l mol^{-1} cm^{-1}]
C–H arom.	3030	ν	mittel	50
=CH_2 (olefin.)	3080	ν_{as}	mittel	30
=CH_2 (olefin.)	2975	ν_s	mittel	–
=CH (olefin.) | R	3020	ν_s	mittel	–
–CH_3	2960	ν_{as}	stark	70
	2870	ν_s	mittel	30
R\\CH$_2$/R	2925	ν_{as}	stark	75
	2850	ν_s	stark	45
R\\R–C–H/R	2890	ν	mittel	–

3.1.1 Bereich der Valenzschwingung 2800–3100 cm^{-1}

Die nun in Extinktion dargestellten Teilspektren dieses Bereiches – Abb. 3.2 – vermitteln bereits nicht zu unterschätzende Informationen. Zunächst erscheinen die *asymmetrischen* C–H-Schwingungen mit größerer Extinktion, als die zur jeweils gleichen Gruppe gehörenden *symmetrischen* Schwingungen. Bei den biogenen KW des Ahornblattes überwiegen mit großem Abstand die beiden Schwingungen der CH$_2$-Gruppe. Die Anwesenheit einer aromatischen C–H-Gruppe ist wie bei dem HD-Öl (Motorenöl) auch nicht andeutungsweise zu erkennen, was mit den im Teil I in entsprechenden Abschnitten wiedergegebenen Fakten übereinstimmt, z. B. dem Fehlen von Aromaten in Motorenölen – s. aber einschränkend weiter unten.

Der Anteil der CH$_3$-Gruppen im Gemisch steigt vom HD-Öl über das Mitteldestillat (Dieselkraftstoff) bis zum normal Benzin, bei welchem er hinsichtlich der Extinktion die der CH$_2$-Gruppe übertrifft. Beim Vergaserkraftstoff sieht man auch erstmals sehr stark ausgeprägt die Aromatenextinktion. Im gewissen Sinne liefern diese Spektren bereits einen fingerprint, der uns im weiteren Verlauf immer wieder begegnen wird.

Neben dem Größenverhältnis der CH$_2$/CH$_3$-Banden sind es vor allem die Extinktionen der aromatisch gebundenen C–H-Gruppen im Wellenzahlenbereich 3000 bis 3100 cm^{-1}, die einen hohen diagnostischen Wert besitzen. Detaillierte Aussagen folgen u. a. in Teil III.

Die teils sehr unterschiedliche Größe der Extinktionskoeffizienten (heute: spektrales Absorptionsmaß) einzelner Molekülgruppen [5] ist keineswegs ein Privileg der IR-Spektroskopie, sondern in noch größerem Ausmaß ein Charakteristikum der UV- und Fluoreszenzspektroskopie. Im engeren Bereich der quantitativen KW-Bestimmung wirkt sie zumindest komplizierend. So ist eine Integration der Extinktionen über den gesamten Bereich von 3100 bis 2800 cm^{-1}, elektronisch zwar durchaus machbar, wissenschaftlich

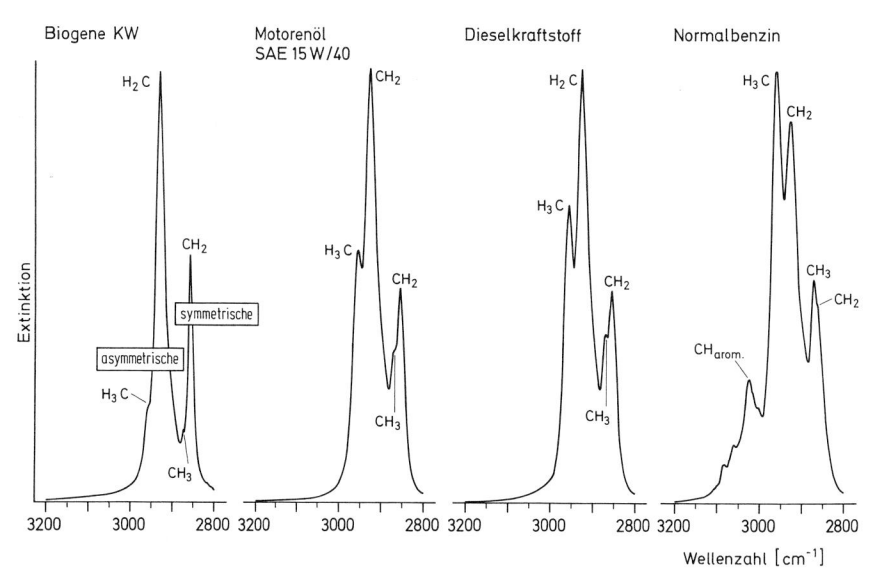

Abb. 3.2: Spektrenausschnitte im IR-Grundschwingungsbereich der ν-Valenzschwingung der C–H-Bindung in verschiedenen KW-Mischungen.

aber abzulehnen. Neben der ordnungsgemäßen Auswertung von Gruppenextinktionen bei definierten Wellenlängen, auf die wir noch zurückkommen, hat sich jedoch in der Praxis der Einsatz von *nicht-dispersiven* Geräten bewährt. Zum Beispiel: der Mann am Ölabscheider interessiert sich nicht für die Feinheiten eines IR-Spektrums. Er möchte den KW- bzw. Ölgehalt im Abwasser wissen, und zwar möglichst rasch und sofort. Und dieser Wunsch ist mit den hochauflösenden IR-Geräten nur umständlich zu erfüllen, indem man die Extinktionen der wichtigsten Banden addiert und das Ganze mit einem Faktor größer als 1 multipliziert, wie es in der Norm [6] beschrieben wurde.

Vereinfachte Messungen mit einem bekannten Öl-Referenzgemisch, oder aber mit einer geringeren Genauigkeit sind mit einem nicht dispersiven Gerät möglich. Man benötigt einen IR-Strahler, eine Art Filter mit einer ausreichenden Bandbreite in der Durchlässigkeit und einen Empfänger mit Verstärker für die Anzeige. Die schon lange üblichen Abgasmessungen werden mit solchen IR-Analysatoren betrieben [7]. Ein Gerät speziell für die Wasseranalytik wurde vom Verfasser getestet [8]. Das handliche Gerät (Modell OCMA-200) [9] wiegt ca. 5 kg und gestattet, die Wasserprobe im gleichen Gerät zu extrahieren – s. das Fließdiagramm in Abb. 3.3 sowie die optische Bank in Abb. 3.4. Extraktion und Messung samt Auswertung dauern etwa 4 bis 5 Minuten. Man vergleicht

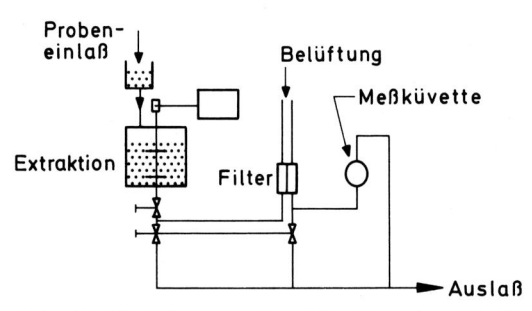

Abb. 3.3: Fließdiagramm des nicht-dispersiven IR-Gerätes OCMA-200 (nach Firmenangaben).

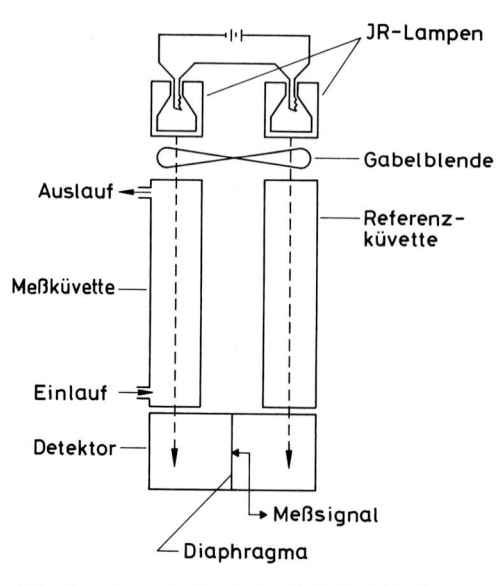

Abb. 3.4: Optische Bank des OCMA-200 Gerätes ohne den Meß- und Verstärkerteil.

das KW-Gemisch in seiner Absorption mit einem inerten Vergleichsgas, welches so ausgesucht wurde, daß die absorbierte Energie im betreffenden Wellenlängenbereich ein Minimum aufweist. Das mit einem Digitalvoltmeter im Bereich von 1 bis 20 ppm, bei modifizierten Typen auch bis 100 ppm angezeigte Meßergebnis kann bei Bedarf über einen elektronischen Ausgang (10 mV) als Schreiberausschlag registriert werden. Das Gerät ist vor Ort einsatzfähig und inzwischen auch in einer Version für Durchflußmessungen verfügbar.

Eicht man nun die Skala mit Squalan ($C_{30}H_{62}$), dann hat man erfahrungsgemäß einen unmittelbaren Bezug zu Mitteldestillaten und zur dispersiven IR-Messung. Die Nachteile für die Erfassung von primär aromatischen Verbindungen liegen auf der Hand. Sie sind als prinzipielle Fehler aus Tab. 3.3 zu entnehmen. Eine einfache von uns geschätzte Version der *dispersiven* Methode bedient sich des Triterpens Squalan, bei welchem die Extinktion der CH_2-Gruppen im Verhältnis zum Gewicht des Gesamtmoleküls weitgehend den Verhältnissen bei Mitteldestillaten gleicht. Sofern man diesen Vorschlag aufgreift, verwendet man das IR-Gerät einfach als Photometer und wertet ausschließlich die Bande bei 2920 cm^{-1} (3.42 µm) aus. Dies kann man ohne größeren Fehler auch bei Motorenölen tun. Bei biogenen KW jedoch ist mit einem Plusfehler von 20 bis 30 Gew. % zu rechnen.

Die KW-Bestimmung nach der Norm folgt dem Lambert-Beer-Gesetz:

$$E = \varepsilon \cdot c \cdot d \tag{3-1}$$

E = spektrales Absorptionsmaß (im Text: Extinktion)
ε = molarer Extinktionskoeffizient in l/mol·cm
c = Massen (Stoff)konzentration der Wasserprobe an KW in mol/l
d = Schichtdicke der absorbierenden Lösung in cm

Tabelle 3-3. Ergebnisse, insbesondere „Fehler" der Gehaltsbestimmung reiner Einzel-Kohlenwasserstoffe. Meßausschlag auf Squalan bezogen (20 mg/l ≙ 20 ppm).

	Verbindungen	Meßausschlag bei 0.1 mg/10 ml [ppm]	Meßergebnis [%]	Abweichung vom wahren Wert [%]
I	Aromaten			
	Benzol	0.4	4	− 96
	Toluol	1.35	13.5	− 86.5
	Xylol	3.0	30	− 70
II	n-Alkane			
	n-C_5	8.0	80	− 20
	n-C_8	9.0	90	− 10
	n-C_{12}	10.0	100	± 0
	n-C_{14}	10.4	104	+ 4
	n-C_{17}	11.3	113	+ 13
III	Cycloalkane			
	Cyclohexan	11.3	113	+ 13
	Dekalin	11.8	118	+ 18
IV	Mineralöle			
	VK	7–8	70–80	− 20–30
	Heizöl EL	10.0	100	± 0
	Paraffinöl	10.5	105	+ 5

Da für KW-Gemische keine molaren Extinktionskoeffizienten existieren können, darüber hinaus die relativen Mengen der CH$_2$-, CH$_3$- und CH-Gruppen von Öltyp zu Öltyp variieren, wurde der Weg über Gruppenextinktionen [9, 10] beschritten. Man bestimmte zunächst empirisch anhand von definierten Molekülen, z.B. der n-Alkane in aufsteigender Kettenlänge, die Gruppenextinktionskoeffizienten und fand für CH$_3$ = 8.3 ± 0.3, CH$_2$ = 5.4 ± 0.2 und CH$_{arom.}$ = 0.9 ± 0.1 (ml/mg · cm) bzw. (l/g · cm). Die Ergebnisse wurden an zahlreichen Mineralölprodukten verifiziert. Man berücksichtigte die nur schwach absorbierenden tertiär-gebundenen CH-Gruppen ebenso wie die quartären C-Atome in einem empirischen Faktor f = 1.3 für Vergaserkraftstoffe und f = 1.4 für Mitteldestillate und Motorenöle. Auf die Praxis ausgerichtet ergaben sich so zwei Gleichungen [6], die eine für die Vergaserkraftstoffe mit nennenswertem Aromatenanteil bis 25 Gew.% (3-2), die andere für Mitteldestillate mit überwiegendem CH$_2$-Gruppenanteil und Aromatengehalten unter 10 Gew.% (3-3):

$$C = \frac{1{,}3 \cdot V_L}{V_W \cdot d} \cdot \left(\frac{E_{CH3}}{\varepsilon_1} + \frac{E_{CH2}}{\varepsilon_2} + \frac{E_{CH}}{\varepsilon_3} \right) \qquad (3\text{-}2)$$

$$C = \frac{1{,}4 \cdot V_L}{V_W \cdot d} \cdot \left(\frac{E_{CH3}}{\varepsilon_1} + \frac{E_{CH2}}{\varepsilon_2} \right) \qquad (3\text{-}3)$$

C = Massenkonzentration der Wasserprobe an Kohlenwasserstoffen, in mg/l
V_L = Volumen des eingesetzten Extraktionsmittels, in ml
V_W = Volumen der eingesetzten Wasserprobe, in l
E_{CH3} = Spektrales Absorptionsmaß der CH$_3$-Bande bei 3.38 µm ($\tilde{v}$ = 2959 cm^{-1})
E_{CH2} = spektrales Absorptionsmaß der CH$_2$-Bande bei 3.42 µm ($\tilde{v}$ = 2924 cm^{-1})
E_{CH} = spektrales Absorptionsmaß der CH-Bande bei 3.30 µm ($\tilde{v}$ = 3030 cm^{-1})
ε_1 = Gruppenextinktionskoeffizient der CH$_3$-Bande, empirisch ernmittelt zu (8.3 ± 0.3) ml/mg · cm
ε_2 = Gruppenextinktionskoeffizient der CH$_2$-Bande, empirisch ermittelt zu (5.4 ± 0.2) ml/mg · cm
ε_3 = Gruppenextinktionskoeffizient der CH-Bande, empirisch ermittelt zu (0.9 ± 0.1) ml/mg · cm
d = Schichtstärke der eingesetzte Küvette, in cm

Produkte mit überwiegendem Aromatengehalt wie z.B. die Teeröle (Abschnitt 1.3) müssen nach der Norm gesondert ausgewertet werden (DIN 38409 Teil 18).

Zu erwähnen ist, daß die CH$_3$-Gruppenextinktionskoeffizienten im Gegensatz zu denjenigen der CH$_2$-Gruppe mit steigender Kettenlänge ansteigen, also nicht konstant sind – [9, Tab. 12]. Bei den durchwegs langen Ketten der biogenen Alkane werden daher mit der Gl. (2), wie schon beim Bezug auf die Eichkurve des Squalans, zu hohe Werte berechnet.

3.1.2 Bereiche 1000–1700 und 400–1000 cm^{-1}

Diese werden nicht für die quantitative Bestimmung benötigt und blieben daher bei den Analytikern von Wasser und Boden weitgehend unbeachtet. Die Mineralölanalytiker dagegen widmeten ihnen zahlreiche Publikationen, in denen die Aufklärung von Strukturen und die Identifizierung bzw. Charakterisierung von Mineralölen betrieben wurde.

Speziell der Bereich 1000–1500 cm^{-1} gilt als der *fingerprint-Bereich* [3]. Die Aufteilung in die in der Zwischenüberschrift genannten beiden Spektralbereiche ist allerdings nicht wissenschaftlich begründbar, vielmehr werden in beiden die Molekülgruppen zu Deformationsschwingungen angeregt – Tab. 3.4. Immerhin liegen Schwerpunkte mit diagnostischem Potential um 1300–1500 und 600–1000 cm^{-1}, so daß im Hinblick auf spätere Überlegungen diese Einteilung Sinn hat.

Die zweitstärksten Extinktionen des gesamten IR-Spektrums von 400 bis 4000 cm^{-1} betreffen die CH$_3$- und CH$_2$-Deformationsschwingungen (englisch: bond bending). Bei dieser Schwingung – Zeichen δ – ändern sich die Winkel, nicht jedoch die Abstände zwischen den Atomen, wobei mindestens drei Atome beteiligt sind.

Die Deformationsschwingung (auch Scherenschwingung genannt) der CH$_2$-Gruppe absorbiert nahe 1465, die asymmetrische Schwingung der CH$_3$-Gruppe dicht daneben bei 1450 cm^{-1}. Beide werden nicht in Einzelextinktionen aufgelöst. Die Gesamtintensität ist proportional der Anzahl der beteiligten Gruppen. Die symmetrische CH$_3$-Schwingung

Tabelle 3-4. Infrarot-Absorption von Kohlenwasserstoffen im Grundschwingungsbereich der Deformationsschwingung (δ) nach [2, 3].

Molekülgruppe	Wellenzahl [cm^{-1}]	Art der Schwingung	Extinktionskoeffizient[a] l mol^{-1} cm^{-1}
$>$CH$_2$	1465	δ_s	8
$>$C–CH$_3$	1450	δ_{as}	–
$>$C–CH$_3$	1375	δ_s	15
$>$C–(CH$_3$)$_2$	1380–1385 u. 1365–1370	δ_s δ_s	–
–C–(CH$_3$)$_3$	1385–1395 u. 1365	δ_s δ_s	–
–(CH$_2$)$_n$– n > 4	720	δ'	3
–C–H (arom.)	1300–1000 u. 1000–675	δ (i.p.) γ (o.o.p.)	–

a) halb quantitative Angaben [5], für – werden keine Angaben gemacht.
i.p. = in plane
o.o.p. = out of plane
s = symmetrisch
as = asymmetrisch
γ = o.o.p. Deformationsschwingung
δ' = Deformationsschwingung (rocking)

erscheint mit ihrer Extinktion sehr lagestabil bei 1375 cm^{-1}. Ihre Intensität ist je Struktureinheit merkbar größer, als die der Banden 1465/1450 cm^{-1}, wie aus den Extinktionskoeffizienten abzulesen ist (Tab. 3.4).

Sofern Aromaten im Molekül vorhanden sind, besteht für die C–H-Gruppen am Ringsystem die Möglichkeit *in plane* (i.p. = δ) und *out of plane* (o.o.p. = γ) zu schwingen und Strahlung zu absorbieren. In beiden Fällen handelt es sich um eine Deformationsschwingung.

"Die sehr unpolare C-C-Kette gibt keinen Anlaß zu starker Absorption... Trotzdem kann man bei größerer (Küvetten-)Schichtdicke ein bandenreiches Gebiet zwischen 1350 und 750 cm^{-1} feststellen, das *sichere Identifizierungen* zuläßt" [3, dort auch Tab. 5-2 mit Kürzeln für die verschiedenen Schwingungsformen].

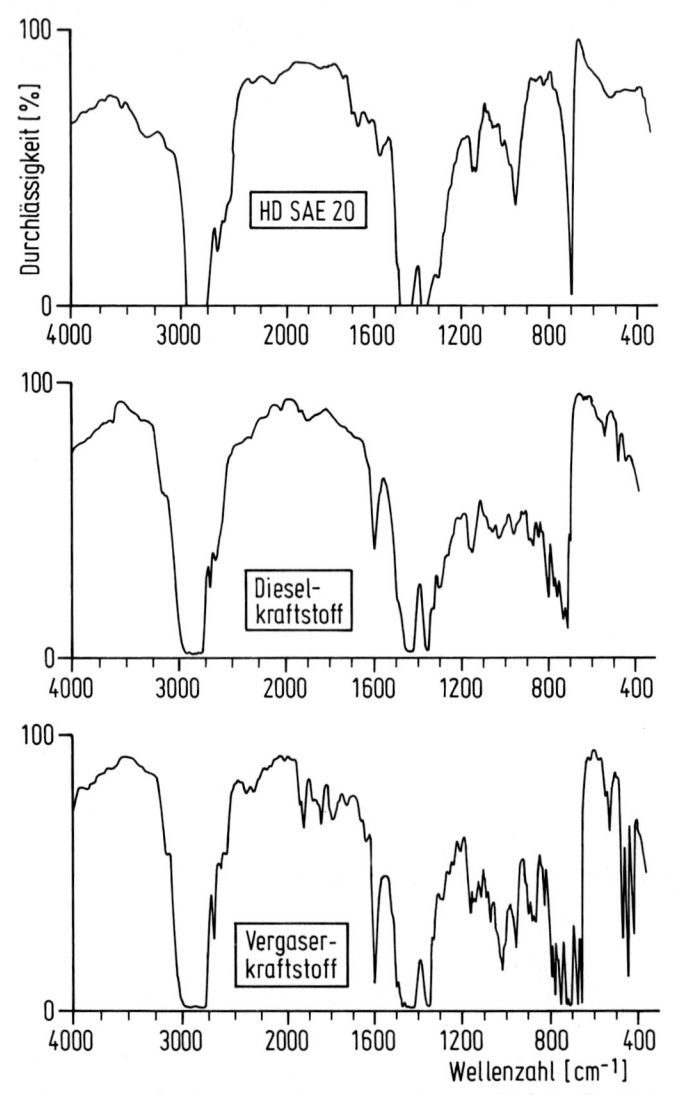

Abb. 3.5: IR-Übersichtsspektren verschiedener Mineralölprodukte, gemessen in KBr-Küvetten, Schichtstärke 0.250 mm.

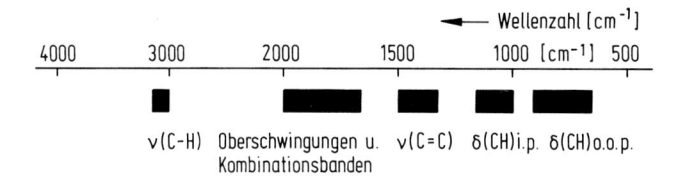

Abb. 3.6: Absorptionsbereiche aromatischer Verbindung und Strukturen mit den dazugehörenden Valenz- und Deformationsschwingungen nach [3].

Man kann sich leicht durch die Übersichtsspektren der Abb. 3.5 davon überzeugen, daß überall dort, wo dem Analytiker Öl als Phase greifbar ist, ein derartiges Übersichtsspektrum in Schichtstärken von 0.1 bis 0.2 mm sehr wertvolle Informationen liefert. Dies dürfte vorwiegend bei Ölunfällen im Untergrund der Fall sein, in denen freies Öl aus den Poren und Zwickeln des Ölkerns (Abb. 2.12) isoliert wird, aber auch bei massiven Ölunfällen auf Gewässern, in denen es gelingt, einen Teil des Öles zurückzugewinnen.

Abb. 3.6 schließlich gibt einen Überblick über die Absorptionsbereiche der aromatischen Kohlenwasserstoffe und den dazugehörenden Schwingungen.

3.1.3 Weitergehende IR-Untersuchungen

Im speziellen Fall von Öl als Phase muß der Analytiker aber auch auf eine Reihe von weiteren Fragen eine Antwort finden:

– Wie verfährt man bei Ölgemischen, Altölen, gealterten Ölen und Ölen, die fremde Zusätze, z. B. Tenside in Bilgenölen von Schiffen, enthalten?
– Wie geht man bei Ölfilmen mit vermutlich erheblichem Fremdstoffanteil vor?
– Wie behandelt man mit Sand und Ton verklumpte Proben?
– Wie verfährt man in den zahlreichen Fällen, in denen die KW-Fraktion eingeschlossen in den Gesamtextrakt von Boden- und Wasserproben anfällt, und dies dazu meist im Spurenbereich von ca. 1 Milligramm je Extrakt und darunter?

Diese Fragen zielen zum einen auf das Problem der Probenaufbereitung sowie des clean up's (Kapitel 5), zum anderen in die vom Verfasser vorgesehene Rubrik „Anwendung in der Praxis" des Teils III. Sie werden an diesen Stellen eingehend besprochen, so daß in diesem Abschnitt mehr grundsätzliche Aufgaben der IR-Spektroskopie im Vordergrund stehen.

Dazu gehören die Aspekte der quantitativen KW-Bestimmung und der Charakterisierung und Identifizierung des KW-Gemisches.

Die Bestimmung der Kohlenwasserstoffe nach Abtrennung der polaren Begleitstoffe über Adsorbentien (Kapitel 5) geschieht wie in 3.1.1 beschrieben und erfordert keine zusätzlichen Hinweise. Anders verhält es sich mit der Aufnahme von IR-Übersichtsspektren. Denn sobald das KW-Gemisch nicht mehr als flüssiges Öl in Phase in abgedichteten Flüssigkeitsküvetten eingesetzt werden kann, sobald Lösungsmittel mit im Spiel sind und/oder die Fließfähigkeit nicht mehr zu einem Transfer in Küvetten ausreicht, müssen andere Wege beschritten werden. Als ein sehr brauchbarer hat sich die Plazierung der Probe auf KBr-Preßlingen bewährt. Bei der Standardausführung [3, 11] wird *diese* auf einem KBr-Fenster von 13 Millimeter Durchmesser in den Strahlengang des IR-Gerätes gebracht. Durch back-correction und Ordinatendehnung [11] lassen sich bei Mengen von 10 bis 20 μg an aufwärts sehr gute Spektren erzielen. Damit können auch höhere Anforderungen an die moderne Spurenanalyse unter diesem Gesichtspunkt erfüllt werden.

Die Möglichkeit, noch mit sehr geringen Substanzmengen auszukommen, eröffnet der IR-Spektroskopie gewissermaßen eine neue Dimension. Denn sie gestattet die Aufnahme einer über Säulen- oder Dünnschichtchromatographie erhaltenen Fraktion im Mikrogrammbereich. Als Fraktion betrachten wir hier die der Alkane, der Aromaten, von Fall zu Fall auch separat der Teeröl-Aromaten, sowie die der je nach Aufgabenstellung isolierten mehr oder weniger polaren Verbindungsgruppen (s. Abschnitt 7.3). Durch die reproduzierbare Zerlegung der ursprünglichen Gesamt-KW-Fraktion in definierte Verbindungsgruppen [12] gewinnt man den nicht zu unterschätzenden Vorteil, jede Fraktion für sich ohne „Verdünnung" durch andere Fraktionen messen, betrachten und beurteilen zu können. Die nähere Beschäftigung mit der Alkanfraktion führte bereits zu folgenden interessanten Ergebnissen:

3.1.4 Alkanfraktion

Die (relativen) Extinktionen der einzelnen Banden – Abb. 3.7 – hängen von der Struktur der Moleküle im Detail ab. So lassen sich gradkettige (n-)Paraffine mit nur geringem Anteil an CH_3-Gruppen, wie sie nach den Ausführungen des Abschnittes 1.4 für biogene KW typisch sind, eindeutig von den ebenso charakteristischen verzweigtkettigen Mineralölparaffinen unterscheiden. Während die IR-Spektroskopie in der Vergangenheit von den Mineralölanalytikern intensiv zur Gruppenanalyse herangezogen wurde, wie die Fachliteratur ausweist [13], erweiterte der Verfasser die Methode in einem engeren Bereich auf die Eigenschaften der biogenen KW mit dem Ziel, diese von mineralölbürtigen unterscheiden zu können [14]. Verfolgt man z. B. die Extinktionen der CH_3-Gruppe bei 1375 cm^{-1} und der sog. Langketten-Paraffin-Bande bei 720 cm^{-1} in Abb. 3.7 (die CH_2-Bande um 1460 cm^{-1} wurde auf *full scale* normiert), so bemerkt man ein starkes Absinken der (relativen) Extinktionen der CH_3-Gruppe mit steigender C-Anzahl der Kette und gleichzeitig ein schwächeres Absinken bzw. zeitweilig sogar einen sehr schwachen Anstieg der Extinktion der Langketten-Paraffin-Bande. Das bedeutet bei wachsender Kettenlänge insgesamt eine Abnahme des 1375/720-Quotienten – Abb. 3.8. Nach dieser Grafik wird das Verhältnis der beiden Banden bei langen (biogenen) Ketten kleiner als 1; es kann vor allem bei den rezenten Paraffinen der Blätter und Blüten von Landpflanzen kleiner als 0.5 werden.

In Tab. 3.5 findet man die Zuordnung der wichtigsten Banden.

Tab. 3.6 zeigt, ob bzw. in welcher Weise sich die Quotienten anderer Banden verändern. Aussagekräftig erscheint demnach auch die Schwingungskombination 2926/720, die zusammen mit der Variante 1375/720 in Abb. 3.9 einen Überblick über die Einordnung von biogenen und mineralölbürtigen Alkanen in einem kartesischen Koordinatensystem gewährleistet.

Da beim biochemischen Abbau der Alkane, einerlei ob biogen oder Mineralöl, zuerst die langen Ketten, manifestiert in der 720er-Bande, angegriffen werden, steigen die beiden Quotienten der Abb. 3.9 bei fortschreitendem Abbau an, d. h. die Position des

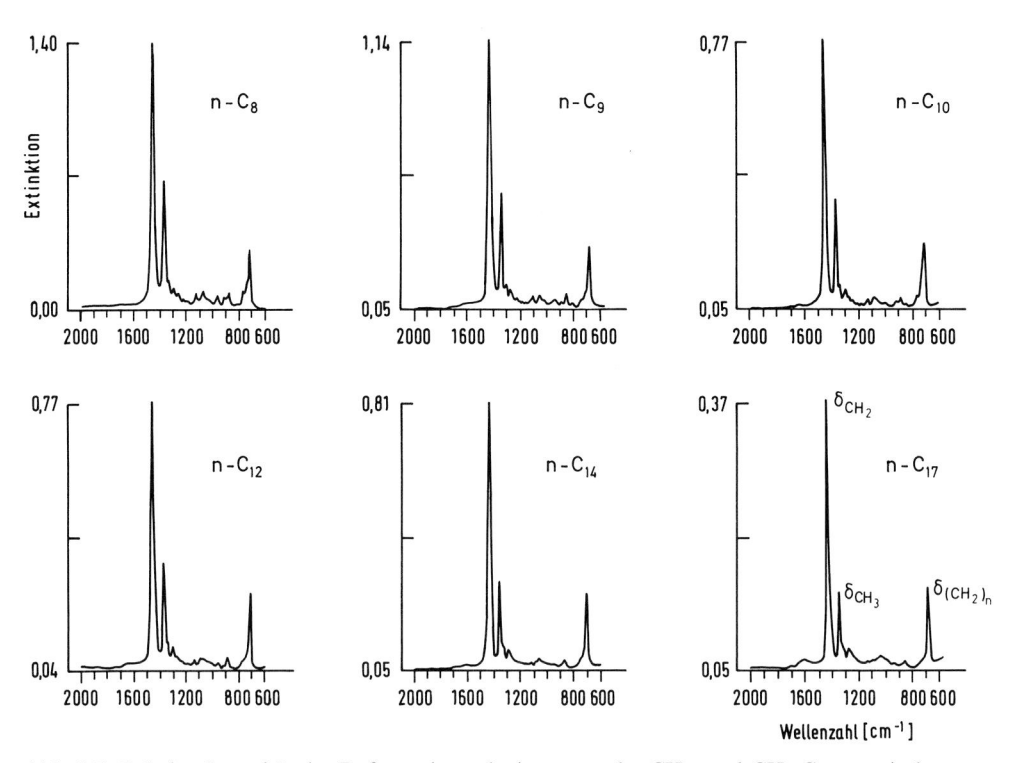

Abb. 3.7: Relative Intensität der Deformationsschwingungen der CH_3- und CH_2-Gruppen in homologer Reihe der n-Alkane.

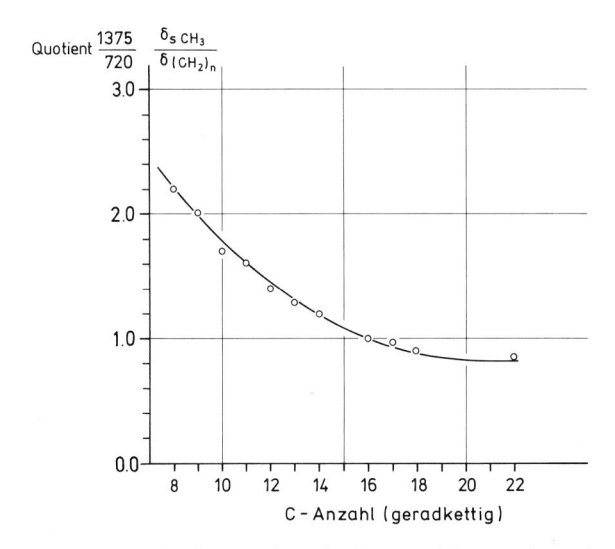

Abb. 3.8: Extinktionsquotient der CH_3- und CH_2-Deformationsschwingungen in homologer Reihe der n-Alkane.

Tabelle 3-5. Ausgewählte funktionelle Gruppen der Alkanfraktion und die entsprechenden Frequenzen im Grundschwingungsbereich.

funktionelle Gruppe		Art und Bezeichnung der Schwingung	Wellenzahl [cm^{-1}]
$\diagdown\!\!$CH$_2\diagup$	υ_{as}	Valenzschwingung	2925
$\diagdown\!\!$CH$_2\diagup$	δ_s	Deformationsschwingung	1465
–CH$_3$	δ_s	Deformationsschwingung	1375
–(CH$_2$)$_n$– n > 4	δ	Gerüst-(Langketten-Paraffin-)Schwingung	720

as = asymmetrisch, s = symmetrisch

Tabelle 3-6. Extinktions-Quotienten für die möglichen Schwingungskombinationen bei n-Alkanen.

Kettenlänge	Zahlenwerte der Quotienten				
	$\dfrac{2925}{1465}$	$\dfrac{2925}{720}$	$\dfrac{1465}{720}$	$\dfrac{1465}{1370}$	$\dfrac{1375}{720}$
n-C$_8$	5.3	11	4.6	2.1	2.2
n-C$_{10}$	4.5	13	4.4	2.6	1.7
n-C$_{12}$	4.4	14	4.2	2.8	1.4
n-C$_{14}$	4.2	15	4.0	3.1	1.2
n-C$_{16}$	4.8	14	3.8	3.2	1.0
n-C$_{17}$	4.7	15	3.8	3.5	0.95
n-C$_{22}$	4.3	18	3.7	4.2	0.90

jeweiligen Extraktes bewegt sich nach rechts oben. So findet man für das „Ende-Abbau" biogener Extrakte, im Modellversuch mit Rheinwasser verfolgt (s. Abb. 1.18), für die Kombination 2926/720 einen Extinktionsquotienten von 30.

Ölverunreinigungen im Untergrund durch Mitteldestillate können bei derselben Kombination nach einigen Jahren einen Zahlenwert von 100 erreichen und überschreiten, wobei gleichzeitig eine Veränderung der CH$_2$/CH$_3$-Verhältnisse im Bereich der Valenzschwingungen – Abb. 3.2 – zu beobachten ist.

Grundsätzlich befinden sich die Positionen der biogenen KW im unteren linken, die der Mineralöle im oberen rechten Quadranten. Auch bei weitgehendem Abbau der biogenen Paraffine wird der „Mineralölsektor" nicht erreicht. Es sei ferner darauf hingewiesen, daß besonders der Zahlenwert des Extinktionsquotienten 1370/720 durch die scan-Geschwindigkeit bei der Aufnahme des IR-Spektrums beeinträchtigt wird: langsames Abfahren (s. Teil IV) verringert diese Bandenrelation. Die extreme Position des Dieselöls (1370/720) in Abb. 3.9 ist übrigens nicht für jedes Mitteldestillat zutreffend.

Alkanfraktion auf KBr

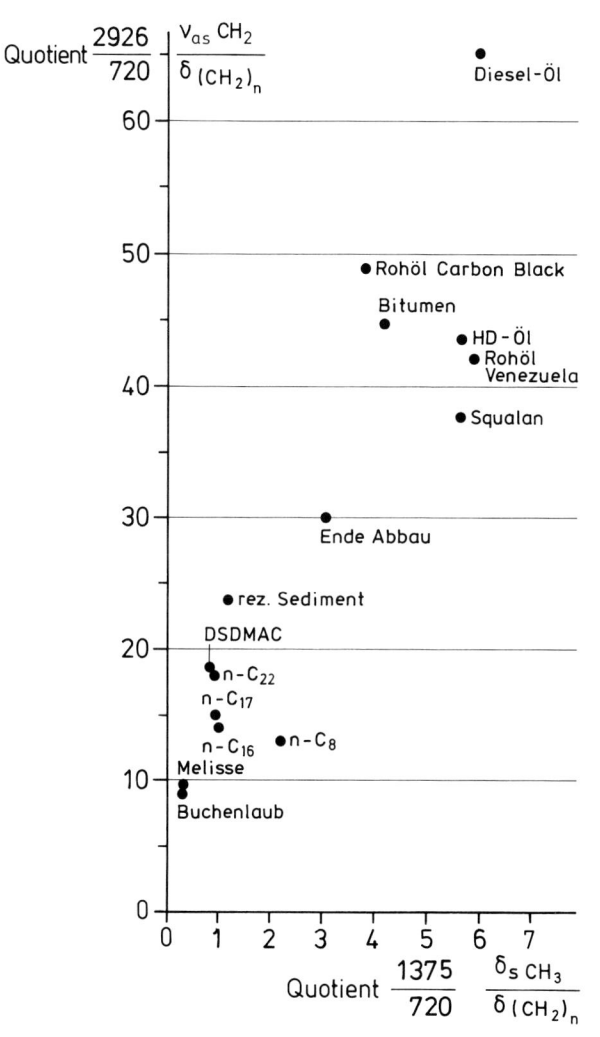

[Figure: Scatter plot with y-axis "Quotient $\frac{2926}{720}$ $\left[\frac{\nu_{as} CH_2}{\delta (CH_2)_n}\right]$" ranging 0–60+, and x-axis "Quotient $\frac{1375}{720}$ $\frac{\delta_s CH_3}{\delta (CH_2)_n}$" ranging 0–7. Data points: Diesel-Öl (~65), Rohöl Carbon Black (~49), Bitumen (~45), HD-Öl (~43), Rohöl Venezuela (~42), Squalan (~40), Ende Abbau (~30), rez. Sediment (~23), DSDMAC (~20), n-C$_{22}$ (~19), n-C$_{17}$ (~17), n-C$_{16}$ (~14), n-C$_8$ (~14), Melisse (~10), Buchenlaub (~9).]

Abb. 3.9: Extinktionsquotienten ausgewählter C-H-Schwingungen für verschiedene Mineralölprodukte und biogene Alkane. Die Extinktionen wurden hierfür auf KBr-Fenstern bestimmt.

3.1.5 Aromatenfraktion

Wie bereits bei der quantitativen Bestimmung von KW erwähnt wurde, sind die Aromaten einigermaßen problematisch. Zum einen durch die verhältnismäßig kleinen Extinktionskoeffizienten (s. Gleichung 3-2), zum anderen durch den geringen Massenanteil gegenüber den Alkanen. Allein die Vergaserkraftstoffe kommen auf ca. 25 Gew. %. Da bei diesen die eigentlichen Aromatenkörper wenn überhaupt, nur kurze Alkylketten tragen, tritt der aromatische Charakter über die CH-Valenzschwingung deutlich hervor –

68   3 Spektroskopische und chromatographische Methoden

Abb. 3.2. Bei den Mitteldestillaten ist nicht nur die Aromatenfraktion mit allenfalls 10 % schwächer vertreten, sondern sie besteht außerdem noch überwiegend aus längeren Alkylketten, die mit denen der Alkane mehr als 95 Gew.% abdecken. Bei der Herstellung von Motorenölen schließlich ist man nach Abschnitt 1.1 mit Fleiß darauf bedacht, die Aromaten durch Solventextraktion weitgehend zu entfernen, doch sind es nach Tab. 1.6 immerhin noch 20 % an Alkylbenzolen.

Bei den IR-Übersichts- und Ausschnittsspektren treten die typischen Absorptionen der eigentlichen Aromatensysteme durch die Verdünnung mit Alkanen also in den Hintergrund. Weil somit im mittleren und höheren Siedebereich von Mineralölen selbst in der Aromatenfraktion der Hauptanteil auf die aliphatischen (acyclische und cyclische)

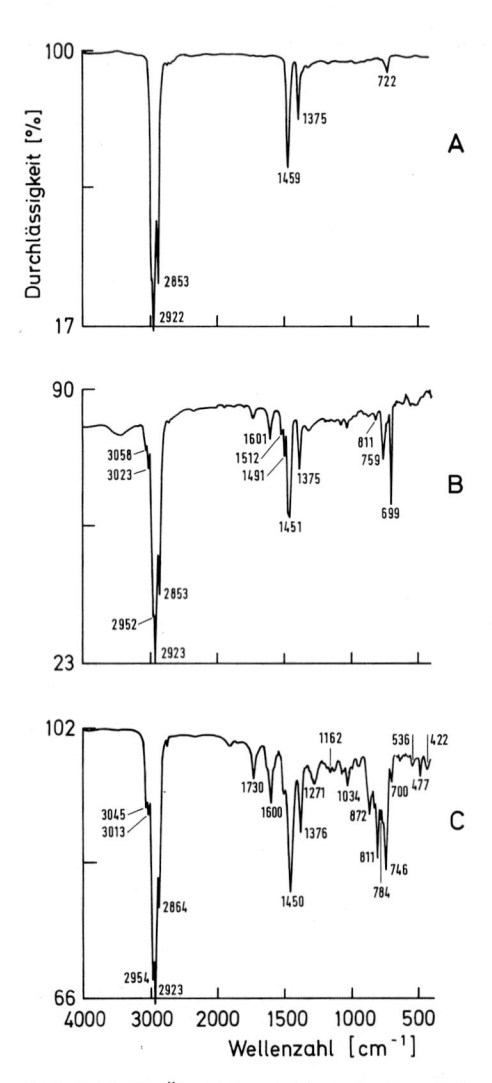

Abb. 3.10: IR-Übersichtsspektren der über Dünnschichten getrennten Fraktionen,(A) der Alkane und (B) der Aromaten eines HD- Motorenöles sowie der Aromatenfraktion eines Heizöles EL (C).

Seitenketten entfällt, sollte man versuchen, die Alkanfraktion vor Aufnahme der IR-Übersichtspektren abzutrennen. Dies gelingt durch die in Abschnitt 5.2 beschriebenen Maßnahmen, und man erhält aussagekräftige Spektren von fingerprint-Charakter – s. Abb. 3.10.

Die Erfahrung lehrt, daß bei der Interpretation solcher IR-Spektren besonders bei Ungeübten leicht Mißverständnisse auftreten können. Zunächst: eine fachlich angemessene Auswertung der IR-Spektren setzt voraus, daß die Extraktmenge auf dem KBr-Preßling in der Regel im Bereich 10–100 Mikrogramm liegt. Je nach der tatsächlich aufgegebenen Menge wird nach dem Scannen des Spektrums am Bildschirm und mit geeigneter Software das Spektrum optimiert. Zumeist wird dabei die Ordinate gedehnt, wobei zur besseren Vergleichbarkeit der einzelnen Spektren eine bestimmte Referenzbande, z.B. die der asymmetrischen CH_2-Schwingung bei 2925 cm^{-1} auf „full scale" normiert wird. Dieser Vorgang ist nicht zu verwechseln mit einer Änderung der Auflösung! Man kann die Spektren nun entweder in Durchlässigkeit (y-Ordinate = Durchlässigkeit in %) wie in Abb. 3.10 und 3.11, oder in Extinktion ausdrucken (Abb. 3.7). Beide Formen haben Vor- und Nachteile. In letzterem Fall (Extinktion) sind die Meßausschläge bzw. Banden unmittelbar miteinander vergleichbar, ihre Höhen können ausgemessen werden, da sie den tatsächlichen Verhältnissen entsprechen. Im Falle der Durchlässigkeit aber folgt die Ordinate einem logarithmischen Maßstab: die Bandenhöhen sind nicht direkt untereinander vergleichbar und dürfen daher nicht ausgemessen werden. Der Vorteil dieser logarithmischen Darstellung liegt darin, daß selbst kleinere Banden noch deutlich hervortreten und die qualitative Beurteilung der Spektren im Sinne eines fingerprints erleichtern. In Abb. 3.10 sind infolge der full-scale-Normierung der genannten CH_2-Schwingung bei 2925 cm^{-1} drei verschiedene Extinktionsbereiche entstanden: E = 0.0–0.770 (A), E = 0.046–0.638 = 0.592 (B) und E = −0.009–0.180 = 0.189 (C). Die kleineren Banden erscheinen daher in B und im Vergleich zu denen in C größer, als sie tatsächlich sind. Mit einiger Erfahrung allerdings kann man auch aus dem Spektrum in Durchlässigkeit die Folgerungen ableiten, die im folgenden gezogen werden. Sie sind überdies durch die Aufnahme der Spektren in Extinktion bestätigt worden.

Die IR-Übersichtspektren der Abb. 3.10 enthalten die – dünnschichtgetrennten – Fraktionen der Alkane und Aromaten eines Motorenöles sowie die Aromaten eines Heizöles EL. Die stärksten Banden im Gebiet der Valenzschwingung sind auf full scale normiert. Das Alkanspektrum bietet das gewohnte Bild mit den drei Absorptionsbereichen der CH-Schwingung. Demgegenüber liefern die Aromaten ein erheblich anderes Bild. Bereits beim HD-Öl treten gut sichtbare Absorptionen um 3058 und 3025 cm^{-1} auf, die, ein wenig verschoben, beim Heizöl und im Verhältnis zur CH_2-Bande, intensiver erscheinen. Zwischen 1600 und 2000 cm^{-1} entdeckt man Andeutungen der sog. Benzolfinger [3], etwas verstärkt beim Heizöl um 1730 cm^{-1}.

Den aromatischen Charakter bestätigend folgt die C = C-Valenzschwingung um 1600 cm^{-1}, erwartungsgemäß beim Heizöl stärker als beim Motorenöl. Bei letzterem sind um 1512 und 1491 cm^{-1} zwei weitere Aromaten-Banden aufgelöst. Anstelle der für Alkanspektren typischen Bande um 1460 tritt hier eine auf 1451 cm^{-1} verschobene der CH_2/CH_3-Gruppen auf, gefolgt von der erwähnten lagestabilen Absorption der CH_3-Gruppe bei 1375 cm^{-1}. Das sodann bis 1000 cm^{-1} reichende fingerprint-Gebiet umfaßt die in-plane-Absorptionen der Wasserstoffe am Aromaten, besonders deutlich für das Mitteldestillat. Äußerst wertvoll präsentieren sich abschließend die out of plane Banden: die beim Motorenöl stärkste Bande um 699 cm^{-1} stammt von den monosubstituierten Alkylbenzolen; sie gehört allerdings nach [3] zu der δ-Schwingung der Ringkohlenstoffatome, wohingegen die 759-Absorption die out of plane-Schwingung der CH-Gruppe zum Ausdruck bringt.

Nach den Erfahrungen des Verf. bieten die Aromatenfraktionen von Kohlenwasserstoffen des mittleren, höheren und hohen Siedebereiches genügend relevante Banden und Bandenrelationen, um mit ihnen nicht nur eine Charakterisierung der Probe, sondern auch die Identität des Öltypes zu sichern. Besser als die Darstellung „in Durchlässigkeit" wie in Abb. 3.10 und 3.11 eignet sich diejenige „in Extinktion" (z. B. Abb. 3.7), weil die Bandenhöhen (Extinktionen) dann direkt miteinander vergleichbar sind.

Sicherlich ist es nicht so, daß alle HD-Öle oder Mitteldestillate genau den Vorlagen der Abb. 3.10 entsprechen müssen: vielmehr gibt es von Charge zu Charge einen gewissen Toleranzbereich, der aber nicht soweit geht, daß man Öltypen miteinander verwechseln könnte.

Bei der chromatographischen Isolierung der Aromatenfraktionen nach Abschnitt 5.2 (Abb. 5.7) und unter den dort angegebenen Bedingungen läßt sich im Einzelfall nicht vermeiden, daß rezente biogene Stoffe mit π-Bindungen (C=C) und/oder Carbonyl (C=O)-Gruppen miterfaßt werden. Zwar könnte man versuchen, diese analytisch abzutrennen − wobei der Erfolg nicht sicher wäre −, jedoch ginge dann ein u. U. wertvoller Indikator für den biogenen Charakter des Extraktes verloren.

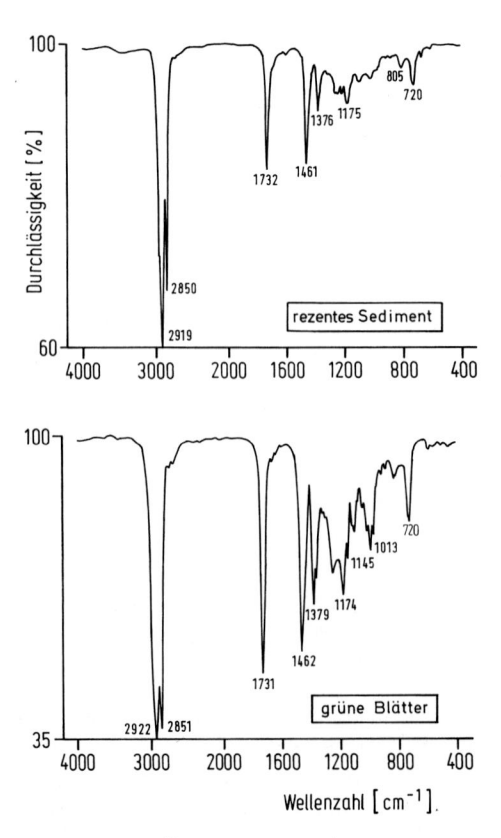

Abb. 3.11: IR-Übersichtsspektren der über Dünnschichten getrennten Pseudo-Aromaten in einem rezenten Sediment (A) und in grünen Blättern (B).

In Abb. 3.11 fällt in beiden IR-Spektren die C=O-Bande bei 1732 cm^{-1} auf. Die vom clean up her in diesen Fraktionen zu erwartenden Aromaten-Banden sind weder um 3000, noch im Gebiet zwischen 600 und 1000 cm^{-1} auch nur andeutungsweise zu finden, allenfalls im Extrakt des rezenten Sedimentes eine Spur der C=C-Bande bei 1600 cm^{-1}. Neben der Langkettenabsorption (720 cm^{-1}) in für biogene Verhältnisse entsprechender Größe ist das Spektrum eines Extraktes aus grünen Blättern durch die Bandengruppen um 1174 und 1013 cm^{-1} ausgezeichnet [3, Tab. 5 – 15]. Diese Banden können höheren aliphatischen Carbonsäureestern zugeordnet werden.

Um 1200 cm^{-1} absorbiert die „asymmetrische Streckschwingung des C-O-C-Fragments mit zusätzlichen Energiebeiträgen aus C-C-Einfachbindungen" [3]. Die – allerdings nur schwach – sichtbare Aufspaltung der Paraffinbande bei 720 cm^{-1} korrespondiert mit der Tatsache, daß die auf den KBr-Preßling aufgetragene Probe zu fester (kristalliner) Form erstarrte, was man bei langen Paraffinketten regelmäßig beobachtet.

In Abb. 3.11.A ist im Vergleich zu Abb. 3.11.B die Ordinate nicht so stark gedehnt, doch sind alle soeben hervorgehobenen Merkmale auch im Extrakt des rezenten Sedimentes vorhanden.

3.1.6 Sonstige Stoffe

Neben den Alkanen, Alkenen und Aromaten gibt es keine „sonstigen" KW-Stoffe, doch kann es angezeigt sein, die bei der Ölalterung auf Wasseroberflächen oder im Boden sich aus den KW bildenden Verbindungen in die Analytik mit einzubeziehen. Das gleiche gilt für rein biogene Extrakte, für die Charakterisierung von Matrixmilieus (Abschnitt 7.2), sowie je nach Aufgabenstellung. Die in diesem Sinne chromatographisch erhaltenen Fraktionen werden, wie vorstehend beschrieben, auf KBr-Preßlingen spektroskopiert.

Eine noch offene Frage betrifft den für ein Übersichtsspektrum erforderlichen Substanzbedarf. In einem geeigneten Lösungsmittel gelöst benötigt man relativ große Mengen, ≥0.5 mg/ml (Abb. 3.12), und die Elimination des Lösungsmittels durch backcorrection oder Vergleichslösung im zweiten Strahlengang bringt nicht in allen Wellenlängenbereichen befriedigende Resultate. Feste (kristalline) Stoffe müssen ausnahmslos in KBr

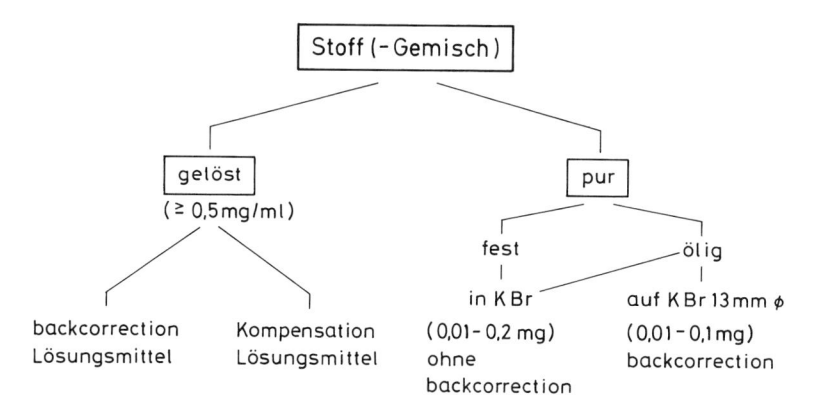

Abb. 3.12: Substanzbedarf bei der Aufnahme von IR-Übersichtsspektren nach verschiedenen Techniken.

eingepreßt werden. Man kommt bei diesen sowie bei den öligen Extrakten mit 10 µg absolut aus. Probleme können auftreten, wenn bei Zimmertemperatur feste Stoffgemische, in flüssiger (warmer Form) auf den vorgewärmten Preßling gegeben, und später im Strahlengang des IR-Gerätes während der Spektrenaufnahme auskristallisieren. Bei den sehr schnell registrierenden FT-IR-Geräten entfällt diese Schwierigkeit.

Daß man Gemische *auf KBr* zumindest halbquantitativ bestimmen kann, belegt die Schätzkurve in Abb. 3.13.

Auf weitere wichtige Literatur [15–19] sei hingewiesen.

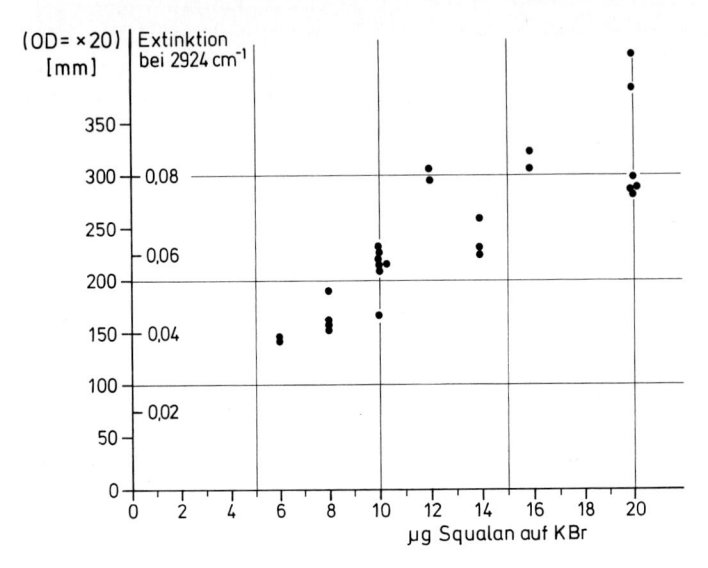

Abb. 3.13: Zur halbquantitativen Bestimmung von Squalan über die CH_2-Bande auf KBr-Preßlingen bei einer Ordinatendehnung von ×20 (in mm) oder in Extinktionen.

Praxis ohne Theorie ist blind,
Theorie ohne Praxis unfruchtbar.
J. D. Bernal

3.2 UV-Absorptionsspektroskopie

Ein bekannter Mangel der quantitativen IR-Absorptionsspektroskopie nach Abschnitt 3.1 ist die im Verhältnis zu den gesättigten Kohlenwasserstoffen geringe molare Extinktion der Mineralölaromaten, d. h. der unsubstituierten Kerne. Diese besonders umweltrelevante KW-Fraktion ist bei den üblichen Mineralölprodukten mit Ausnahme der Vergaserkraftstoffe in einen Überschuß von Alkanen eingebunden, teils sind es die Paraffine und Naphthene, teils die paraffinischen Seitenketten der Aromaten. Da beide Substanzgruppen durch einen relativ großen *Gruppenextinktionskoeffizienten* ausgezeichnet sind, gehen die Aromaten im Gemisch leicht unter. Erst nach einer chromatographischen Abtrennung der gesättigten KW sind aromatische Strukturen mit Sicherheit nachweisbar,

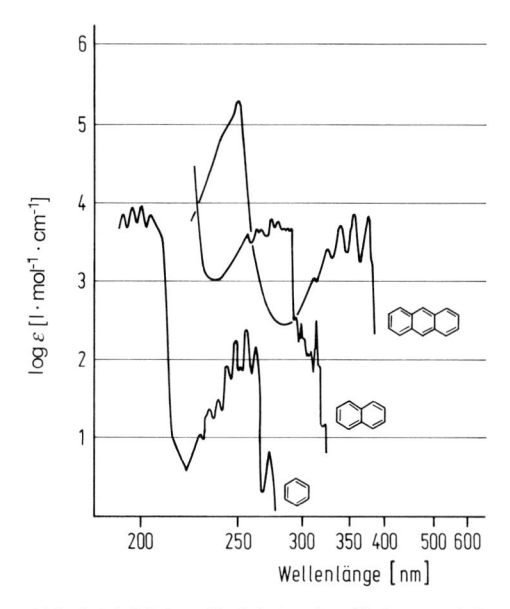

Abb. 3.14: Molare Extinktionskoeffizienten einiger Aromatengrundkörper nach [23].

dies insbesondere in den Übersichtsspektren (s. Abb. 3.10). Grundsätzlich sind auf diesem Wege auch die sonst zu schwachen Banden in Mitteldestillaten und Schmierölen quantitativ auswertbar [20, Abb. 86)].

Die UV-Absorptionsspektroskopie nutzt die Elektronenanregung der Moleküle, und da die dazu notwendige Energie gerade bei den Aromaten recht gering ist, resultieren entsprechend hohe Extinktionskoeffizienten, ganz im Gegensatz zur Situation bei den Alkanen. Der *molare Extinktionskoeffizient* ist allerdings sehr von der Molekülstruktur, vor allem der Anzahl der kondensierten Aromatenkerne, abhängig und variiert je nach deren Anzahl um Zehnerpotenzen – Abb. 3.14 [21]. Der molare Extinktionskoeffizient beträgt $\varepsilon = 1 \, l \, mol^{-1} \, cm^{-1}$, wenn eine Stoffkonzentration von $c = 1 \, mol \, l^{-1}$ bei der Schichtstärke $d = 1 \, cm$ die eingestrahlte Wellenlänge λ auf 1/10 schwächt und eine Extinktion von $E = 1$ gemessen wird – Lambert-Beer-Gesetz (s. Gleichung (3-1).

3.2.1 Quantitative Kohlenwasserstoffbestimmung

Dies, und wie schon bei der IR-Spektroskopie erwähnt der Umstand, daß es sich um Mischungen zahlreicher Einzelverbindungen mit unterschiedlichen molaren Anteilen und Koeffizienten handelt, verbietet die Verwendung von molaren Extinktionskoeffizienten zur Gehaltsbestimmung. Ebenso wenig realistisch ist die Definition von Gruppenextinktionskoeffizienten analog den Paraffinen. Zum Ziel kommt man mit einem, das Gemisch als Ganzes repräsentierenden, Eichfaktor, den man zuvor analytisch bzw. über eine Eichkurve bestimmt [13]. Unter diesem Vorbehalt kann man den Nutzen der UV-Absorption darin sehen, daß eine empfindliche quantitative Bestimmung von Mineralölprodukten in Lösung (Hexan, Cyclohexan) dann möglich ist, wenn auf ein bekanntes Referenzgemisch bei definierter Wellenlänge bezogen werden kann [13]. Nach Abb. 3.15

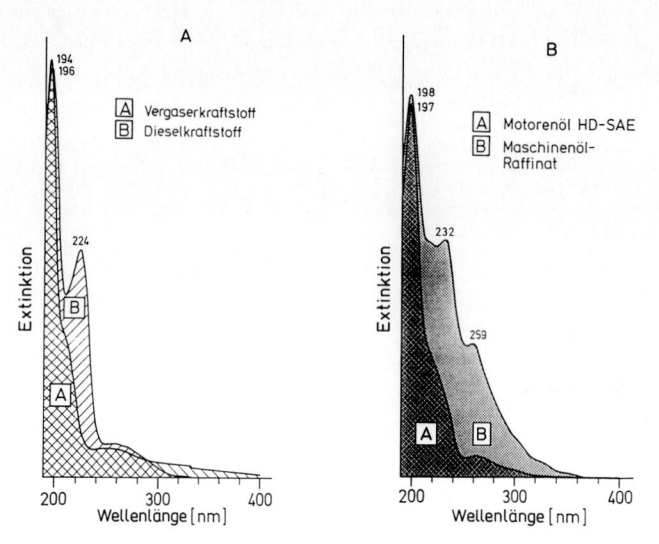

Abb. 3.15: UV-Absorptionsspektren von vier Mineralöl-Raffinaten in Cyclohexan.

unterscheiden sich die UV-Absorptionsspektren der Mineralölprodukte im Bereich von 190 bis 400 nm teilweise beträchtlich. Während beim Vergaserkraftstoff nur ein Maximum im kurzwelligen UV bei 194 nm auftritt, gesellt sich beim Dieselkraftstoff ein zweites, nicht so hohes Maximum bei 224 nm hinzu s. Abb. 3.15.A. Die relativ breiten Banden dieser Grundspektren laufen nach steilem Abfall sodann in Form eines längeren schmalen Streifens bis über 300 nm hin langsam aus.

Bei dem Maschinenölraffinat (s. Abb. 3.15.B) existieren neben dem Maximum bei 198 nm zwei abgeschwächte Maxima, diese mehr als Übergang zu einer Schulter, bei 232 und 259 nm. Der soeben erwähnte steile Abfall der längerwelligen Flanke ist hier durch einen weniger steilen ersetzt. Das bedeutet auch eine Erweiterung der Gesamtfläche der UV-Absorption nach längeren Wellen. Eine Integration der jeweiligen Flächen würde demnach sehr unterschiedliche Werte erbringen, und zwar auch bei sonst gleichen Gewichtsmengen an Mineralöl.

3.2.2 Theoretische Grundlagen

Doch zunächst müssen noch einige theoretische Grundlagen zum besseren Verständnis behandelt werden.

Die UV-Absorption ist verbunden mit der Überführung geeigneter Elektronen von einem bindenden in einen antibindenen Zustand [15]. Man kennt im Zusammenhang mit unserem Thema

$n - \pi^*$- und
$\pi - \pi^*$-Übergänge.

Die molaren Extinktionskoeffizienten der ersten Kategorie sind gering und liegen zumeist unter 100, die der zweiten zwischen 10^3 und 10^5.

Bei den Doppelbindungen der aromatischen Systeme handelt es sich ausschließlich um $\pi-\pi^*$-Übergänge. Die hochsymmetrischen Moleküle mit dem Benzol als erstem Vertreter liefern allerdings auch Symmetrie-verbotene Übergänge, die erst durch die Schwingungen der Moleküle erlaubt werden und geringere Intensitäten um etwa $\varepsilon = 100$ aufweisen. Beim Benzol (Abb. 3.16) und nicht nur bei diesem tritt diese schwache Bande in unpolaren Lösungsmitteln mit einer Feinstruktur auf, und zwar mit einem mittleren Bandenmaximum bei 253.8 nm. Die Theorie fordert für das Benzol drei $\pi-\pi^*$-Übergänge: zwei bei 180 und 203 sowie den schon genannten Übergang bei 256 nm mit Feinstruktur. Man bezeichnet sie auch als

K-Band (180 nm)
R-Band (203 nm) = Hauptbande und
B-Band (256 nm) = Nebenbande.

„Die Absorptionsbanden der Benzolderivate werden als die verschobenen Absorptionsbanden des Benzols interpretiert" [15], wobei die 180er-Bande nach längeren Wellenlängen verschoben werden kann und dann als 2. Hauptbande fungiert. Speziell die Alkylderivate des Benzols liefern ähnliche Spektren, nur sind die drei Bandengruppen z. T. ineinander verschoben und nicht mehr isolierbar.

Für das Naphthalin werden Banden um 166, 220, 285 und 313 nm angegeben [21, S. 358), die stärkste mit log $\varepsilon = 5.05$ für 220 nm, gefolgt von der Bande bei 285 nm mit log $\varepsilon = 3.75$. Beim Anthracen schließlich liegt die stärkste Absorption bei 256 nm (log $\varepsilon = 5.2$) und die nächste bei 384 nm (log $\varepsilon = 3.80$).

Diese *Rotverschiebung* [13] setzt sich erwartungsgemäß bei den vier- und fünf-Ring-Aromaten fort.

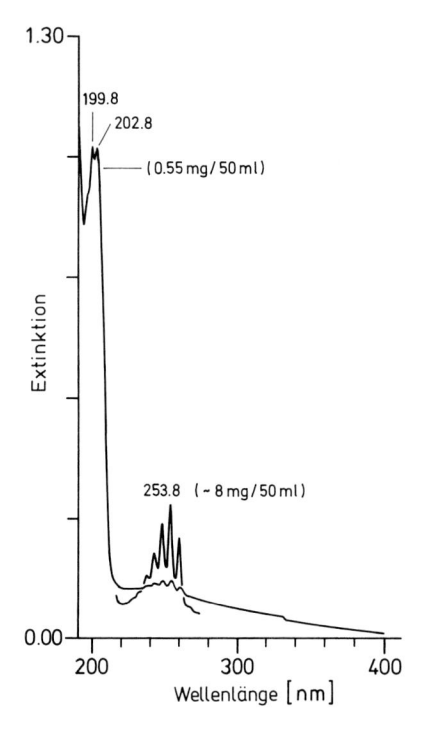

Abb. 3.16: UV-Absorptionsspektrum des Benzols in Cyclohexan bei zwei verschiedenen Konzentrationen.

3.2.3 Qualitative Aspekte

Die speziellen optischen Eigenschaften der Aromatenkörper sind nicht nur zur allgemeinen Aromatenbestimmung in Mineralölprodukten genutzt worden, sondern auch zur Strukturaufklärung, dies insbesondere über die Feinstrukturen und deren Variabilität u. a. in verschiedenen Lösungsmitteln [13]. Genannt werden die Bestimmung einzelner Polycyclen in Ruß, Gasölen und Steinkohlenteeren (zit. in [13]). Unser Interesse richtet sich nun auf die Bestimmung von KW über die Aromatenabsorption. Die Maxima aller Mineralölraffinate der Abb. 3.15 dürften die Gegenwart von Alkylbenzolen anzeigen. Beim HD-Öl spricht hierfür auch die schwache Nebenbande zwischen 260 und 280 nm (B – Band). Offensichtlich sind bei diesem die Alkylnaphthaline allenfalls in Spuren vorhanden, während sie beim Dieselkraftstoff deutlich in der Bande bei 224 nm angezeigt werden. Bei beiden Ölen fehlen höher kondensierte Aromaten, weil der entsprechende Wellenlängenbereich leer bleibt. Im Maschinenölraffinat muß dagegen mit solchen höheren Aromaten gerechnet werden, da sich das Spektrum hier mit einem mittleren Maximum bei 259 nm präsentiert und auch sonst weiter in das längerwellige Gebiet hineinreicht.

So gesehen erlauben die UV-Spektren der Aromatenfraktion eine erste grobe Beschreibung der KW-Zusammensetzung. Polare Nicht-KW müssen vorher sauber abgetrennt sein (Abschnitt 5.2).

3.2.4 Vergleich IR/UV-Spektroskopie

Die Konzentrationsangaben in Abb. 3.16 wurden über die kurzwelligste Bande (1. Hauptbande) erhalten. In diesem Zusammenhang ist es empfehlenswert, generell Eichkurven bei ca. 200 nm aufzustellen und diese zu verwenden. Mit deren Hilfe lassen sich weniger als 5 µg Heizöl EL/10 ml n-Hexan quantitatiy bestimmen.

Liegen nun unbekannte Ölgemische vor, wie z. B. Extrakte aus Sedimenten der Saar in Abb. 3.17, so ergeben sich die erwarteten Probleme bei der Auswertung. Je nach dem eingesetzten Referenzöl (Abb. 3.17.C) bekommt man unterschiedliche Gehalte: hier abnehmend vom HD-Öl zum Maschinenölraffinat. In Abb. 3.17.B findet man die Ergebnisse der IR-Spektroskopie, bezogen auf das Squalan als Eichstandard. Die Zahlen liegen mit einer Ausnahme (14 B) etwas niedriger als die der UV-Auswertung über das HD-Öl (– 10 %), jedoch höher als die der Auswertung über die beiden anderen Ölstandards. Zum Vergleich ist in Abb. 3.17.A das Ergebnis der IR-Analyse eines Zweitlabors mit Squalan als Eichstandard angeführt. (Die Problematik der Vergleichbarkeit der Ergebnisse verschiedener Arbeitsgruppen bleibe hier ebenso wie die statistische Aufbereitung der Zahlen [22] ausgeklammert.)

3.2.5 Biogene Extrakte

Es darf keineswegs verschwiegen werden, daß bei Extrakten unbekannter Zusammensetzung die Hochrechnung von der UV-Extinktion bei definierter Wellenlänge auf einen „Mineralölgesamtgehalt", also unter Einbeziehung auch der nicht explizit bestimmten gesättigten KW, zu absolut falschen Zahlen und Interpretationen führen kann, weswegen

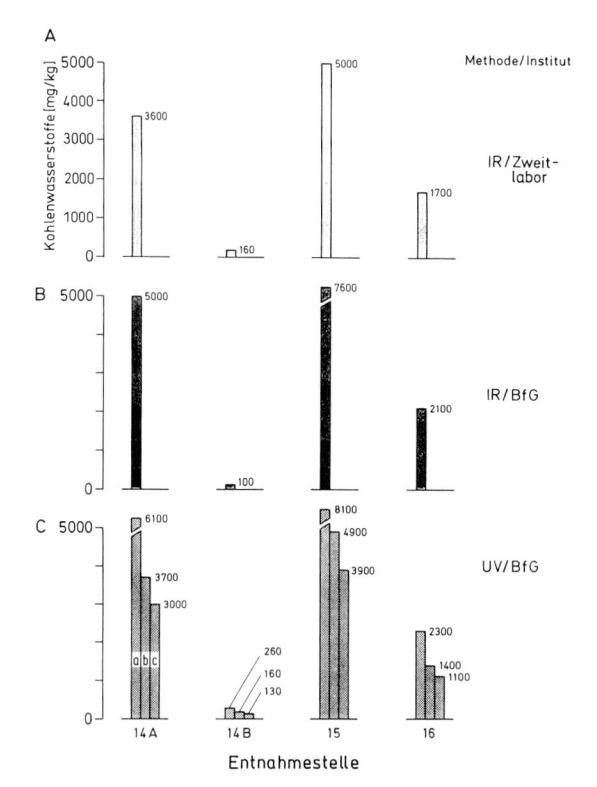

Abb. 3.17: Vergleich der Analysenergebnisse von IR- (A und B) und UV-(C)-Spektroskopie am Beispiel von Kohlenwasserstoffen in Sedimenten der Saar bei Lisdorf 1990. Als Referenzöle (Bezugsgröße) wurden in (A und B) Squalan, in (C) HD-Öl-a, Dieselkraftstoff-b und Maschinenöl-c eingesetzt.

eine getrennte Bestimmung dieser beiden Fraktionen und die Auswertung ihrer jeweiligen Anteile am Gesamt-KW-Gemisch in Zweifelsfällen nicht umgangen werden sollte! Eindeutig scheint die Sachlage bei rezent biogenen Extrakten – Abb. 3.18. In Abb. 3.18.A ist die UV-Absorption der Pseudoaromatenfraktion von Buchenlaub, also einer biogenen Matrix, dargestellt. Das IR-Spektrum in Abb. 3.11.B hatte diese bereits als Carbonsäureester mit langen, unverzweigten Paraffinketten ausgewiesen. Auch die zugehörigen Paraffine erwiesen sich als ausschließlich biogen. Ohne diese Informationen, die außerhalb des UV-spezifischen Arbeitsbereiches gewonnen wurden, und ohne ausreichende Erfahrung in der Spektreninterpretation würde man leicht ein HD-Öl indizieren.

Sicherlich ist die nächste Matrix, der Waldboden, nicht in gleichem Umfang rezent biogen, doch kann durchaus auch von einer biogenen Matrix ausgegangen werden. Immerhin unterscheidet sich das Spektrum der Abb. 3.18.B sehr erheblich von dem in Abb. 3.18.A dargestellten: es läuft sehr breitbandig nach längeren Wellen hin aus und ähnelt in gewisser Weise dem Spektrum des Maschinenölraffinats. Gleichwohl liegen hier keine Mineralölaromaten vor, wie sich u. a. durch die noch zu erwähnenden Spektren höherer Ordnung beweisen läßt.

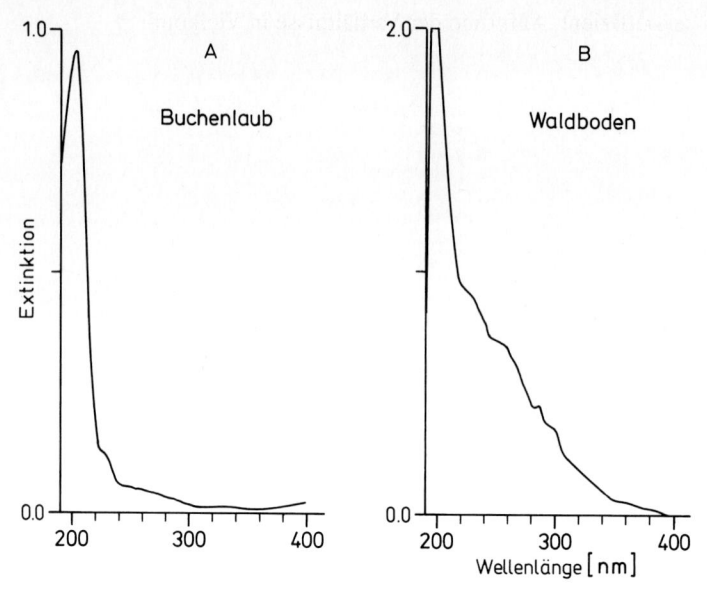

Abb. 3.18: UV-Absorptionsspektren der Pseudo-Aromaten von Buchenlaub (A) und eines Waldbodens (B) in Cyclohexan.

Doch soll den Fallbeispielen hier nicht zugunsten des Teils III vorgegriffen werden. Gleichwohl ist der Informationsgehalt der UV-Spektren mit den obigen Angaben nicht erschöpft: nicht selten findet man vor allem bei der Analytik von (belasteten) Böden Spektren, die sich vom kurzwelligsten Ende 190 nm bis 400 nm und darüber hinaus erstrecken, nicht unähnlich dem Spektrum in Abb. 3.18.B. In aller Regel sind kondensierte Benzolkerne mit drei und mehr Ringen – mit oder ohne Alkylketten oder Cycloalkane – die Ursache. Ein wichtiger Vertreter dieser Gruppe ist das unsubstituierte Fluoranthen – Spektrum in Abb. 3.19. Die theoretisch geforderten vier Banden findet man um 208, 235, 276 und 286 einschließlich der verbotenen π–π* (B-)Bande, aufgelöst mit einem Maximum bei 358 nm. Fluoranthen ist die ausgesprochene Leitsubstanz der polycyclischen Aromaten in Umweltproben (Wasser, Boden und Luft). Es kommt in relativ hohen Konzentrationen vor sowie in vergleichsweise konstanten Relationen zu den anderen 6 Aromaten der TVO [23] bzw. sogar zu den 16 Aromaten nach EPA (vgl. Abb. 1.9). Während nach unseren Erfahrungen die kurzwelligeren Banden 208 und 235 nebst dem B-Band für die analytische Praxis wenig Gewinn bringen, hat das 286er Maximum für die quantitative Bestimmung und die Diagnose beträchtlichen Wert. Häufig ragt es aus dem Untergrund hervor oder sitzt auf der Flanke des Spektrums, ein Hinweis darauf, daß man über die Spektren höherer Ordnung weitere Informationen erhält.

3.2.6 UV-Derivativspektren

Mineralölaromaten unterschiedlich zusammengesetzter Raffinate und Mischungen lassen sich nach dem vorhergehend über die UV-Absorption Gesagten in einer spezifischen Weise charakterisieren, wenn auch die Zuordnung der Banden bei weitem nicht so gut

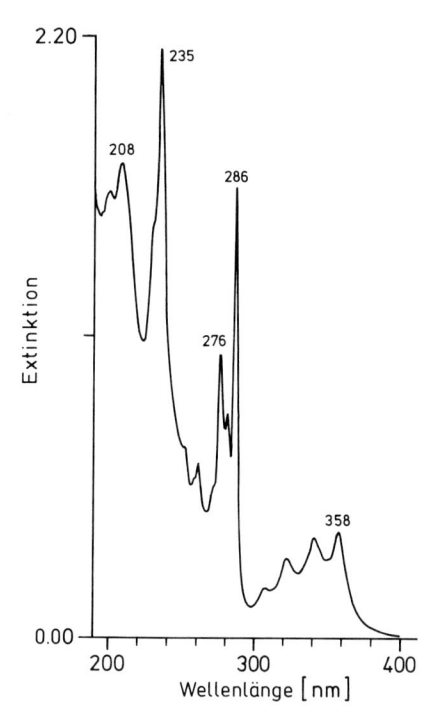

Abb. 3.19: UV-Absorptionsspektrum von Fluoranthen in Cyclohexan. Stoffkonzentration 0,30 mg/50 ml.

ist, wie bei der IR-Spektroskopie. Bei einiger Erfahrung kann zusätzlich der Siedebereich der Verbindungen abgeschätzt werden. Weiteren Aufschluß in ganz besonderer Weise vermitteln nun die durch Differentiation erhältlichen Spektren (Derivativspektren) D1–D4. In Abb. 3.20 ist die bei relativ hoher Stoffkonzentration von 205 bis 240 nm aufgenommene Flanke des Vergaserkraftstoffes aus Abb. 3.15 nach D1 und D2 differenziert, d.h., die Veränderung der Extinktion

$$\frac{dE}{d\lambda} \quad \text{und} \quad \frac{d^2E}{d\lambda^2}$$

gegen die Wellenlänge λ aufgetragen. Aus dem scheinbar ungegliederten Verlauf des Grundspektrums entstehen so die stark spezifisch strukturierten Ableitungen. Diese können ebenso wie das Grundspektrum zwei Aufgaben erfüllen: die Gewährleistung einer quantitativen Bestimmung z.B. in D1 über – 237/256 nm und die Präsentation eines fingerprints zur Stoffidentifizierung. Die Nutzung der Ableitungen insbesondere von D1 und D2 zur besseren Gehaltsbestimmung ist in der analytischen Chemie anerkannt und geschätzt [24, 25, 26], wenn auch nicht in wünschenswertem Umfang und nicht in der hier dargelegten Problembearbeitung. Von den in Abb. 3.15 im Grundspektrum vorgestellten Standardraffinaten liefert die 1. Ableitung, D1 (Abb. 3.21) die zu erwartende Auflösung. Die entstehenden Hoch- und Tiefwerte können, unterschiedlich kombiniert, zur quantitativen Bestimmung dienen, falls die Eichung mit dem zutreffenden Referenzöl vorgenommen wurde. Umgekehrt deuten Differenzen, die bei der Auswertung von

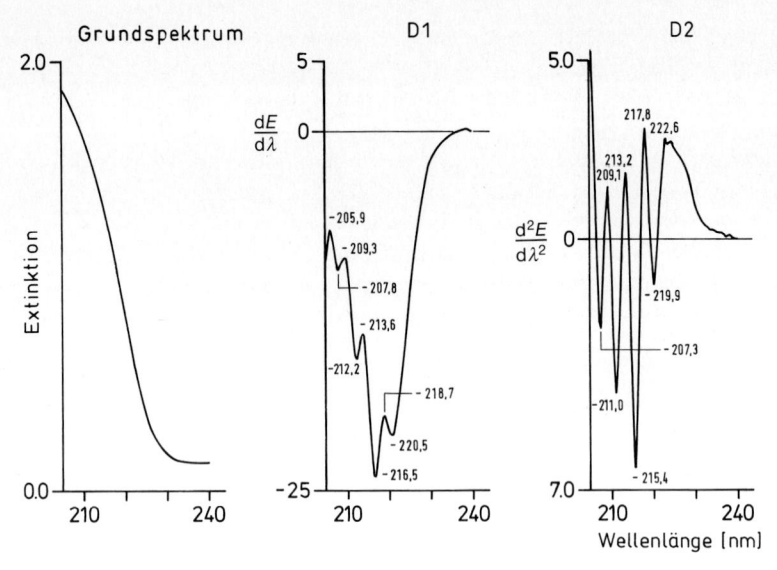

Abb. 3.20: UV-Absorption eines Vergaserkraftstoffes (Ausschnitt aus Abb. 3.15. A). Grundspektrum sowie Spektren 1. und 2. Ordnung (D1 und D2) in Cyclohexan, Stoffkonzentration 2,3 mg/ 50 ml.

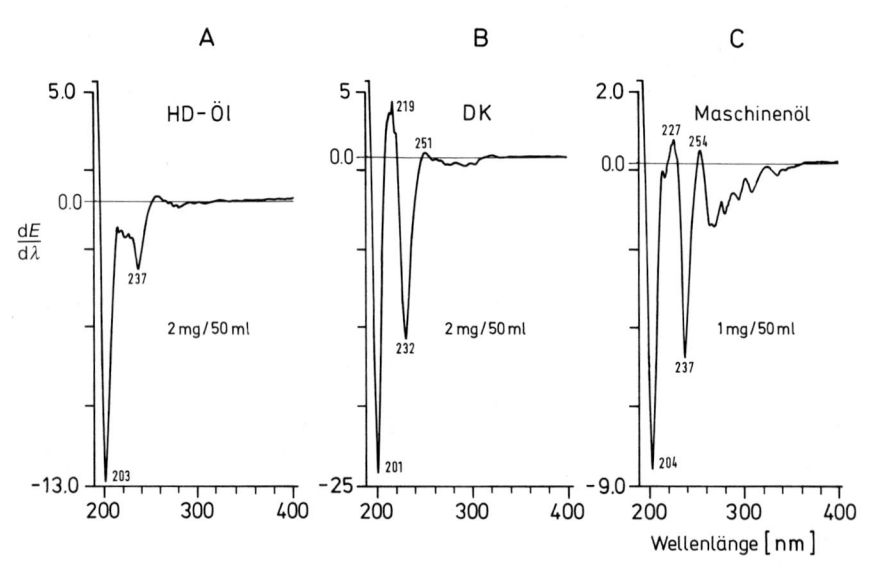

Abb. 3.21: UV-Absorptionsspektren 1. Ordnung der Mineralölraffinate Motorenöl (HD) (A), Dieselkraftstoff (B) und Maschinenölraffinat (C) aus Abb. 3.15 A und B in Cyclohexan.

zwei verschiedenen Hoch-/Tiefwertpaaren auftreten, darauf hin, daß der gewählte Eichstandard nicht der „richtige" war, und die Zusammensetzung des zu analysierenden Öles somit nicht derjenigen des Standards entspricht, ein besonderes Problem bei teilabgebauten Ölen.

Man bemerkt in Abb. 3.21, daß die flachen Ausläufer der Grundspektren verschwunden sind: dies ist eine allgemeine Eigenart der Spektrendifferenzierung. Neben der Eigenschaft, daß aus geringen, für das Auge und aus dem Meßwertausdruck in der Regel wenig bis gar nicht sichtbaren Änderungen im Kurvenverlauf des Grundspektrums nun stark ausgeprägte Maxima und Minima hervorgehen, sind auch die folgenden zu bemerken: Spektrenteile mit gar keinem oder mit linearem Anstieg im Grundspektrum (= lineare Untergrundfunktion) bleiben in der 1. Ableitung unberücksichtigt bzw. verlaufen parallel zur x-Achse. Dadurch werden fallweise unerwünschte Absorptionen unterdrückt. Ferner wird durch den Nulldurchgang der 1. Ableitung das Maximum E_{Max} des Grundspektrums exakt definiert [24]. Auch Trübungen entfallen als Extinktionshintergrund in D1. Und schließlich können, wie beim Fluoranthen bereits angedeutet, Einzelverbindungen auch in komplexen Mischungen über die Auswertung der D1- und D2-Spektren bestimmt werden.

Nach der Erfahrung und Theorie entfallen in D1 nicht die Spektrenteile, die keiner linearen Funktion im Grundspektrum entsprechen. Zum Beispiel bei der UV-Absorption des Maschinenöls (Abb. 3.21.C) nach längeren Wellen. Die in D1 sichtbaren Differentialquotienten jenseits von etwa 250 signalisieren erfahrungsgemäß höher kondensierte Aromaten mit oder ohne Seitenketten. Man spricht bei solchem Verlauf auch von einer *Rotverschiebung* [13].

Kehrt man noch einmal zum Fluoranthen zurück, so ist das Spektrum nach D1 vor allem durch das Hoch-/Tiefwertpaar 285/-287 gekennzeichnet, nach D2 durch ein analoges bei 284/-286 – s. Abb. 3.22. Diese sehr lagekonstanten Banden erlauben die quantitative Bestimmung des Fluoranthens in Gemischen [27]. Wie man vor allem in Teil III noch sehen wird, tauchen diese Wertepaare neben dem Peak bei 287 nm des Grundspektrums häufig in Umweltproben auf, sofern diese nicht durch Mineralöl belastet sind (vgl. Abschnitt 1.1). Ausnahmen bilden Aromatenmischungen auf der Basis der Steinkohlenteeröle, die in mancherlei Spezifikationen dem Analytiker vorliegen können. So z.B. als Teerprobe aus dem Stichkanal Salzgitter – Abb. 3.23. Es ist nun nicht so, daß das Fluoranthen nicht auch hier eine der stärksten Verbindungen darstellt, wohl aber wird das

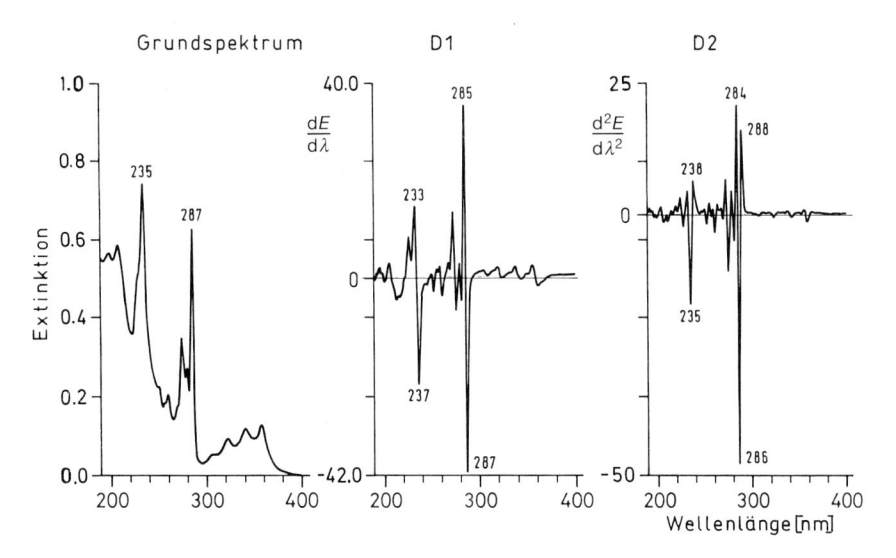

Abb. 3.22: Fluoranthen im UV-Absorptions-Grundspektrum sowie den Spektren 1. und 2. Ordnung (D1 und D2), in Cyclohexan, Stoffkonzentration 0,14 mg/50 ml.

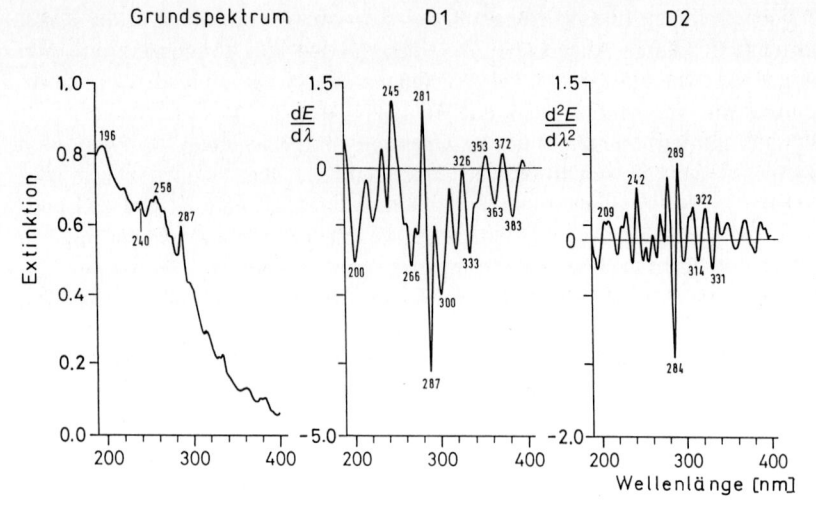

82   3 Spektroskopische und chromatographische Methoden

Abb. 3.23: UV-Absorptionsspektren 0. bis 2. Ordnung von Aromaten eines Steinkohlenteer-Extraktes, in Cyclohexan, Stoffkonzentration ca. 0,5 mg/50 ml.

Spektrum durch zahlreiche weitere Aromaten im genannten Bereich gestört, und somit eine sichere Auswertung verhindert. Umgekehrt kann man aber, sofern ein solches Spektrum in D1 und D2 erscheint, auf Abkömmlinge von Teerölen schließen.

3.2.7 UV-Detektion auf Adsorberschichten

Zwar nicht in angemessenem Umfang, doch auch nicht ganz unerwähnt sei die UV-Detektion auf Adsorberschichten wie Kieselgel 60 (Teil IV) – Abb. 3.24. Bei der aufstei-

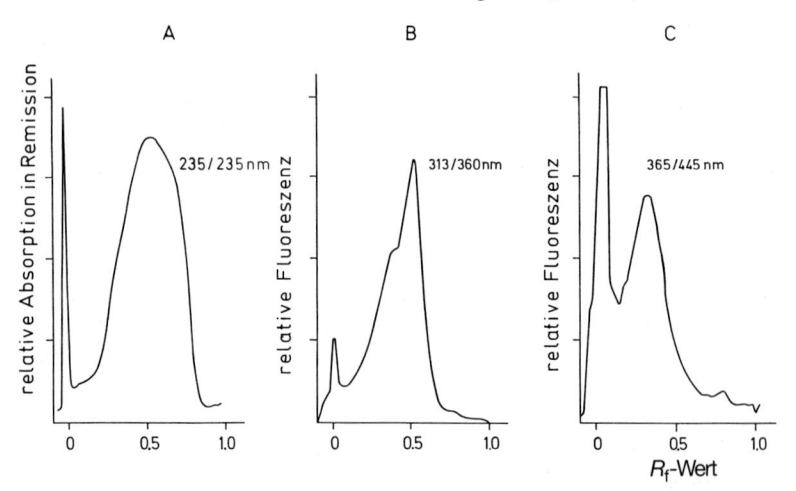

Abb. 3.24: UV-Absorption in Remission (A) sowie entsprechende Fluoreszenz-Ortskurven (B und C) eines HD-Motorenöles nach Entwicklung mit n-Hexan auf Kieselgel-Dünnschichten. Hexangesättigte Kammer. Die kürzerwellige Version (B) regt bevorzugt Alkylbenzole bei höherem R_f-Wert zur Fluoreszenz an, während im längerwelligen die zwei- (und drei-)Kern-Aromaten mit niedrigerem R_f-Wert betroffen sind.

genden Chromatographie von Extrakten mit dem Fließmittel n-Hexan bis 10 Zentimeter Höhe wandern die nicht UV-aktiven gesättigten KW weitgehend mit der Front, während die Aromaten je nach der Polarität, der Anzahl der kondensierten Kerne, der Länge der Alkylketten und auch nach dem Molekulargewicht auf der verfügbaren Fläche verteilt werden. Unter normalen Bedingungen steigen die Alkylbenzole am höchsten, gefolgt von den Alkylnaphthalinen, während die drei- und vierkernigen Aromaten darunter plaziert werden. Durch Abfahren einer Kieselgel-Dünnschichtplatte mit einem Scanner und Messung der UV-Absorption in Remission eines HD-Motorenöles erhält man das in Abb. 3.24.A abgebildete Spektrum, welches wiederum eine für die Aromatenfraktion typische Form und Ausprägung hat. Diese wird noch verstärkt durch die gleichzeitige Aufnahme der Fluoreszenzdetektion – Abb. 3.24.B und C. Dieser wichtige Aspekt der Mineralöl- und KW-Analyse allgemein wird erneut in Abschnitt 3.4 aufgegriffen.

Auf die weiterführende Literatur [28–31] sei hingewiesen.

3.3 Fluoreszenzspektroskopie

3.3.1 Vorbemerkung

Nach der Anzahl der Veröffentlichungen zu urteilen wird die Fluoreszenzspektroskopie in der Ölanalytik gegenüber der UV-Absorptionsspektroskopie bevorzugt. Beide Verfahren jedoch stellen im Grunde nur die zwei Seiten der gleichen Medaille dar: Die π-Elektronen der planaren Aromatenkörper absorbieren Lichtquanten und gehen dadurch vom Grundzustand in den 1., 2. oder einen höheren Anregungszustand über. Inwieweit dabei verschiedene Schwingungs- oder Rotationsniveaus besetzt werden, läßt sich z.T. aus den UV-Spektren ableiten [32]. Da nach der Absorption der Lichtquanten in sehr kurzer Zeit eine gewisse strahlungslose Desaktivierung und/oder Reabsorption eines Teils der Anregungsenergie erfolgt, kann die dann noch verbliebene Energie nur durch einen Sprung vom untersten Schwingungsniveau des ersten angeregten Zustandes auf die einzelnen Schwingungsterme des Grundzustandes abgegeben werden. Aus diesem Grund sind Absorptions- und Emissionsspektren nicht deckungsgleich und die Quantenausbeute ist kleiner als 1. Es resultieren Emissionsspektren, die zum längerwelligen hin verschoben sind. Auch die im Einzelfall zu beobachtende Spiegelsymmetrie, bei welcher der sog. 0–0-Übergang (vom untersten Schwingungsterm des Grundzustandes zum untersten des 1. angeregten Zustandes und umgekehrt) in beiden Spektren zusammenfällt, und durch die Spiegelebene repräsentiert wird, ist in der Regel nicht erreichbar.

Aus meßtechnischen Gründen ist die Fluoreszenz-Emission bis zu 10^4fach empfindlicher als die UV-Absorption [21, 32, 33]. Denn bei der UV-Absorption ist die Empfindlichkeit der Anzeige durch die apparativ/elektronische Fähigkeit begrenzt, zwischen zwei großen, oft nur gering differierenden Signalen I_o und I zu unterscheiden. Bei der Fluoreszenz dagegen wird das Signal der Emission gegen O (Dunkelheit) gemessen, und die Fluoreszenzintensität F ist somit direkt proportional der Stoffkonzentration c:

$$F = \varepsilon \cdot c \cdot d \qquad (3\text{-}4)$$

ε ist wiederum der molare Extinktionskoeffizient. Aufgrund der Verhältnisse in Vielkomponentenmischungen kann ein solcher dort nicht existieren (Abschnitt 3.1 und 3.2). Im übrigen sind die Relationen von UV- und Fluoreszenzintensitäten in der Praxis der Ölanalytik durchaus nicht immer der Theorie gemäß! Zumindest sind weitere Parameter wie z. B. die jeweiligen Spaltbreiten mit einzubeziehen – s. Abb. 3.26.

3.3.2 Quantitative Bestimmungen

Manche Literaturangaben behaupten, daß zwischen Stoffkonzentration und Fluoreszenzintensität grundsätzlich keine Linearität besteht. Andere schränken dies für hohe Konzentrationen ein, und dies nicht nur im Sinne des Lambert-Beer-Gesetzes: „Um auch instrumentell bedingte Nichtlinearitäten zu vermeiden, ist es zweckmäßig, auf jeden Fall durch eine Eichreihe den Linearitätsbereich für die zu messende Lösung zu ermitteln" [32]. Vorausgesetzt wird ein in der Praxis eher seltener Fall, daß das richtige Referenzöl zur Anwendung kommt. Die nach Abschnitt 1.1 sehr unterschiedliche Zusammensetzung von Rohölen und Raffinaten spiegelt sich in den entsprechenden unterschiedlichen Extinktionskoeffizienten, besser E-Werten nach [34, S. 66] wieder, die dann im Normalfall zusätzlich durch die in Kap. 2 abgehandelten Vorgänge in Wasser und Boden entscheidend verändert werden können. Dieser grundsätzliche und schwerwiegende Mangel zwingt dazu, den KW-Bestimmungen unbekannter Gemische über die Fluoreszenz-Emission mit Vorsicht zu begegnen. Hat man sich jedoch für die Fluoreszenzdetektion

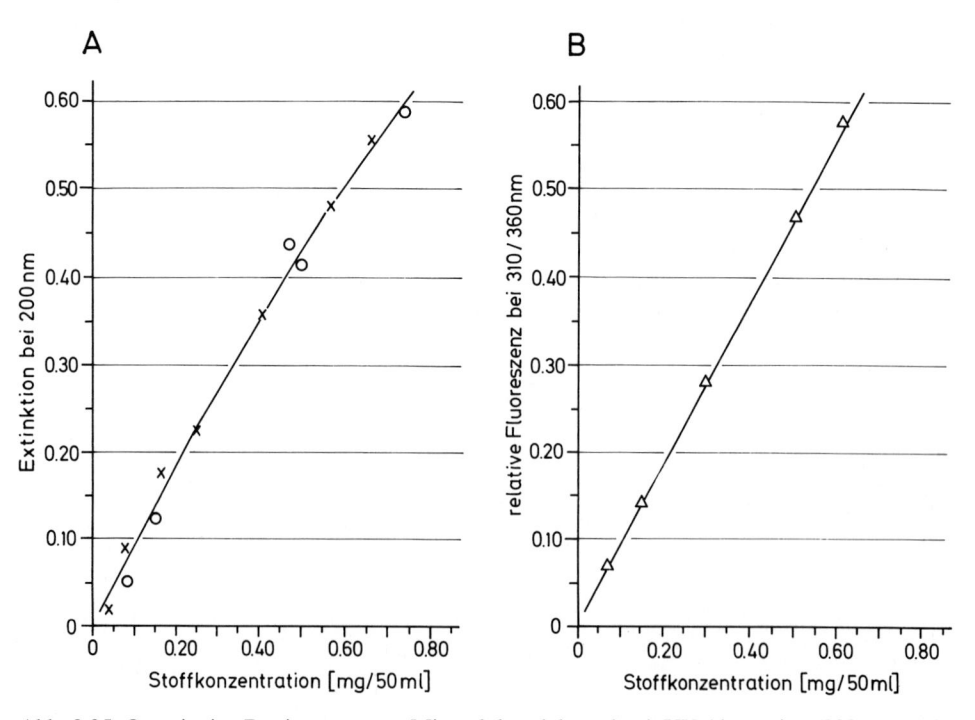

Abb. 3.25: Quantitative Bestimmung von Mineralölprodukten durch UV-Absorption (200 nm) und Fluoreszenz (310/360 nm) in n-Hexan. Eichkurven. × Heizöl EL, ○ Ekofisk-Rohöl, △ HD-Motorenöl.

von KW entschieden, so bietet sich bei einer Anregung mit 310 nm die Emissionsmessung bei 360 nm an [35–37]. Diese Kombination wurde für den Bereich des Meerwassers 1976 empfohlen. In Abb. 3.25 sind Eichkurven bis 500 μg/50 ml für die Fluoreszenzbzw. 850 μg/50 ml für die UV-Detektion für ein Heizöl EL, ein Rohöl aus der Nordsee (Ekofisk) und ein HD-Motorenöl zu finden. Die leicht gekrümmte Linie der Absorption ist nicht zu verkennen, während die für die Fluoreszenz offenbar linear verläuft. Bei einer Erhöhung der Spaltbreiten von 2/2 auf 3/3 und 4/4 nm steigt die Fluoreszenzintensität eines HD-Motorenöles annähernd im Verhältnis = 1:2.7:7.7 – Abb. 3.26. Da auch Spaltbreiten von 5/5 nm noch akzeptabel sind, ist unter diesem Aspekt eine KW-Bestimmung selbst in der Größenordnung von 1 μg/10 ml realisierbar.

Später wurde von der International Oceanographic Commission, World Metereological Organization, die Kombination 235/360 nm zur kontinuierlichen Überwachung des Meerwassers auf Erdöl-Kohlenwasserstoffe empfohlen [36], offenbar um Störungen durch die Miterfassung von PAK zu vermeiden. Dadurch wird die Empfindlichkeit der Messung gegenüber der 310/360 nm Variante verringert. Und es bestehen Zweifel, ob nun eine Messung ohne vorausgehendes clean up tatsächlich ohne Störung arbeitet. Nichts ist dagegen einzuwenden, wenn Fluoreszenzmonitore – wie auch analoge UV-Geräte – zur Überwachung von ölhaltigen Abwässern fungieren. Da die Detektion ebenso wie beim UV-Verfahren im Wasser selbst stattfinden kann, bieten sich, abgesehen von der erwähnten hohen Empfindlichkeit, deutliche Vorteile gegenüber IR-Verfahren.

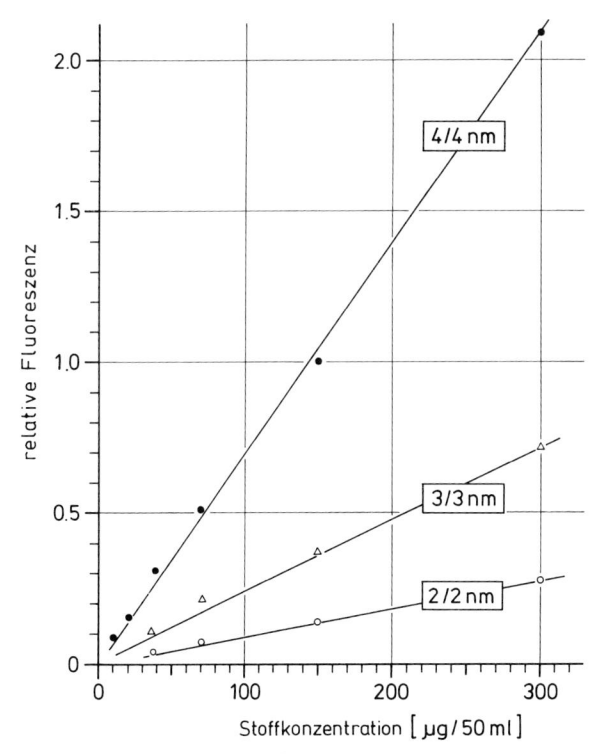

Abb. 3.26: Abhängigkeit der Fluoreszenz-Ausbeute (310/360 nm) eines HD-Motorenöles in Cyclohexan von den Spaltbreiten in Ex und Em, o = 2/2 nm, Δ = 3,3 nm und ● = 4/4 nm.

86   3 Spektroskopische und chromatographische Methoden

Nach [13] ist die Fluoreszenz-Spektroskopie in der Mineralölanalytik bei speziellen Fragen und Aufgaben eingesetzt worden, so zur quantitativen Bestimmung von PAK, wie z. B. des Benzo(a)pyrens in Ölen [38, 39]. Andere Autoren bestimmten Öl in Bodenproben [40], ein Thema, das in Teil III noch zur Sprache kommt. Eine weitverbreitete Nutzung der Aromatenfluoreszenz basiert auf der Detektion von KW auf Adsorberschichten.

3.3.3 Qualitative Fluoreszenzmessungen

Sowohl bei offensichtlichen Schadensfällen auf dem Wasser wie im Untergrund diente die visuelle Fluoreszenz zum Ölnachweis, nicht zuletzt bei der Kontrolle von Bilgenwasserentölern [41]. Mit entsprechenden Lampen wurde das Versickerungsverhalten von Ölen in Versuchsmodellen, als Simulator für den Untergrund, nach Abschnitt 1.2 verfolgt.

Je mehr man sich aber dem Spurenbereich in Gewässern und Böden nähert, umso mehr wird diese Fluoreszenzdetektion zunehmend durch natürliche, biogene mitextrahierbare Stoffe gestört. Die Fluoreszenzmessung von Gewässern wird aber andererseits zum Nachweis von speziellen Algen und/oder abwasserbürtigen Verbindungen genutzt [42]. Dies zwingt zu dem schon bei der IR-Spektroskopie geforderten clean up zur Isolierung der Aromatenfraktionen. Auf diese beziehen sich die folgenden Ausführungen.

Die modernen Fluorimeter in der „scannenden Version" [33] erlauben die automatische kontinuierliche Änderung der Wellenlänge. Das eröffnet für den Analytiker eine Fülle von Möglichkeiten! Geht man von einer festen Anregungswellenlänge (Ex) aus, so entsteht mit dem Intensitäts-/Wellenlängenspektrum das Fluoreszenz-Emissionsspektrum (EM), das eigentliche Gegenstück zum UV-Absorptionsspektrum. In Abb. 3.27.A ist auf der Basis von Ex = 290 nm das diesbezügliche Emissionsspektrum des mehrfach genann-

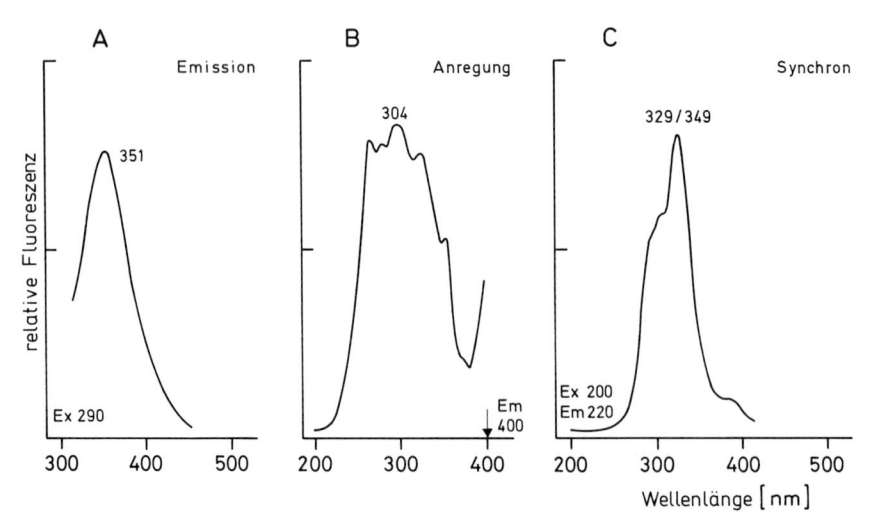

Abb. 3.27: Emissions-(A), Anregungs-(B) und Synchron-(C)-Fluoreszenzspektren eines Maschinenölraffinats in Cyclohexan, Spaltbreiten in Ex und Em = 2 nm.

ten Maschinenölraffinates aufgenommen. Das Intensitätsmaximum gipfelt bei 351 nm. Man kann aber auch die Emissionswellenlängen fixieren – Abb. 3.27.B – bei Em = 400 nm, und die Anregung von z. B. 200 nm an hochfahren. So resultiert das Anregungsspektrum mit einem Gipfel bei 304 nm. Die Kombination 304/351 nm Em/Ex würde sich nach diesen Spektren sehr gut zur optimalen Fluoreszenzdetektion des vorliegenden Mineralöls eignen.

Eine dritte Variante ist das sog. Synchronspektrum. In Abb. 3.27.C, ausgehend von 200 nm Anregungs- und 220 nm Emissionswellenlänge, also mit einem Abstand ΔEx/Em = 20 nm, wurde diese Kombination synchron nach längeren Wellen hin verändert. Das Maximum des neuen Spektrums liegt nunmehr um 329/349 nm.

Die Wahl der jeweiligen Wellenlängen von Ex und Em hat besonders bei den KW-Mischungen in Form von Mineralölen einen großen Einfluß auf die spezifische Spektrenstruktur. Man sieht das an den Emissionsspektren der Aromatenfraktion eines Hafensedimentes – Abb. 3.28. Die Anregung, aufsteigend von Ex = 240, 260, 280 und 310 nm, verursacht recht unterschiedliche Emissionsspektren, die man, wenn man so will, in ihrer Gesamtheit durchaus als Identitätskennzeichen, als fingerprint, be- und verwerten kann.

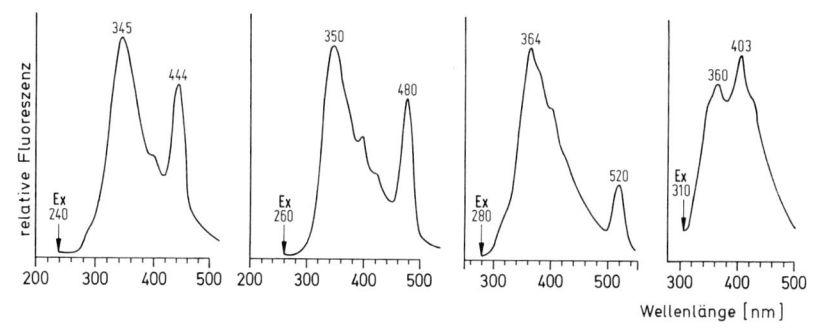

Abb. 3.28: Emissions-Fluoreszenzspektren der Aromatenfraktion eines Hafenschlammes bei Anregung mit Ex = 240, 260, 280 und 310 nm, in Cyclohexan. Spaltbreiten 2/2 nm.

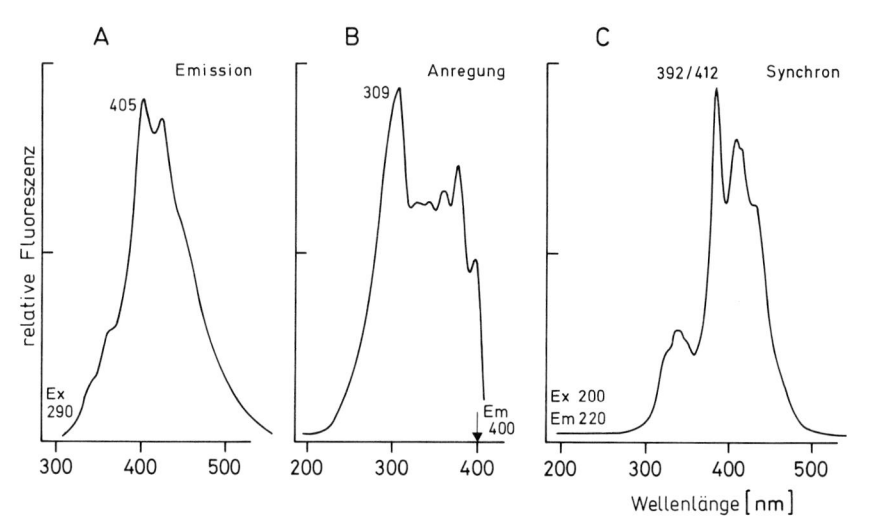

Abb. 3.29: Emissions-(A)-, Anregungs-(B)- und Synchron(C)-Fluoreszenzspektren der Aromatenfraktion einer kontaminierten Bodenprobe, in Cyclohexan.

Die Fixierung der Emission kann ebenfalls nicht dem Zufall überlassen bleiben. In Abb. 3.29.B z. B. bricht die Blockade durch den mit 400 nm schließenden Spalt die weitere mögliche Anregung abrupt ab, während Emissions- und Synchronspektrum den verhältnismäßig langwellig ausgedehnten Fluoreszenzbereich der Aromatenfraktion einer kontaminierten Bodenprobe aufzeigen.

Wie bei den Vielstoffgemischen sind auch bei Einzelverbindungen die Anregungs- und Emissionsspektren recht breitbandig. Am Beispiel des Fluoranthens (Abb. 3.30) fällt demgegenüber sofort die Schmalbandigkeit des *Synchronspektrums* ins Auge. Das einzige Maximum ändert seine Lage mit der Wahl der Spaltendifferenz Ex/Em bei sonst gleicher Einzelspaltbreite. Im Bild liegt es bei 398/408 nm und $\Delta\lambda = 10$ nm. Bei der im Labor des Verfassers verwendeten Standardausführung $\Delta\lambda = 20$ befindet sich dieses Maximum reproduzierbar bei 384/408 nm.

Die fünf weiteren Aromaten der deutschen Trinkwasserverordnung (s. Abb. 3.35) liefern im Synchronspektrum gar nur einen Einzelpeak bei 404/424 nm ($\Delta\lambda = 20$ nm) [42, Bild 7], dessen Intensität noch nicht einmal 50 % derjenigen des Fluoranthens erreicht.

Für die zu beschreibenden Fluoreszenzmessungen stand dem Verfasser ein zwar leistungsfähiges Gerät (siehe Abschnitt 12.3), dieses jedoch leider ohne Rechner zur Verfügung. Die Wellenlängen-abhängigen Extinktionen (= y-Achse) mußten daher beim Scannen abgelesen und von Hand auf die Schreiberaufzeichnungen übertragen werden. Bei den abgeleiteten Spektren ist diese Art der Dokumentation noch umständlicher und nicht sehr exakt. In der Regel gingen wir so vor, daß zunächst das Grundspektrum mit dem pre-scan-Mechanismus auf 80 % des maximal möglichen Schreiberausschlages (1000 mV) eingestellt wurde. Die zugehörige Extinktion der y-Achse war am Gerät ablesbar. Mit der Aufnahme der Spektren nach 1. und 2. Ordnung ergab sich speziell bei der Analyse der Mineralöle neben dem meßtechnischen ein stoffspezifisches Problem, und zwar deren sehr geringe Intensität. Diesem kann man bis zu einem gewissen Grade durch die Änderung des Meßbereiches am Schreiber Rechnung tragen. Alternativ läßt sich im Differentialquotient $dE/d\lambda$ das $d\lambda$ von 1 auf 2 oder 3 nm erhöhen und zusätzlich die Spaltbreiten der beiden Monochromatoren von 2 auf 3 oder 4 nm. Eine weitere Möglichkeit wäre die deutliche Vergrößerung der KW-Konzentration in der Meßlösung im Zuge der Derivativ-Spektroskopie. Die meßtechnischen und stoffspezifischen Rah-

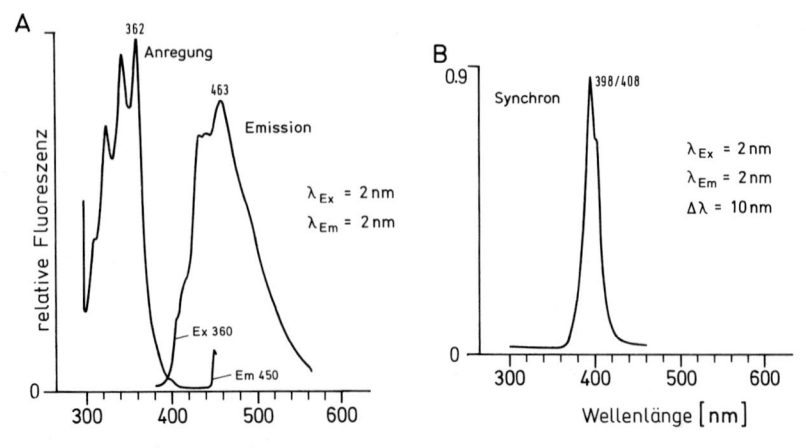

Abb. 3.30: Anregungs-(A), Emissions-(A) und Synchron-(B)-Fluoreszenzspektren von Fluoranthen, in Cyclohexan, Spaltbreiten in Ex und Em = 2 nm · 0,7 mg/50 ml. Relative Extinktion = 18 (Anregung) und = 20 (Emission) sowie = 0,9 (Synchron).

menbedingungen sind hier also wesentlich ungünstiger, als im UV-Gebiet – siehe die Abb. 3.21 und 3.23. Die Intensitätsprobleme bei den Spektrenableitungen werden allerdings bei den PAK-reichen KW-Fraktionen weitgehend gegenstandslos.

3.3.4 Synchronspektren

Die einfache Form der Synchronspektren hat gewiß Vor- und Nachteile. Als Nachteil könnte man sicher den Wegfall der soeben besprochenen Differenzierungsmöglichkeiten bei der Aufnahme der Ex- und Em-Spektren werten. Für einen Identitätsnachweis im Sinne eines fingerprints ist das Spektrum zu dürftig.

Die Erfahrung mit Mineralölprodukten und Umweltproben läßt aber den Wert dieses Spektrentyps in einem anderen Licht erscheinen. Vergleicht man die Spektren verschiedener Mineralöle – Abb. 3.31, so stellt man folgendes fest: niedrigsiedende Gemische

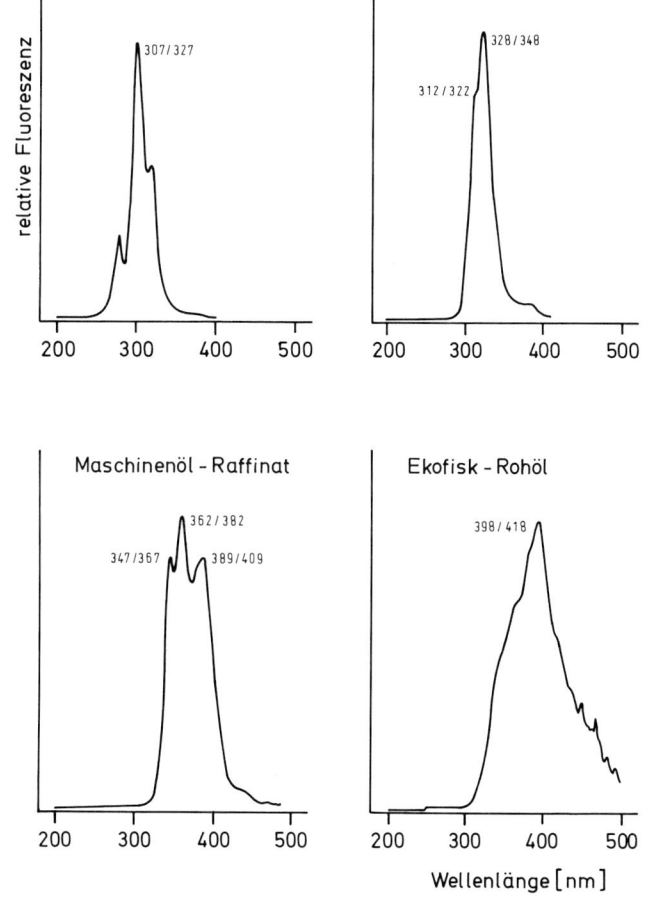

Abb. 3.31: Synchron-Fluoreszenzspektren verschiedener Mineralölprodukte in Cyclohexan, $\Delta\lambda$ = 20 nm, Spaltbreiten in Ex und Em = 2 nm.

von der Zusammensetzung der Vergaserkraftstoffe belegen den kürzerwelligen Teil (Maximum 307/327). Bei einem Mitteldestillat wie Dieselkraftstoff wandert das Spektrum um rund 20 nm nach längeren Wellen, wobei sich auch die Struktur im einzelnen verändert. Noch längerwellig fluoresziert das Maschinenölraffinat bei gleichzeitiger Verbreiterung der Bande. Das Nordsee-Rohöl Ekofisk schließlich ist durch ein sowohl breitbandiges wie relativ langwellig positioniertes Spektrum ausgezeichnet, das bis 500 nm reicht. Natürlich ist die spezielle Zusammensetzung und Molekülstruktur der Aromaten die Ursache der Spektrengestalt. In Abb. 3.32 sind die verantwortlichen kondensierten Kerne mit den zugehörigen Wellenlängenmaxima in Verbindung gebracht (Zwei- und Dreiringe λ = 280–360 nm, Vierringe λ = 360–420 nm und Fünf- bis Sechsringe λ = 420–500 nm). Das absolute Maximum dieser Steinkohlenteerprobe zeigt bei 383/403 das Fluoranthen an.

Die Synchronspektren haben also auch ihre Vorteile! Die schmalen Fluoreszenzbanden von Standardölen (Raffinaten) wie auch von einzelnen polycyclischen Aromaten gestatten es, Aromatenfraktionen unterschiedlicher Zusammensetzung nebeneinander zu detektieren. In gewissen Grenzen können dabei auch die gängigen Mineralölprodukte identifiziert werden. Die in Altölen, Teerölen, ja selbst, wie wir noch sehen werden, in rezenten Sedimenten nachweisbaren mehrkernigen Aromaten mit dem meist herausragenden Fluoranthen profilieren die Spektren zusätzlich in Form eines fingerprints, der eine Zuordnung zur Identität und Herkunft der Probe erleichtern kann. Vorbedingung ist stets eine saubere chromatographische Zerlegung des Probenextraktes in verschiedene Fraktionen und die Isolierung der betreffenden Aromatenfraktion.

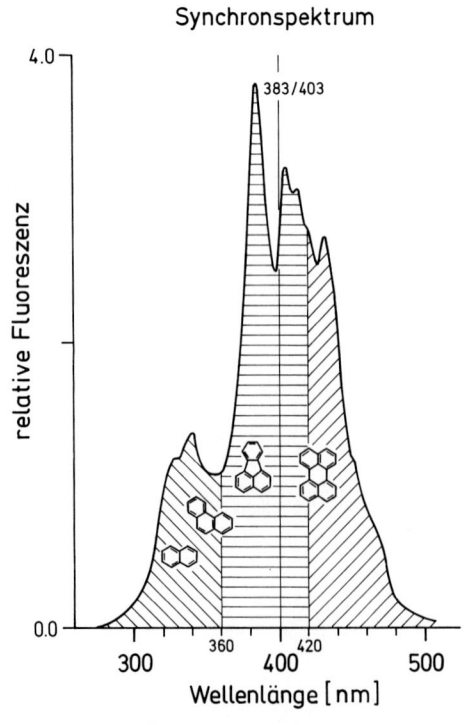

Abb. 3.32: Zuordnung der Fluoreszenzbanden der Aromaten eines (Steinkohlen-) Teeranstriches im Synchronspektrum, in Cyclohexan, $\Delta\lambda$ = 20 nm, Spaltbreiten in Ex und Em = 2 nm.

3.3.5 Synchron-Derivativspektren

Das Synchronspektrum vereinfacht also die Aufnahme der Fluoreszenz in dieser Variante, ohne daß man bezüglich der optimalen Wellenlängen in Ex und Em groß überlegen muß, und zudem die Einordnung des Probengutes. Wenn auch die Prägnanz des Spektrums von KW-Gemischen nicht an die fingerprints von IR-Spektren heranreicht, so wird doch eine Verbindungsgruppe detektiert, die nicht selten im IR-Spektrum weitgehend im Hinter- und Untergrund verbleibt. Es ist also eine wichtige Ergänzung! Der Informationsgehalt der Spektren läßt sich zudem noch in Form der Derivativspektren steigern. Ebenso wie bei der UV-Absorption führen recht kleine Änderungen im Spektrum 0. Ordnung zu scharfen Banden – Abb. 3.33. Die Aufspaltung der Spektren nimmt von Ordnung zu Ordnung zu, doch empfiehlt es sich, allenfalls noch die 2. Ordnung zu berücksichtigen. Beim Vergaserkraftstoff der Abb. 3.33 erscheint das Maximum des Spektrums 0. Ordnung (307/327 nm) erneut als eines der beiden Minima in der 2. Ordnung (309 nm). Die geringe Bandenverschiebung um 2 nm ist eine scheinbare: sie erklärt sich aus dem Ablesefehler während des scan-Vorgangs. Die längerwellige Schulter führt zum zweiten Minimum bei −319 nm.

Nicht zu verwechseln mit dem Vergaserkraftstoff ist das HD-Motorenöl – Abb. 3.34. Die beiden Maxima im Grundspektrum dieses Öles 312/332 nm und 328/348 nm) – genannt ist stets Ex/Em – korrespondieren mit den zugehörigen Minima in D2 bei 322 und 338 nm.

Die fingerprint-Qualität wird in dieser Form nicht unerheblich verbessert, insbesondere dann, wenn man die Dynamik beim Übergang zwischen den Spektren unterschiedlicher Ordnung mit berücksichtigt, und zudem die jeweils vorliegenden Stoffkonzentrationen. Auch diese ist ja wiederum probenspezifisch. Die Nutzung dieser neuen Technik steckt gleichwohl noch in den Anfängen, selbst auf dem Gebiet der Mineralöl- bzw. Altlastenanalytik. In [42] sind die bekannten Publikationen zur allgemeinen Fluoreszenz sowie den Synchronspektren im besonderen zitiert. Zusätzlich wird auf eine weitere Variante, die der 3-dimensionalen (3-D) Fluoreszenzspektroskopie eingegangen. Hingewiesen sei auch auf [43].

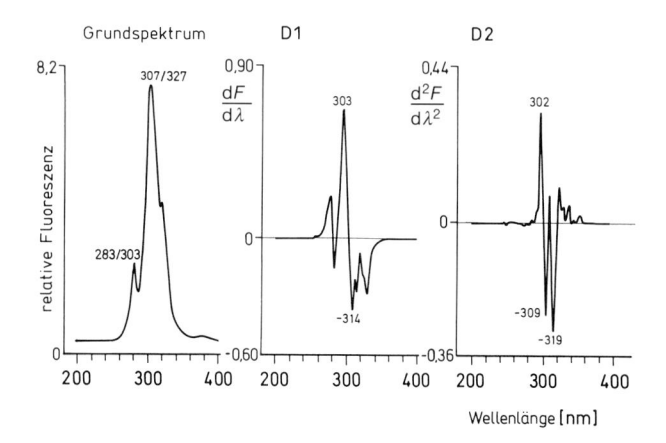

Abb. 3.33: Synchron-Grundspektrum und Spektren 1. und 2. Ordnung (D1 und D2) eines Vergaserkraftstoffes, in Cyclohexan. $\Delta\lambda = 20$ nm. Spaltbreiten in Ex und Em = 2 nm. Grundspektrum 12 mg/50 ml; D1 12 mg/50 ml; D2 30 mg/50 ml; in $dE/d\lambda$ $d\lambda = 1$ nm.

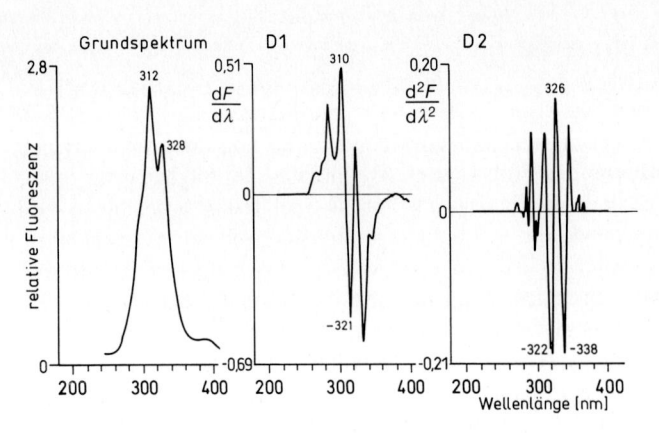

Abb. 3.34: Synchron-Grundspektrum und Spektren 1. und 2. Ordnung (D1 und D2) eines HD-Motorenöles, in Cyclohexan. $\Delta\lambda = 20$ nm. Spaltbreiten in Ex und Em = 2 nm. Grundspektrum 20 mg/50 ml; D1 50 mg/50 ml und dλ = 2 nm; D2 100 mg/50 ml und dλ = 3 nm.

3.3.6 Fluoreszenzdetektion auf Adsorberschichten

Wie bereits im ersten Kapitel des Teiles I ausführlich dargelegt wurde, zielt die KW-Analyse im Normalfall auf komplexe Stoffgemische, deren Zerlegung in Einzelverbindungen selbst mit den hochauflösenden Trenntechniken der Gaschromatographie nicht für jeden Extrakt und jede Verbindungsgruppe (Alkane, Aromaten) restlos gelingt. Umso weniger kann ein solches Ergebnis von einer Chromatographie auf Dünnschichten von Kieselgel oder Aluminiumoxid erwartet werden.

Man kennt jedoch in der Umweltanalytik seit langem Ausnahmen. Überwiegen in einem Probengut unsubstituierte PAK, so können diese in Form von ausgewählten Einzelverbindungen quantitativ bestimmt werden [46, 47]. Man kombiniert zu diesem Zweck die Selektivität einer chromatographischen Trennung mit der Selektivität der Detektionsbedingungen im Gerät. Neben der Lokalisierung und quantitativen Bestimmung solcher Einzelaromaten auf dem Wege der Fluoreszenzdetektion, darunter die sechs Verbindungen der Trinkwasserverordnung – Abb. 3.35, können diese Substanzen auch auf der Adsorberschicht direkt *über die Fluoreszenzspektroskopie identifiziert* werden, nach neueren Untersuchungen sogar über die abgeleiteten Spektren [48]. Diese Variante der Fluoreszenzspektroskopie auf Dünnschichten ist aber mit einigem Aufwand verbunden und mit modernen Geräten in der Regel dann nicht mehr durchführbar, wenn nur ein Monochromator zur Verfügung steht. (Prinzipien, Geräte und deren Funktionen sind in [49] beschrieben.)

Die nun im Blickfeld stehenden Operationen betreffen zum einen Mineralölprodukte, genauer deren Aromatenfraktionen, zum anderen bevorzugt die PAK als Einzelverbindungen. Nach Beendigung der aufsteigenden Chromatographie mit geeigneten, überwiegend unpolaren Lösungsmitteln nimmt man die Fluoreszenzortskurven längs der Chromatographiebahn auf und ermittelt aus den Peakflächen oder -höhen die betreffende Substanzmenge.

Außer durch die Wahl der optimalen Anregungs- und Emissionswellenlängen, letztere u. U. vorteilhaft über ein Kantenfilter, kann die Fluoreszenzausbeute durch den Zusatz von Paraffinöl zum Fließmittel um etwa eine Zehnerpotenz gesteigert – Abb. 3.36 und

3.3 Fluoreszenzspektroskopie

Fluoranthen

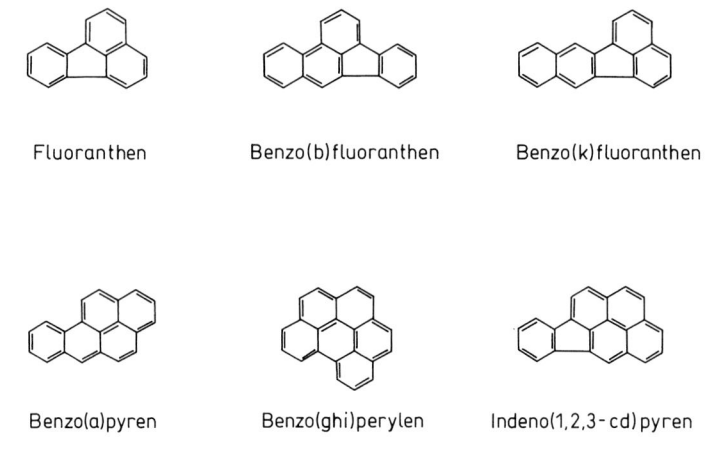

Benzo(b)fluoranthen

Benzo(k)fluoranthen

Benzo(a)pyren

Benzo(ghi)perylen

Indeno(1,2,3-cd)pyren

Abb. 3.35: Die sechs indizierten mehrkernigen Aromaten der deutschen Trinkwasserverordnung.

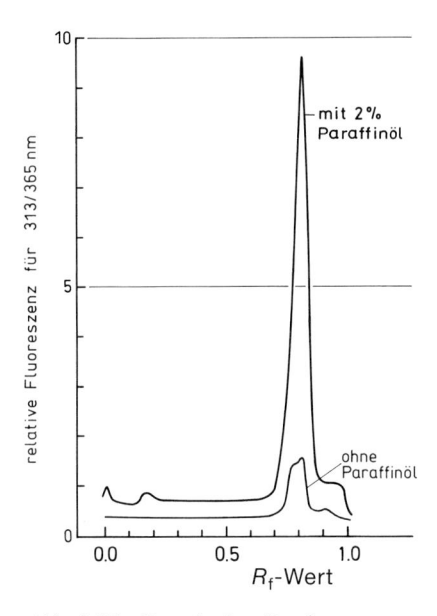

Abb. 3.36: Quantitative Bestimmung von Mineralölprodukten durch Fluoreszenzdetektion auf Kieselgel-Dünnschichten. Heizöl EL, entwickelt mit n-Hexan Benzol (9:1 v/v) mit und ohne Zusatz von 2% Paraffinöl zum Fließmittel, Spaltbreiten Ex und Em = 2 nm.

gleichzeitig die Untergrundunterdrückung verbessert werden – Abb. 3.37. In dieser Grafik sind zwei Fluoreszenz-Ortskurven eines zuvor auf Kieselgeldünnschichten getrennten Sedimentextraktes im Ausschnitt R_f 0.4–1.0 zu sehen: links handelt es sich um 1.5 ng der 6 Trinkwasser-Aromaten, von denen fünf außer dem Fluoranthen den Peak unter dem Symbol Σ5 verursachten, während der Fluoranthen-Peak unmittelbar rechts daneben erscheint. Die Paraffin-Imprägnierung der Absorberschicht erlaubte hier eine Abschwächung um den Faktor ATT × 10. In der rechten Bildhälfte wurde unter sonst gleichen Bedingungen aber ohne Paraffin-Zusatz mit 3.4 ng für die Σ6 gearbeitet. Damit die auf der Schicht befindlichen PAK noch ein auswertbares Signal erbrachten, mußten die Ver-

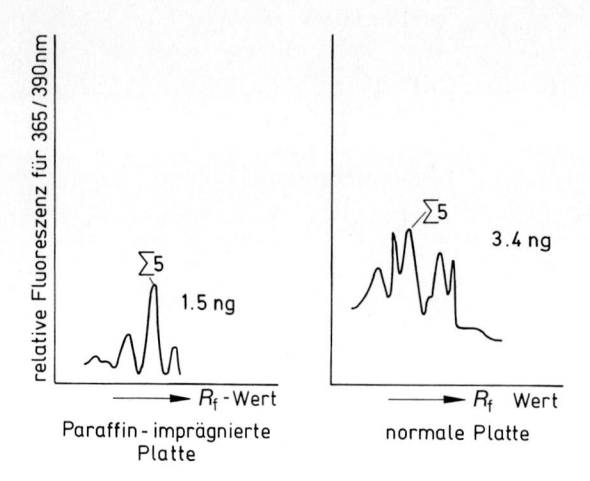

94 3 Spektroskopische und chromatographische Methoden

[Diagramm: relative Fluoreszenz für 365/390 nm, Vergleich Paraffin-imprägnierte Platte (Σ5, 1.5 ng) vs. normale Platte (Σ5, 3.4 ng), aufgetragen gegen R_f-Wert]

Abb. 3.37: Vergleich der Fluoreszenzintensität eines Sedimentextraktes nach dem Entwickeln auf Kieselgel-Dünnschichten wie in Abb. 3.36. Detektion mit 365/Kantenfilter 390 nm. Σ5 = fünf der PAK der TV aus Abb. 3.35, Spaltbreiten Ex und Em = 2 nm.

stärkerbedingungen am Gerät wieder auf volle Empfindlichkeit ATT × 1 eingestellt werden. Selbst unter diesen Bedingungen ist die Auswertung problematisch, da auch die stets vorhandenen Störpeaks (als Plattenuntergrund) nun mit gleicher Stärke hervortreten. Mit Vorbehalt könnte nur der Peak unter der Summe 5 ausgewertet werden. Abgesehen von der quantitativen Bestimmung der Aromatenfraktion in ihrer Gesamtheit wie in Abb. 3.36 können die Fluoreszenzortskurven mit großem Gewinn zur Charakterisierung des Gemisches herangezogen werden: in Abb. 3.38 wurden beispielsweise die Aromatenfraktionen vier verschiedener Extrakte auf Kieselgel aufsteigend mit Hexan/Benzol (9:1 v/v) +2 % Paraffin (später bei gleichem Erfolg mit Hexan/Toluol (96:4 v/v) +1 % Paraffinöl) entwickelt. Die obere Bildreihe gibt die Chromatogramme der kürzerwelligen Kombination 310/360 nm, die untere Reihe die der längerwelligen Anordnung 365/445 nm wieder bei Spaltbreiten für Ex und Em von je 2 nm.

Wie man sieht, zeichnen sich die Aromaten des Bitumens aus einem Straßenbelag in beiden Chromatogrammen durch eine sehr geringe Gliederung des Fraktogrammes aus. Bei 310/360 nm erscheint bemerkenswerterweise nur eine schmale Bande um $R_f = 0.9$, die den Alkylbenzolen zugeordnet werden muß. Längerwellig werden dann alkylierte Naphthaline und Phenanthrene detektiert. Wegen der Anwesenheit von sehr vielen Einzelstoffen mit ähnlicher Fluoreszenzintensität ist hier eine Gliederung des Fraktogrammes nicht möglich gewesen. Die Bereiche mit R_f-Werten kleiner als 0.5 gehen auf höhermolekulare Aromaten mit mehr als zwei Kernen zurück.

Die anderen drei Fraktogramme mit 365/445 nm sind stärker gegliedert. Für den Extrakt des rezenten Sedimentes (links unten) gestatten die gewählten Wellenlängen die Detektion der fünf Aromaten der TVO (= Σ5) neben dem Fluoranthen mit 365/445 nm [50]. Dem rezenten Sediment sehr ähnliche Spektren lieferten die Steinkohlenteerprobe aus dem Stichkanal sowie das von einem Wasserbauanstrich (vergl. Abschnitt 7.4) abgestrahlte Probengut. Natürlich werden erfahrungsgemäß unter den gewählten Bedingungen eine Menge Aromaten „maskiert" [51]. Auf dem Wege der hochauflösenden Gaschromatographie und GC/MS (Abb. 1.10 und 1.12) erhält man bekanntlich ein umfassenderes Bild. Beim Vergleich der drei Spektren kommt man zu dem Schluß, daß sich im

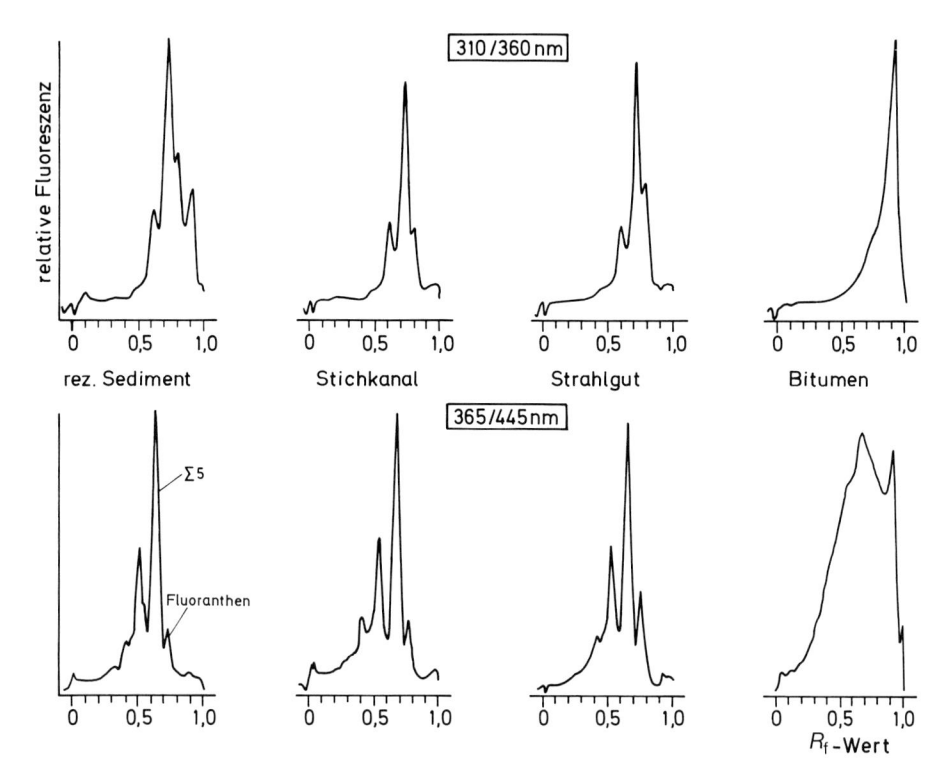

Abb. 3.38: Fluoreszenzdetektion vier verschiedener Aromatenextrakte auf Kieselgel mit 310/360 und 365/445 nm. Bedingungen wie in Abb. 3.36, mit 2% Paraffinzusatz, Spaltbreiten Ex und Em = 2 nm.

rezenten Sediment ganz offensichtlich zumindest ein Teil der gleichen – unsubstituierten – PAK befindet, wie im Teeröl – ein Hinweis auf gleichartige pyrolytische Prozesse. Auf die Unterschiede wird in Teil III noch eingegangen.

Die kürzerwelligen Versionen bei 310/360 nm sind gleichfalls für die drei Extrakte recht ähnlich, wenn auch keinesfalls identisch, wie übrigens auch nicht in der 365/445er Konstellation.

Indem man die Absorption in Remission hinzunimmt ($I_o - I_{abs} = I_{rem.}$) – Abb. 3.39, gewinnt man einen weiteren Baustein zur Charakterisierung des Probenextraktes. Es handelt sich um die nach Abb. 5.9.A Abschnitt 5.2.1 isolierte Aromaten-Fraktion, die erneut auf einer Kieselgeldünnschicht aufgetragen und chromatographiert wurde. Die kürzerwellige Detektion 280/280 nm erfaßt vorwiegend die alkylierten Benzole, deren Molmasse mit hohen R_f-Werten kleiner wird. Die 310/360 nm-Version detektiert zunehmend auch die Zweikernaromaten, deren Hauptmenge zwischen den R_f-Werten 0.5–0.9 konzentriert ist. Die längerwellige Kombination 365/445 nm schließlich zeigt bevorzugt die alkylierten höher kondensierten Verbindungen an. Die Auswertung dieses Chromatogrammes spricht für ein sehr komplex zusammengesetztes, bis in den hoch-siedenden Bereich sich erstreckendes Mineralölgemisch, das keinerlei Ähnlichkeit mit Mitteldestillaten (Heizöl EL) oder Motorenöl aufweist. In Frage käme ein schweres Heizöl oder ein Bitumen. Im übrigen ist die Dünnschicht durch eine zu große aufgetragene Stoffmenge etwas überlastet. Die Technik der Kombination von Dünnschichtchromatographie und

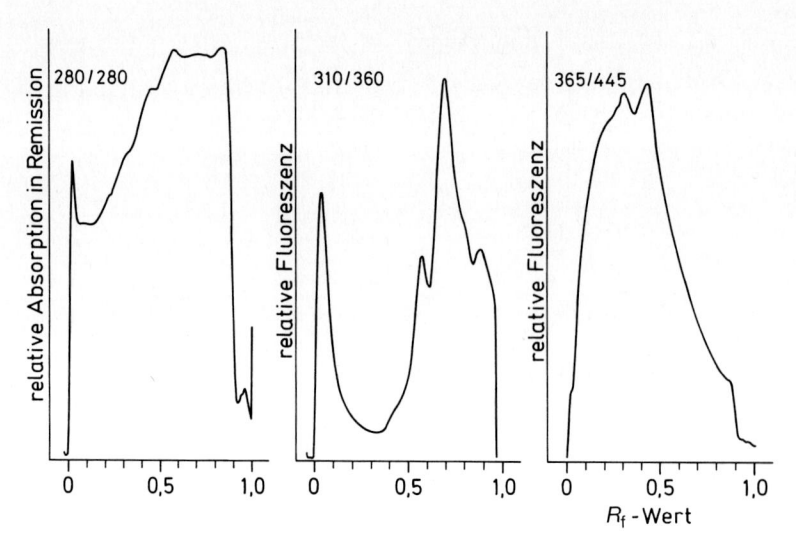

Abb. 3.39: Detektion der Aromaten einer kontaminierten Bodenprobe durch Fluoreszenz und UV-Absorption in Remission nach dem Entwickeln auf Kieselgel, gemäß Abb. 3.37, mit Paraffinzusatz zum Fließmittel. Spaltbreiten Ex und Em = 2 nm.

Fluoreszenzdetektion läßt also mit einfachen Mitteln, z. B. durch die Wahl verschiedener Ex- und Em-Wellenlängen, ferner unter Verwendung unterschiedlicher Fließmittel, eine den Synchronspektren in Lösung (Abschnitt 3.3.4) überlegene Probenspezifizierung (= fingerprinting) zu. Hervorzuheben ist noch der geringe Arbeitsaufwand, und daß auf diesem Wege auch andere KW, wie u. a. pentacyclische Triterpene in biologischem Material, bestimmt werden können [52].

Nicht zu vergessen sind die Informationen, die man aus den Intensitätsrelationen wie folgt ableiten kann: Abb. 3.40 zeigt, daß von links nach rechts der Fluoreszenz-wirksame Anteil der Mehrkernaromaten zunimmt, wobei biogene, d. h. in unserem vorläufigen Sprachgebrauch: Extrakte rezenter Sedimente, gleichauf mit den Teerölen liegen.

Die Beobachtung, derzufolge man unter den genannten Bedingungen in Sediment- und Bodenproben sowie in Abwesenheit von störenden Mineralölmengen PAK detektieren kann, wurde vom Verfasser zu einem Gruppennachweisverfahren entwickelt und seit 20 Jahren mit Erfolg zur raschen, zumindest halbquantitativen Bestimmung von Fluoranthen und der Summe der übrigen fünf Aromaten der TVO – s. Abb. 3.35 – eingesetzt [50, 51 sowie Kapitel 9]. Sind aber größere Mengen an Mineralölaromaten anwesend, so sitzen die Banden der PAK auf einem nicht aufgelösten Untergrund auf. Handelt es sich schließlich nur um Mineralöle, ausgenommen Pyrolysate und die genannten Teeröle, so sind PAK weder detektier- noch nachweisbar, und es zeigt sich ein strukturloses Chromatogramm wie beim Bitumen. Analoge Schwierigkeiten gibt es jedoch auch bei Einsatz von GC und HPLC. Im Umkehrschluß heißt das: erscheinen im Dünnschichtchromatogramm der Version 365/445 nm oder 365/Kantenfilter 390 nm die strukturierten Banden definierbarer PAK, so enthält die Probe keine oder nur untergeordnete Mengen an Mineralölen auf der Basis von Rohöl [53]. Die Vorteile der beschriebenen Fluoreszenzdetektion sind offenkundig (wenn auch wenig genutzt). Sie beruhen auf der meßtechnischen Eigenart, bestimmte Aromaten aus der großen Masse des Stoffgemisches herauszuheben. Ein großer Teil der Verbindungen bleibt dabei maskiert. Nicht nur die

3.3 Fluoreszenzspektroskopie

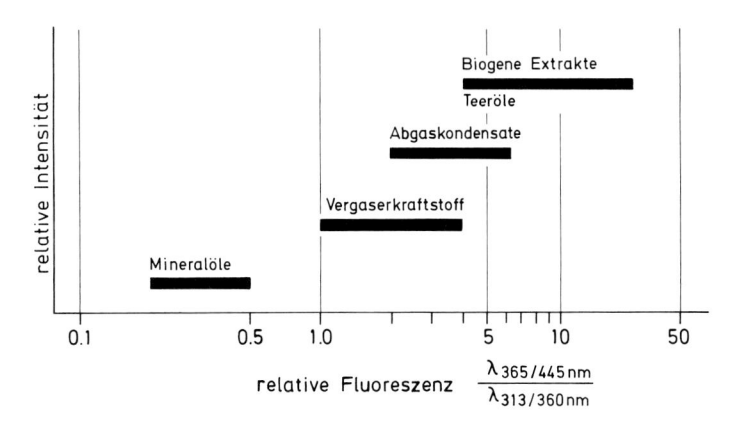

Abb. 3.40: Vergleich der Fluoreszenzausbeute von Aromaten-Extrakten verschiedener Proben nach dem Entwickeln auf Kieselgel, gemäß Abb. 3.37. Ohne Paraffinzusatz, Spaltbreiten in Ex und Em = 2 nm.

KW ohne π-Elektronen wie die Alkane bleiben außen vor, sondern auch die relativ schwächer fluoreszierenden Aromaten. Sobald die Intensitätsmaxima von Verbindungen mit hohem Extinktionskoeffizienten vorgegeben werden, erscheinen die um ein bis zwei Zehnerpotenzen schwächeren Verbindungen unterrepräsentiert oder als gar nicht vorhanden.

Die Gefahr einer Fehlinterpretation der Probenzusammensetzung ist daher bei Fluoreszenzmessungen, abgeschwächt auch bei der Messung der UV-Absorption, stets im Auge zu behalten. Ein Vergleich mit den IR-Übersichtsspektren (Abschnitt 3.1) kann meistens Gewißheit verschaffen.

Bei der Untersuchung von anaeroben Sedimenten oder Böden kann der stets vorhandene Schwefel die UV- oder Fluoreszenzbestimmung erheblich stören. Man entfernt ihn entweder vorab durch das clean up-Verfahren (Abschnitt 5.1 und Abb. 5.7) oder nach bzw. in Anlehnung an Abb. 3.41 durch eine weitere Chromatographiestufe mittels n-Hexan auf der Adsorberschicht.

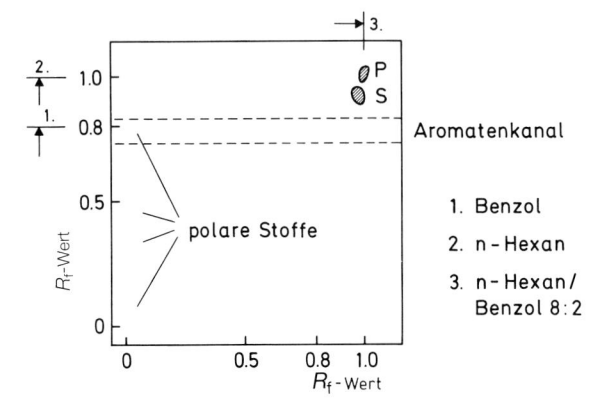

Abb. 3.41: Dreistufige Entwicklung der Extrakte von Umweltproben auf Kieselgel-Dünnschichten zur Abtrennung von Schwefel (S) und zur Isolierung und Bestimmung der PAK im Aromatenkanal durch Fluoreszenzdetektion. Fließmittel: 1 Benzol, 2. n-Hexan, 3. n-Hexan/Benzol (8:2 v/v).

Der Intellekt hat ein scharfes Auge für die Methoden und Werkzeuge, aber er ist blind gegen Werk und Ziele.

Albert Einstein

3.4 Gaschromatographie

Die Gaschromatographie (GC) hat in der Umweltanalytik der Kohlenwasserstoffe nicht das Dornröschen-Dasein geführt, wie die IR-Spektroskopie, vielmehr sind bei jener in den letzten zwei Jahrzehnten erstaunliche Verbesserungen, vor allem der Trenn- und Aufgabentechniken zu verzeichnen [54, 55], die dann in der Praxis begeistert aufgenommen wurden. Die Entwicklung führte von den zumeist 1 bis 3 m langen gepackten Stahlsäulen mit Innendurchmessern von etwa 3 mm zu den 10 bis 100 m langen Kapillarsäulen mit 0.1–0.3 mm innerem Durchmesser, wobei gleichzeitig auch die Füllungen problemorientiert ausgewählt wurden. Die GC-Analytik der KW folgte in diesen Jahren durchaus dem Niveau der Bestimmung der polychlorierten Biphenyle (PCB's) oder dem auf dem biochemischem Sektor.

3.4.1 Mineralölanalytik

In der Mineralölindustrie freilich und im Gegensatz zur allgemeinen Umweltanalytik fand die IR-Spektroskopie zum Gruppen- und Identitätsnachweis von jeher neben der GC-Einzelstoffanalyse die verdiente Anerkennung. Man benutzte im einfachsten Fall die GC zur Bestimmung von Siedeverlauf und -grenzen des vorliegenden Gemisches, bei den damaligen Verhältnissen (gepackte Säulen) vor allem von leichter siedenden

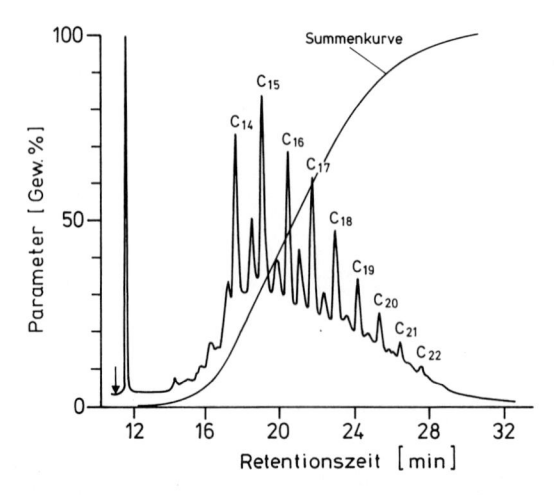

Abb. 3.42: Bestimmung von Siedeverlauf und Siedegrenzen eines Mitteldestillats durch Gaschromatographie.

Produkten wie Benzin und Mitteldestillaten [56, 57] – Abb. 3.42. Höher siedende Gemische mit einem Mehrfachen von Isomeren bereiteten zunächst Schwierigkeiten: „Die Analytik von KW-Gemischen einschließlich der Heteroverbindungen ist nach wie vor von großer technisch-wissenschaftlicher Bedeutung. Durch die Verknappung des Erdöls konzentriert sich das Interesse immer stärker auf höher siedende Fraktionen des Erdöls... Auf diesem Gebiet befinden sich eine Vielzahl von Produktionsverfahren in der Entwicklung, für deren Optimierung allerdings eine geeignete Produktcharakterisierung erforderlich ist" [58]. Das war 1983.

Entscheidend für die Anforderungen an Trenntechnik und -leistung sollte jedoch die Problemstellung sein. So ist nicht in jedem Fall eine hochauflösende Kapillarsäule notwendig, um das Eingangsmotto in diesem Sinn aufzugreifen. Wenn auch nicht nach [59] zu übersehen ist: „Die Kapillar-Gaschromatographie ist, soweit dies in der Fachliteratur zum Ausdruck kommt, von einer Spezialdisziplin zur dominierenden gaschromatographischen Technik avanciert...".

Dessen ungeachtet lieferten die Siedekurven (Abb. 3.42), aufgenommen mit gepackten Säulen, durchaus die Kennzeichen definierter Mineralölraffinate, und sie erwiesen sich als sehr nützlich in den Fällen, in denen Öl als Phase vorlag und weitere physikalische Untersuchungen anstanden (Abschnitt 3.7).

Zum Verständnis der Chromatogramme scheint es angebracht, in Kürze auf einige meßtechnische Dinge hinzuweisen. Man nimmt heute die Gaschromatogramme zumeist in einem Meßbereich von 1 Volt auf. Das zunächst auf Diskette gespeicherte Chromatogramm kann nachfolgend auf dem Bildschirm optimiert werden, bevor man es ausdruckt. Meßwert und -größe einschließlich der zugehörigen Skalierung erscheinen im Ausdruck automatisch. Auf gleichem Wege erhält man die Peakflächen oder -höhen. Die in dieser Monographie vorgelegten Chromatogramme entstanden in einer Zeit (1965–1980), in welcher man diese komfortablen Hilfen noch nicht hatte. Der Meßbereich am Schreiber wurde zwar auch damals auf 1 Volt eingestellt, doch konnten sehr große oder kleine Meßausschläge über eine elektronische Abschwächung am Flammenionisationsdetektor in den Stufen 1-2-4-8-16-32 usw. reguliert werden. Injiziert wurden bei den gepackten Säulen 1–5 µl entsprechend etwa 2–10 µg KW-Gemisch. Da man häufig den Spektrenverlauf nicht voraussehen konnte, mußte nicht selten die gleiche Probe zweimal gefahren werden. Dies insbesondere dann, wenn der größte Peak den Meßbereich überschritt und über die Höhe quantifiziert werden sollte. Ab 1975 setzten wir im Einzelfall Integratoren ein. Allerdings verfolgten wir weniger die quantitative Seite, für diese war vielmehr die IR-Spektroskopie eingesetzt. Der Gaschromatographie waren folgende Aufgaben zugeteilt:

- Charakterisierung der KW-Fraktion des Probengutes insbesondere zur Unterscheidung von biogenen und Mineralöl-KW
- qualitative Verfolgung des biochemischen Abbaus und von Ölalterungsprozessen
- Bestimmung der Verteilung von KW-Bestandteilen zwischen Schwebstoff/Sediment und Wasser
- Identifizierung von PAK
- Vergleich der Chromatogramme von Alkanen und Aromaten u. a. hinsichtlich der Siedebereiche.

Unter diesen Gesichtspunkten sind die meisten der wiedergegebenen Gaschromatogramme zu betrachten.

Der Papiervorschub an Schreibern betrug generell 5 mm/min. Weitere Angaben zur Analytik findet man in Abschnitt 11.2.

In der Regel fordert man von der GC die Zerlegung zumindest der n-Paraffinfraktion in Einzelverbindungen bis etwa n-C_{35}. Betrachtet man unter diesem Blickwinkel das Chromatogramm von Heizöl EL, aufgenommen mit einer gepackten Säule – Abb. 3.43, so erkennt man problemlos die n-Paraffine, die beiden isoprenoiden iso-Alkane Phytan und Pristan, jeweils an den Flanken von n-C_{17} und C_{18}, sowie alkylierte Benzole neben einem Untergrund.

Mit einer Kapillarsäule – Abb. 3.44 – bleibt die Information bezüglich der n-Alkane unverändert, d. h., es tritt keine Aufspaltung irgendeines Peaks ein. Die Signale der Aromaten splitten weiter auf, wobei das Grundmuster der Abb. 3.43 erhalten bleibt. Die wichtigsten Informationen des betreffenden Öles sind somit bereits mit gepackten Säulen ausreichend erhältlich.

Nun läßt sich der Untergrund (nicht aufgelöstes komplexes Gemisch = NKG) zwar nicht real, aber optisch dadurch verkleinern, daß man längere Säulen und reduzierte Strömungsgeschwindigkeiten für Trägergas und Nachbeschleunigung vorgibt. Die visuelle Vorabschätzung derartig gestreckter Spektren kann aber leicht zu falschen Schlußfolgerungen bezüglich der Relationen von NKG zu Einzelpeaks führen. Betroffen ist vor allem die iso-Paraffin-(Teil-)fraktion der MÖP, die durch die vielen isomeren Verbindungen pro zugehöriges n-Paraffin gekennzeichnet ist, wodurch eine Detektierung von Einzelstoffen selbst mit hochauflösenden Kapillarsäulen nicht gelingt. Umso weniger kann man erwarten, daß gepackte Säulen etwa ein HD-Motorenöl zu zerlegen imstande sind – Abb. 3.45, zumal nach Abschnitt 1.1 und Tab. 1.6 die n-Paraffine dort überhaupt fehlen. Aber auch der je nach Strömungsparametern etwas manipulierbare Untergrund kann ein wertvolles Charakteristikum darstellen – vgl. Abb. 3.48.

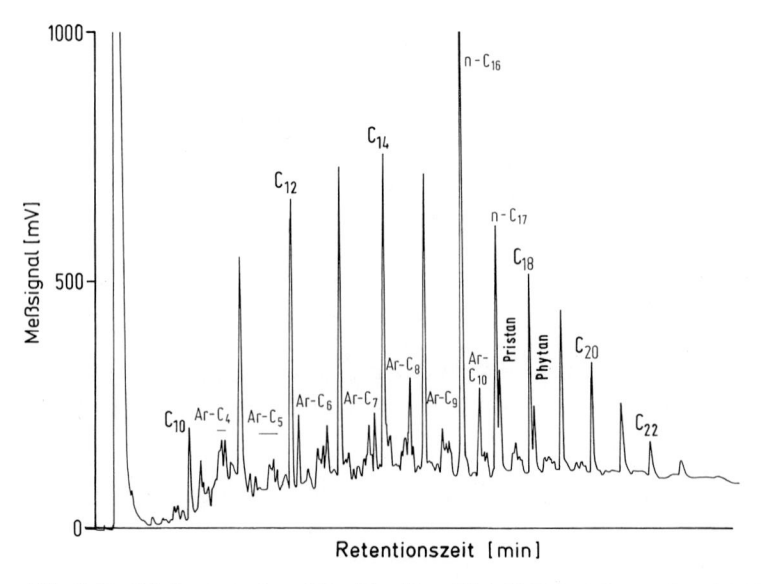

Abb. 3.43: GC-Analyse eines Mitteldestillats (Heizöl EL), aufgestockt mit n-C_{16}. Gepackte Säule K/NaNO$_3$-Eutektikum 3 m, Temperaturprogramm 80–320 °C, 8 °/min.

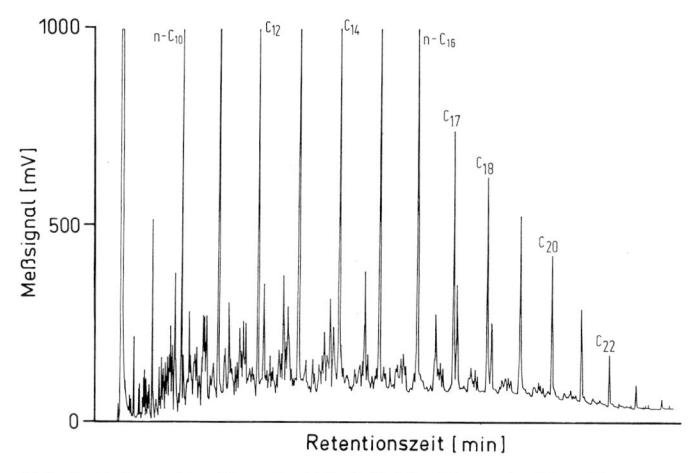

Abb. 3.44: Mitteldestillat wie Abb. 3.43, Kapillarsäule 50 m. Temperaturprogramm 60–250 °C, 2 °/min, Druck 0.3 atü, Splitt 500:1.

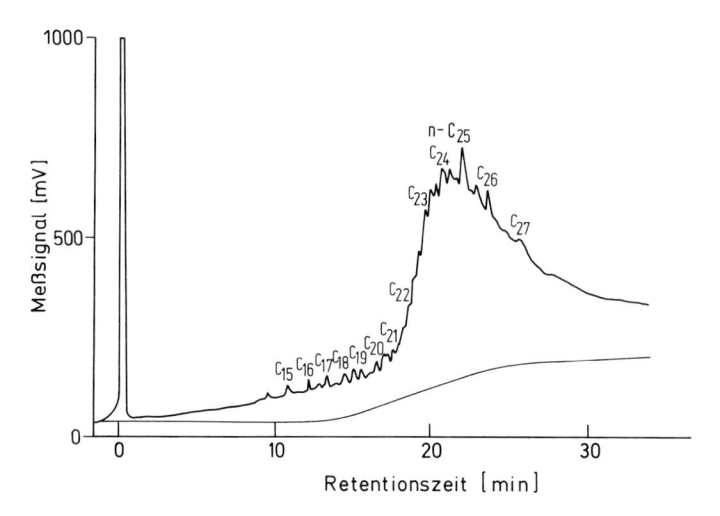

Abb. 3.45: GC-Analyse eines HD-Motorenöles SAE-20. Gepackte Säule 3 m, Temperaturprogramm 80–320 °C, 8 °/min.

Die Mineralölindustrie entfernt bei der Produktion von Motorenölen die n-Paraffine entweder durch Fällung [20, S. 472], durch Adduktbildung mit Harnstoff oder über Molekularsiebe. Nach [9] u. a. kann der Analytiker mit Hilfe von Kieselgel-Harnstoff-Dünnschichten die Paraffinfraktion in eine n- und eine Restfraktion (= iso- und Cycloalkane) trennen. Die im Harnstoff eingeschlossenen n-Paraffine sind hernach leicht mit n-Hexan eluierbar, so daß man die auf diesem Wege getrennten n- und iso- bzw. Cycloalkane gaschromatographisch analysieren kann. In Abb. 3.46 findet man zwar die n-Alkane nach dieser Methode nicht gänzlich eliminiert, doch dominiert zweifelsfrei der Untergrund im Siedebereich des Mitteldestillats neben den beiden herausragenden Verbindungen Pristan und Phytan.

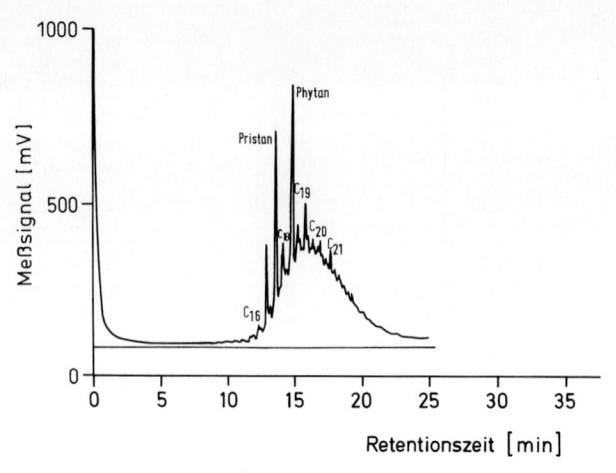

Abb. 3.46: GC-Analyse der iso-Paraffinfraktion eines Heizöls EL. Säule und Versuchsbedingungen wie in Abb. 3.43.

3.4.2 Biogene Kohlenwasserstoffe

Gaschromatogramme erlauben auch einen Einblick in die Produktion biogener Kohlenwasserstoffe. In rezenten Gemischen (Kulturen, Sedimenten, Böden) zeichnen sich sehr oft bestimmte Einzelverbindungen aus (vergl. Abschnitt 1.4). Beispielsweise fällt in der Alkanfranktion einer Phytoplanktonkultur vor allem das Squalan ins Auge – Abb. 3.47. Durch sorgfältige Chromatographie auf Kieselgel nach Abschnitt 5.2 können die n- und iso-Alkane von den isoprenoiden Verbindungen Pristan und Squalan getrennt, und deren Strukturen gegebenenfalls durch die Massenspektrometrie aufgeklärt werden.

Man hat die Kapillargaschromatographie, z. T. in Verbindung mit der Massenspektrometrie, nicht selten gezielt auf den Nachweis solcher biogener Einzelstoffe selbst in der Nahrungskette aquatischer Organismen angesetzt [60, 61].

3.4.3 Umweltproben

Natürlich sind neben den Pseudo-Aromaten biogener Natur und den Mineralölaromaten auch diejenigen in Umweltproben über die GC detektierbar. Gemäß Abb. 3.48 stellen die aus dem Staub stark befahrener Straßen isolierten Aromaten hochkomplexe Gemische dar, die selbst die Kapillar-GC nicht mehr trennen kann. Bezüglich der n-Alkane beginnt der Siedebereich mit dem n-C_{18}, und reicht weit über das n-C_{36} hinaus. Bei den Aromaten beginnt der Siedebereich noch früher. Die als Pyrolyseprodukte in Abgaskondensaten bereits erwähnten PAK Phenanthren, Fluoranthen und Pyren (Abschnitt 1.1) sitzen als Einzelpeaks auf dem NKG, während die höher kondensierten Aromaten, falls vorhanden, nicht mehr aus dem Untergrund hervortreten.

In nicht gerade geringem Gegensatz zum Straßenstaub präsentieren sich die n-Alkane des rezenten Sedimentes mit der schon in Abschnitt 1.4 besprochenen Alternierung im höheren Siedebereich – Abb. 3.49.A, sowie in der in Abb. 3.49.B dargestellten Aroma-

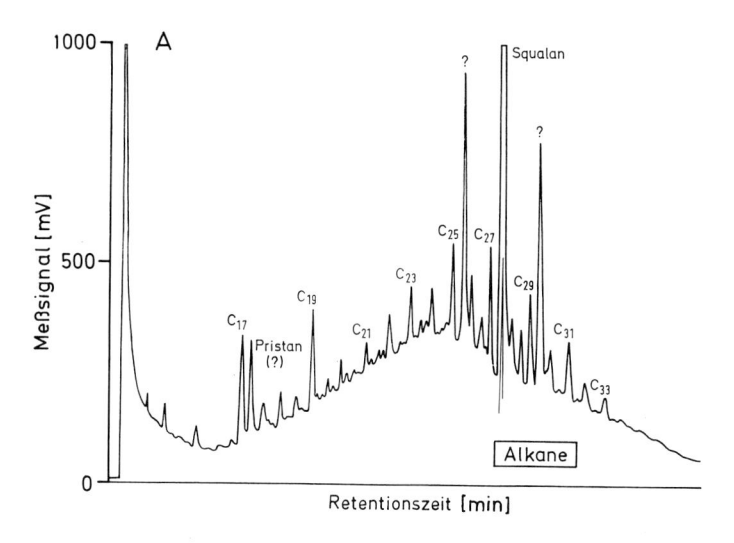

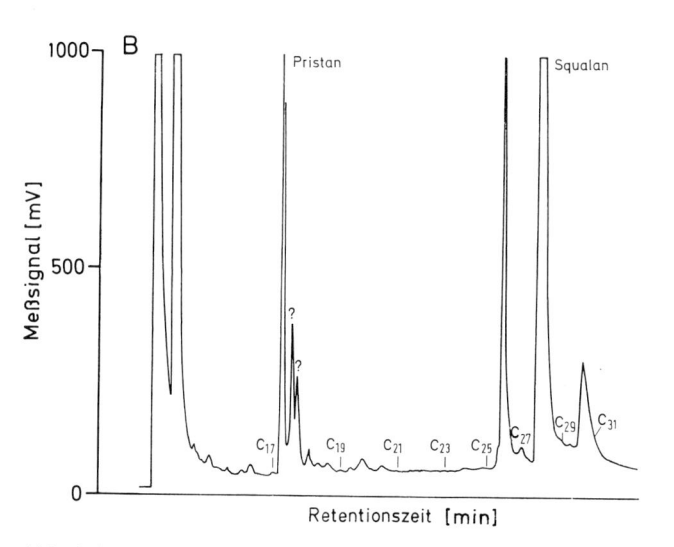

Abb. 3.47: GC-Analyse der KW einer Phytoplanktonkultur. (A): gesamte Alkanfraktion, (B) Teilfraktion nach Abtrennung der n- und iso-Parafine. Säule und Versuchsbedingungen wie in Abb. 3.43.

tenfraktion. In letzterer gehen die größten Signale aufs Konto der nicht substituierten PAK. Alkylierte Aromaten erscheinen um eine Zehnerpotenz schwächer. Die Interpretation dieser beiden Gaschromatogramme von zweifellos biogenen n-Alkanen und zugehörigen (?) unsubstituierten PAK hat in früheren Jahren dazu geführt, neben den n-Alkanen auch den Aromaten eine biogene Herkunft zu bescheinigen [62]. Heute wissen wir, daß die Hauptmenge der PAK sicherlich aus pyrogenen Prozessen stammt und über die Luft eingetragen worden ist.

Der Erfahrene weiß, daß selbst dokumentenecht aussehende Chromatogramme der Gasphase täuschen können. Z. B. ist a priori nicht immer abzusehen, ob die höher sieden-

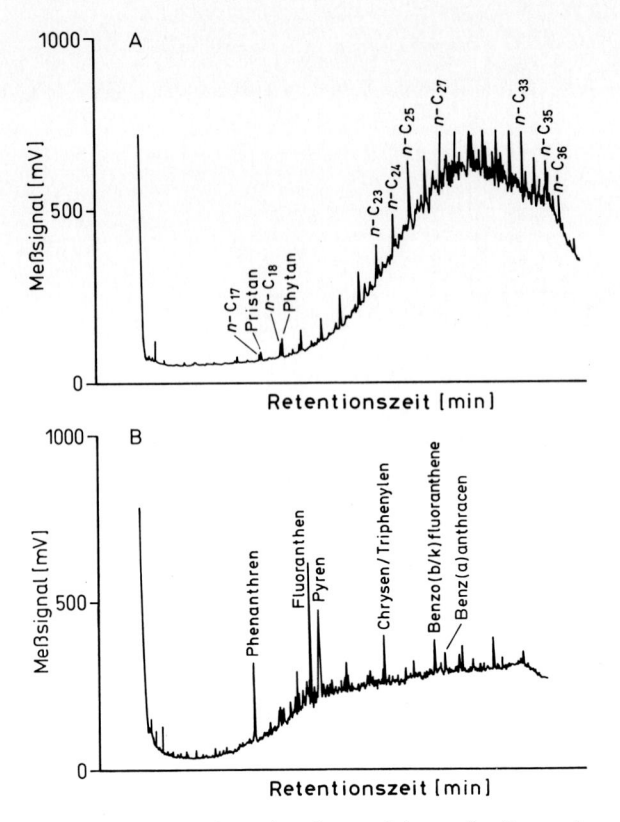

Abb. 3.48: GC-Analyse eines kontaminierten Straßenstaubes. (A): Alkanfraktion, (B) Aromatenfraktion. Kapillarsäule OV 101 50 m (nach DGMK 150), Temperaturprogramm 80–270 °C, 4 °/min.

den Vertreter mit 5 und mehr kondensierten Kernen die Säule quantitativ verlassen. In Abb. 3.50 ist die Stoffkonzentration dieser Individuen größer, als in Abb. 3.49 im Vergleich zu den Vierring-Aromaten.

3.4.4 Biochemischer Abbau

Bei den Mineralölprodukten liegen die Alkane und Aromaten normalerweise im gleichen Siedebereich. Langjährige Beobachtungen wie z.B. in Abb. 3.51 dargestellt, haben zu der Erkenntnis geführt, daß bei partiellem Abbau von KW im Untergrund, in Gewässern oder in aquatischen Sedimenten die Siedebereiche unverändert bleiben und „Mitteldestillate noch nach Jahren von Schmierölen zu unterscheiden sind" [63]. Betrachtet man unter diesem Aspekt das GC der Alkane eines Quellwassers – Abb. 3.52.A, so fallen die n-Paraffine sowohl bezüglich ihres Siedebereiches wie auch der Alternierung in die Kategorie der biogenen Stoffe. Der Umstand, daß die Alternierung nicht so signifikant wie in rezentem biologischen Material (Blättern) ist, wurde in Abschnitt 1.4, s. Abb. 1.11, mit dem bevorzugten Abbau der besonders langkettigen ungeradzahligen Alkane in Ver-

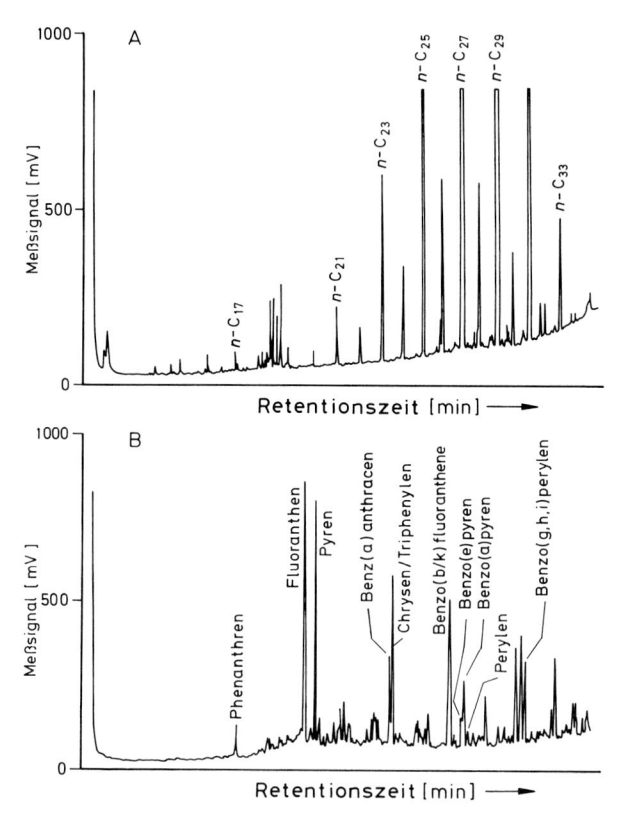

Abb. 3.49: GC-Analyse eines vorwiegend unbelasteten rezenten Sediments. Alkan- (A) und Aromaten-(B)fraktion unter denselben Versuchsbedingungen, wie in Abb. 3.48 aufgenommen.

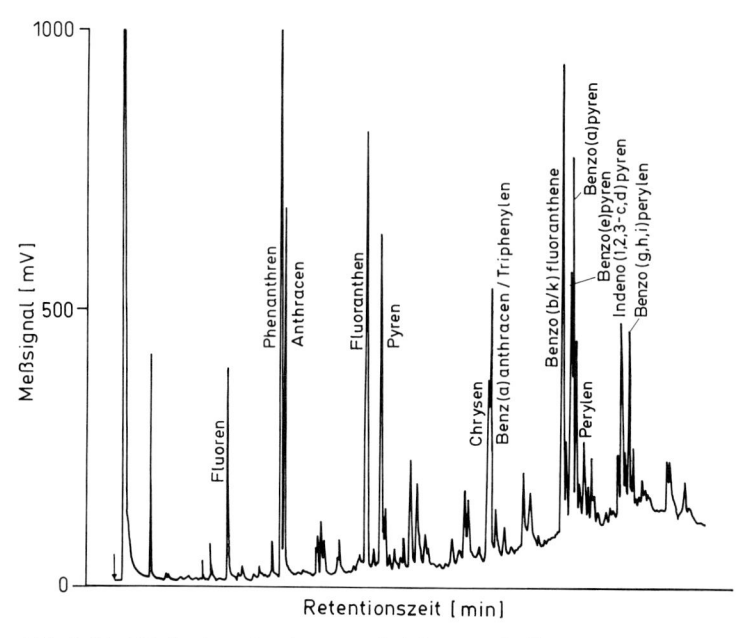

Abb. 3.50: GC-Analyse der Aromatenfraktion von Sedimenten stark befahrener Schiffahrtskanäle. 20 m Kapillarsäule OV 101. Temperaturprogramm 2 °/min. von 80–250 °C.

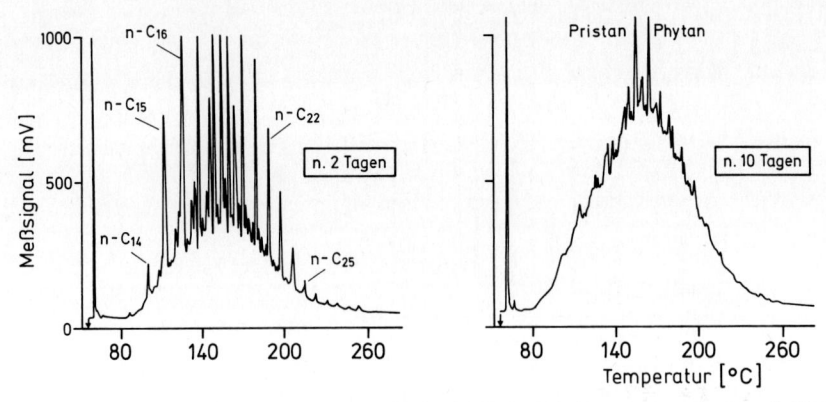

Abb. 3.51: Biochemischer Abbau von Heizöl EL in Rheinwasser nach 2 und 10 Tagen. GC-Analyse mit gepackter Säule, 3 m K/NaNO$_3$-Eutektikum, Temperaturprogramm 80–280 °C, 8 °/min.

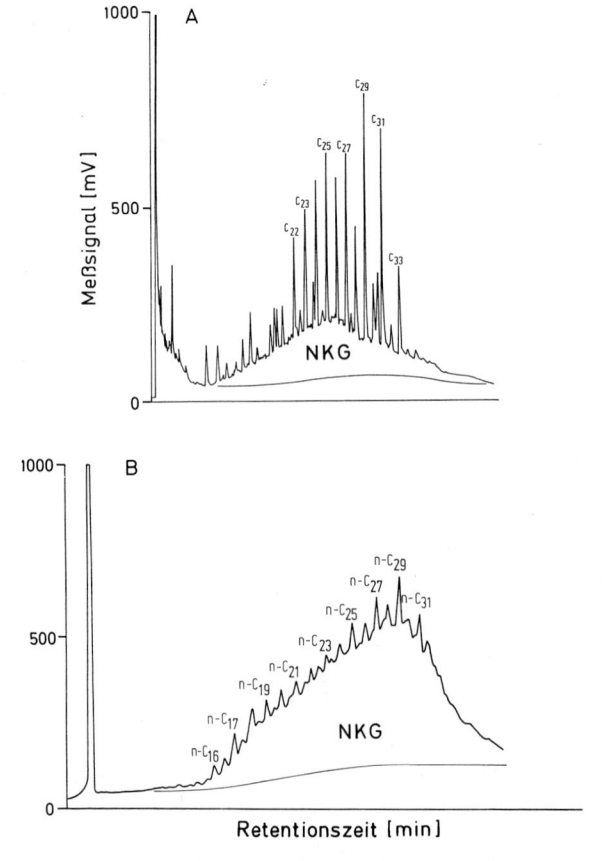

Abb. 3.52: (A) GC-Analyse der Alkane von Quellwasser, Säule und Versuchsbedingungen wie in Abb. 3.43. (B) Alkane in „altem" Grundwasser. Gepackte Säule 1,5 m, gefüllt mit Silicongummi. Temperaturprogramm 80–250 °C, 8 °/min. NKG = nichtaufgelöstes komplexes Gemisch.

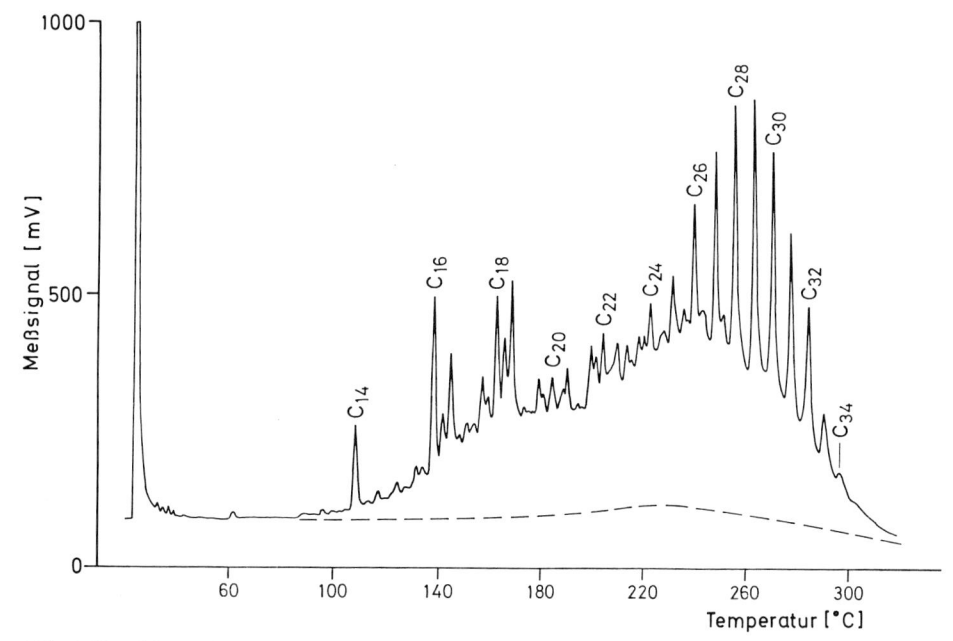

Abb. 3.53: GC-Analyse der Alkanfraktion des Abgaskondensats eines Vergaserkraftstoffes im Leerlauf. Gepackte Säule 3 m, Temperaturprogramm 80–320 °C, 8 °/min.

bindung gebracht. Die Frage nach der Natur des NKG bleibt aber weiterhin offen. Von der Siedelage her scheiden Mitteldestillate aus. Nicht von vornherein auszuschließen sind aber Abgaskondensate aus Verbrennungsmotoren gemäß Abb. 3.53.

Beim Extrakt eines Grundwassers – Abb. 3.52.B – wird die Zuordnung noch schwieriger und der Forschungsbedarf größer. Letzterer kann in Verbindung mit den Wissenslücken über das Schicksal refraktärer Stoffe, den diagenetischen Prozessen und den mikrobiellen Aktivitäten in Grundwässern gesehen werden.

3.4.5 Quantitative KW-Bestimmung

In der Fachliteratur wird gelegentlich empfohlen, anstelle der IR-Spektroskopie die GC zur quantitativen Bestimmung über die integrierte Fläche einzusetzen. Aus Abb. 3.54 entnehmen wir aber, daß bei *gleichen Einwaagen* von z. B. je 1 mg des gesamten KW-Gemisches bzw. der chromatographisch getrennten KW-Fraktionen der Alkane, iso-Alkane, n-Alkane und Aromaten die vom Flammenionisationsdetektor (FID)-Detektor produzierten Peakflächen bzw. Impulse sich je nach Strukturgruppe mehr oder weniger unterscheiden, wobei die Aromatengruppe je Gewichtseinheit die größte Fläche lieferte. Bei unbekannten Gemischen wäre somit der mögliche Fehler bei der Auswertung über einen Standard nicht unerheblich und vermutlich kaum geringer, als bei der Auswertung über IR-Spektroskopie.

Nicht unerwähnt bleiben darf die Möglichkeit, spezielle Detektoren neben dem FID einzusetzen, so u. a. Schwefel-spezifische Detektoren, welche mit großem Nutzen die Identifizierung von Schadensölen erleichtern [65–68].

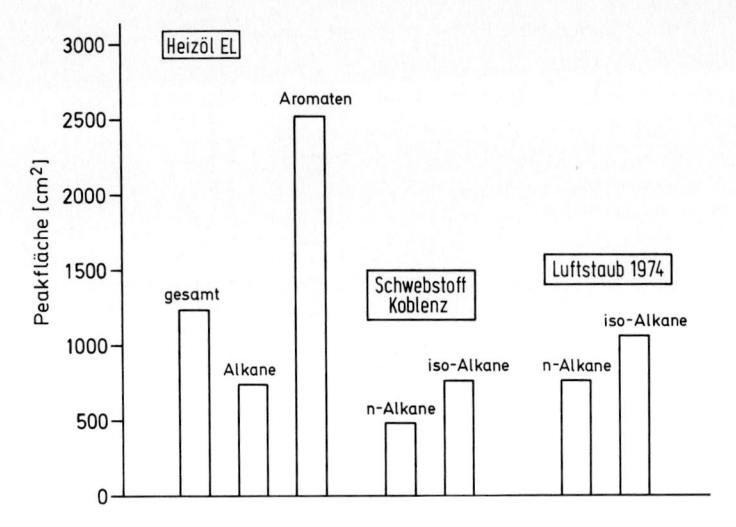

Abb. 3.54: Quantitative Bestimmung von KW mittels Integration der Flächen unter den Gaschromatogrammen. Vergleich der Flächen verschiedener KW-Fraktionen von Heizöl EL sowie von Umweltproben in Relation zur Gewichtseinheit.

3.5 Hochdruckflüssigkeitschromatograhpie (HPLC)

Nachdem die IR-Spektroskopie neben der quantitativen Bestimmung von Kohlenwasserstoffen auch zum Nachweis von Fraktionen unterschiedlichen chemischen Aufbaus (Alkane, Aromaten), mit dem Schwerpunkt der Strukturaufklärung, eingesetzt wurde und wird, die UV- und Fluoreszenzspektroskopie bevorzugt aromatische Systeme detektieren, und die Gaschromatographie unabhängig von der Struktur der Einzelverbindungen zur Analyse herangezogen wird, bleibt die Frage nach der Aufgabe der HPLC im Rahmen der KW-Umweltanalytik.

Von den Detektionsmöglichkeiten ausgehend zielt sie auf ungesättigte, aromatische Stoffe mit π-Bindungen. Die Anlagen sind mit UV- und Fluoreszenzdetektoren ausgestattet, und daher vor allem für die Bestimmung von Aromaten geeignet. Nicht zufällig hat die HPLC für die Ermittlung der PAK in Wasser und Boden inzwischen ein Monopol errungen. Hinsichtlich der Bestimmungsgrenze über den Fluoreszenz- und Photodiodenarraydetektor (welcher Retentionszeit, Extinktion und Wellenlänge quasi dreidimensional wiedergibt) ist sie der Gaschromatographie weit überlegen, und sie hat überdies den Vorteil, daß unter den herrschenden Bedingungen in organischen Lösungsmitteln eine thermische Zersetzung von Polycyclen auszuschließen ist. Da die Fraktion der Alkane nicht erfaßbar ist, können der HPLC innerhalb der KW-Analytik Spezialaufgaben zugeordnet werden. Betrachtet man anhand der Fachliteratur die Aufgabenstellungen genauer, so wurde die HPLC schon früh zur Auftrennung der Aromatenfraktion nach Ringzahlen (= Teilfraktionen) – dies primär bei Mineralölprodukten und deren Pyrolysaten und Abgaskondensaten – eingesetzt [69]. In den letzten Jahren jedoch liegt der Schwerpunkt mehr auf der PAK-Bestimmung in Wasser- und Feststoffproben, wobei häufig eine Anreicherung, verbunden mit einem clean up, an Festphasen erfolgt [70]. (Die Beweggründe für den Einsatz von Festphasen sind nicht unbedingt in einer optimalen Analytik, sondern häufig mehr im Kosten- und Entsorgungsbereich zu suchen.)

Trennt man Mineralölprodukte unter Mithilfe von UV-Detektoren auf – Abb. 3.55, so erhält man unter standardisierten Bedingungen als Chromatogramm eine Art fingerprint, welcher zur Charakterisierung der Probe, und in Ölschadensfällen zum Verursachernachweis herangezogen werden könnte [71]. Obwohl nun die Aromaten des Vergaserkraftstoffes und des Heizöls EL in Abb. 3.55 nicht unter den gleichen Bedingungen (Programm, Fließmittel, Auftragsmenge etc. [73]) gewonnen wurden, erkennt man in den Chromatogrammen deutlich die geringe Gliederung des Mitteldestillats im Vergleich zur stärkeren Gliederung der Vergaserkraftstofffraktion: ein weiterer Hinweis auf die Vielzahl der Heizölaromaten ähnlichen Aufbaus einerseits und die beschränkte Anzahl der Individuen im VK andererseits.

Wie zu erwarten ist auch das Abgaskondensat des VK sichtbar gegliedert – Abb. 3.56.A, wobei im Vergleich zu Abb. 3.55.A zusätzlich das polycyclische Chrysen und die Fünfringe der Benzfluoranthene als Pyrolyseprodukte auftreten – vgl. die Ausführungen in Abschnitt 1.1. Das rezente Sediment – Abb. 3.56.B – zeichnet sich im Chromatogramm vorab durch ein pentacyclisches Triterpen, sicherlich biogener Herkunft aus, sowie dem Fehlen von Anthracen – im Gegensatz zum Phenanthren. Durch diese Merk-

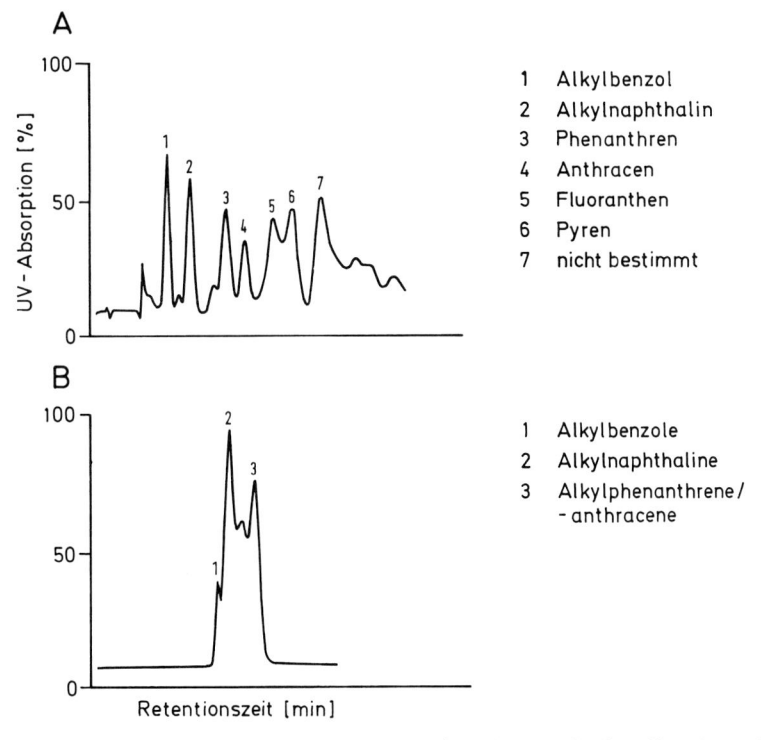

Abb. 3.55: HPLC-Trennung der Aromaten eines Vergaserkraftstoffes (A) und eines Heizöls EL (B) nach Ringzahlen. Nach [73]. UV-Detektion bei 254 nm. Nähere Angaben siehe Abschn. 11.2.

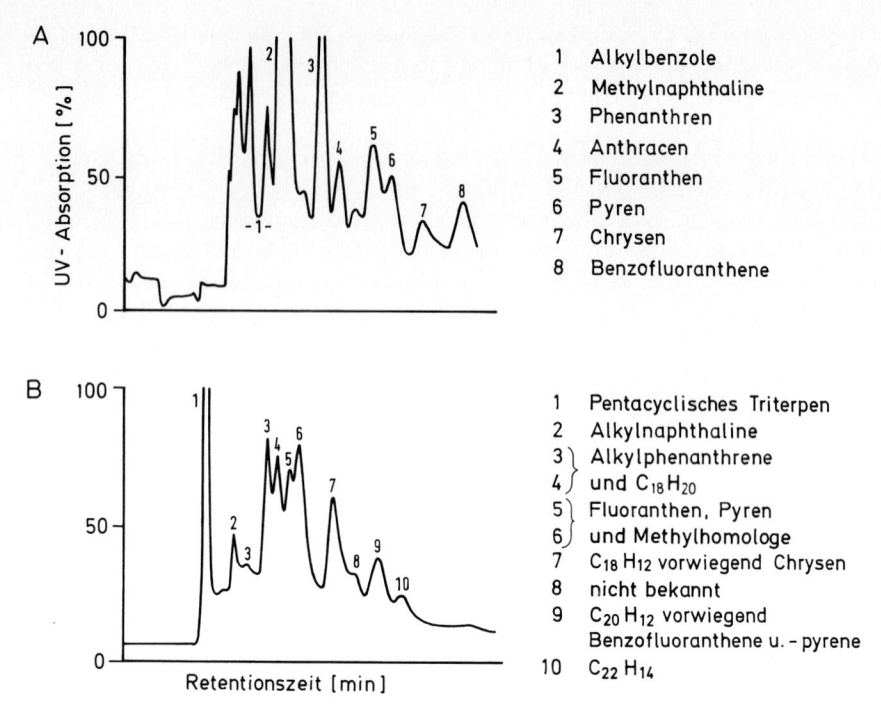

Abb. 3.56: HPLC-Trennung aromatischer Teilfraktionen von (A) VK-Abgaskondensat, (B) rezentes Sediment nach den Ringzahlen nach [73] – siehe Abschn. 11.2.

male unterscheidet sich ein charakteristischer biogener Extrakt von VK-Kondensaten [69].

Diese nach Ringzahl getrennten Teilfraktionen der Aromaten wurden des weiteren separat aufgefangen und direkt für die massenspektroskopischen Untersuchungen verwendet. Hierauf wird im Abschnitt 3.6 noch näher eingegangen.

Abgesehen von der beschriebenen Nutzanwendung sind die UV-Detektoren zur Bestimmung der PAK gemäß der deutschen TV oder der EPA-610-Liste i. allg. weniger geeignet, nicht nur wegen der um eine oder mehr Zehnerpotenzen geringeren Empfindlichkeit in Relation zur Fluoreszenz, sondern auch wegen der fehlenden Spezifität sowie der Detektion aller vorhandenen Aromaten, also auch der nicht interessierenden Mineralölaromaten. Dies zeigt anschaulich das Chromatogramm in Abb. 3.57 mit dem großen NKG. Bei den modernen Fluoreszenzmethoden arbeitet man demgegenüber mit programmgesteuerten variablen Anregungs- und Emissionswellenlängen, mit Kombinationen, angefangen von 275/350 nm für das Naphthalin bis 300/500 nm für das Indenopyren [72].

Die in der Umweltanalytik immer wieder auftauchende Frage zielt auf die Anzahl und Auswahl der Einzel-PAK. Nach der TV sind es 6 [73], nach der sog. Holland-Liste 10 [74], nach der EPA 16 und nach weiteren Veröffentlichungen 18.

Die über zwei Jahrzehnte gewonnenen Erfahrungen des Verfassers, besagen, daß sich in den aquatischen Schwebstoffen und Sedimenten die sechs TV-Aromaten in annähernd konstanten Relationen zueinander befinden [54, Kap. 9], mit dem Fluoranthen zu ca. 30–40 Gew. %. In Wasserproben allerdings dominiert häufig das Fluoranthen mit 60 bis

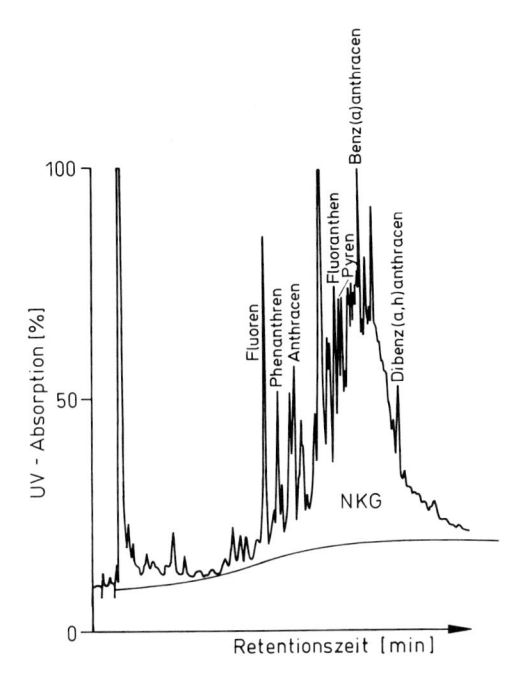

Abb. 3.57: HPLC-Trennung der (Teeröl-)Aromaten in einer belasteten Sedimentprobe an einer RP-18 Säule. UV-Detektion bei 254 nm. 4 Fluoren, 5 Phenanthren, 6 Anthracen, 7 Fluoranthen, 8 Pyren, 9 Benz(a)anthracen, 14 Dibenz(a,h)anthracen.

70%, was mit der größeren Wasserlöslichkeit dieser Verbindung begründet wird. Insofern stellt sich die Frage nach dem Sinn ausgedehnter Analysen, nicht zuletzt aus zeitlichen und ökonomischen Gründen. Bereits das erwähnte Gruppennachweisverfahren [51] liefert zumindest halbquantitative Angaben, und dies in kurzer Zeit. Mit der HPLC bot die Bestimmung der sechs Polycyclen neben dem Perylen bereits 1980 keine Probleme, und die Resultate bestätigten diejenigen des Screening-Verfahrens auf Dünnschichten [75].

Beschränkt man sich auf die sechs Aromaten der TV zuzüglich des Perylens – s. Abb. 3.58, so führen verschiedene Grundeinstellungen auch ohne Programmierung rasch und empfindlich zum Ziel. Die eingesetzten Fluorimeter mit Xenonlampe und zwei Monochromatoren lassen folgende Möglichkeiten offen [76]:

– Verwendung beider Monochromatoren unter Ausblendung bestimmter Anregungs- und Emissionswellenlängen (Normalfall),
– Einsatz eines Monochromators bei der Anregung und eines Kantenfilters in Emission,
– Einsatz eines Kantenfilters bei der Anregung und eines Monochromators in Emission,
– Verzicht auf einen oder beide Monochromatoren, Verwendung von nicht-monochromatischem Licht „Nullter Ordnung" wie in Abb. 3.58.

Die letzte Variante beschert dem Analytiker die größte Empfindlichkeit. Nun gehört das Perylen zwar nicht zu den kanzerogenen Aromaten. Es kommt aber fallweise in verhältnismäßig hohen Konzentrationen in Feststoffproben (aquatischen und terrestri-

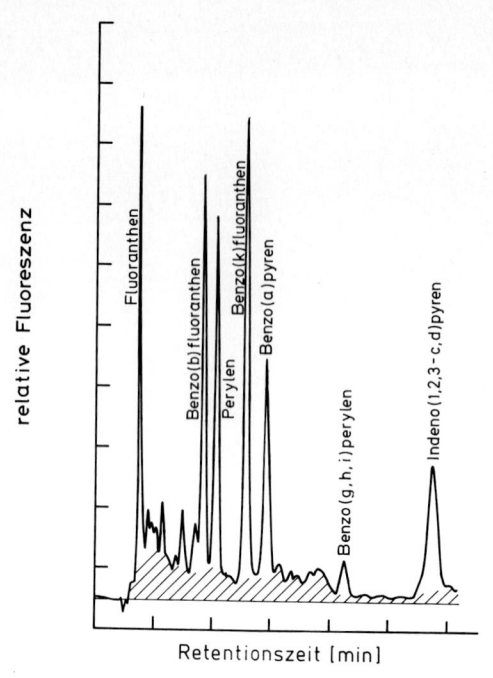

Abb. 3.58: HPLC-Trennung der Aromaten eines Bodenextraktes. Anregung 0 ± 2,5 nm, Emission 0 ± 20 nm an einer ODS-HC SIL-X-Säule gemäß Abschn. 11.2.

schen Sedimenten, Schwebstoffen) vor und kann bei der HPLC einen anderen Peak, zumeist den des Benzo(b)fluoranthens, unterwandern, sofern man nicht auf entsprechende Trennung achtet! Die Einstellung „Nullter Ordnung" ist trotz der großen Vorteile so gut wie nicht in Gebrauch. Sie ist allerdings auch nur bei Geräten mit geringer Streustrahlung zu empfehlen.

Die in Abb. 3.58 dargestellten Aromaten eines Gartenbodens wurden, wie in Abschnitt 3.1 angedeutet, über Kieselgel-Dünnschichten und unter Zusatz von 2 % Paraffin zum Fließmittel vor der HPLC isoliert. Der Paraffin-Zusatz verhindert die teilweise Verflüchtigung von Einzelaromaten.

In pflanzlichem Material kann man diese PAK unter den gleichen Bedingungen, aber nach einem in [77] beschriebenen modifizierten clean up, analysieren – Abb. 3.59. Ob und wie weit eine Erweiterung auf 10 oder 16 Aromaten in der Praxis angemessen oder zu fordern ist, kann nicht pauschal vorab beurteilt werden. Mit Sicherheit ist dies bei Verdacht auf (Steinkohlen-)Teeröl bzw. Produkten auf dieser Grundlage (Abschnitt 1.2) notwendig, da hier vor allem Naphthalin und Dibenz (a,h)anthracen mit relativ hohen Konzentrationen herausragen.

Neuere Techniken betreffen die Kapillar-HPLC [78], bei der aber noch zu prüfen ist, inwieweit sie sich im Rahmen der KW-Analytik eignet, sowie die Überkritische Flüssigkeitschromatographie [79]. Letztere soll ein hohes Auflösungsvermögen mit schonenden Chromatographiebedingungen verbinden, und den Einsatz von GC-Detektoren wie den FID erlauben. Eine dokumentierte Anwendung belegt die Auftrennung von Kohlenteeraromaten nebst Detektion mittels verschiedener Detektoren. Für umfassendere Informationen seien genannt [80–82].

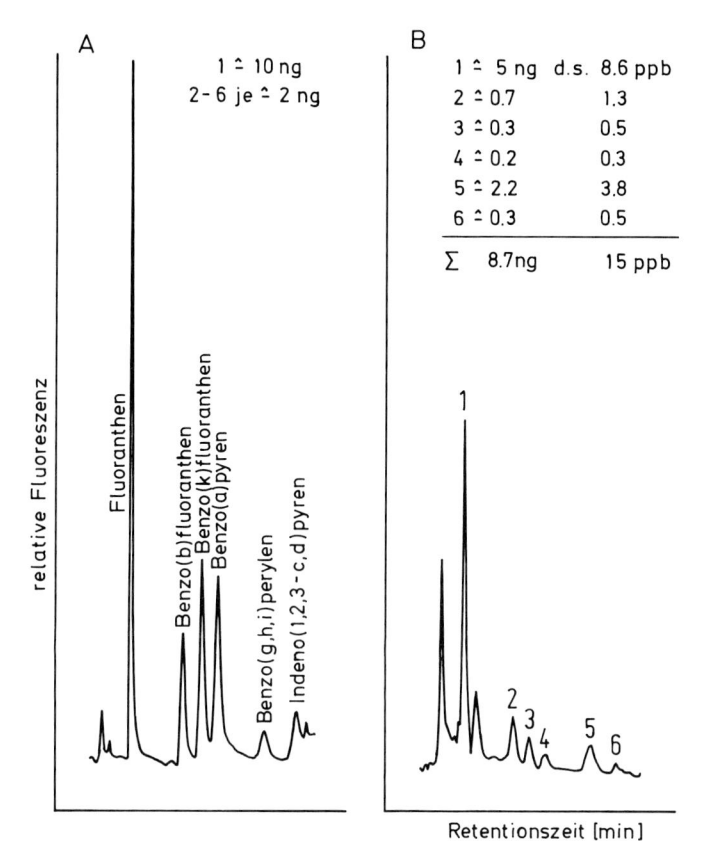

Abb. 3.59: HPLC-Bestimmung der 6 Einzelaromaten der TV in Kartoffelmehl an einer ODS-HC SIL-X-Säule. (A) Standard, (B) Kartoffelmehl. Ex 365 ± 10 nm. Em KV 390 ± 20 nm. 1 Fluoranthen, 2 Benzo(b)fluoranthen, 3 Benzo(k)fluoranthen, 4 Benzo(a)pyren, 5 Benzo(g,h,i)perylen, 6 Indeno(1,2,3-c,d)pyren.

3.6 Massenspektrometrie (GC/MS)

Hinsichtlich der Analytik mit dem Massenspektrometer kann der Verfasser nicht mit eigenen Erfahrungen aufwarten. Er hatte jedoch die von ihm sehr geschätzte Möglichkeit, eine Reihe von Umweltproben eigener Auswahl sowie entsprechende Problemstellungen an zwei fachkundige Institutionen heranzutragen: das Forschungszentrum der ESSO AG in Hamburg (Dr. I. Berthold) und die ETH/EAWAG in Dübendorf/ Zürich (Dr. W. Giger). Mit beiden wurde ein Forschungsvorhaben, die Erstellung eines „Leitfadens zur Unterscheidung von biogenen und mineralölbürtigen Kohlenwasserstoffen", zunächst im Vorfeld [69], dann als Projekt mit Endfassung [83] sowie unter der Mitarbeit weiterer Analytiker durchgeführt. Die Technik der Massenspektrometrie (MS) erwies sich schon damals als eine wertvolle Ergänzung der spektroskopischen und chromatographischen Verfahren.

Speziell in der Mineralölanalytik ist die MS sogar älter als die Gaschromatographie, die ab 1960 etwa die Vorrangstellung für die Analyse vorwiegend gasförmiger und leicht siedender KW von der MS übernahm [13, S. 369]. Die qualitative und quantitative Analyse von niedrig siedenden KW ist mit der MS gut möglich [84] – Tab. 3.7 und im Vergleich Tab. 1.3, nicht jedoch die von komplexen Mischungen höherer Siedebereiche. Anders stellt sich die Einsatzmöglichkeit der MS dar, wenn das KW-Gemisch in Gruppen unterschiedlicher chemischer Struktur, also in die Alkane und Aromaten, letztere noch besser in die Teilfraktionen der Aromaten, aufgetrennt wird, wie es im vorstehenden Abschnitt am Beispiel der HPLC geschildert wurde [69]. Zerlegt man also die Fraktion der Aromaten in Struktur-spezifische Teilfraktionen (Benzole, Naphthaline usw.), so lassen sich mit der *Molekülpeak-Methode* optimale Aussagen gewinnen. Über die Niederspannungs-Massenspektrometrie [85], bei einer Spannung von 12 eV, erhält man von diesen Teilfraktionen die Molekülpeaks der homologen Reihen – vergl. Abb. 1.5. Die aus dem Spektrum ablesbaren Massenzahlen erlauben es, auf die vorliegenden Strukturen zu schließen – Tab. 3.8 – wie auch auf deren Häufigkeit und Konzentration im Gemisch. Z. B. ist die Massenzahl 43 auf das Propylbruchstück zurückzuführen. Die weiteren, um jeweils 1 CH_2 = 14 Einheiten größeren Bruchstücke werden dann an den Massenzahlen 57, 71, 85 u. 99 erkannt.

Vorwiegend mit dieser Technik wurden einerseits typische Mineralöl-Produkte und Pyrolysate neben einigen Umweltproben [69], andererseits die vom Verfasser ausgewählten weiteren Umweltproben [83] analysiert. Im erstgenannten Fall waren dies Vergaserkraftstoffe, Mitteldestillate, Schmieröle, Rückstandsöle (Heizöl S), Abgaskondensate von VK und Mitteldestillaten, daneben Extrakte von rezenten Sedimenten und Gewässern, Raffinerieabwässern und Straßenstaub. Im zweiten Fall wurden – unter Einbeziehung auch anderer Methoden wie GC, UV und IR – speziell die Aromaten von Mitteldestillaten, Straßenstaub, Klärschlämmen, Gewässerschwebstoffen, Sedimenten stark be-

Tabelle 3-7. Massenspektrometrische Kraftstoffanalyse nach [8].

Kohlenwasserstoff-Gruppen und Reinsubstanzen	Gehalt in Vol. %		
	Benzin 1	Benzin 2	Benzin 3
n-Paraffine	7.8	7.1	6.1
iso-Paraffine	26.1	23.0	34.7
Cycloparaffine	5.1	4.5	2.2
Dicycloparaffine	0.6	–	–
Olefine	14.8	7.3	4.3
Cycloolefine/Diolefine/Acetylene	2.8	1.5	0.4
Methanol	–	1.2	–
iso-Propanol	–	1.5	2.9
Aromaten	42.8	53.9	49.4
Benzol	16.1	16.6	9.7
Toluol	7.9	16.2	8.1
C_8	9.6	11.8	14.9
C_9	6.3	6.7	11.0
$C_{10} + C_{11}$	2.9	2.6	5.7

Fehlende Werte (–) lagen unterhalb der Bestimmungsgrenze

Tabelle 3-8. Kohlenwasserstoff-Gruppen und charakteristische Massen für die Summenbildung.

Bezeichnung	Molekülformel	Massenzahlen
Alkane	C_nH_{2n+2}	$\Sigma\,43 = 43 + 57 + 71 + 85 + 99$
Cycloalkane	C_nH_{2n}	$\Sigma\,69 = 69 + 83 + 97 + 98 + 111 + 112$
Alkylbenzole	C_nH_{2n-6}	$\Sigma\,91 = 91 + 105 + 119 + 133$
Indane/Tetraline	C_nH_{2n-8}	$\Sigma\,104 = 104 + 117 + 131 + 145 + 159$
Alkylnaphthaline	C_nH_{2n-12}	$\Sigma\,128 = 128 + 141 + 155 + 169 + 183$
Acenaphthene u. a.	C_nH_{2n-14}	$\Sigma\,153 = 153 + 167 + 181 ...$
Acenapthylene u. a.	C_nH_{2n-16}	$\Sigma\,165 = 165 + 179 + 193 + 207$
Alkylphenanthrene (Tricyclische Aromaten)	C_nH_{2n-18}	$\Sigma\,177 = 177 + 178 + 191 + ...$

fahrener Schiffahrtskanäle sowie Acker- und Waldböden untersucht, so daß für viele Fragestellungen in der Umweltanalytik repräsentative Ergebnisse und Aussagen erzielt wurden. Es scheint uns nicht zweckmäßig, die Befunde hier im einzelnen zu erörtern, zumal wesentliche Punkte bereits in den vorstehenden Kapiteln erarbeitet wurden. Mit der Abb. 3.60 sei aber ein typisches Ergebnis der Niederspannungs-MS anhand zweier Aromatenextrakte im Auszug eingefügt. Hier erkennt man den grundlegenden Unterschied in der chemischen Zusammensetzung von ölkontaminiertem – Abb. 3.60.B – und allenfalls durch Pyrolyseprodukte (und Lufteintrag) kontaminiertem Material – Abb. 3.60.A.

Neben der NS-MS mit hervorragender Eignung zum Nachweis von Mineralölaromaten und deren chemischer Struktur im einzelnen [83, 86] ist die Kopplung von MS mit der GC wohl heute am weitesten verbreitet. Daß damit primär die Identität von Einzelverbindungen geklärt wird, ist allgemein bekannt. Nach [86] geht es mit Abstand um die Frage nach der Identität der einzelnen Vertreter innerhalb der Gruppe der PAK und deren charakteristischem Verteilungsmuster wie z. B. in Abb. 3.60.

Aber nicht allein mehrkernige Aromaten, sondern auch biogene Olefine, u. a. die mehrfach genannten isoprenoiden Verbindungen, waren Anwendungsgebiete der MS [61, 87]. Zu speziellen gerätetechnischen Fragen siehe [92, 93].

Anstelle oder zur Ergänzung von GC/MS Spektren kann über die GC/MS-Kopplung ein sog. *Massenchromatogramm* aufgenommen werden. Hierbei nimmt man den Totalionenstrom (TI) für eine vorgegebene Masse, z. B. *m/z* = 85 bei den n-Paraffinen, als Summe der Massen in Relation zur Retentionszeit auf. Diese Variante wurde u. a. als wertvoll im Rahmen des Verursachernachweises vorgeschlagen [88]. Da witterungsbedingte Veränderungen (Verdunstung, Photooxidation) ebenso wie der an bestimmten Fraktionen wie den Alkanen bevorzugte biochemische Abbau (Abschnitt 2.1–2.2) Massenchromatogramme je nach Verbindungsgruppe unterschiedlich tangieren, ist Vorsicht anzuempfehlen. Beispielsweise sind die Chromatogramme mit der Massenzahl 85 (dem Hexan-Fragment) beim Verursachernachweis problematisch [88]. Vorgeschlagen wurden die Massenzahlen bestimmter Triterpene (*m/z* = 191), tricyclischer Komponenten wie Trisnorhopane, Norhopan, Moretane, Sterane und weitere zur Ölidentifizierung. Hierbei scheint bemerkenswert, daß „alle Sedimente ... in beträchtlichen Mengen Abkömmlinge

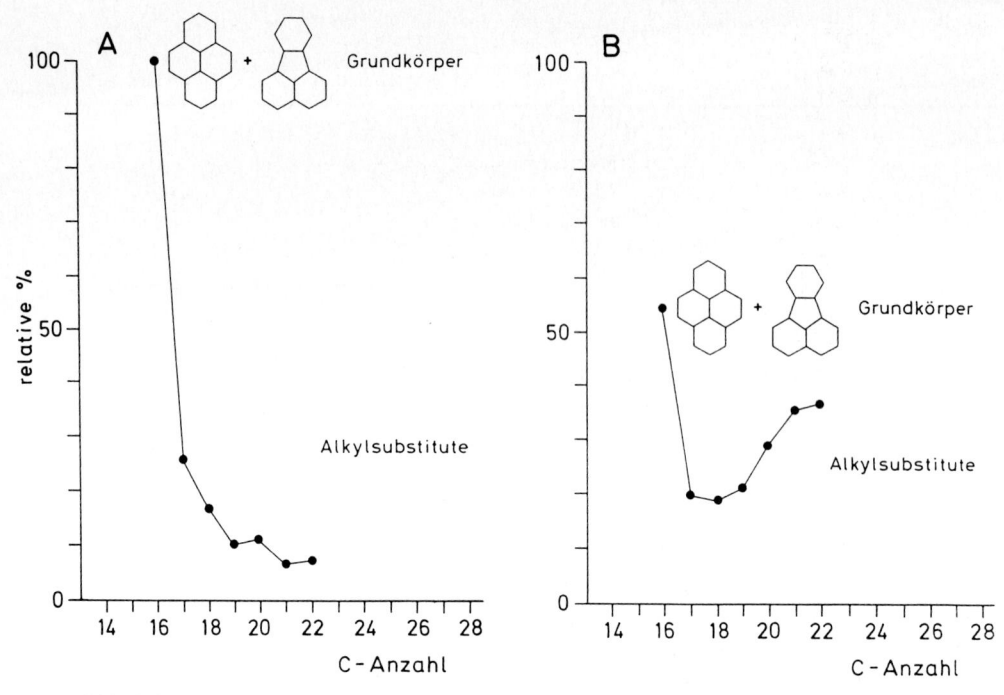

Abb. 3.60: Niederspannungs-Massenspektroskopie von (A) Aromaten eines rezenten Sedimentes, und (B) Aromaten in Straßenstaub. Massen 202 (Fluoranthen bzw. Pyren) nebst Alkylsubstituten nach [90].

einer schon bekannten, bisher aber nur selten nachgewiesenen Familie von Triterpenen: der Hopanoide, die sich vom Grundkörper Hopan ableiten, enthalten" [89] sowie [90]. Also wiederum biogene Verbindungen, die in konservierter Form als Leitsubstanz für Mineralölprodukte dienen sollen.

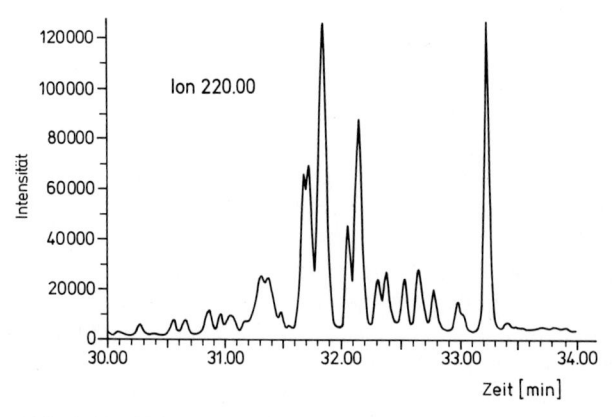

Abb. 3.61: GC/MS-Chromatogramm der C_3-Phenanthrene (Ion 220) des Schadensöles der „Exxon Valdez" nach [92].

Tabelle 3-9. Herkunftsbestimmung von Ölverschmutzungen mittels Selected Ion Monitoring (SIM).

Verbindung	SIM von Zielverbindungen m/z	Verbindung	m/z
ges. Kohlenwasserstoff	85	C_3-Phenanthren	220
Decalin	138	Naphthobenzothiophen	234
C_1-Decaline	152	C_1-Naphthobenzothiophene	234
C_2-Decaline	166	C_2-Naphthobenzothiophene	234
C_3-Decaline	180	C_3-Naphthobenzothiophene	234
Naphthalin	128	Fluoranthen	202
C_1-Naphthaline	142	Pyren	202
C_2-Naphthaline	156	C_1-Pyrene	216
C_3-Naphthaline	170	C_2-Pyrene	230
C_4-Naphthaline	184	Benz(a)anthracen	252
Fluoren	166	Chrysen	228
C_1-Fluorene	180	C_1-Chrysene	228
C_2-Fluorene	194	C_2-Chrysene	228
C_3-Fluorene	208	Benzo(b,k)fluoranthen	276
Dibenzothiophen	184	Benzo(a)pyren	276
C_1-Dibenzothiophene	198	Indeno(1,2,3-cd)pyren	276
C_2-Dibenzothiophene	212	Benzo(ghi)perylen	276
C_3-Dibenzothiophene	226	Dibenz(a,h)anthracen	276
Phenanthren	178	Steran (($C_{17}H_{28}$)	232
C_1-Phenanthren	192	Methylsterane	246
C_2-Phenanthren	206	Triterpene	191

Das Verfahren des Selected Ion Monitoring (SIM)-Programms gibt neben der Massenzahl von 85 für die Paraffine als Zielverbindungen bei Ölverschmutzungen die Massen 191 (Triterpen), 206 (C_2-Phenanthren) und 220 (C_3-Phenanthren) – Abb. 3.61 vor [88]. Weitere Zielverbindungen enthält die Tab. 3.9.

3.7 Allgemeine Methoden

3.7.1 Allgemein

Die Mineralölindustrie kennt von jeher ausgefeilte Prüfmethoden, die sich auf die physikalisch-chemischen, aber auch pharmakologischen und physiologischen Eigenschaften von MÖP beziehen [20, S. 353]. Wie in Abschnitt 1.1 erwähnt, müssen die aus Rohölen gewonnenen Raffinate nach ihrer Veredelung gewisse Mindestanforderungen erfüllen, die nach DIN [98] zu kontrollieren sind.

In einem gewissermaßen umgekehrten Sinn betrachtet können die bei einem Schadensöl gemessenen physikalisch/chemischen Kennwerte für z.B. Dichte, Viskosität oder

Tabelle 3-10. Zur Typisierung von Ölproben aufgrund der Mindestanforderungen nach DIN.

Mineralöltyp	DIN	Mindestanforderungen			Flammpunkt [°C]
		Dichte [g/ml] 15 °C	Schwefelgehalt [Gew. %]	Viskosität (kinematische) [mm²/s]	
Ottokraftstoff (bleifrei)	EN 228	max. 0.780	max. 0.05	–	–
Dieselkraftstoff	EN 590	0.820–0.860	max. 0.2*)	2.0–4.5 bei 40 °C	55
Heizöl EL	51 603-1	max. 0.860	max. 0.2	max. 6 bei 20 °C	55
Heizöl S	51 603-3	–	2.8	max. 50 bei 100 °C max. 20 bei 130°C	85
Heizöl S	51 603-5	–	max. 1.0	max. 50 bei 100 °C max. 20 bei 130 °C	85
SAE-Öl 20	51 511	–	–	5.6 bei 100 °C	–
SAE-Öl 30	51 511	–	–	9.3 bei 100 °C	–
SAE-Öl 40	51 511	–	–	12.5 bei 100 °C	–

*) ab 1. 10. 96 gesetzl. max. 0.05 (der Markt bereits ab 1. 10. 95) Heizöl L und M wird auf dem deutschen Markt nicht mehr gehandelt.

Schwefelgehalt zur Charakterisierung/Identifizierung dienen, sofern das Öl als Phase vorliegt und nennenswerte Umwelteinflüsse auszuschließen sind. In diesem Sinne stellt die Tab. 3.10 einen Ausschnitt aus dem Anforderungskatalog dar.

3.7.2 Viskosität

Die Viskosität ist eine wichtige Stoffeigenschaft, und ihre Ermittlung bzw. Kontrolle im Bereich der Mineralöl-Wirtschaft, -Erzeugung und -Weiterverwendung zwingend notwendig. Im Rahmen von Forschungsarbeiten des Verfassers wurde das Verhalten von Rohölen auf Gewässern im Hinblick auf die Ölbekämpfung untersucht (s. Kap. 2). Die große Bedeutung der Ölviskosität auch für den Gewässerschutz wird klar, wenn man sich vor Augen hält, daß praktisch alle *Bekämpfungsmaßnahmen* (Emulgieren/Dispergieren, Abbinden, Abbrennen, Absenken und Abschöpfen) in hohem Maße in ihrer Wirkung durch die Ölviskosität begrenzt werden [95, 96]. Aber auch für das Phänomen der biochemischen Abbaubarkeit scheint die Viskosität eine nicht geringe Rolle zu spielen, dies jedenfalls in Verbindung mit der physikalisch-chemischen Beschaffenheit und Aktivität der Öloberfläche.

3.7.3 Strukturviskosität/Fließkurven

Bei der Bestimmung der Viskosität mit Hilfe eines Rotationsviskosimeters befindet sich das Öl i. allg. in einem Spalt zwischen zwei koaxialen Zylindern, von denen der eine feststeht und der andere rotiert, oder im Spalt zwischen Platte und Kegel. Gemessen wird ein Drehmoment [98], wobei

$$\eta = U \cdot S \cdot K = \frac{\tau}{D} \qquad (3\text{-}5)$$

$$\tau = A \cdot S \qquad (3\text{-}6)$$

$$D = \frac{B}{U} \qquad (3\text{-}7)$$

η = dynamische Viskosität in $Nm^{-2}s$ = Pas
τ = Schubspannung in Nm^{-2} = Pa
U = Drehzahlstufe (dimensionslos, $\frac{n_{max}}{n}$)
S = abgelesene Skalenteile (dimensionslos)
K = Systemfaktor in $mPas\ Skt^{-1}$
D = Schergefälle in s^{-1}
A = Schubfaktor in $Pa\ Skt^{-1}$
B = Scherfaktor in s^{-1}

120   3 Spektroskopische und chromatographische Methoden

Die Größen *A, B, U, S* und *K* sind HAAKE'spezifische Angaben und in den Bedienungsanleitungen beschrieben [98]. Siehe auch [99].

Für die sog. rein-newton'schen Flüssigkeiten, zu denen im großen und ganzen auch die nicht gealterten Rohöle gehören, ist die Viskosität von *U* und *D* unabhängig und das Produkt $U \cdot S$ konstant. Beim Altern wie auch bei der Bildung von Wasser-in Öl-Emulsionen (Kap. 2) wird dieser Zustand verlassen: η wird vom Schergefälle *D* abhängig und die Viskosität nimmt unter der Scherbeanspruchung ab. Während man bei newton'schen Ölen Fließkurven nach Abb. 3.62 erhält, resultieren im Falle von strukturviskosen Ölen typische Hysteresekurven. Bereits die Fließkurven, in denen *D* gegen τ aufgetragen wird, können Schadensöle kennzeichnen, wie Abb. 3.62 an den Bilgenölen verschiedener Schiffe belegt. Hysteresekurven erhält man, indem man zunächst das Schergefälle stufenweise oder stufenlos vergrößert und anschließend wieder verkleinert. Beispiele s. [97, Abb. 3.4].

Wenn der Anlaß zur Bestimmung der absoluten Viskosität oder zur Aufstellung einer exakten Fließkurve nicht gegeben ist, wenn vielmehr der (relative) Vergleich zweier fingerprints gewollt wird, entstehen Diagramme nach Art von Abb. 3.63. Abb. 3.63.A entstammt einem Motorenöl HD SAE 20, aufgenommen mit dem geometrisch günstigen Tauchkörper SVI, sowie bei verschiedenen diskontinuierlich eingestellten Schergefällen entsprechend *U* = 162 bis = 1. Die Schreiberausschläge entsprechen dem erwarteten Verlauf und sind auch zur Darstellung einer Fließkurve verwendbar. Abb. 3.63.B veranschaulicht das Verhalten des gleichen Öles, allerdings unter Einsatz einer Platte-Kegel-Einrichtung, KI. Die bei den *U*-Werten 162 bis 54 auftretenden Spitzenausschläge sind in bezug auf die wahren Fließeigenschaften irreal: sie erscheinen bei niedrigem Schergefälle und könnten zu falschen Aussagen führen. Wenn auch die zu diesem Diagramm gehörenden Meßwerte kaum zur Aufstellung einer Fließkurve verwendet werden sollten, so ist doch andererseits der eigentümliche Kurvenverlauf als solcher aussagekräftiger, als in Abb. 3.63.A, und insofern als fingerprint wertvoller.

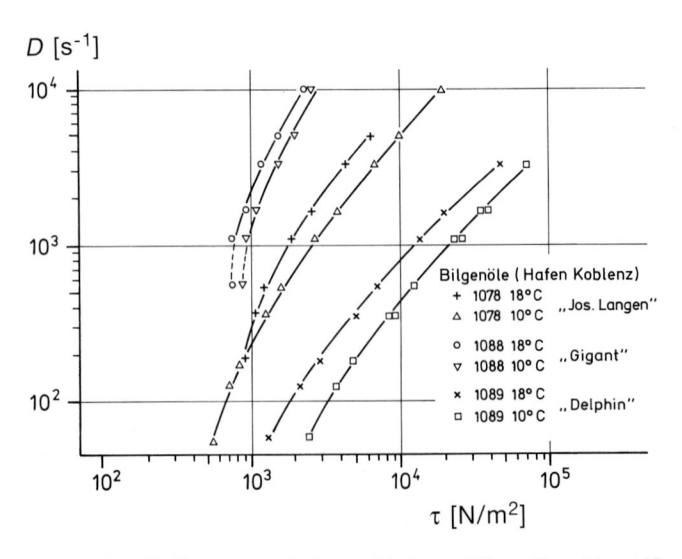

Abb. 3.62: Fließkurve von drei verschiedenen Bilgenölen. Platte-Kegel-Meßeinrichtung. Alle Öle wurden bei 10 und 18 °C aufgenommen. (Die Zahlen 1078, 1088 und 1089) sind Tagebuchnummern).

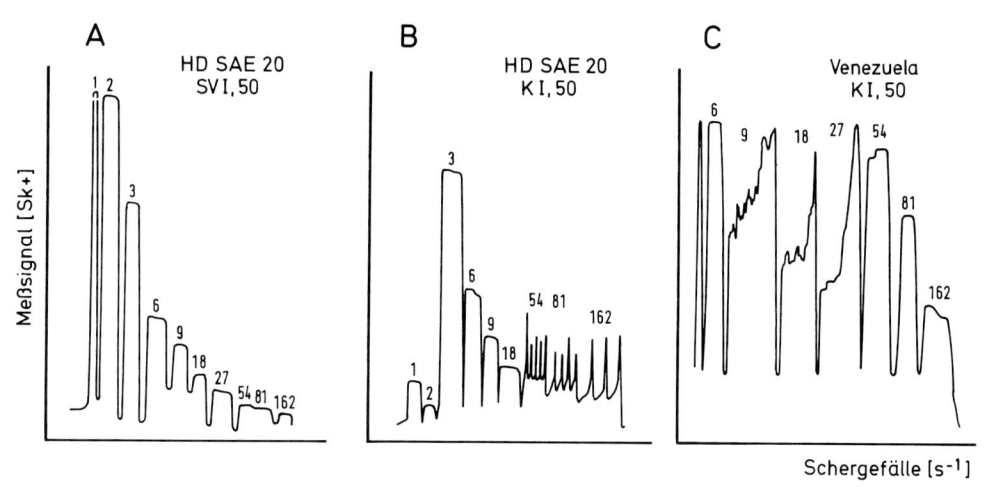

Abb. 3.63: Schreiberdiagramm als fingerprint. Motorenöl HD SAE 20, 20 °C, (A) Tauchkörper SVI und (B) Platte-Kegel-Einrichtung KI. (C) Venezuela-Rohöl (s. Tab. 1.1, Platte-Kegel-Einrichtung, 20 °C.

Abb. 3.63.C zeigt ein Rohöl aus Venezuela (s. Tab. 1.1), welches unter dem Einfluß von Licht, Luft und Wasser gealtert war. Neben dem stufenförmigen Anstieg $U = 162–81–54$ und der dann veränderten Zuwachsrate ab $U = 27$, die sich in einer Fließkurve als Ausdruck der Strukturviskosität niederschlagen würde, finden sich spezifische Zacken und Zackengruppen.

Zusammenfassend läßt sich sagen, daß die Messung der Fließeigenschaften von Schadensölen zur Identifizierung herangezogen werden und sehr rasch zu wertvollen Ergebnissen führen kann.

Literatur zu Kap. 3

IR-Spektroskopie

[1] Kaiser, R.E.: Meßfehlern auf der Spur. ENTSORGA-Magazin 6, 14–21 (1990)
[2] Bellamy, L.J.: Ultrarot-Spektrum und chemische Konstitution. Dr. Dietrich-Steinkopff-Verlag, Darmstadt 1966
[3] Günzler, H. und Böck, H.: IR-Spektroskopie. Eine Einführung. VCH-Verlagsgesellschaft, Weinheim 1990 (2. Aufl.)
[4] Hedinger, H.J.: Infrarot-Spektroskopie. Methoden der Analyse in der Chemie Bd 11. Akademische Verlagsgesellschaft, Frankfurt a. Main 1971
[5] Scholl, F. und Fuchs, H.: Bestimmung von Mineralölspuren in Wasser. BOSCH Techn. Ber. 2, (5), 235–244 (1968)
[6] DIN 38409 Teil 18: Bestimmung von Kohlenwasserstoffen (H. 18), 9. Lieferung 1981
[7] Grohe, H.: Messen an Verbrennungsmotoren. Vogel-Verlag, Würzburg 1987 (3. Aufl.)
[8] Hellmann, H.: Einfache instrumentelle IR-Messung von Kohlenwasserstoffen in Fluß- und Abwässern. Vom Wasser 50, 231–246 (1978)
[9] Rübelt, C.: Mineralölspurenbestimmung in Boden- und Wasserproben. Dissertation Universität Saarbrücken 1969

[10] Jones, R.N. The intensities of the infra-red absorption bands of n-paraffin hydrocarbons. Spectrochim. Acta (London) 9, 235–252 (1957)
[11] Hellmann, H.: Techniken im Rahmen der IR-Spektroskopie von organischen Stoffgruppen. Fresenius Z. Anal. Chem. 331, 797–803 (1988)
[12] Hellmann, H.: Kombination Dünnschicht-Chromatographie/IR-Spektroskopie bei der Analyse von Wasser, Abwasser, Schlamm und Abfall – eine Einführung. Fresenius Z. Anal. Chem. 332, 433–440 (1988)
[13] Kägler, H.: Neue Mineralölanalyse. Dr. Alfred Hüthig-Verlag, Heidelberg 1987, 2. Auflage
[14] Hellmann, H.: IR-Spektroskopische Analyse der Alkane von Böden, Gewässerschwebstoffen und Sedimenten. Differenzierung in Mineralöl und biogene Anteile. Z. Wasser-Abwasser-Forsch. 24, 226–232 (1991)
[15] Derkosch, J.: Absorptionsspektralanalyse im ultravioletten, sichtbaren und infraroten Gebiet. Methoden der Analyse in der Chemie. Bd 5. Akademische Verlagsgesellschaft, Frankfurt a. Main 1967
[16] Molt, K.: Infrarot-Spektroskopie. Nachr. Chem. Tech. Lab. 33 (10), M1–M28 (1985)
[17] Brunner, F.: Anwendung der Infrarotspektroskopie in der Erdölchemie. Hrsg. Bodenseewerk Perkin-Elmer & Co., Überlingen 1964
[18] Gore, R. G. und Hannah, R. W.: Infrarotspektroskopische Analyse von Dieselkraftstoff und Schmierölen. Hrsg. Bodenseewerk Perkin-Elmer & Co., Überlingen 1973
[19] Knözinger, E.: IR-Spektroskopie – apparative Methoden für die chemische Forschung. CZ-Chemie-Technik 3, 227–232 (1974)

UV-Absorptionsspektroskopie

[20] Zerbe, C.: Mineralöl und verwandte Produkte. Springer-Verlag, Berlin – Heidelberg – New York 1969
[21] Staab, H.A.: Einführung in die theoretische organische Chemie. Verlag Chemie, Weinheim 1975 (3. Nachdruck der 4. Aufl.)
[22] Funk, W., Dammann, V. und Donnevert, G.: Qualitätssicherung in der Analytischen Chemie. VCH-Verlagsgesellschaft, Weinheim 1992
[23] TVO (Trinkwasserverordnung). Verordnung zur Änderung der Trinkwasserverordnung und der Mineralöl- und Tafelwasserverordnung. Bundesgesetzblatt Teil I, Z. 5702 A, Nr. 66, Bonn, 1990
[24] Schmitt, A.: Derivativ-Spektroskopie. Eine Einführung mit praktischen Beispielen. Angewandte Spektroskopie (1), Hrsg. Bodenseewerk Perkin-Elmer & Co., Überlingen 1977
[25] Talsky, G., Götz-Maler, S. und Betz, H.: High-resolution/higher-order derivative spectrophotometry in micro-analytical chemistry. Mikrochim Acta II, 1–9 (1981)
[26] Perkampus, H.-H.: UV/VIS-Spektroskopie für Analytiker. Springer-Verlag, Heidelberg 1992
[27] Hellmann, H.: UV-Derivativ-Spektren zur Vorabschätzung des Gehaltes von polycyclischen aromatischen Kohlenwasserstoffen in Schwebstoffen und Sedimenten der Gewässer. Acta hydrochim. et hydrobiologica 22, 138–148 (1994)
[28] Cahill, J. E.: Fundamentals of UV/Visible Spectrophotometry: An Outline. (Hrsg. Bodenseewerke Perkin-Elmer & Co.), Überlingen 1980
[29] Hesse, H., Meier H. und Zeeh, B.: Spektroskopische Methoden in der organischen Chemie. Georg Thieme Verlag, Stuttgart 1987
[30] Sommer, L.: Analytical Absorption Spectrophotometry in the Visible und Ultraviolet. Elsevier, Amsterdam – Oxford – New York 1989
[31] Hummel, R. und Kaufman, D.: Ultraviolet spectrometry. Anal. Chem. 46, 354–359, (1976)

Fluoreszenzspektroskopie

[32] Ringhardtz, J.: Einführung in die Fluoreszenz-Spektroskopie. Angewandte UV-Spektroskopie (4), Bodenseewerk Hrsg. Perkin-Elmer & Co., Überlingen 1981
[33] Schmidt, W.: Fluorimetrie. Nachr. Chem. Techn. Lab. 38 M1-M22 (1990)

[34] Rübelt, C.: Mineralöl-Spurenbestimmung in Boden- und Wasserproben. Doktorarbeit Universität Saarbrücken 1969
[35] Dahlmann, G. und Lange, W.: Investigations of the Distribution of Petroleum Hydrocarbons in the German Bight by Means of Fluorescence Spectroscopy. Dtsch. Hydrogr. Z. 34, 150–161 (1981)
[36] International Oceanogr. Commission, World Meteorological Organisation, 1976: Guide to Operational Procedure for the IGOSS Pilot on Marine Pollution (Petroleum) Monitoring. Manuals and Guides No 7
[37] Dahlmann, H. und Rave, A.: Kontinuierliche In-situ-Fluoreszenzmessung zur Überwachung des Meerwassers auf Erdöl-Kohlenwasserstoffe. Dtsch. Hydrogr. Z. 41, 76–85 (1988)
[38] Bergmann, G.: Fluoreszenzspektroskopische Bestimmung von 3,4-Benzpyren in Paraffinum liquidum. Erdöl und Kohle 15, 612–616 (1962)
[39] Reuter, A., Johne, K. und Marterstock, R.: Deutsche Kraftfahrzeugforschung und Straßenverkehrstechnik 126, 13–17 (1959)
[40] Zierfuss, H. und Coumou, D.J.: The Bull. of the American Ass. of Petrol. Geologist 40, 2724–2734 (1956)
[41] Sturz, O.: Die Ölfluoreszenz als orientierender Feldtest zur Überwachung der Bilgenwasser-Entöler. Deutsche Gewässerkundl. Mitt. 3, 104–109 (1959)
[42] Hellmann, H.: Eignung der Synchron-Fluoreszenz-Spektroskopie bei der Analyse von kontaminierten aquatischen und terrestrischen Sedimenten. Vom Wasser, 80, 89–108 (1993)
[43] Wakeham, G.: Synchronous Fluorescence Spectroscopy and its Application to Indigenous and Petroleum-Derived-Hydrocarbons in Lacustrine Sediments. Environ. Sci. Technol. 11, 272–276 (1977)
[44] Schwedt, G.: Fluorimetrische Analyse. Verlag Chemie, Weinheim 1981
[45] Hellmann, H.: Fluorimetrie als Alternative zur IR-Spektroskopie bei der Kohlenwasserstoff-Bestimmung? Vom Wasser 59, 181–194 (1982)
[46] Kunte, H. und Borneff, J.: Nachweisverfahren für polyzyklische aromatische Kohlenwasserstoffe in Wasser. Z. Wasser-Abwasser-Forsch. 9, 35–38 (1976)
[47] Althaus, W. und Sörensen, O.: Untersuchungen über den Gehalt der Vorfluter an krebserregenden Stoffen und die Beeinflussung dieses Gehaltes durch Abschwemmungen von bestimmten Straßenbelägen. Schriftenreihe der Deutschen Dokumentationszentrale Wasser e. V., (19), Düsseldorf 1971
[48] Ebel, S., Geitz, E., Hocke, H. und Kaal, M.: Einführung in die quantitative Dünnschichtchromatographie: Grundlagen, Möglichkeiten, Automatisierung. Kontakte 1, 39–44 (1982)
[49] York, H., Funk, W., Fischer, W. und Wimmer, H.: Dünnschicht-Chromatographie. VCH Verlagsgesellschaft, Weinheim 1989
[50] Hellmann, H.: Analytik von Oberflächengewässern. Georg Thieme Verlag, Stuttgart 1986
[51] Hellmann, H.: Optimierung eines fluorimetrischen Gruppennachweisverfahrens für polycyclische aromatische Kohlenwasserstoffe auf Kieselgel. Fresenius Z. Anal. Chem. 295, 388–392 (1979)
[52] Dawidar, A.M.: Identification and Determination of Pentacyclic Triterpens in Natural Mixtures by Thin-Layer Chromatography and Densiometric Evaluation. Z. Anal. Chem. 273, 127–128 (1975)
[53] Hellmann, H.: Zur Unterscheidung von biogenen und mineralölbürtigen Aromaten durch Fluoreszenzspektroskopie. Z. Anal. Chem. 272, 30–33 (1974)

Gaschromatographie

[54] Grob, K.: und Grob, G.: A new, generally applicable procedure for the preparation of glass capillary columns. J. Chromat. 125, 471–486 (1976)
[55] Grob, K. und Grob, G.: Practical capillary gas chromatography – A systematic approach. Journ. High Res. Chromat. & Chromat. Commun. 2, 109–144 (1979)
[56] Scholl, F.: Gaschromatographische Siedeanalyse von Kohlenwasserstoffgemischen. BOSCH Techn. Ber. 1, 288–296 (1966)
[57] Umweltbundesamt (Hrsg.): Beurteilung und Behandlung von Mineralölschadensfällen im Hinblick auf den Grundwasserschutz. Teil 3 Analytik, Berlin 1979

[58] Oelert, H.H., Köser, H.J., Stemmler, J., Lübke, W. und Severin, D.: Gaschromatographie für hoch- und nichtsiedende Kohlenwasserstoffgemische. Versuche zur Erweiterung des Nutzungsbereiches. Erdöl und Kohle – Erdgas – Petrochemie 36, 536–540 (1983) (EKEP-Synopse 8336)

[59] Schomburg, G., Häusig, U.: Gaschromatographie, 36 (Sonderheft Chromatographie, November), 123–148 (1988)
Hoevermann, W., Gaschromatographische Detektoren, 36 (Sonderheft Chromatographie, November), 149–164 (1988)
Blum, W., Säulen für die Gaschromatographie, 36 (Sonderheft Chromatographie, November), 165–172 (1988)

[60] Blumer, M. und Synder, W.D.: Isoprenoid Hydrocarbons in Recent Sediments: Presence of Pristane and Probable Absence of Phytan. Science 150, 1588–1589 (1965)

[61] Gassmann, G.: Chromatographic Separation of Diasteriomeric Isoprenoids for the Identification of Fossil Oil Contamination. Marine Pollut. Bull. 12, 78–84 (1981)

[62] Hellmann, H.: Fluoreszenzspektren biogener polycyclischer Aromaten: Z. Anal. Chem. 278, 263–268 (1976)

[63] Völtz, M. und Ewers, H.: Mineralölanalytische Aspekte zum Bodensee-Sediment. Erdöl und Kohle – Erdgas – Petrochemie 36, 535 (1983). EKEP-Synopse 8335

[64] Adlard, E.R.: A Review of the Methods for the Identification of Persistent Pollutants on Seas and Beaches. Journ. Inst. of Petrol. 58, 53–74 (1972)

[65] Ettre, L.S.: Gaschromatographie mit Kapillarsäulen. Friedr. Vieweg & Co., Braunschweig 1976

[66] Günther, W. und Schlegelmilch, F.: Gaschromatographie mit Kapillar-Trennsäulen. Grundlagen. Vogel-Buch, Würzburg 1984

[67] Schomburg, G.: Gaschromatographie. VCH Verlagsgesellschaft, Weinheim 1987

[68] Matter, L. und Poeck, M.: Probenaufgabetechniken in der Kapillar-Gaschromatographie – Kalte Injektionsmethoden. GIT Fachz. Lab. 81, 1031–1039 (1987)

Hochdruckflüssigkeitschromatographie (HPLC)

[69] Hellmann, H. und Berthold, I.: Analytik, Struktur und Vorkommen biogener Kohlenwasserstoffe. Teil II. Aromatische Kohlenwasserstoffe (I. Berthold). Vorträge der 24. Haupttagung der DGMK in Hamburg, Compendium Erdöl und Kohle. 931–951, Leinfelden 1975

[70] Lubda, D., Müller, M., Battermann, G. und Meyer, B.: Eine stationäre Phase zur HPLC-Trennung von 18 PAK. GIT Fachz. Lab. 38, 12–15 (1994)

[71] Murr, J.: Erarbeitung eines raschen und sicheren Analyseverfahrens zur zweifelsfreien Identifikation von Mineralölkontaminationen in Umweltproben (Wasser, Boden). Dissertation TH Aachen, 1990

[72] Baker Chemikalinen (Hrsg.): BAKERBOND PAH 16-Plus, die ideale HPLC-Säule für die PAK-Analytik. Druckschrift des Hrsg., Groß-Gerau 1990

[73] Lührmann, M., Kicinski, H.G. und Kettrup, A.: Vergleich stationärer Phasen für die Trennung polycyclischer aromatischer Kohlenwasserstoffe in Wasser mittels Hochdruckflüssigkeitschromatographie (6 PAH's nach TV). Z. Wasser – Abwasser -Forsch. 20, 212–215 (1987)

[74] Leidraad Bodemsanering. Deel II. Techn. Inhondelijk Deel; Afl. 4, s'Gravenhage 1988 (= Holland-Liste)

[75] Hellmann, H.: Vergleich von Gruppen- und Einzelbestimmung bei der Analyse von polycyclischen Aromaten durch Fluoreszenzdetektion. Fresenius Z. Anal. Chem 314, 125–128 (1983)

[76] Hellmann, H.: Fluorimetrische Bestimmung von Perylen neben anderen polycyclischen aromatischen Kohlenwasserstoffen durch Hochdruckflüssigkeits-Chromatographie. Fresenius Z. Anal. Chem. 302, 115–118 (1980)

[77] Hellmann, H.: Fluorimetrische Bestimmung von polycyclischen aromatischen Kohlenwasserstoffen in Blättern, Blüten und Phytoplankton. Fresenius Z. Anal. Chem. 287, 148–151 (1977)

[78] Bruns, A. .und Polta, J.: Kapillar-HPLC – eine attraktive Trenntechnik für kleine organische Moleküle. Henkel-Referate 29, 74–77 (1993)

[79] Wall, R.: Capillary supercritical fluid chromatography. International Analyst 8, 28–32 (1987)
[80] Unger, K.K. (Hrsg.): Handbuch der HPLC. GIT Verlag, Darmstadt 1989
[81] Gottwald, G.: RP-HPLC für Anwender. VCH Verlagsgesellschaft, Weinheim 1993
[82] Engelhardt, H. und Löw, H.: Hochleistungsflüssigkeits-Chromatographie. Nachr. Chem. Techn. Lab. 31 (4), 27–57 (1983) (Sonderausgabe); Baumann, W. HPLC-Detektoren, ibid. 59–92

Massenspektrometrie (GC/MS)

[83] Deutsche Gesellschaft für Mineralölwissenschaft und Kohlechemie e.V. (Hrsg.): Leitfaden zur Unterscheidung von biogenen und mineralölbürtigen Kohlenwasserstoffen. Bearbeitet von E. Erdmann, W. Giger, H. Hellmann, W. Kölle, W. Niemitz, E. Segeberg, C. Schaffner, L. Stieglitz und B. Wenzlow. DGMK-Projekt 150, Hamburg 1977
[84] Franke, G.: Die massenspektrometrische Kohlenwasserstoffgruppenanalyse von Mineralölprodukten Erdöl und Kohle 14, 816–820 (1961)
[85] Blumer, M.: Polycyclic Aromatic Hydrocarbons – Analysis of Complex Mixtures by Probe Distillation and Low Voltage Mass Spectrometry. Finnigan-Spectra 5, 210–218 (1975)
[86] Giger, W.: Zuarbeit zu dem Projekt [83], Schreiben vom 24.5.1976 an die Teilnehmer. Leitfaden zur Unterscheidung von biogenen und mineralölbürtigen Kohlenwasserstoffen. (Beim Verfasser erhältlich)
[87] Blumer, M., Mullin, M.M. und Guillard, R.R.L.: A polyunsaturated hydrocarbon (3,6,9,12,15,18-heneicosahexaene) in the marine food web. Internat. Journ. on Life in Oceancs and Coastal Waters 6, 226–235 (1979)
[88] Wong, R., Henry, C. und Overton, E.: Herkunftsbestimmung von Ölverschmutzungen. Hewlett-Packard 1, 2–4 (1993)
[89] Ourisson, G.: Hopanoide. Vom Erdöl zur Evolution der Biomembranen. Nachr. Chem. Techn. Lab. 34 (1), 8–14 (1986)
[90] Whitehead, E.V.: Chemical clues to the petroleum origin. Chemistry and Industry (London), 108, 1116–1118 (1971)
[91] Giger, W. und Blumer, M.: Polycyclic Aromatic Hydrocarbons in the Environment: Isolation, Characterization by Chromatography, Visible, Ultraviolet, and Mass Spectrometry. Anal. Chem. 46, 1163–1671 (1974)
[92] Leibrand, J.R., Duncan, W.P. und Lipinski, D.: Die Kopplung von GC, FTIR und MS. Chromatographie – Spektroskopie 91, 40–45 (1989)
[93] Levsen, K. und Schiebel, H.M.: Massenspektrometrie. Nachr. Chem. Techn. Lab. 37, Sonderheft Spektroskopie 81–108 (1989)

Allgemeine Methoden

[94] Deutscher Normenausschuß (DNA) (Hrsg.): Mineralöl-Brennstoffe. Taschenbuch 20. Beuth-Vertrieb, Berlin, Köln, Frankfurt (11. Aufl.) 1991
[95] Hellmann, H.: Das Verhalten von Rohölen auf Wasseroberflächen – untersucht und dargestellt an den zeitlichen Veränderungen ihres Fließverhaltens. Erdöl und Kohle 24, 417–422 (1971)
[96] Hellmann, H. und Zehle, H.: Die Ölviskosität als wirksamkeitsbegrenzender Faktor bei der Ölbekämpfung in Gewässern mit Hilfe von ölverteilenden Chemikalien. Tenside 9, 61–65 (1972)
[97] Hellmann, H. und Zehle, H.: Viskosität und Fließanomalitäten als Hilfsmittel bei der Identifizierung von Ölverunreinigungen. Erdöl und Kohle 26, 341–344 (1973)
[98] Schramm, G.: Einführung in die praktische Viskosimetrie. Hrsg. Gebrüder HAAKE, Karlsruhe 1981
[99] HAAKE-Meßtechnik (Hrsg.): Einführung in Rheologie und Rheometrie. Karlsruhe 1995

Der nützlichste Problemlösungsweg ist immer noch der empirische.

K. Beyermann [1]

4 Extraktion/Anreicherung

Die Extraktion von Wasser- und Feststoffproben soll möglichst selektiv und quantitativ sein. Selektiv will besagen, daß neben den Kohlenwasserstoffen keine anderen Verbindungen miterfaßt werden. Nicht nur erfahrungsgemäß ist das kaum möglich. Zum einen wirkt kein Lösungsmittel so schmalbandig, daß es nur KW aufnimmt, zum anderen bestehen die Mineralölprodukte wie auch die in Umweltproben verteilten KW aus Fraktionen respektive Molekülstrukturen unterschiedlicher Polarität, wie man aus ihrem chromatographischen Verhalten ableitet. In dem Fall, daß es sich um gelöste MÖP in relativ hohen Konzentrationen handelt, wird man mit einem unpolaren Lösungsmittel wie CCl_4 oder 1,1,2-Trichlortrifluorethan (Freon) seitens der eventuell mitextrahierten Begleitstoffe keine sonderlich großen Probleme bekommen. Je mehr aber die Kontamination von Umweltmatrices sich dem Niveau des KW-Backgrounds natürlicher Herkunft nähert, umso größer wird der relative Anteil von miterfaßten polaren Stoffen sowohl natürlicher (Carbonsäureester – Abb. 3.11) wie anthropogener Herkunft (z. B. Silikonöle) sein. Dieser Umstand wird in Kap. 5 noch diskutiert.

Eine flüssig/flüssig-Verteilung kann darüber hinaus nicht vollständig nach einer Seite hin ablaufen. Die aus dem Massenwirkungsgesetz (MWG) ableitbaren Verteilungskoeffizienten besagen ja, daß man sich einer quantitativen Ausbeute nur annähern kann.

4.1 Wasserproben

Zugestandenermaßen ist in der Praxis die Empirie im Sinne des Eingangsmottos immer noch der beste Weg. Dabei kann es jedoch nur von Vorteil sein, die tatsächlich wirkenden Gesetzmäßigkeiten in die Strategie des Analysenganges mit einzubeziehen. Nach dem MWG gilt für das System flüssig/flüssig

$$A = \frac{V_L \cdot 100}{V_L + \dfrac{V_W}{k}} \text{; wobei } k = \frac{c_L}{c_W} \tag{4-1}$$

A = Ausbeute in %
V_W = Volumen des Wassers in l
V_L = Volumen des Lösungsmittels in l
k = Verteilungskoeffizient in l/l
c_W = KW-Konzentration im Wasser nach Gleichgewichtseinstellung in mg/l
c_L = KW-Konzentration im Lösungsmittel nach Gleichgewichtseinstellung in mg/l

Der Zahlenwert für k bei dem System Wasser/Freon (CCl_4) liegt im Rahmen der KW-Bestimmung theoretisch sicher nicht unter 1000. Die KW-Ausbeute hängt dabei sowohl von dem eingesetzten Lösungsmittel (LM)-Volumen als auch von einer optimalen Vermischung der beiden Flüssigkeiten vor der Phasentrennung ab, die die Einstellung des theoretischen Gleichgewichtes ermöglicht. Recht gute Erfahrungen konnten wir mit der Anordnung Vierkantflasche/Flügelrührer – Abb. 4.1 – machen. Bei einer Frequenz von 1000 bis 1400 U/min und einer Rührdauer von 2 min erhielten wir mit KW-dotiertem Leitungswasser die in Abb. 4.2 dargestellten Ausbeuten in Relation zum vorgelegten LM-Volumen.

Geht man von einer Wiederfindung von 98 % mit 25 ml CCl_4 aus, so berechnet man einen zugehörigen k-Wert von 1960. Da der k-Wert unabhängig vom LM-Volumen sein muß, entsprechen die Ergebnisse der kleineren Volumina in Abb. 4.2 nicht der Theorie, sie deuten somit eine unvollkommene Gleichgewichtseinstellung an.

Wählt man die Hand- oder maschinelle Schüttelung, so sollte man vorab auf gleichem Wege die Effektivität der Anordnung ermitteln und dabei auch die Reproduzierbarkeit überprüfen. Man halte sich vor Augen, daß die Ausbeute auch von der Konzentration und chemischen Natur der anderen Wasserinhaltsstoffe abhängt, und in Abwässern durchaus von derjenigen z. B. in Leitungswasser abweichen kann.

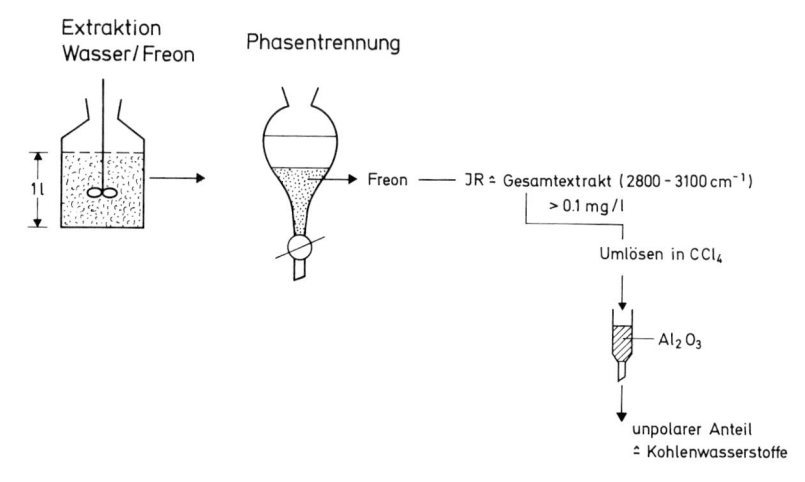

Abb. 4.1: Extraktion von gelösten Kohlenwasserstoffen in einer Vierkantflasche mit Flügelrührer nebst weiterem clean up.

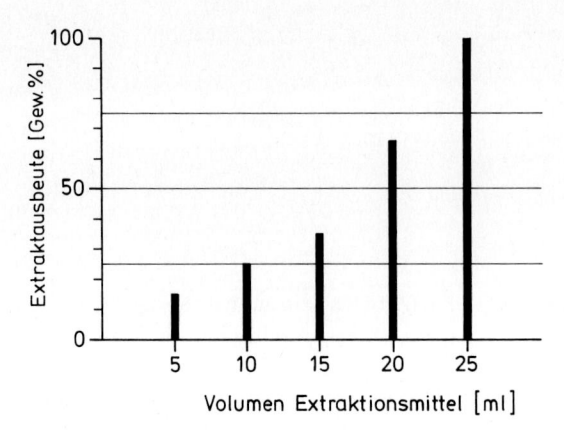

Abb. 4.2: Abhängigkeit der Extraktausbeute gemäß Abb. 4.1 vom Volumen des vorgelegten Extraktionsmittels CCl_4.

Zur Eignung von Freon im Vergleich zum CCl_4 läßt sich sagen: Die spektralen Absorptionsmaße (Extinktionskoeffizienten) für die CH-, CH_2- und CH_3-Gruppen unterscheiden sich nach dem Ergebnis von 6 Arbeitsgruppen nicht signifikant. Die Löslichkeit in Wasser unter den Bedingungen der Extraktion ergab 2 ml/l für CCl_4 und 4–6 ml/l für Freon – bei diesem abzüglich einer gewissen Verdunstungsrate wegen des niedrigen Siedepunktes von nur 48 °C. Die Verluste durch Verdunstung halten sich aber auch beim Freon im geschlossenen System und beim Schütteln (15 min) in Leitungswasser in Grenzen – Tab. 4.1. In der Tab. wurden 22–23 ml Freon zurückerhalten. Ein den fehlenden 2–3 ml/0,5 l Wasser entsprechender KW-Anteil bleibt ebenfalls in der Wasserphase zurück.

Rührt man aber in der oben offenen Vierkantflasche mit starker Turbulenz, so ist der Verlust zwar bei CCl_4 hinnehmbar – Tab. 4.1 – nicht dagegen beim Freon. Die sich aus

Tabelle 4-1. Rückgewinnung des Lösungsmittels nebst Kohlenwasserstoffen aus der Wasserphase ($V_w = 0.5$ l) nach einer Extraktion.

Öltyp bzw. -zusammensetzung	A $C_2Cl_3F_3$ ($V_L = 25$ ml)		CCl_4 ($V_L = 25$ ml)		B $C_2Cl_3F_3$ ($V_L = 25$ ml)	
	V_L [ml]	KW [Gew. %]	V_L [ml]	KW [Gew. %]	V_L [ml]	KW [%]
Maschinenölraffinat	22	86.1	21	91.8	16	109.9
Petroleum	22	90.1	23	100	13	131.3
Spindelöl + 18 % Fettalkohol	22	84.0	22	91.9	20	102.6
Spindelöl + 18 % Fettsäureester	23	100	23	84.0	11	120.5

A Schütteln, geschlossenes System
B offene Vierkantflasche, Rühren (Flügelrührer)

der IR-Messung ergebenden scheinbar überhöhten Wiederfindungsraten sind dadurch zu erklären, daß eine Aufkonzentrierung der KW-Konzentration durch den Verdunstungsverlust eingetreten ist [2, Tab. 6].

Während beim Gebrauch von CCl_4 der in den Gasraum übertretende KW-Anteil vernachlässigbar klein ist, und an dem gewonnenen Extraktvolumen keine Korrekturen vorzunehmen sind, wirft das Freon Probleme auf, die, wenn überhaupt, vom Analytiker selbst empirisch gelöst werden sollten.

Nach [1, S. 97] „... gibt es noch keine allgemeinen Regeln zur Auswahl eines Lösungsmittel-Systems". Vorzuziehen sind allerdings emulsionsvermeidende Flüssigkeiten, d. h. Lösungsmittel, die eine Bildung von Wasser-in-LM-Emulsionen gering halten. Bilden sich dennoch Emulsionen, und dies ist besonders bei organisch hochbelasteten Wässern und solchen mit nennenswerten Schwebstoffgehalten zu erwarten, so ist nach der Norm 48409 Teil 18 für die Bestimmung von Kohlenwasserstoffen oder [1, S. 98] und [3] zu verfahren. Zu der Frage, ob CCl_4 überhaupt noch zur Analyse eingesetzt werden darf, sei auf die Verordnung des Gesetzgebers verwiesen: „Die Verordnung (Verbot) gilt nicht für die Herstellung, das Inverkehrbringen und die Verwendung zu Forschungs-, Entwicklungs- und Analysezwecken" [4].

Neben der konventionellen flüssig/flüssig-Extraktion wurde die Druckextraktion mit Butan erprobt [5], jedoch offenbar später nicht weiter verfolgt. Als alternatives Verfahren wird in jüngster Zeit die Extraktion mit überkritischem Kohlendioxid (SFE = Supercritical Fluid Extraction) genannt [6]. Abgesehen von der durchaus nicht feststehenden Situation, daß auch das Freon „in einigen Jahren nicht mehr produziert" werde, müßten für dieses Verfahren die nicht geringen Vorarbeiten einschließlich der clean up-Probleme noch bewältigt werden, bevor an eine breite Einführung zu denken ist – s. auch [7].

Der nicht neue Vorschlag, bei Verzicht auf Freon zugunsten von n-Hexan die KW-Bestimmung mit Hilfe der Gaschromatographie (FID) vorzunehmen [8], bedarf gleichfalls gründlicher und kritischer Prüfung. Auf die prinzipielle Fehlerbreite der Analyse unbekannt zusammengesetzter Gemische wurde ja mit Abb. 3.54 bereits hingewiesen.

Für im Wasser gelöste PAK dürfte die Festphasenextraktion [9] das Stadium der Erprobung hinter sich haben – s. Abschnitt 3.5, zur Anreicherung von Kohlenwasserstoffen allgemein – s. [18].

4.1.1 Stripping-Verfahren/Purge & Trap-Technik

Zu Nachweis und Bestimmung äußerst geringer, aber verdampfbarer unpolarer Stoffe hat man bereits vor zwei Jahrzehnten das Stripping-Verfahren eingesetzt [10]. Die organischen Verbindungen, vorwiegend KW, werden mit Hilfe eines Inertgases oder Luft aus der Wasserprobe ausgetrieben und an einer sehr gering bemessenen Menge Aktivkohle (AK) adsorbiert. Bei einer Gasumwälzung von 3 l/min und 18 Stunden Dauer wird dabei noch das n-C_{20}-Alkan mit brauchbarer Ausbeute, bei Trinkwasser zu etwa 50%, bei stark verschmutztem Wasser nahezu mit 100% gewonnen. Zur Ablösung vom AK-Filter genügen entsprechend geringe LM-Volumina, wodurch für die sich anschließende GC-Analyse extrem hohe Anreicherungsquoten erreicht werden. In Abb. 4.3 sind die Resultate dieser Technik nach [10] zu sehen. Sie belegen nach Ansicht der Autoren u. a., daß die Verschmutzung des Pumpbrunnens (Abb. 4.3.B) auf Benzin, nicht auf Heizöl EL zurückzuführen ist. Die Tab. 4.2 enthält die numerierten Einzelverbindungen aus

Tabelle 4-2. Identifizierung der Einzelverbindungen aus Abb. 4.3 und nach [11].

Nr.	Verbindung
9	Benzol
18	Trichlorethylen
19	n-C_9-Alkan
26	Toluol
36	n-C_{10}-Alkan
39	1,4-Dimethylbenzol
40	1,3-Dimethylbenzol
43	1,2-Dimethylbenzol
49	n-C_{11}-Alkan
50	4-Etylbenzol
59	1,2,4-Trimethylbenzol
65	1,2,3-Trimethylbenzol
68	n-C_{12}-Alkan
74	Methylisopropylbenzol
80	1,2,4,5-Tetramethylbenzol
82	1,2,3,5-Tetramethylbenzol
84	n-C_{13}-Alkan
93	l-Chlordecan
105	Naphthalin
106	n-C_{15}-Alkan
111	n-C_{16}-Alkan
116	Dimethylnaphthalin
119	n-C_{17}-Alkan
123	Diphenylether
127	Tri-n-butylphosphat
128	n-C_{18}-Alkan
129	Acenaphthen
133	n-C_{19}-Alkan
136	n-C_{20}-Alkan

Es sind nicht alle der nach [11] identifizierten Verbindungen aufgeführt.

Abb. 4.3. Im Gegensatz zu den damaligen Ausführungen der Verfasser erscheinen uns heute die Schlußfolgerungen zweifelhaft, und zwar aus folgenden Gründen: Im Autobenzin fehlt die gerade für Heizöl EL typische homologe Reihe der n-Alkane vom n-C_{10} bis über das n-C_{20}. Diese fehlen jedoch keineswegs in dem Pumpbrunnenextrakt. Daß die relativen Konzentrationen der n-Alkane dort mit steigender Kettenlänge und im Vergleich zum Heizöl abnehmen (Nr. 106–136), dürfte mit der in gleicher Richtung abnehmenden Flüchtigkeit zusammenhängen. Leider wurde die Referenzprobe, das Heizöl EL, nicht in gleicher Weise aus einer wäßrigen Lösung ausgeblasen. Dieses Beispiel zeigt, daß sich die chemische Zusammensetzung einer Probe nicht nur durch Umwelteinflüsse (Kap. 8), sondern auch durch Probenahme und -aufbereitung ändern kann.

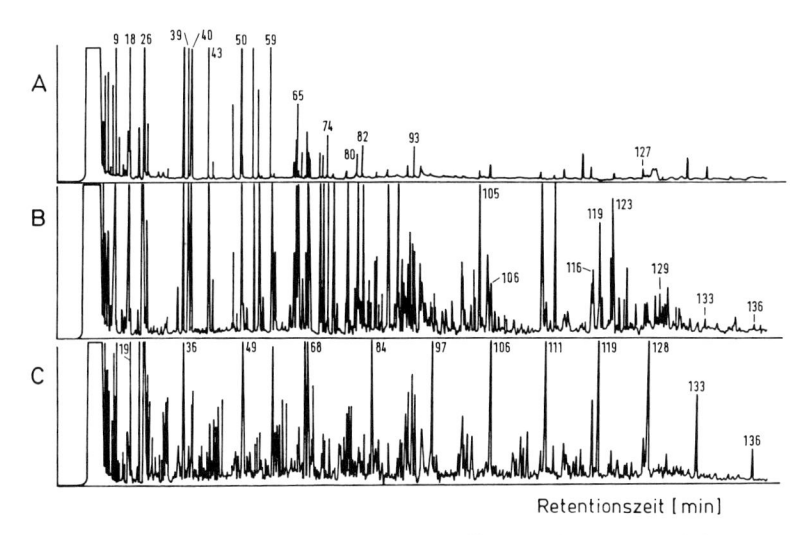

Abb. 4.3: Anreicherung von Kohlenwasserstoffen aus einem kontaminierten Pumpbrunnen durch das Stripping-Verfahren nach [10] (B) und Vergleich mit den Gaschromatogrammen von Autobenzin (A) und Heizöl EL (C).

4.2 Luftproben

Die gleichen Autoren wie zuvor [10] stellten bereits 1972 fest, „daß mindestens 95 Prozent der Luftverunreinigung durch organische Stoffe aus völlig unverändertem Autobenzin bestehen" [11, 12]. Dies dürfte mit dem einschränkenden Zusatz: „im leicht- bis mittelsiedenden Bereich" auch heute kaum zu widerlegen sein. Die höher siedenden Stoffe, die mit dem Stripping-Verfahren weniger bis gar nicht erfaßt werden, scheinen sich zusammen mit den biogenen KW (Abschnitt 1.4 und Abb. 1.17) mehr im Regen und in den erdnahen Regionen auch im Luftstaub, zu befinden; abgesehen von dem Umstand, daß je nach Molekulargewicht und Polarität das Verteilungsgleichgewicht zwischen Luft/Wasser/Luftstaub wirksam wird, wie übrigens auch in Oberflächengewässern [13].

Angereichert wurde nach [11] über AK-Kohle, Körnung 0.05–1.0 mm und kleinen Mengen von 25 mg, über die man 100 bis 25 000 l Luft saugte. Die Eluation der nahezu unpolaren Stoffe erfolgte mit Schwefelkohlenstoff. Dieses damals neue Verfahren erbrachte ausgezeichnete Gaschromatogramme und Informationen, die bislang nicht übertroffen wurden.

Ein zweites Beispiel betrifft die Anreicherung bei Boden/Luftuntersuchungen, insbesondere mit dem Ziel, die Ausbreitung von Vergaserkraftstoffen zu verfolgen [14]. Mit Prüfröhrchen, auch als Gasspürgeräte oder Gastester im Handel, verbindet man die Anreicherung mit einem qualitativ-halbquantitativen Nachweis. Diese Schnellmethode ist auf Fälle beschränkt, bei denen sich leicht flüchtige VK im Untergrund und im ungesättigten, belüfteten Porenraum ausbreiten können und die Gasphasenzone – s. Abb. 2.14 – eingegrenzt werden soll. Bei Kerosin und Mitteldestillaten sind nur im Bereich des

132   4 Extraktion/Anreicherung

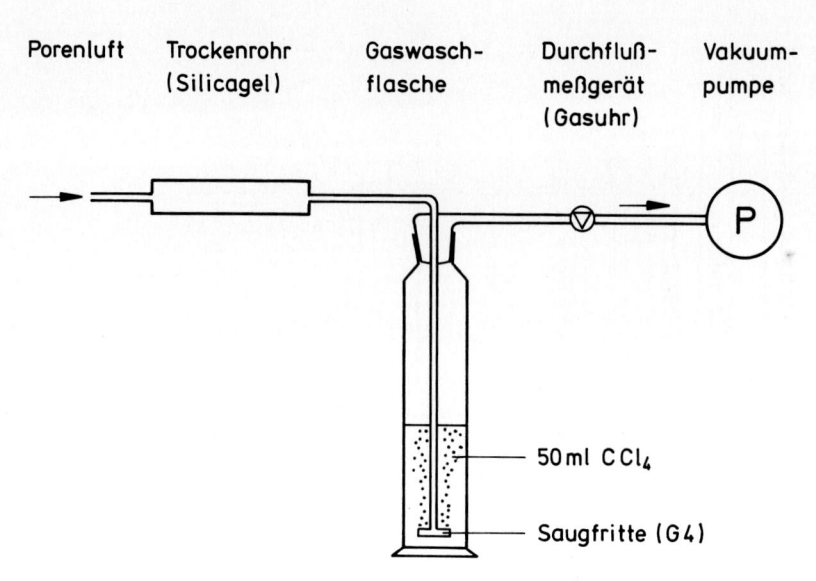

Porenluft   **Trockenrohr**   **Gaswasch-**   **Durchfluß-**   **Vakuum-**
              (Silicagel)   flasche   meßgerät   pumpe
                                                (Gasuhr)

— 50 ml CCl$_4$

— Saugfritte (G 4)

Abb. 4.4: Versuchsaufbau zur Anreicherung von Kohlenwasserstoffen aus (Boden-)Luftproben durch Absorption in organischen Lösungsmitteln.

Ölkörpers (Abb. 2.13) positive Anzeigen möglich. Für die nachfolgenden Analysen im Labor sind auch Gasmäuse verwandt worden.

In einer weiteren Variante zur Luftprobenuntersuchung bietet sich die Absorption in CCl$_4$ an. Man saugt das Luftgemisch durch eine mit CCl$_4$ gefüllte Flasche – Abb. 4.4 –, wobei das durchgesetzte Volumen (ohne die absorbierten Anteile) mit einer Gasuhr oder einem Strömungsmeßgerät ermittelt wird. Die quantitative KW-Bestimmung ist problemlos über die IR-Spektroskopie möglich, während bei der Gaschromatographie dadurch Verluste an leichtsiedenden Komponenten unvermeidlich sind, daß man den CCl$_4$-Extrakt konzentriert, oder gar in n-Hexan umlöst.

Die Nachweisgrenze für die Bestimmung von KW mittels dieser Methode hängt vom durchgesaugten Gasvolumen ab. Bei der Extraktion von ca. 20 l Luft können noch KW-Konzentrationen unter 100 Vol-ppm gemessen werden. Da die leichtflüchtigen Stoffe zum Teil verlorengehen und schwerflüchtige sich bereits im Trockenrohr niederschlagen können, ist diese Variante nur halbquantitativ. Die in Abb. 3.53 vermessenen KW wurden auf diesem Wege gewonnen.

4.3 Feststoffe

Die seit dem Jahre 1981 vorliegende DIN 38409 Teil 18 befaßt sich lediglich mit Wasserproben. Die analoge Vorschrift für Feststoffe ist insofern überfällig. Doch wirft nicht gerade diese zeitliche Verzögerung ein Licht auf die Schwierigkeit, allen Einzelfällen der Praxis mit einer Vorschrift gerecht zu werden? Denn: so scharf definiert die Wasserphase ist, so vielgestaltig ist auf der anderen Seite die Matrix Feststoff. In diesem Zusammenhang sind zu nennen:

- Aquatische Sedimente, sandig bis tonig/bindig (schlammig),
- Schwebstoffe einschließlich Algen, Detritus, Zooplankton,
- Klärschlämme verschiedener Herkunft,
- Böden (Oberfläche): sandig bis bindig,
- Untergrund: Kiese, Steine, Lehm, Mergel usw.

Die Ölkontamination kommt gleichfalls in sehr unterschiedlichen Erscheinungsformen daher:

- Adsorbiert in aquatischen Sedimenten,
- Inkorporiert in aquatischen Organismen,
- Öl in Poren und Zwickeln von Sanden auf der Erdoberfläche und im Untergrund,
- Ölklumpen auf Steinen und im Gemisch, als braun-schwarze inhomogene sandige Brocken,
- Teerrückstände,
- Bitumenbeläge,
- In Form leichtflüchtiger VK, verharzter Öle usw.

Immer wieder kommt es selbst in den scharf überwachten Bundeswasserstraßen zu Unfällen mit Mineralölprodukten, deren Zusammensetzung zunächst Rätsel aufgibt [15].

Eine einzige Norm (oder auch Vorschrift nach etwa [16]) für alle diese und weitere Fälle ist sicherlich utopisch und praxisfremd. Nicht weniger die Absicht, eine exakte und stets zutreffende Vorgehensweise als Monographie zu konzipieren.

Als wichtiger Gesichtspunkt, der auch die Art und Weise der Extraktion mitbestimmen sollte, kommt das Ziel im Sinne des Eingangsmottos von Abschnitt 3.5 hinzu. Neben den jeweiligen speziellen Zielen der Praxis stehen die der anwendbaren, wenn auch (noch) nicht angewandten Forschung, die wir hier nicht übergehen wollen. Ziel der Analytik von rein optisch nicht belasteten aquatischen Sedimenten ist wohl in der Mehrzahl der Fälle die KW-Bestimmung und sonst nichts. Bei Schadensölen in Böden wie auf und an Gewässern kann zusätzlich die Untersuchung der Alterungsprodukte bzw. deren Anteil (Abb. 2.8 und Abschnitt 5.2) gefragt sein. Diese Aufgaben wiederum lassen sich nicht mit Freon als Lösungsmittel befriedigend lösen, wie u. a. in [17] aus der Praxis heraus moniert wird. Richtig ist zudem, daß die Ziele der Analytik ebenso wie die Definitionen vorab klar formuliert sein müssen.

Das eigentliche Ziel der Analyse kann besonders leicht dadurch verfehlt werden, daß man dem Analytiker die Proben ins Labor liefert, ohne daß dieser sich ein Bild von der Probennahmestelle, die ja häufig eine Schadensstelle ist, machen kann. Der Verfasser ist dankbar, daß er manche Problemfälle gemeinsam mit erfahrenen Hydrogeologen vor Ort angehen durfte.

Anstelle einer weitgefaßten Apologetik zur KW-Extraktion seien hier lediglich einige Fälle skizziert:

- Einen relativ trockenen aber kontaminierten Sand, in dem keine Ölalterungsprodukte zu untersuchen sind, kann man mit Freon und unter Zusatz von wenig Na_2SO_4 im batch- oder Soxhlet-Verfahren extrahieren.

- Nasse Steine und Sand mit Ölüberzug spült man zunächst mit Aceton, anschließend mit Freon oder $CHCl_3$ ab und vereinigt die Lösungsmittelextrakte.
- Klebrige, mit Sand vermischte Ölklumpen, in denen Alterungsprodukte zu erfassen sind, werden mit Aceton, nachfolgend mit $CHCl_3$ behandelt.
- Gefriergetrocknete aquatische Sedimente oder Schwebstoffe können dann mit Freon (batch oder Soxhlet) ausgezogen werden, wenn Alterungsprodukte neben Teerölen keine Rolle spielen. Nasse Proben werden, wie oben angegeben, mit Aceton vorextrahiert.
- Teeröle und Bitumenrückstände, desgleichen gealterte Rohöle (Strandproben) lösen sich am besten in warmen $CHCl_3$, doch kann dies einige Zeit dauern.

Für die Extraktion im batch-Verfahren (Erlenmeyer-Kolben/Magnetrührer) gilt nach dem MWG im Gleichgewicht:

$$A = \frac{V_L \cdot 100}{V_L + k \cdot M} \quad \text{wobei} \quad k = \frac{c_F}{c_L} \tag{4-2}$$

A = Ausbeute in %
V_L = Extraktionsmittel in l
M = Feststoff-Einwaage in kg
k = Verteilungskoeffizient in l/kg
c_F = Stoffkonzentration im Feststoff nach Einstellung des Gleichgewichtes in mg/kg
c_L = Stoffkonzentration im Extraktionsmittel nach Gleichgewichtseinstellung in mg/l

Mit dieser Gleichung kann man, wie schon bei der Extraktion von Wasserproben, die Ausbeute bei verschiedenen Lösungsmittelvolumina ermitteln und zugleich die Reproduzierbarkeit der Anordnung. Überdies erhält man den Zahlenwert für den Verteilungskoeffizienten des Systems, und ist über diesen in der Lage, das optimale Extraktionsmedium zu finden.

Literatur zu Kap. 4

[1] Beyermann, K.: Organische Spurenanalyse. Georg Thieme Verlag, Stuttgart 1982
[2] Hellmann, H.: Kann Tetrachlorkohlenstoff bei der Kohlenwasserstoff-Analyse durch Trichlortrifluorethan ersetzt werden? Fresenius Z. Anal. Chem 299, 202–205 (1979)
[3] Hellmann, H.: Möglichkeiten und Grenzen der IR-Spektroskopie bei der Bestimmung von Mineralölen und Treibstoffen in Oberflächengewässern. Deutsche Gewässerkundl. Mitt. 13, 19–24 (1969)
[4] Bundesgesetzblatt Teil I Z 5702 A, Bonn 16. Mai 1991. Nr. 30, § 1 (3)
[5] Gjavotchanoff, S.: Methoden zur Anreicherung von Spurenstoffen aus Fluß- und Abwasser. Sonderheft Deutsche Gewässerkundl. Mitt., 83–91 (1973)
[6] Lönz, P., Lange T., und Belouschek, P.: Bestimmung des Kohlenwasserstoff-Index durch Kombination von SFE (Supercritical Fluid Extraction) und IR-Spektroskopie. Jahrestagung Fachgruppe Wasserchemie 19. 5. 1993 Badenweiler. Kurzfassung Tagungsunterlagen.
[7] Wenclawiak, B.W. und Paschke, T.: Überkritische Fluid-Extraktion – Möglichkeiten und Trends. Nachr. Chem. Techn. Lab. 41 (7/8), 806–809 (1993)

[8] Ripp, C. und Sauer, J.: Summarische Bestimmung von Kohlenwasserstoffen unter Verzicht auf Freon – eine Alternative zur DIN 38409 Teil 18. Jahrestagung Fachgruppe Wasserchemie 19. 5. 1993 Badenweiler. Kurzfassung Tagungsunterlagen
[9] Hein, H. und Kunze, W.: Umweltanalytik mit Spektrometrie und Chromatographie. VCH Verlagsgesellschaft, Weinheim 1994. Kap. 8.3.5 sowie Lieferfirmen
[10] Grob, K. und Grob, G.: Organische Stoffe in Zürichs Wasser. Neue Zürcher Zeitung vom 10. 9. 1973, Beilage Forschung und Technik, 23–26
[11] Grob, K. und Grob G.: Die Verunreinigung der Zürcher Luft durch organische Stoffe, insbesondere Autobenzin. Neue Zürcher Zeitung vom 7. 8. 1972, Beilage Forschung und Technik, 15–18
[12] Grob, K. und Grob, G.: Gas-Liquid Chromatographic-Mass Spectrometric Investigation of C_8–C_{20} Organic Compounds in an Urban Atmosphere. An Application of an Ultra Trace Analysis on Capillary Columns. J. Chromat. 62, 1–6 (1971)
[13] Hellmann, H.: Organische Spurenstoffe im Dreiphasensystem Wasser-Schwebstoff-Luft; eine Einführung. Vom Wasser 69, 11–22 (1987)
[14] Umweltbundesamt (Hrsg.): Beurteilung und Behandlung von Mineralölschadensfällen im Hinblick auf den Grundwasserschutz. Teil 3 Analytik. Berlin 1979
[15] NN: Öl klebte am Ufer. Rhein-Zeitung Koblenz vom 6. 12. 1993
[16] Landesamt für Wasserwirtschaft Rheinland-Pfalz: Hinweise zur Bestimmung von Mineralöl in Böden. Anlage zum Schreiben vom 7. 9. 1988, Nr. 5/2a-2.03.00 – 1789/88
[17] Menz, D.: Kohlenwasserstoff-Gehalt in Böden bestimmen. Chem. Rundschau 45, 7–8 (1993)
[18] Green, D.R. und Le Pape, D.: Stability of Hydrocarbon Samples on Solid Phase – Extraction Columns. Anal. Chem. 59, 699–703 (1987)
[19] Figge, K., Rabel, E. und Wiek, A.: Adsorptionsmittel zur Anreicherung von organischen Luftinhaltsstoffen: Experimentelle Bestimmung von spezifischen Retentions- und Durchbruchsvolumina. Fresenius Z. Anal. Chem 327, 261–278 (1987)
[20] Lohleit, M., Hillmann, R. und Bächmann, K.: The use of supercritical-fluid-extraction in environmental analysis. Fresenius Z. Anal. Chem. 339, 470–474 (1991)
[21] Engelhardt, H.: Chromatographie und Extraktion mit überkritischen Phasen. Nachr. Chem. Techn. Lab. 42 (4), 374–375 (1994)
[22] Lohleit, M. und Bächmann, K.: Potential of supercritical fluid chromatography and supercritical fluid extraction in atmospheric chemistry. Fresenius Z. Anal. Chem. 333, 717–718 (1989)
[23] Röper, J. und Kochen, W.: Detection of volatile hydrocarbons in human breath by megabore capillary gas chromatography in the low ppb range. Fresenius Z. Anal. Chem. 333, 747 (1989)

5 Clean up-Verfahren

Die Extraktion bzw. Anreicherung von Kohlenwasserstoffen nach Kap. 4 greift in die chemische Zusammensetzung des Probengutes ein. Zugleich aber entscheidet die Wahl des Lösungsmittels über die Zusammensetzung des Extraktes.

Geht es z.B. allein um die quantitative Bestimmung der KW von Mineralölprodukten, so wird man – vorbehaltlich der in Abschnitt 4.3 erwähnten Sondersituationen (ölverschmierte Sande und Steine etc.) ein möglichst unpolares Lösungsmittel wie Freon oder CCl_4 nehmen, um den Anteil der Nicht-KW im Extrakt möglichst gering zu halten (Fall I). Will man jedoch hauptsächlich KW-Fraktionen isolieren und identifizieren, deren Anteil an der Gesamt-Extraktmenge ermitteln, Stoffgruppen im Detail analysieren oder die Ölalterung untersuchen (Fall II), so wird man ein polares Lösungsmittel einsetzen, etwa $CHCl_3$ und/oder Aceton. Das Clean up dient in der Folge dazu, die unerwünschten Begleitstoffe abzutrennen und, von Fall zu Fall, das KW-Gemisch in Fraktionen oder Teilfraktionen aufzuspalten.

5.1 Säulenchromatographie

5.1.1 Quantitative KW-Bestimmung

Soweit wir sehen, konzentrierte sich die Umweltanalytik von KW in den 60er und 70er Jahren nahezu ausschließlich auf die quantitative Bestimmung von Mineralölprodukten in Wasser und Boden, und weniger um die Auftrennung von Ölgemischen. Da außerdem die Bestimmungsgrenze (<0.1 mg/l) für Wasser vergleichsweise hoch angesetzt war, spielte auch die Frage der biogenen KW keine oder nur eine untergeordnete Rolle.

Die in diesem Zeitraum durchgeführten, sehr umfangreichen Ringversuche zur Vorbereitung einer Norm gingen von verschiedenen Mineralölprodukten wie Dieselkraftstoff, Petroleum, Maschinenölraffinat, Benzolwaschöl (Teeröl) und Spindelöl u.a. aus, denen fallweise Fettalkohole, Fettsäureester oder Spermöl als polare Verbindungen zugesetzt worden waren. Dabei wurden auch die verschiedenen Adsorbentien wie Al_2O_3, Kieselgel und Florisil getestet, und zwar sowohl im batch-Verfahren wie über die Säulenchromatographie (SC). Obwohl sich bereits in [1] die Kombination $SC/Al_2O_3/CCl_4$ als am besten geeignet erwiesen hatte, wurde in der Norm statt Al_2O_3 das Florisil und statt der SC das batch-Verfahren aufgenommen (Verfahren 4, Bestimmung von Ölen und Fetten H 17/18, 6. Lieferung 1971).

Solange die Öl-Konzentrationen relativ hoch, d. h. bei Wasserproben >0.1 mg/l angesetzt waren, konnte der Plusfehler durch mitbestimmte polare, in der Regel farblose Stoffe vernachlässigt werden. Nicht erst nach Absenkung des Grenzwertes auf 0.01 mg/l in der Trinkwasserverordnung 1990 genügte diese Methode den Ansprüchen nicht mehr. Im Entwurf einer Norm Ende 1970 wurde eine Glassäule, ca. 25 cm lang mit einem Innendurchmesser von 6 mm sowie Al_2O_3 als Adsorbens vorgeschlagen. Die den Extrakt enthaltende Lösung wird darüber filtriert, wobei weder nachgewaschen noch aufgefüllt werden darf. Dies wurde (experimentell) damit begründet, daß mit dem Lösungsmittelanteil ein zugehöriger KW-Anteil auf der Säule verbleibt.

Kurz vor der Fertigstellung dieses Entwurfes kam die Anordnung vom Normenausschuß, das CCl_4 durch das 1,1,2-Trichlortrifluorethan (Freon) zu ersetzen. Die sehr knapp bemessene Zeit ließ Ringversuche nicht mehr zu, die DIN 38409 Teil 18 ersetzte als 19. Lieferung 1981 das o. g. Verfahren 4, und damit waren gewisse Schwierigkeiten, auf die schon im Abschnitt 4.1 aufmerksam gemacht wurde, vorprogrammiert [2, 3].

Das Freon wirkt zwar unpolarer als das CCl_4, was bei der Extraktion von MÖP aus Wasserproben nur vorteilhaft sein kann – es bedeutet weniger Fremdstoffe im Extrakt. Nachteilig ist neben der hohen Flüchtigkeit aber die schleppende Eluation von Mineralölaromaten bei der SC, von den PAK ganz zu schweigen. Auf Dünnschichten von Al_2O_3 läßt sich das prinzipiell unterschiedliche Verhalten von CCl_4 und Freon gegenüber den KW verfolgen – Abb. 5.1.

Die mit den angegebenen Fließmitteln entwickelten Dünnschichtplatten sind erst nach dem Besprühen mit Rhodamin-B-Lösung (0.03%ig in H_2O) visuell auswertbar. Die Alkane an der Laufmittelfront erscheinen dabei mit hellgelber Färbung, während die Aromaten je nach Anzahl der kondensierten Kerne schwach bis intensiv rot gefärbt sind. Bei Fluoreszenz im UV-Kabinett (Anregung 254 oder besser 365 nm) ist der Effekt noch ausdrucksstärker. In der Abb. 5.1 (B) ist die relativ große Kopfzone der Proben-Nr. 517 ein sicheres Kennzeichen für das Vorherrschen der Alkane gegenüber den Aromaten. Davon abgesehen ist hier die aufgetragene Stoffmenge mit ca. 15 μg um den Faktor 2–3 größer, als bei den Proben-Nummern 514–516. Die typische Ausprägung eines derart angefärbten Chromatogramms ist in der Hand eines erfahrenen Analytikers also ein sehr wertvoller fingerprint zur Vorabschätzung der Probenzusammensetzung.

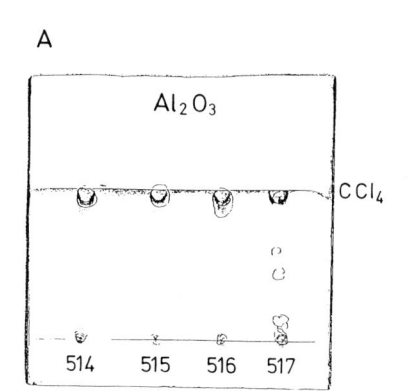

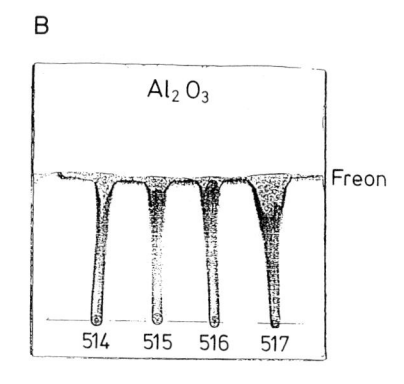

Abb. 5.1: Chromatographisches Verhalten von Mineralölkohlenwasserstoffen auf Aluminiumoxid-Dünnschichten gegenüber CCl_4 (A) und Freon (B) als Laufmittel. 514–517 = Probennummern. Sichtbarmachung der Flecken durch Ansprühen mit Rhodamin B (0,03% in H_2O).

Während das CCl$_4$ die Alkane und Aromaten als geschlossenen Block gemeinsam an der Laufmittelfront aufwärts führt, nimmt das Freon nur die Alkane mit. Die Aromaten werden dann je nach Ringzahl, Alkylkettenlänge und -verzweigung sowie Moleklargewicht (vgl. Abschnitt 3.4) bei unterschiedlichen R_f-Werten abgelegt. Auf die Säule übertragen bedeutet dies, daß der Prozentsatz der auf dem Al$_2$O$_3$ verbleibenden Aromaten unsicher ist, und vom Öltyp sowie der Adsorbensmenge abhängt – Abb. 5.2. Nach Abb. 5.3 kann man eine Relation zur chemischen Natur der Strukturgruppen erkennen.

Im batch-Verfahren läßt sich der Verlust anscheinend weitgehend vermeiden – Abb. 5.4, doch riskiert man dann eine vermehrte Miterfassung von polaren Stoffen. Verzichtet man bei der KW-Bestimmung in Wasserproben trotzdem nicht auf Freon (Norm-

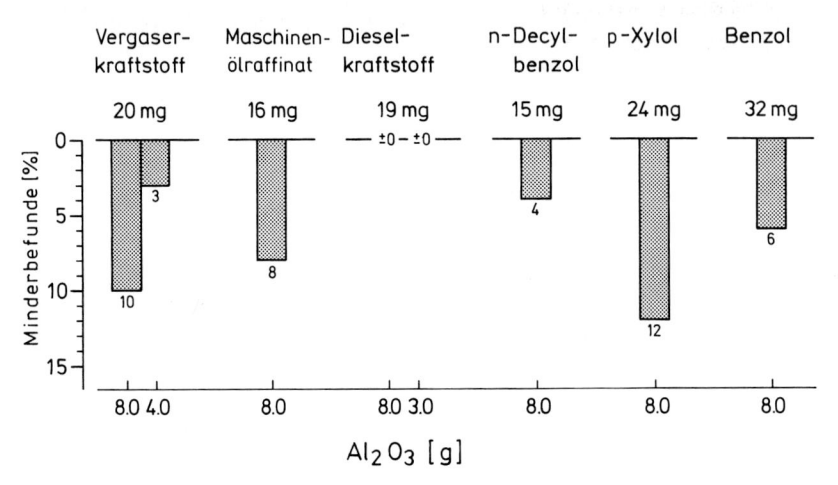

Abb. 5.2: Verhalten von Minteralölprodukten und Einzelkohlenwasserstoffen bei der Chromatographie mit Freon (V_L = 50 ml) auf Aluminiumoxid-Säulen.

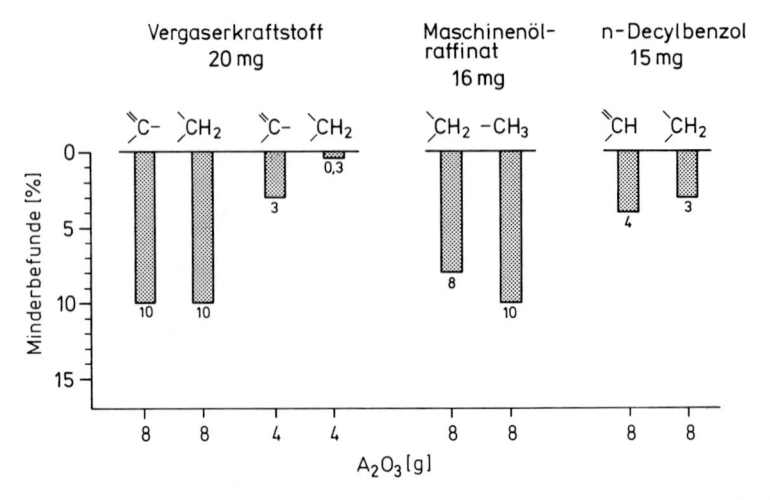

Abb. 5.3: Verlust einzelner „Strukturgruppen" bei der Chromatographie auf Al$_2$O$_3$-Säulen gemäß Abb. 5.2 mit Freon (V_L = 50 ml).

konform), so sollte man doch dessen Flüchtigkeit im geschlossenen System nach Abb. 5.5 in Grenzen halten.

Mit Freon als Lösungsmittel – etwas abgemildert auch mit CCl_4 – treten bei der Analyse von rezenten Sedimenten, Schwebstoffen und Schlämmen zahlreiche Probleme auf. Bei background-Werten von < 100 mg/kg werden etwa vorhandene Mineralölspuren mit Plusfehlern gefunden. Dann nämlich, wenn dies nicht durch den Verlust an Aromaten kompensiert wird. Insofern ist jede KW-Bestimmung in diesem Konzentrationsbereich problematisch, sofern nicht detaillierte Untersuchungen nachfolgen (Abschnitt 7.1).

Adsorption im batch-Verfahren

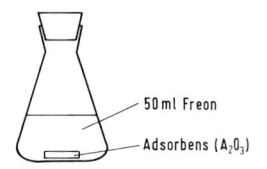

	Adsorbens	Rührzeit	Verlust
Vergaserkraftstoff 21 mg	1.0 g	10 min	± 0
	3.0 g	10 min	± 0
	6.0 g	10 min	± 0
	6.0 g	30 min	± 0
Dieselkraftstoff 19 mg	3.0 g	5 min	± 0
	3.0 g	60 min	± 0

Abb. 5.4: Verhalten zweier Mineralölprodukte gegenüber Al_2O_3/Freon im batch-Verfahren.

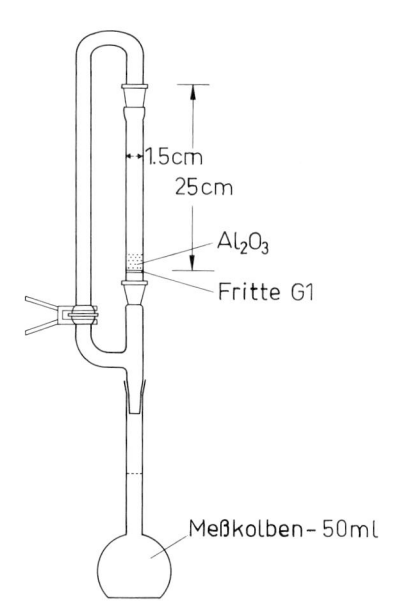

Abb. 5.5: Apparatur zur Säulenchromatographie mit Freon (Abtrennung der Nicht-Kohlenwasserstoffe) im geschlossenen System nach der Norm.

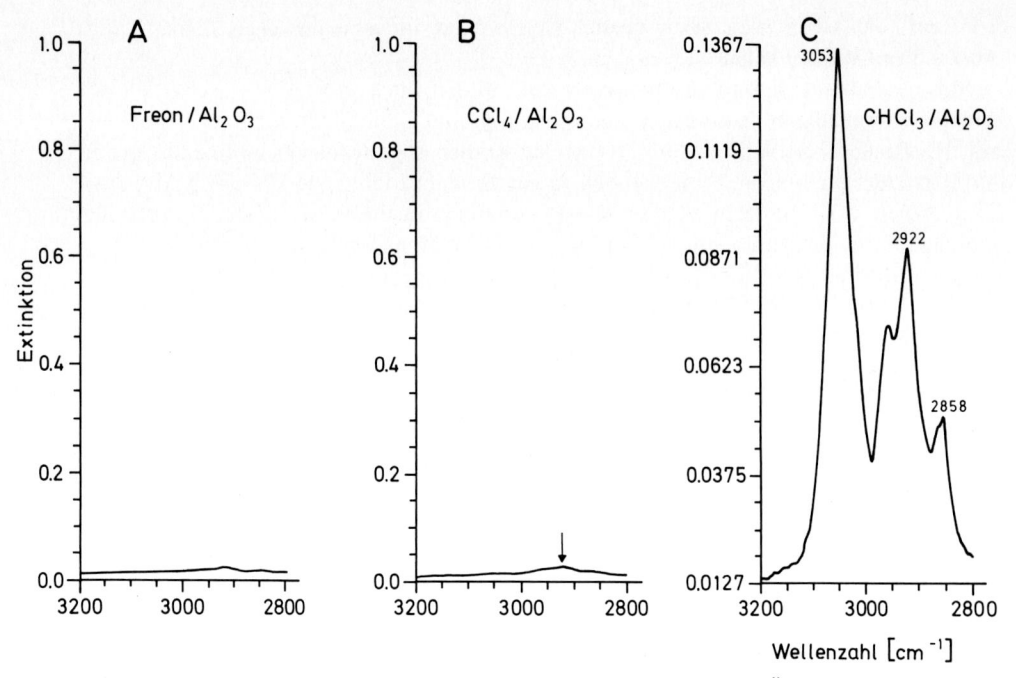

Abb. 5.6: IR-Chromatogramme der Filtrate von PAK und PAK-reichen Ölen (Teerölen) nach der Eluation von Al_2O_3-Säulen sowie mit verschiedenen Laufmitteln, (A) Freon, (B) (CCl_4) und (C) $CHCl_3$. Trotz der unterschiedlichen Ordinatendehnung um den Faktor 7,3 von (A) und (B) zu (C) ist zu erkennen, daß die Aromatenbande bei 3053 cm^{-1} in (A) und (B) fehlt.

PAK können zwar an Al_2O_3 angereichert, aber nur mit $CHCl_3$ wieder eluiert werden. Bei der Bestimmung von Teerölen in Bodenproben z. B. zeigt Abb. 5.6, daß man weder mit Freon noch mit CCl_4 im Filtrat die Aromaten wiederfindet. Das $CHCl_3$ dagegen verdrängt die PAK quantitativ von der Säule. Für die Bestimmung des Teeröls über IR muß man dann den Extrakt entweder in Freon oder CCl_4 umlösen. Bei der quantitativen Auswertung geht man am besten von der CH-Gruppe bei 3053 cm^{-1} aus, wobei zu beachten ist, daß deren spektrales Absorptionsmaß (Extinktionskoeffizient) nach unseren empirischen Messungen nur 10% desjenigen der CH_2-Gruppe bei 2925 cm^{-1} beträgt. Es ist in dieser Stoffgruppe allerdings nicht identisch mit den Zahlenwerten der Tab. 3.2.

5.1.2 Gruppentrennung

In Abschnitt 3.1 wurde beschrieben, warum man IR-Übersichtsspektren einen größeren Aussagewert abgewinnen kann, wenn man vorher definierte Fraktionen (Molekülarten) wie Paraffine und Aromaten isoliert. Das gleiche gilt für die Gaschromatographie (Abschnitt 3.5), die Massenspektren, nicht unbedingt jedoch für die UV- und Fluoreszenzspektren. Von einigem analytischem Wert kann mitunter zudem das bekannte Massenverhältnis von Alkanen zu Aromaten in der Probe sein – Beispiele findet man in Tab. 1.6 und 1.7.

In der *Mineralölindustrie* [4] wird die SC u. a. zur Auftrennung unlegierter Mineralölprodukte (auch Rohöle) eingesetzt, z. B. mit Kieselgel in Alkane/Alkene, Aromaten und Harze. Die so gewonnenen Aromatenfraktionen werden sodann weiter selektiv über Al_2O_3-Säulen getrennt. Man stützt sich im ersten Fall auf Trimethylpentan als Elutionsmittel für die Alkane, Benzol für die Aromaten und Isopropylalkohol für die Eluation der Harze. Ferner dient die SC dort zur Abtrennung der Hauptkomponenten von speziellen Ölen, u. a. von den Zusätzen in Schmierölen (Abschnitt 1.1), in den Isolierölen von Harzen und Polymeren nebst Polyisobutylen-Zusätzen. Sie dient im Verwendungsbereich seifenhaltiger Schmierfette zur Abtrennung des Öles (auch des Siliconöles oder Esteröles) von der Seifenkomponente, und schließlich zur Eliminierung von Additiven (diese allerdings besser über die Dünnschichtchromatographie), zur Ermittlung des Alterungsgrades gebrauchter Öle über die Harzfraktion und zur Trennung komplizierter Fettsäuregemische.

In der *Umweltanalytik* decken sich die Aufgaben nicht unbedingt mit denen der (reinen) Mineralölanalytik respektive Mineralölindustrie. Vor allem überlagern in Umweltextrakten die nicht-mineralölbürtigen Verbindungen mit mehr oder weniger hohem Prozentsatz die Mineralölkomponenten. Der Forderung zur Trennung von KW-Fraktionen (wie in der MÖ-Analytik) gesellen sich hier noch zwei weitere Aufgaben hinzu: die Berücksichtigung biogener Alkane und „Aromaten" und die verstärkte Problematik, polare Stoffgruppen abzutrennen und gegebenenfalls zu isolieren. Die soeben erwähnte Abtrennung von Additiven, Polymeren und anderen Zusätzen jedoch tritt in den allermeisten Fällen gegenüber jenen Aufgaben in den Hintergrund.

5.1.3 Systematik bei Umweltproben

Die SC über Kieselgel kann nützlich sein, wenn KW aus einem Überschuß von polaren Verbindungen, unabhängig von deren Herkunft, separiert werden müssen. Die differenzierende Chromatographie folgt dann nach [4] an Al_2O_3 oder über die Dünnschichtchromatographie (DC). Eine Kombination von Al_2O_3 (oben auf der Säule) und SiO_2 (unten) zur Auftrennung von Rohölen, Sediment- und Luftstaub-Extrakten ist ebenso erprobt worden [5]. Mittels Pentan eluierte man die Alkane, die Aromaten sodann etwas grob, nach der Anzahl der kondensierten Kerne gestaffelt, mit Pentan + 10 % Benzol, Pentan + 20 % Benzol und 100 % Benzol. Andere Arbeiten empfehlen zunächst die Isolierung von Alkanen und Aromaten über Sephadex LH-20, u. a. für die gravimetrische Bestimmung [6, 7]. Simultan geht man wie in [5] auf eine Säule (Kombination Al_2O_3 und SiO_2) über und gewinnt mit Cyclohexan die Alkane/Alkene, mit CH_2Cl_2 die Aromaten, und bei Bedarf mit Methanol die polaren Stoffe (Reste).

In Sedimenten und in aquatischen Schlämmen wie Klärschlämmen anaerober Natur, wie übrigens auch in ursprünglich frischen Proben, die unter Luftabschluß einige Zeit gestanden haben, stößt man immer auf erhebliche Mengen an Schwefel, die mit aktiviertem Cu-Pulver auf der Säule als CuS fixiert werden müssen. Manche Autoren bevorzugen das Cu-Pulver am oberen, andere am unteren Ende der Säule. Da nun Alkylbenzole in der Fachliteratur gelegentlich als Indikator für MÖP angesehen werden (besonders Abschnitt 1.4), sei auf eine Beobachtung verwiesen, nach welcher „Alkylbenzole jeder Art durch Anwesenheit von Cu (zur Entfernung des Schwefels aus den Extrakten) synthetisiert werden" [8], s. hierzu Abb. 1.15. Auch wenn wir keine zweite Quelle als Bestätigung zur Hand haben, scheint uns dieser Hinweis generell bezüglich möglicher Reaktionen und Umlagerungen bei Clean up-Operationen wichtig. Z. B. wurden vom Verfasser zu Beginn seiner Analyse von Sedimenten gelbe und rote Verbindungen entdeckt [9, Abb. 5], die sich später als Kondensationsprodukte von Aceton oder Acetylaceton auf Al_2O_3-Säulen erwiesen.

Auf die mögliche Zersetzung von höher kondensierten PAK bei der Gaschromatographie wurde bereits aufmerksam gemacht (s. Abb. 3.49 und 3.50). Ähnliches scheint bei der Verwendung von CH_2Cl_2 in der HPLC (Zersetzung von Benz(a)pyren) gelegentlich vorzukommen.

5.2 Dünnschichtchromatographie

Vergegenwärtigt man sich die Aufgaben der Säulenchromatographie in der KW-Analytik, u. a. diese:

– Isolierung der Kohlenwasserstoffe unter Abtrennung aller anderen Verbindungen,
– Auftrennung dieser gesamten KW-Gruppe in einzelne Stoffgruppen (Fraktionen),
– weitere Auftrennung der Fraktionen in Teilfraktionen (n-, iso-Alkane; Alkylbenzole, Alkylnaphthaline, Dreikern-Aromaten ...),
– Gewinnung von Ölalterungsprodukten (Öladditiven ...),

so stellt sich die Frage, wozu man dann noch die Dünnschichtchromatographie (DC) benötigt.

Wie die Norm 48409 Teil 18 dokumentiert, ist die *SC* unentbehrlich für die *quantitative Bestimmung von KW* und deren Gruppen in *Lösung*. Sie dient zur *Vorabtrennung* größerer Mengen an Stör- und Ballaststoffen und zur *Gewinnung präparativer Mengen* von KW-Fraktionen. In diesen Punkten ist sie der DC überlegen: die Kapazität der Dünnschichten in der Standardausführung ist meist für Mengen von mehr als 2 bis 5 mg nicht ausgelegt, und die DC erfordert in der Regel einige Handgriffe zusätzlich.

Mit Ausnahme der quantitativen KW-Bestimmung nach der Norm oder nach vergleichbarem Modus über die SC allein, wird die SC häufig im Verbund mit der DC eingesetzt, wobei die SC den Part der Vorabtrennung unerwünschter besonders polarer Stoffe übernimmt, und hernach die DC die Feinarbeiten an den unpolaren Stoffen.

Die Vorteile und Eigenarten der DC sind in [10] zusammengefaßt; sie sollen hier nicht im Detail wiederholt werden. Im Vergleich zur SC ist sie flexibler, rascher, weniger störungsanfällig und visuell kontrollierbar. Die käuflichen DC-Fertigplatten sind überdies von stets gleicher Qualität und ermöglichen daher reproduzierbares Arbeiten.

Ein Autor der Mineralölbranche zitiert in [1] nicht weniger als 158 Publikationen, darunter 104 allein im Zusammenhang mit der DC-Mineralölanalyse.

Nach ihm ist die Dünnschichtchromatographie in erster Linie ein *qualitatives Verfahren*. Aufgaben der Dünnschichtchromatographie sind:

– Trennung von Stoffgruppen
– Isolierung von Einzelverbindungen und Stoffgruppen
– Nachweis und Bestimmung von Stoffen nach Derivatisierung auf der Adsorberschicht.

5.2.1 Anwendung in der Umweltanalytik

In den meisten Fällen steht die Gewinnung der Alkane und Aromaten im Vordergrund. Nach Abb. 5.7 sind diese über eine zweistufige Chromatographie auf Kieselgelplatten zugänglich. Bei einer Steighöhe von 10 cm (auch 5 cm genügen auf Platten des Formats 10 × 10 cm) in einer an Laufmittel ungesättigten Kammer führt das n-Hexan die Alkane an der Front mit und legt sie zwischen 9.5 und 10 cm (R_t = 0.95–1.0) ab. In photoassimilierendem Material bzw. dessen Detritus (terrestrisch oder aquatisch) entdeckt man nicht selten zwischen 9.0 und 9.5 cm (R_t = 0.9–0.95) eine zweite Zone, die man wie die Alkane an der Transparenzänderung der Dünnschicht erkennen kann, und welche ungesättigte Terpenoide oder Stoffe ähnlicher Struktur enthält – s. das Gaschromatogramm in Abb. 3.47. Der in Extrakten aus anaerobem Milieu vorkommende Schwefel wird gleichfalls vom n-Hexan mitgeführt und dicht unter den Alkanen fixiert. Er stört bei sorgfältigem Arbeiten weder die Alkan- noch die Aromatenfraktion, so daß man auf die Entschwefelung mit Kupferpulver verzichten kann.

Mit Benzol oder besser $CHCl_3$ (Polaritätsindex 4.4 nach Snyden, zit. in [10, Tab. 1]), wandern die Aromaten auch hier als schmales Band an der Front. Man plaziert sie in genügendem Abstand von den Alkanen, z.B. bei 8 (4) cm (R_t = 0.8(0.4)). Die beiden schmalen Zonen werden mit einem Spezialspatel abgehoben, in einer Achatschale unter Zusatz von wenig Kieselgelpulver 60 zerkleinert und in einer kleinen Glassäule absteigend mit dem gleichen Fließmittel eluiert [11]. Die Eluate sind dann für weitere Operationen vorbereitet.

Diese Technik funktioniert bis zu einem gewissen Grade selektiv. Zwar können die Alkane noch Hexachlorbenzol und Teile der PCB's enthalten, doch liegen deren Konzentrationen ausnahmslos mehrere Zehnerpotenzen geringer und stören die KW-Analyse nicht. Bei den Aromaten können sich die Individuen der DDT-Gruppe befinden, die gleichfalls hier ohne Relevanz sind.

Nicht übersehen kann man jedoch in den aquatischen Sedimenten belasteter, schiffbarer Flüsse mitunter die Siliconöle, die leicht im IR-Übersichtsspektrum nachgewiesen werden – [11, Abb. 4a–c]. Sofern im Extrakt vorhanden, tauchen hier gleichfalls die in Abb. 3.11 erwähnten biogenen Carbonsäureester auf.

Die IR-Spektroskopie ist bekanntlich zur Identifizierung der Mineralölaromaten wie auch der sonstigen Stoffe in der Fraktion prädestiniert, und nach Meinung des Verfassers

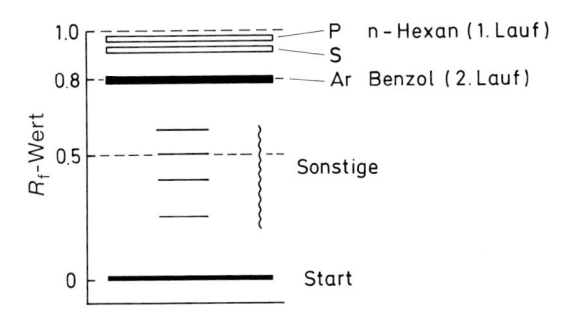

Abb. 5.7: Stoffgruppentrennung auf Kieselgel-Dünnschichten durch zweistufige Chromatographie. 1. Lauf (n-Hexan) Auftrennung von Paraffinen (P) und Schwefel (S). 2. Lauf (Benzol) Abtrennung der Aromaten (Ar) von den restlichen (polaren) Verbindungen.

unentbehrlich. Die Nachweisgrenze liegt bei wenigen Mikrogramm auf dem KBr-Preßling.

Selbst der Aussagewert der bandenarmen Alkan-Spektren ist nicht zu unterschätzen, wie man dem Abschnitt 3.1 und der Abb. 3.7 nebst der Tab. 3.6 entnimmt. Neben den IR-Spektren, bei den meisten Autoren alternativ, werden von den beiden getrennten Fraktionen die Gaschromatogramme angefertigt – s. die zahlreichen Abbildungen des Abschnittes 3.5.

Nach der in [12] detailliert beschriebenen Vorgehensweise läßt sich die Alkanfraktion weiter zerlegen, und zwar in die n-Alkane und den Rest, zumeist die iso-Alkane mit den Cycloalkanen. Man verwendet hierzu Mischdünnschichten aus Kieselgel mit Harnstoff, welche die n-Alkane im Einschluß fixieren, während mit n-Hexan die anderen Stoffe nach oben wandern. In Abb. 3.46 findet man die auf diesem Wege erhaltenen iso-Paraffine eines Mitteldestillats.

Es sei mit Nachdruck darauf hingewiesen, daß vor allem für die spektroskopischen Untersuchungen (IR, UV, Fluoreszenz) eine saubere Trennung der Fraktionen unerläßlich ist, wie sie die Dünnschichtchromatographie möglich macht. Schwefel, der bei den Alkanen mitwandert, verdirbt im IR nicht nur die Basislinie, sondern bei UV- und Fluoreszenzmessungen u. U. das gesamte Spektrum!

Abb. 5.8 führt als Fließschema die Separation der Fraktionen und deren mögliche weitere Untersuchung an, wie sie in den Abschnitten 3.1 bis 3.6 als Ergebnis vorgelegt wurde. So ist die Eluation der Aromatenfraktion vom Adsorbens gemäß Abb. 5.8 modifizierbar: Mit dem Lösungsmittel Cyclohexan erhält man die nach Abschnitt 1.1 typischen Mineralölaromaten, während die mehrkernigen, vielleicht bis auf die alkylierten Anthracene/Phenanthrene, weitgehend auf der Säule zurückbleiben. Diese zurückgehaltenen Aromaten, in Form der PAK der Pyrolyse von MÖP oder den Teerölen entstammend, werden gemeinsam mit Siliconölen erst mit $CHCl_3$ vom Adsorbens abgelöst. Ob Siliconöle vorhanden waren, erkennt man im IR-Spektrum (vergl. Abschnitt 7.3).

Die beiden Teilfraktionen der Aromaten können in einem weiteren Arbeitsgang separat auf Dünnschichten aufgetragen und entwickelt werden. Oder aber man nimmt von ihnen die UV- und Fluoreszenzspektren nach Abschnitt 3.2–3.3 auf.

Komplexe Aromatenfraktionen, d. h. solche, die neben den MÖ-Aromaten nennenswerte Mengen an PAK enthalten, lassen sich nach Abb. 5.9 mit Hexan/Benzol (9:1 Vol)

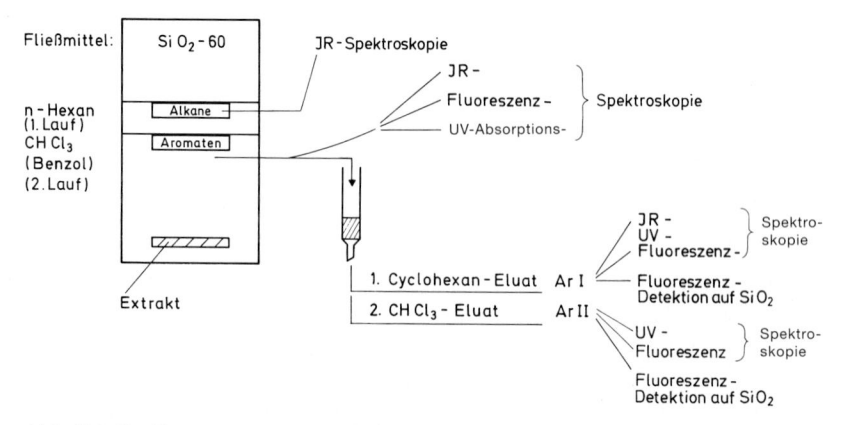

Abb. 5.8: Stoffgruppentrennung auf einer Kieselgel 60-Dünnschicht durch zweistufige Chromatographie wie in Abb. 5.7 und daran anschließende Analysenschritte.

bis zu einem gewissen Ausmaß nach der Anzahl kondensierter Kerne respektive dem Molekulargewicht trennen. Dieser Aspekt wird uns noch im Abschnitt 8.2 über den photochemischen Abbau von MÖP beschäftigen.

Speziell bei dem Studium des Ölabbaus oder der Definition von typischen Matrix-Milieus (Abschnitt 7.2) sind die Mengenanteile unterschiedlich polarer Gruppen gefragt. Abb. 5.10 schlägt ein Arbeitsschema mit Trennstufen auf der Kieselgel-Dünnschicht vor,

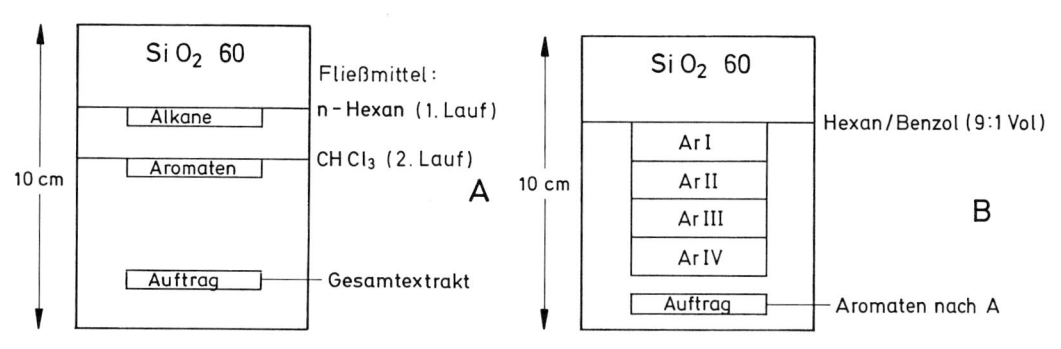

Abb. 5.9: Isolierung der Aromatenfraktion von Mineralölen durch zweistufige Chromatographie wie in Abb. 5.7 und weitere Auftrennung nach Anzahl kondensierter Kerne auf Kieselgel-Dünnschichten. Von Ar I zu Ar IV nehmen Anzahl kondensierter Kerne und Molekulargewichte zu.

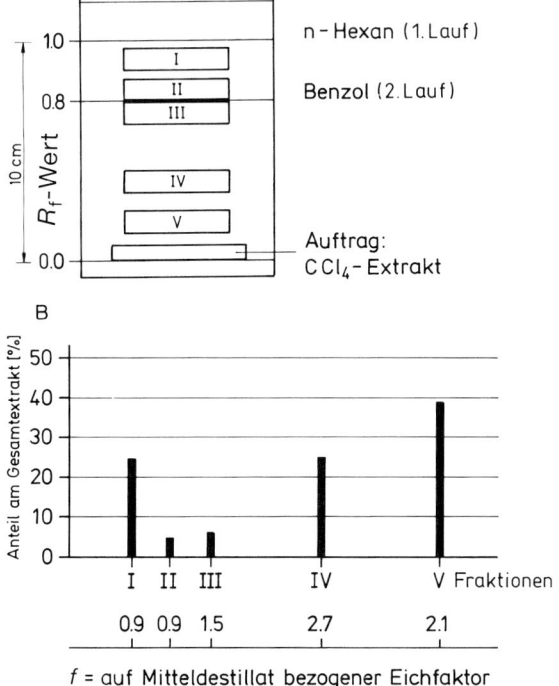

f = auf Mitteldestillat bezogener Eichfaktor in der IR-Spektroskopie

Abb. 5.10: Zweistufige Auftrennung eines Extraktes auf Kieselgel-Dünnschichten nach Stoffgruppen (A) und deren quantitative Bestimmung über IR-Spektroskopie (CH_2/CH_3-Gruppen) (B).

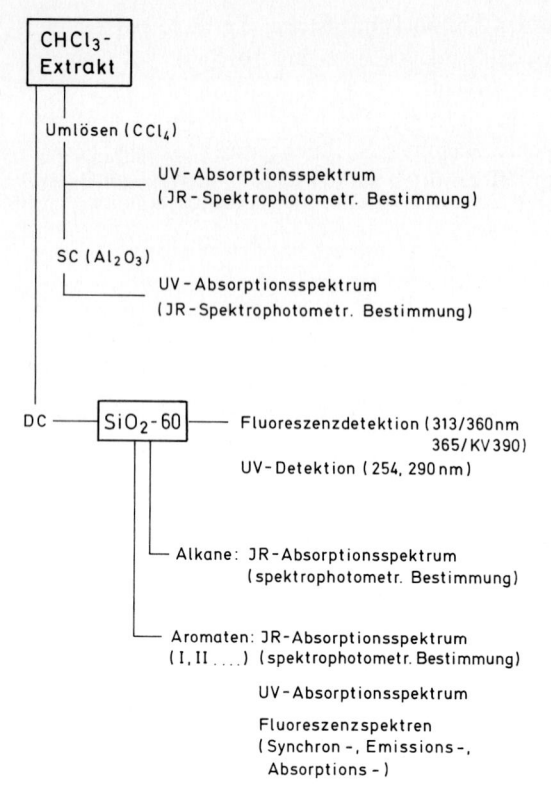

```
CHCl₃-
Extrakt
 │
 ├─ Umlösen (CCl₄)
 │     │
 │     └─ UV-Absorptionsspektrum
 │        (JR-Spektrophotometr. Bestimmung)
 │
 ├─ SC (Al₂O₃)
 │     │
 │     └─ UV-Absorptionsspektrum
 │        (JR-Spektrophotometr. Bestimmung)
 │
 └─ DC ── SiO₂-60 ──┬── Fluoreszenzdetektion (313/360nm
                    │                         365/KV390)
                    │   UV-Detektion (254, 290 nm)
                    │
                    ├── Alkane: JR-Absorptionsspektrum
                    │       (spektrophotometr. Bestimmung)
                    │
                    └── Aromaten: JR-Absorptionsspektrum
                        (I, II ....) (spektrophotometr. Bestimmung)
                        UV-Absorptionsspektrum
                        Fluoreszenzspektren
                        (Synchron-, Emissions-,
                         Absorptions-)
```

Abb. 5.11: Umfassendes Fließschema zur quantitativen Bestimmung und Charakterisierung der Alkan- und Aromatenfraktionen einer Probe durch Kombination verschiedener instrumenteller Verfahren (IR-, UV- und Fluoreszenzspektroskopie).
SC = Säulenchromatographie; DC = Dünnschichtchromatographie; KV = Kantenfilter.

und dokumentiert an einem Beispiel das Ergebnis. Die Mengen der fünf Fraktionen wurden über die Extinktion der CH_2-Gruppe im IR bestimmt, und zwar bei 2925 cm^{-1}. Allerdings müssen die erhaltenen Extinktionen mit unterschiedlichen, empirisch zu ermittelnden, Eichfaktoren f multipliziert werden, um auf den richtigen Wert zu kommen (s. Abschnitt 3.1). Der Eichfaktor berücksichtigt im Beispiel die C=O- und C–O-Molekülteile. Die Grafik in 5.11 schließlich stellt ein umfassendes Fließschema dar, in welchem neben der DC auch die SC integriert wurde.

Abschließend sollte der Hinweis nicht fehlen, daß im Rahmen der KW-Analytik die Kammersättigung beachtet werden muß. Zur Gewinnung von Stoffgruppen wie auch bei der Analyse von PAK auf Dünnschichten, z. B. nach Abb. 3.37, 5.7 bis 5.10 und 6.3 arbeitet man in ungesättigter Kammer. In gesättigter Kammer hingegen ist die Steighöhe der Alkane und Aromaten deutlich geringer. Gleichzeitig wird die u. U. sehr komplexe Fraktion der Aromaten noch weiter auseinander gezogen, als in ungesättigter. Dies kann bei der Fluoreszenzdetektion auf der Adsorberschicht Vorteile bringen. Es ist daher in jedem Einzelfall zu überlegen, welche Version dem angestrebten Ziel am ehesten gerecht wird.

Literatur zu Kap. 5

[1] Rübelt, C.: Aussagekraft der analytischen Methoden zur Mineralölspurenbestimmung in Boden- und Wasserproben. Dissertation, Universität/Medizinische Fakultät, Saarbrücken 1968
[2] Hellmann, H.: Kann Tetrachlorkohlenstoff bei der Kohlenwasserstoff-Analyse durch Trichlortrifluorethan ersetzt werden? Fresenius Z. Anal. Chem. 299, 202–205 (1979)
[3] Hellmann, H.: Anmerkungen zur Bestimmung von Kohlenwasserstoffen nach DIN 38409 Teil 18. Deutsche Gewässerkundl. Mitt. 28, 124–125 (1984)
[4] Kägler, S.H.: Neue Mineralölanalyse. Dr. Alfred Hüthig Verlag, Heidelberg 1987, S. 561 ff
[5] Wakeham, St. G.: Synchronous Fluorescence Spectroscopy and Its Application to Indigenous and Petroleum-Derived Hydrocarbons in Lacustrine Sediments. Environ. Sci. Technol. 11, 272–276 (1977)
[6] Deutsche Gesellschaft für Mineralölwissenschaft und Kohlechemie e.V. (Hrsg.): Leitfaden zur Unterscheidung von biogenen und mineralölbürtigen Kohlenwasserstoffen. DGMK-Projekt 150, Hamburg 1977
[7] Deutsche Gesellschaft für Mineralölwissenschaft und Kohlechemie e.V. (Hrsg.): Art und Herkunft der Kohlenwasserstoffe in Sedimenten des Bodensees. DGMK-Projekt 294, Hamburg 1982
[8] Prof. Dr. Welte, Lehrstuhl für Geologie, Geochemie und Lagerstätten des Erdöls und der Kohle der RWTH Aachen. Schreiben vom 20. 6. 1974 an die Deutsche Forschungsgemeinschaft, dem Verf. vom Autor als Kopie zur Verfügung gestellt.
[9] Hellmann, H.: Ein Beitrag zum Auftreten von Kohlenwasserstoffen natürlicher Herkunft in Gewässern. Deutsche Gewässerkundl. Mitt. 12, 54–60 (1969)
[10] Bauer, K., Gros, L. und Sauer, W.: Dünnschicht-Chromatographie – Eine Einführung. Dr. Alfred Hüthig Verlag, Heidelberg 1989
[11] Hellmann, H.: Kombination Dünnschichtchromatographie/IR Spektroskopie bei der Analyse von Wasser, Abwasser, Schlamm und Abfall – eine Einführung. Fresenius Z. Anal. Chem. 332, 433–440 (1988)
[12] Rübelt, C.: Analytische Methoden zum Mineralöl-Wasser-Boden-Komplex. Helgoländer wiss. Meeresuntersuchungen 16, 306–314 (1967)

6 Probenahme und Probenaufbereitung

6.1 Probenahme

Die Autoren in [1] stellten eine sehr informative Grafik an den Anfang ihres Kapitels „Probenahme". Nach dieser liegen – allgemein betrachtet – die Fehlerquellen bei ± 1 % im Bereich der instrumentellen Analytik, zu etwa 1–100 % im Bereich der Probenvorbereitung und um 1000 % und mehr bei Probenahme und Lagerung.

Der erfahrene Analytiker wird diesen Ergebnissen, vielleicht mit einigen Ergänzungen, zustimmen. Diese betreffen das Ziel von Probenahme und Analytik: Die Genauigkeit eines Meßergebnisses auf ± wenige Prozent kann durchaus zweitrangig gegenüber einer ausreichenden und fachgerechten Probenahme sein, so beispielsweise bei der ersten Inspektion kontaminierter Böden. Will man jedoch z. B. den jahreszeitlichen Gang der KW-Konzentration eines Fließgewässers oder von Regenwasser ermitteln, dann kommt es sehr wohl auf wenige Prozent an, wobei die Probenahme dann vermutlich das kleinere Problem darstellt.

6.1.1 Wasserproben

Die als Norm DIN 38402 erschienenen Vorschriften beziehen sich auf nicht weniger als 11 Wassertypen, angefangen von A1 (Abwasser) bis A22 (Kühlwasser für industriellen Gebrauch). Die Ausführungen sind sehr allgemein und gehen nicht auf die speziellen Erfordernisse u. a. einer Kohlenwasserstoff-Bestimmung ein. Gleichwohl informieren sie über den technischen Ablauf der Probenahme und sollten daher stets im Auge behalten werden.

Nach [2] wären Wasserproben (im Untergrund) erst dann zu analysieren, wenn durch einfache Hilfsmittel geklärt ist, „inwieweit eine Ölverschmutzung vorliegt". Zu unterscheiden sind die drei Fälle: Öl auf Wasseroberflächen (in Sondierungsrohren bzw. Grundwasserbeobachtungsrohren), Öl in gelöster und in gebundener Form. Indikationsmethoden wie Farbe und Durchsicht, Fluoreszenz der Wasseroberfläche, desgleichen Anwendung von Öltestpapieren und öllöslichen roten Farbstoffen (z. B. Oil Red) weisen *schwimmendes Öl* nach.

In *gelöster* Form kann sich Öl durch Geruch und Geschmack der Wasserprobe bemerkbar machen. Je nach dem Ausfall der Vorprobe wird man die eigentliche Probenahme arrangieren. Schwimmt Öl auf Wasseroberflächen, so ist eine quantitative Bestimmung kaum noch möglich. Neben der qualitativen Analyse der Ölphase hängt es dann von der speziellen Fragestellung ab, ob daneben noch der Wasserkörper zu untersuchen ist.

Grund- und Quellwässer (ohne schwimmendes Öl) sollte man so nahe wie möglich an der Wasserfassung, z. B. dem Einlauf in Aufbereitungsanlagen oder Sammelbehältern, entnehmen [2]. Man füllt grundsätzlich in Glasbehälter ab. Ist mit der Gegenwart von leicht flüchtigen KW (Benzinen) zu rechnen, empfiehlt es sich, an Ort und Stelle zu extrahieren und darauf zu achten, daß das Aufnahmegefäß dabei möglichst geschlossen gehalten wird, und kein größeres Luftpolster den Übertritt von KW-Anteilen in die Gasphase erleichtert.

Die in *Oberflächengewässern* normalerweise vorhandenen Schwebstoffe sind entweder vor der Extraktion abzutrennen, oder nach dem Extrahieren und dem Absetzen der organischen Phase durch Zentrifugieren von dieser und vom Wasser zu separieren. Sofern auch der KW-Gehalt der Schwebstoffe zu bestimmen ist, hat dies in einem eigenen Arbeitsgang zu erfolgen – s. unter „Schwebstoffen" und [3].

Für die Entnahme von 10 oder gar 100 l Meerwasser aus unterschiedlichen Wassertiefen wurde ein Glaskugelschöpfer erfolgreich eingesetzt [4].

6.1.2 Gewässerschwebstoffe

Werden Mineralöle in ein Fließgewässer eingebracht, so tritt, falls es sich um leicht- bis mittelflüchtige Kohlenwasserstoffe handelt – ein Teil in die Atmosphäre über (Kap. 2, Abb. 2.3), ein weiterer Teil wird an den Schwebstoffen adsorbiert. Nach Modelluntersuchungen, deren Ergebnisse die Abb. 2.11 enthält, ist mit einer gewissen Fraktionierung zu rechnen, indem sich die löslicheren Aromaten im Wasserkörper lösen und die schwerlöslichen höher molekularen Verbindungen und die Alkane im Schwebstoff verbleiben. Letztere erhöhen dort das bereits aus biogenen Quellen stammende KW-Depot. Neben den Tonmineralien des Einzugsgebietes, dem Phytoplankton und dem aus dem Einzugsgebiet und Gewässer stammenden (allochthonen und autochthonen) Detritus, die den Hauptanteil der Schwebstoffmasse stellen, können örtlich sowie zeitlich (Gewitter!) Beiträge in Form von Straßen- und Luftstaub hinzukommen. Zu der Dynamik im Auftreten der Schwebstoffe nach Menge und Zusammensetzung im Gefolge wechselnder Abflüsse – eingehend in [5] dargestellt – kommt die unterschiedliche Belastung hinzu. Aufgrund der morphologisch wichtigen Korngrößenverteilung liegen die Schwebstoffe in den größeren Fließgewässern zu 60–80 % in der Fraktion kleiner als 0.02 mm vor.

Die Untersuchung von Schwebstoffen liegt zumeist in den Händen von Forschungsinstituten bzw. -gruppen, weniger von Einzelpersonen. Denn für die letzteren ist der Aufwand für die Probenahme zu groß, zumal mitunter sogar Meßschiffe benötigt werden. Man arbeitet mit einer Durchlaufzentrifuge der Förderleistung von 200 bis 1000 l/h. Mit dieser ist es möglich, im Meer, in Flußquerschnitten oder in Flußlängsprofilen sowie in unterschiedlichen Tiefen Proben zu entnehmen [5]. Zweckmäßig wird der durchströmte Zylinder innen mit einer herausnehmbaren Teflonfolie ausgekleidet, auf der sich die Schwebstoffe niederschlagen. Die Zentrifuge kann fest auf einem Autoanhänger oder stationär betrieben werden. Neben diesem, nicht jedem Analytiker möglichen, Aufwand sind Schwebstoffe durch Absitzen in 10 l fassenden Kunststoffeimern erhältlich. Man läßt möglichst 24 h respektive über Nacht absetzen und rechnet ein, daß bei geringen Abflüssen auch die Schwebstoff-Konzentration gering ist, und Werte unter 10, sogar unter 5 mg/l auftreten können.

6.1.3 Aquatische Sedimente

Während man im Rahmen der Wasseranalytik bei den Schwebstoffen unausgesprochen und trotz des komplexen Gefüges von einer einheitlichen Matrix ausgeht, deren Entnahme zudem keine prinzipiellen Probleme aufwirft, ist dies bei den Sedimenten der Gewässer anders. Sedimente sind – im Gegensatz zu den Schwebstoffen – bei weitem nicht an jeder Stelle eines Gewässers anzutreffen, sondern vorzugsweise in strömungsberuhigten Zonen wie Häfen, Stauhaltungen, Rückstaubereichen etc. In Deutschland schätzen wir ihre Menge auf 2–10 % der jährlich insgesamt dem Meer zugeführten Schwebstoffe [5]. Als nicht nur für die Schiffahrt unerwünschte Ablagerungen ist ihre Beseitigung schwierig. An Land gebracht werden sie zu Abfall, wobei die Belastung mit Schadstoffen, zu denen auch die Kohlenwasserstoffe zählen, über die Verwertung, Verwendung oder die Art der Deponie (bis Sondermüll) entscheiden. In den schiffbaren Flüssen Deutschlands einschließlich der Häfen lagern örtlich Mengen von mehreren hundert bis zehntausend Kubikmetern, ja auch 1–2 Mio Kubikmeter kommen vor, die von Zeit zu Zeit auszubaggern sind, und alsbald durch neue Schwebstoffablagerungen ersetzt werden.

Man kann sich vorstellen, daß der Eintrag von Mineralölprodukten auch mit dem Schiffsverkehr verbunden ist, durch Leckagen und unvermeidliche Verluste, unabhängig von dem hohen Aufkommen der Bilgenentölerboote [6] – s. aber [7].

Die Norm DIN 38414 Teil II, Ausgabe Aug. 87 geht eingangs auf den Zweck der Probenahme von Sedimenten ein, u. a. zur Trenduntersuchung, zur Qualitätsbewertung hinsichtlich der Lagerung des Baggergutes, und auf den entscheidenden Punkt: die innerhalb einer Sedimentzone in der Regel unterschiedliche Kornzusammensetzung. Abb. 6.1 entnimmt man, daß die Sedimente in der Staufstufe Poppenweiler/Neckar die Oberwassertiefe vermindern: dicht an der Mole, welche den Kraftwerks- vom Schleusenbereich trennt, ist eine Wassertiefe von nur 1.20 m, im Bereich der zum Kraftwerk gerichteten

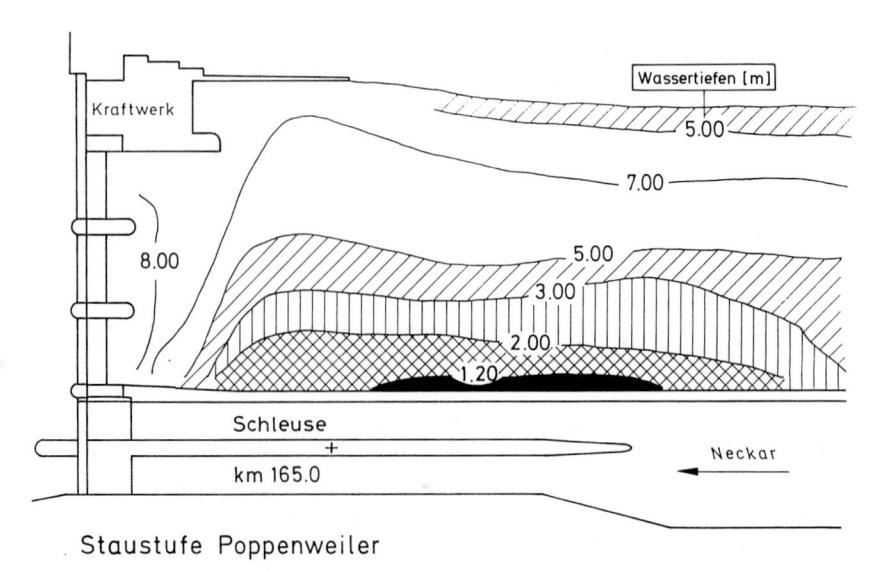

Abb. 6.1: Typische Sedimentationsbereiche in einem staugeregelten Fluß mit teilweiser Korngrößenfraktionierung. Die Zahlen geben die Wassertiefen über den Sedimenten an.

Strömung ist dagegen 7.0 m geortet worden. Der Strömung entsprechend variiert die Kornzusammensetzung von tonig-fein bis sandig-grob, mit allen Übergängen. Da die KW-Konzentrationen ebenso wie die Konzentration anderer Schadstoffe so gut wie nicht in Sand und Grobschluff, um so mehr in der Fraktion <20 µm, der Feinkornfraktion – s. auch Abb. 6.3 – auftaucht, würde ein Analysenergebnis, das nicht den Bezug zur Korngröße aufweist, keinen großen analytischen Wert haben. In der Norm heißt es: „Im Regelfall werden bei der Sedimentuntersuchung die Korngrößeneffekte zu berücksichtigen sein".

Nach einem eigenen Vorschlag [8] normiert man die Analysenergebnisse auf die Feinkornfraktion, und zwar entweder durch die direkte Bestimmung der Kornzusammensetzung jeder Probe – s. Kap. 6.2 –, oder durch eine Korrektur der für die Gesamtprobe mit Korn <2 mm erhaltenen Daten über sog. Referenzelemente. Für die wasserbauliche Praxis läuft dies darauf hinaus, den unbelasteten Sand von dem möglicherweise kontaminierten bindigen Material zu trennen und beide entsprechend zu verwerten, aufzubereiten oder zu entsorgen. Die Probenahme sollte dazu beitragen, daß diese Aufgaben gelöst werden.

Für die Entnahmetechnik selbst sind nach DIN-Schöpfbecher, Schlamm- und Kastengreifer verschiedener Größe und Bauart (Bagger auf Schiffen), Saugbohrer und Stechheber in Gebrauch. Erforderlich sind Lagepläne im Maßstab 1:5000 bis 1:25000.

6.1.4 Terrestrische Sedimente (Böden, Untergrund)

In der Praxis der Schadstoffanalyse hat sich bis zu einem gewissen Grade eine Kongruenz von Matrix und Schadstoffgruppe herausgebildet: im Luftstaub sucht(e) man Blei und polycyclische Aromaten, in aquatischen Sedimenten bevorzugt Schwermetalle allgemein, PAK's und schwerflüchtige halogenorganische Verbindungen, in Grundwässern Herbizide (Atrazin) und im Untergrund Mineralölprodukte als Schadöle. Bereits aus Kap. 4 (Extraktion/Anreicherung) konnte man ersehen, daß das Ziel der KW-Analyse mit der Beschaffenheit der Entnahmestelle sowie der Art und Weise der zweckmäßigen Probenahme abgestimmt werden muß.

Auch wenn hier die Probenahme landwirtschaftlich genutzter Böden und Klärschlämme nicht weiter diskutiert werden soll mit dem Hinweis auf die Angaben der Klärschlammverordnung, sind noch einige Bemerkungen notwendig:

Bei aktuellen Schadensfällen werden oft Sofort- und Folgemaßnahmen angeordnet, die „möglichst eindeutige Methoden zum Nachweis von Öl an Ort und Stelle voraussetzen" [9]. Andererseits setzt „technisch zweckvolles und wirtschaftlich vertretbares Handeln ... möglichst umfangreiche und genaue Informationen über Art und Umfang, Ort und Zeit, Umgebung und Umstände des Ölunfalls voraus" [2], wobei auch die Fragen der Haftung in die Beweissicherung eingehen müssen. Nach [2] werden zwischen Handsondierungen, Bodeneinschlägen, flachen Schürfen und Bohrungen unterschieden. Normen existieren u.a. für die Entnahme von Bodenproben aus tieferen Schichten. So in DIN 4021, Teil I: Erkundung durch Schürfe und Bohrungen sowie Entnahme von Proben, DIN 1967, Teil I: Erdbohrgeräte für den Landeskulturbau. Der Untergrund kann lehmig/tonig, sandig oder kiesig/steinig sein, mit entsprechenden Übergängen und Schichtungen, oder er kann aus Aushub und Auffüllboden bestehen (s. Beispiel in Abschnitt 7.4). Der für aquatische Sedimente zunehmend verlangte Bezug des Analysenergebnisses zur Korngröße hat bei solchen Proben neben der Angabe der selbstverständlichen bodenkundlichen Parameter wenig Sinn. Allenfalls sollten Steine, Holzstückchen und dergl. ausgesondert werden. Man kann auch nicht bei ölkontaminiertem Sand verlangen, daß nur der Anteil kleiner als 2 mm auf KW analysiert wird. Kurz: der Sachverstand des Analytikers ist hier besonders gefragt. Dieser wird auch dafür sorgen, daß man eine background-Probe in der Umgebung der Schadensstelle entnimmt.

Im Gegensatz zur Entnahme von Wasserproben und aquatischen Sedimenten, die der Analytiker am besten selbst vornimmt, werden Proben aus dem Untergrund von Geologen und/oder fachkundigen Bohrfirmen gezogen. Diese sollten jedoch die Anforderungen der Analytik kennen und berücksichtigen.

Das Probegut füllt man direkt am Ort in dicht schließende Glasbehälter, bei unverdächtigem Material auch in Kunststoffbehältern ab. Liegen Vergaserkraftstoffe vor (Geruch), so empfiehlt sich die Extraktion noch am Ort der Entnahme.

6.1.5 Luftstaub

In der Fachliteratur unterscheidet man zwischen Schwebestaub, nasser und trockener Deposition. Die Feststoffe der Luft werden daher teils als Schwebestaub und teils als Staubniederschlag gesammelt und analysiert. Anlaß zur Analyse waren bisher weniger die Kohlenwasserstoffe allgemein, als die polycyclischen Aromaten und Schwermetalle [10].

Staubniederschläge werden u.a. in sog. Bergerhoff-Geräten aufgefangen [11]. Wir selber erhielten den „erdnahen Luftstaub" nicht viel anders und siebten das Probengut auf Partikelgröße <0.1 mm ab [12] – Tab. 6.1. Die *Schwebstäube* unmittelbar aus der Luft sind im Vergleich zu dem *sedimentierten Material* wesentlich feinkörniger und homogener. Nach [13] bestehen sie zu mehr als 90 % aus Teilchen kleiner als 10 µg. Wie schon bei den aquatischen Sedimenten kann beim Luftstaub die Korngröße mit

Tabelle 6-1. Ausgewählte Stoffe und Stoffgruppen in Luftstaubniederschlägen (Koblenz 1974/75). Die Probenahme erfolgte in Stadtmitte.

Entnahme	Org. C [% TR][b]	CCl_4-Extrakt [mg/kg]	Kohlenwasserstoffe [mg/kg]	PAK[a] [mg/kg]	Blei [mg/kg]
August 1974	4.8	3200	900	45	1500
September 1974	7.2	27000	(8600)	190	800
Februar 1975	6.4	13000	3000	120	1750
März 1975	4.0	5200	1300	30	1750
April 1975	6.0	6200	1600	32	1250
Mai I 1975	8.8	7500	1600	27	1860
Mai II 1975	7.6	4100	1100	44	1900
Juni 1975	8.8	9600	2000	70	1700
Juli/Aug. 1975	6.0	2900	600	21	2300
Sept./Okt. 1975	6.4	2400	500	15	2800

a) Summe der 6 Aromaten der Trinkwasserverordnung – s. Abb. 3-35
b) TR Trockenmasse (105 °C)

unterschiedlicher spezifischer Belastung korrelieren. In [14] wurden zur Gewinnung des Schwebestaubes zwei Gerätetypen eingesetzt. Das eine Gerät mit einer Leistung von 40 m^3/h, das andere mit 16 m^3/h. Der Staub wird auf Glasfaserfiltern zurückgehalten. Bei Messungen über 24 Stunden werden Filter mit Porenweiten von 1.6 µm, bei 1-stündigen Entnahmen von 0.7 µm verwandt. Tab. 6.2 gibt einen Eindruck von der relativ hohen Belastung der Schwebestäube in einer Großstadt mit KW sowie den sechs Einzelaromaten der Trinkwasserverordnung. Abb. 6.2 zeigt die Summenhäufigkeit der zugehörigen Staubkonzentrationen der Luft in Koblenz-Mitte.

6.1.6 Nasser Niederschlag

Für Regenwasserproben eignen sich Sammelbehälter aus Edelstahl der Abmessungen 1 × 1 m^2 [15]. Um Staubeinträge zu vermeiden, versah man den Sammler mit einem Deckel, den man von Hand zu Beginn des Regenfalles öffnete. Dieses Vorgehen hat zwei Nachteile [12]: Zum einen fällt nicht immer genügend Niederschlag, so daß man

Tabelle 6-2. Kohlenwasserstoffe und PAK in Luftschwebestaub (Koblenz 1979). Die Probenahme erfolgte in Stadtmitte.

Entnahme 1979	Staub [µg/m^3]	Kohlenwasserstoffe [mg/kg]	PAK[a] [mg/kg]
11. 4.	140	2500	137
19. 4.	90	1600	98
27. 4.	60	1300	210
4. 5.	20	1100	215
14. 5.	90	900	53
18. 5.	40	1250	113
21. 5.	50	1600	104
28. 5.	90	980	41
8. 6.	110	940	31
12. 6.	160	1200	20
20. 6.	150	1450	34
27. 6.	170	1600	70
6. 7.	150	1050	90
11. 7.	190	980	27
18. 7.	130	1300	70
26. 7.	130	970	36
1. 8.	80	760	16
14. 8.	20	1360	124
27. 8.	20	1360	150
31. 8.	30	1260	84
6. 9.	40	1310	58
13. 9.	40	1500	166
20. 9.	(200)	1100	65
28. 9.	20	1410	128
4. 10.	30	1500	153
12. 10.	40	1220	114
18. 10.	30	1140	240

[a] Summe der 6 Aromaten der Trinkwasserverordnung – s. Abb. 3-35.

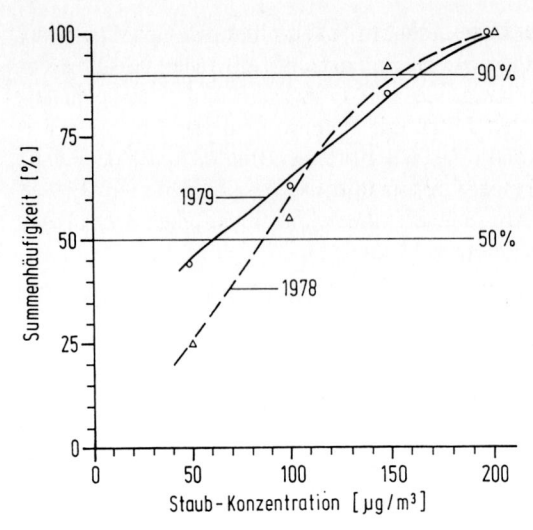

Abb. 6.2: Summenhäufigkeit der Luftstaub-Konzentrationen in Koblenz-Stadtmitte 1978/79.

übers Jahr u. U. nur wenige Proben erhält. Zum andern wird, besonders nach längeren Trockenzeiten und im Gefolge von Gewittern, mit dem Regen auch Staub in die Behälter eingetragen, so daß man um eine Filtration, z.B. mittels einer Glasfritte, nicht herumkommt. Unter Berücksichtigung dieser Fakten hielten wir den Regen von einer Dachfläche via Rinne für analysenwürdig: man gewann selbst bei Niederschlägen von nur 0.1 mm noch einige Liter Probengut [12], und durch die Trennung von Wasser und Luftstaub gleich die einander zugeordneten Kompartimente.

6.1.7 Luft

In Kap. 4 Extraktion/Anreicherung wurden bereits zwei Verfahren zur Probenahme von Luft erwähnt. Speziell für Autoabgase sind in [16] Hinweise zu finden.

6.2 Probenaufbereitung

Zwischen der Probenahme und den Extraktions- bzw. clean up-Schritten müssen fallweise, jedoch nicht immer, Operationen eingeschoben werden, die man als Konservierung, Trocknung und Kornfraktionierung bezeichnet.

6.2.1 Konservierung

Aquatische Sediment- und Schwebstoffproben können, zunächst noch feucht, tiefgefroren gelagert werden. Zur Aufbewahrung bei Zimmertemperatur indessen sind sie erst nach dem Gefriertrocknen geeiget. Da beim Gefriertrocknen Glasbehälter ausscheiden, ist die umgehende Aufarbeitung von Feststoffen dann vorzuziehen, wenn die Aufbewahrung in Kunststoffbehältnissen sich verbietet, z.B. wenn freies Öl in den Zwickeln und Poren der Sedimente oder auf der Oberfläche zu erkennen ist, ja auch schon bei Ölgeruch.

Bei den Wasserproben sollte man lieber sofort extrahieren, als konservieren und lagern. In (Glas-)Behältern mit Luftpolster können Verluste leichterflüchtiger Kohlenwasserstoffe auftreten.

6.2.2 Trocknung

Bei aquatischen Sedimenten, welche keine freien KW, sondern allenfalls solche in biologischem Material, inkorporiert oder in Form von Spuren an den Feststoffen adsorbiert enthalten, ist die Gefriertrocknung erfahrungsgemäß ohne meßbaren Verlust möglich und der Trocknung durch Wärme bei etwa 105 °C vorzuziehen. Freies Öl geht beim Erhitzen mehr oder weniger verloren.

Vorzugsweise bei sehr inhomogenen terrestrischen Proben mit grobem Korn (Sand, Kies) sollte man besser auf jede Trocknung verzichten und das Probengut zunächst mit Aceton vorextrahieren. Das Wasser bindet man in diesem Extrakt mit Na_2SO_4. Dies gilt gleichermaßen für sehr sandige aquatische Sedimente. Staubproben aus der Luft sind praktisch frei von leichtflüchtigen KW und können daher gefriergetrocknet werden.

6.2.3 Kornfraktionierung

Gemäß der Klärschlammverordnung [17] wird bei Klärschlämmen nur der auf < 2 mm abgesiebte Teil der Probe analysiert. Die gleiche Praxis hatte sich in den vergangenen Jahrzehnten auch bei aquatischen Sedimenten eingebürgert. Wie in Abschnitt 6.1 erwähnt wurde, wird nicht nur aufgrund der Forderungen des Wasserbaus und der Gewässerunterhaltung eine differenziertere Untersuchung gewünscht, um die unbelasteten Fraktionen von den belasteten trennen zu können. Dies ist mit Spezialbaggern technisch möglich. Nach vielen Varianten konzentrierte sich das Interesse mehr und mehr auf die < 60- und < 20 μm-Fraktion [18]. In Abb. 6.3 wurden die Extrakte der drei Fraktionen eines Elbe-Sediments, nämlich die Korngrößenbereiche < 20, 20–60 und 60–200 μm (je Auftragefleck 0.4 mg) auf der Dünnschicht gemäß Abb. 3.37 entwickelt und die Fluoreszenzen detektiert. Als herausragender Träger nicht nur der Aromatenfraktion (PAK) kommt nach dieser Darstellung nur die Feinkornfraktion in Betracht [19]. Für die Summe der fünf Einzelaromaten erhielten wir 9.5, zuzüglich des Fluoranthens 20 mg/kg. Weil nun die Gewinnung der Feinkornfraktionen über Normsiebe im Bereich < 60 μm Körnung problematisch, wenn nicht unmöglich ist, wurde ein eigenes Verfahren über Nylonsiebe ausgearbeitet [20]. Nach diesem wird die zunächst eingefrorene Probe gefriergetrocknet und über Nylonsiebe der Porenweiten 600 und 200 μm gegeben. Anschließend zerlegt man weiter über Siebe des Durchgangs 60 und 20 μm im Ultraschallbad – Anordnung in Abb. 6.4.

Diese relativ aufwendige Prozedur ist notwendig, wenn man einwandfreie Kornfraktionen erhalten möchte. Auf die Möglichkeit, ohne Siebung mit der Korngrößenkorrektur zum Ziel zu kommen, wurde bereits hingewiesen [8].

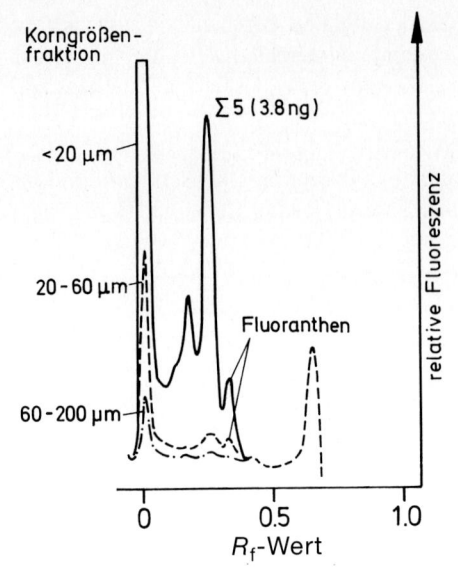

Abb. 6.3: Fluoreszenz-Detektion der PAK (Fluoranthen und Summe 5 der Trinkwasser-Aromaten) nach Dünnschicht-Trennung auf Kieselgel s. Abschn. 3.3.6. Einwaage je Fraktion entsprechend 0.4 mg.

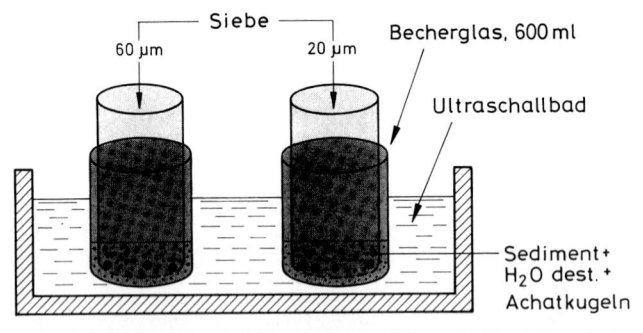

Abb. 6.4: Korngrößenfraktionierung im Ultraschallbad über Nylonsiebe nach [20].

Tabelle 6-3. Untersuchung eines Luftstaubniederschlages (Deposition) (Koblenz Mitte, Frühjahr 1991).

Siebfraktion [mm]	Gesamtextrakt [mg/kg][a]	Kohlenwasserstoffe [mg/kg]	E_3/E_4[b]	Mineralölanteil [Gew. %]
< 0.063	8200	1030	1.3	< 10
0.063 – < 0.5	3200	245	1.0	< 5
< 0.5	3500	290	0.93	< 5
< 0.5–1.0	3700	240	1.2	< 10
> 1.0	7700	660	0.49	< 5
Straßenstaub	2200	390	4.3	70

[a] Aceton-Hexan-Extrakt umgelöst in CCl_4
[b] Extinktionen im IR-Spektrum. $E_3 = 1375$ cm^{-1}, $E_4 = 720$ cm^{-1}

Bei terrestrischen Sedimenten und Bodenproben ist der Nutzen einer Fraktionierung nicht a priori gegeben. Sind die Proben ölkontaminiert, sollte man jedenfalls davon absehen. Für spezielle background-Untersuchungen dagegen könnte das Verfahren nützlich sein.

Der mit dem Regen niedergehende Luftstaub – nicht zu verwechseln mit dem Schwebestaub – erwies sich über weite Korngrößenbereiche als sehr inhomogen und einer Fraktionierung bedürftig. An einem Beispiel (Tab. 6.3) wurde ein solches Gemisch über Normsiebe zerlegt (wobei allerdings nicht die Trennschärfe des o. g. Verfahrens [20] erreicht werden konnte), und zwar nur bis zur Fraktion <63 µm. Diese feinkörnigste Fraktion erwies sich, durchaus im Einklang mit der Erfahrung, als am stärksten mit KW belastet (1030 mg/kg). Die Konzentrationsabnahme der KW mit gröberem Korn folgt dann aber keineswegs den Erfahrungen, was auf die mangelhafte Zerlegung von Agglomeraten, und/oder auf stärker belastete größere organische Partikel hinweist. Interessanterweise enthielt die gröbste Fraktion >1.0 mm, die noch sichtbare Laubreste enthielt, die zweithöchste Konzentration an KW (660 mg/kg).

Die weitere Untersuchung der Alkane nach Abschnitt 3.1 – Abb. 3.7 und Tab. 3.6 über die Extinktionen der CH_2-/und CH_3-Gruppen führte zu dem einigermaßen überraschenden Ergebnis, daß der biogene Charakter in der gröberen Fraktion >1 mm dominiert, und auch die Fraktionen mit kleinerem Korn erhebliche biogene Paraffinanteile enthalten müssen. Auf die Aromaten ist dieser Befund nicht ohne separate Prüfung übertragbar. Als Gegenbeispiel wird in Tab. 6.3 unten der Extrakt eines Straßenstaubes angeführt.

6.2.4 Biologische Matrices

Blätter und Blüten verreibt man zur Zerstörung der Zellwände etc. mit Na_2SO_4 und/oder Seesand und extrahiert wie in Abschnitt 4.3 beschrieben. Zur Entfernung der zumeist in großem Überschuß vorhandenen polaren Verbindungen zieht man den Extrakt auf Kieselgel- oder Al_2O_3-Adsorbentien auf [21] und eluiert die Masse absteigend in einer Glassäule mit $CHCl_3$ oder Cyclohexan.

Fische, Muscheln etc. bzw. deren Bestandteile werden mit einem Mixer (z. B. Ultra-Turrax) zerkleinert, wobei vorab zu prüfen ist, ob diese Geräte Kontaminanten (u. a. Silikonöl) abgeben. Es schließen sich die Gefriertrocknung und weiteres clean up wie bei dem pflanzlichen Probengut an.

Literatur zu Kap. 6

[1] Hein, H. und Kunze, W.: Umweltanalytik mit Spektrometrie und Chromatographie. VCH Verlagsgesellschaft, Weinheim 1994
[2] Bundesministerium des Innern (Hrsg.): Beurteilung und Behandlung von Mineralölunfällen auf dem Lande im Hinblick auf den Gewässerschutz. Bearbeitet vom Arbeitskreis „Wasser und Mineralöl". Bonn 1969, 2. Aufl. 1970
[3] Hellmann, H.: Möglichkeiten und Grenzen der IR-Spektroskopie bei der Bestimmung von Mineralölen und Treibstoffen in Oberflächengewässern. Deutsche Gewässerkundl. Mitt. 13, 19–24 (1969)

[4] Theobald, N., Lange, W., Rave, A., Pohle, U. und Koennecke, P.: Ein 100 l-Glaskugelschöpfer zur kontaminationsfreien Entnahme von Seewasser für die Analyse lipophiler Stoffe. Deutsche Hydrogr. Z. 43, 311–322 (1990)
[5] Hellmann, H.: Analytik von Oberflächengewässern. Georg Thieme Verlag, Stuttgart 1986
[6] Bilgenentwässerungsverband (Hrsg.): Umweltschutz unter gelber Flagge. Bilgenentölung: 30 Jahre Arbeit für einen sauberen Rhein. Druckschrift, Düsseldorf 1988
[7] Hellmann, H.: Mineralölprodukte in den Westdeutschen Schiffahrtskanälen. Z. Binnenschiffahrt und Wasserstraßen 102, 48–54 (1975)
[8] Hellmann, H.: Organische Spurenstoffe in Schwebstoffen und Sedimenten aus Bundeswasserstraßen unter besonderer Berücksichtigung der Feinkornfraktion. Z. Wasser – Abwasser – Forsch. 25, 343–352 (1992)
[9] Umweltbundesamt (Hrsg.): Beurteilung und Behandlung von Mineralölschadensfällen im Hinblick auf den Grundwasserschutz. Teil 3 Analytik. Berlin 1979
[10] Lahmann, E.: Regenwasser-Kontamination durch Luftverunreinigungen. In: Reinhaltung des Wassers. Erich Schmidt Verlag, Berlin 1979
[11] N.N.: Messung partikelförmiger Niederschläge. VDI 2119, VDI-Verlag, Düsseldorf 1972
[12] Hellmann, H., Holeczek, M. und Zehle, H.: Organische Stoffe im Regenwasser. Vom Wasser 47, 57–79 (1976)
[13] Umweltbundesamt/U II 8 (Hrsg.): Untersuchungen über den Blei- und Cadmiumgehalt im Schwebstaub von sieben deutschen Städten. Umwelt 74, 39–41 (1980)
[14] Schulz, H.-M., Püttmann, W. und Riedel, F.N.: Analytik von polycyclischen aromatischen Kohlenwasserstoffen in Schwebestäuben eines Stadtgebietes (Aachen). Wissenschaft und Umwelt 3–4, 127–136 (1991)
[15] Winkeler, H.-D., Puttins, U. und Levsen, K.: Organische Stoffe im Regenwasser. Vom Wasser 70, 107–117 (1988)
[16] Grimmer, G. und Böhnke, H.: Probenahme und Analytik polycyclischer aromatischer Kohlenwasserstoffe in Kraftfahrzeugabgasen. Teil I und II. Erdöl und Kohle – Erdgas 25, 442–447 und 531–536 (1972)
[17] Klärschlammverordnung (AbfklärV) vom 15. April 1992, Bundesgesetzblatt 1992. Teil I, S. 912
[18] Tent, L. und Wild, S.: Sedimentuntersuchungen im Hamburger Hafen – Schwermetalle. Ergebnisse aus dem Baggeruntersuchungsprogramm Heft 2, Hamburg 1986
[19] Hellmann, H.: Korngrößenverteilung und organische Spurenstoffe in Gewässersedimenten und Böden. Fresenius Z. Anal. Chem. 316, 286–289 (1983)
[20] Ackermann, F.: Vorschlag zur Abtrennung der < 20 µm-Fraktion. In: Merkblatt „Durchführung von Schadstoffanalysen im Rahmen von Baggergutuntersuchungen", BfG-0662, Koblenz 1992
[21] Hellmann, H.: Fluorimetrische Bestimmung von polycyclischen und aromatischen Kohlenwasserstoffen in Blättern, Blüten und Phytoplankton. Fresenius Z. Anal. Chem. 287, 148–151 (1977)

Weitere Literatur

[22] Methodenbuch, Band I: Die Untersuchung von Böden. VDLUVA-Verlag, Darmstadt (4. Aufl.) 1991
[23] DVWK (Hrsg.): Grundsätze zur Ermittlung der Stoffdeposition. Wirtschafts- und Verlagsgesellschaft Gas und Wasser mbH, Bonn 1994

Teil III
Anwendung in der Praxis

Es fehlen Generalisten.
E. Widmer [1]

Die Forderung, Methoden problemorientiert zu entwickeln bzw. zu optimieren, gilt umso mehr, je niedriger die Gehalte in einer Matrix bestimmt werden sollen.
G. Tölg [2]

7 Wasser- und Feststoffanalysen

7.1 Trink- und Grundwässer

Die Ausführungen in Teil II dürften einen Eindruck von dem vermittelt haben, was unter Kohlenwasserstoffanalytik alles zu verstehen ist und was sie leistet. Die Frage stellt sich alsbald bei nicht wenigen Kollegen, ob das alles sein muß. Kommerziell ausgerichtete Analyseninstitute z. B. legen Wert auf klare Vorgaben, mit denen sie kalkulieren können, und die daher zumeist auch keinen Raum für Sonderuntersuchungen lassen. So legitim diese Forderung, auch die nach einer verbindlichen Norm ist, so wenig dürfte eine KW-Analyse von Umweltproben generell etwa mit einer TOC (Total Organic Carbon)-Bestimmung verglichen werden, mag auch der Listenpreis scheinbar der gleiche sein. Die Diskussion um den Ersatz von CCl_4 zunächst durch das Freon, dieses dann in Zukunft vielleicht durch CO_2 oder Festphasen läßt unschwer erkennen, daß man landauf landab die KW-Analytik auf die quantitative Bestimmung der CH_2/CH_3-Gruppen reduziert. Natürlich muß auch diesem Aspekt entsprochen werden, und wo wäre dies anscheinend weniger mit Problemen verbunden, als in der Trinkwasseranalytik! Die nähere Untersuchung zeigt indessen, daß selbst dort die Gesamtproblematik im Blick bleiben sollte, um Fehlbeurteilungen zu vermeiden.

7.1.1 Extraktion

Wie in Abschnitt 4.1 begründet, ist es prinzipiell nicht möglich, mit einem bestimmten Lösungsmittel wie Freon eine 100%ige Ausbeute zu erzielen und dabei nur die anvisierte Stoffgruppe zu erfassen. In der Praxis kann man sich durch die Wahl optimaler Bedingungen (z.B. Vierkantflasche/Flügelrührer) einer vollständigen Ausbeute, mit mehr oder weniger großen Anteilen an polaren Stoffen, nähern. Betrachtet man die wichtigsten Lösungsmittel hinsichtlich ihrer Selektivität, so nimmt diese in der Richtung

$$\text{Freon} \sim \text{n-Hexan} > \text{CCl}_4 > \text{CHCl}_3 \sim \text{Benzol}$$

ab. Die Gefahr einer Emulsionsbildung durch die Gegenwart von bestimmten Verbindungen dagegen nimmt annähernd in der Reihenfolge

$$\text{Freon} < \text{CCl}_4 < \text{n-Hexan} < \text{CHCl}_3$$

zu, sie ist allerdings bei anthropogen unbelasteten Trink- und Grundwässern kaum von Belang. In Zweifelsfällen hilft der Zusatz von 100 g NaCl oder $MgSO_4$ pro Liter. Bei fachkundigem Rühren in möglichst geschlossenem System erhält man beim Einsatz von 25 ml CCl_4 oder Freon auf 1 l Wasser ungefähr 21 bis 23 ml zurück. Falls die KW-Konzentration genügend groß ist, bestimmt man diese bzw. die des Gesamtextraktes unmittelbar. Andernfalls ist es notwendig, das Volumen zu verkleinern, um die Lösung

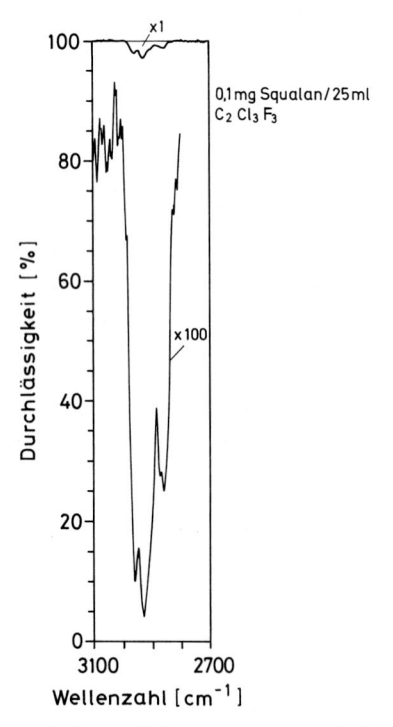

Abb. 7.1: IR-Spektrum (Ausschnitt) von 0.1 mg Squalan/25 ml $C_2Cl_3F_3$ im Bereich 2700–3100 cm^{-1} mit normaler und 100fach verstärkter Ordinate.

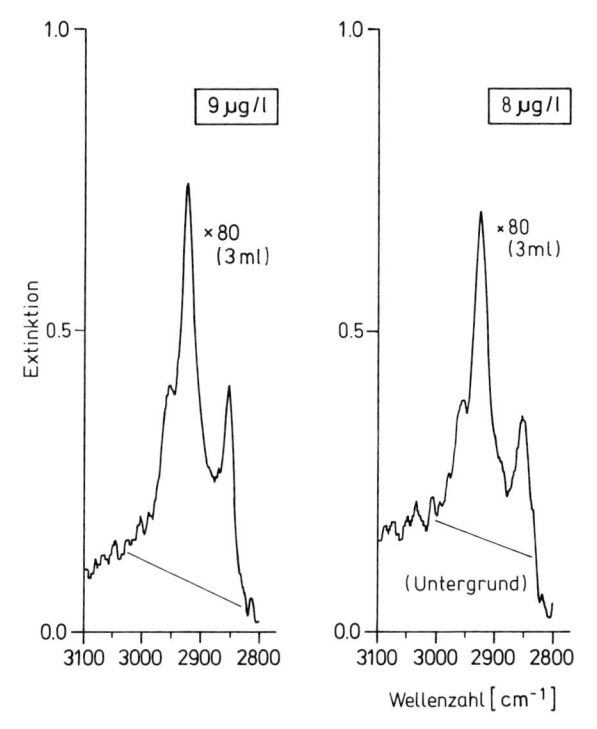

Abb. 7.2: $C_2Cl_3F_3$-Extrakte von Koblenzer Trinkwasser (September 1993), gewonnen in einer Vierkantflasche mit Flügelrührer. 25 ml Extrakt reduziert auf 3 ml sowie mit 80facher Ordinatendehnung.

aufzukonzentrieren. In Abb. 7.1 ist zunächst die Absorption von 0.1 mg Squalan/25 ml Freon ohne und mit hundertfacher Ordinatendehnung (OD) dargestellt. Über die OD ist eine quantitative Bestimmung vertretbar.

Nicht nur in den Trinkwasserproben aus dem Leitungsnetz der Stadt Koblenz liegt im Schnitt die Extraktkonzentration wesentlich niedriger. Daher kann man erst nach einer Reduktion des Extraktvolumens – hier auf 3 ml – und zusätzlich mit 80-facher OD auswertbare Spektren erhalten – Abb. 7.2. Wegen des unsicheren Verlaufs der Basislinie und dem ungünstigen Signal/Rauschverhältnis sollte man das Ergebnis nur halbquantitativ werten. Unter diesen Umständen liegen die Gehalte um 8–9 µg/l. Ausgewertet wurde ausschließlich die CH_2-Bande bei 2920 cm^{-1}. Aromatenbanden sind bei solch geringen Konzentrationen ohnedies nicht erkennbar.

7.1.2 Clean up

In Kap. 4 wurde betont, daß zwei grundsätzliche Probleme anstehen:

A – der Verlust von Aromaten im Eluat bei der Säulentrennung über Al_2O_3 mit Freon,
B – das Mitlaufen polarer, in der Regel biogener Verbindungen, besonders bei der Kombination Säule/Al_2O_3/CCl_4.

Hinzu kommt beim Freon dessen hohe Flüchtigkeit.

Das Problem A ist dadurch lösbar, daß man vor dem clean up das Freon durch CCl_4 ersetzt. Man löst deshalb den Freonextrakt in CCl_4 um, was natürlich nicht bei leichtflüchtigen KW zulässig ist. Damit vermeidet man zusätzlich den Plusfehler durch den Freonverlust, d.h. die Aufkonzentrierung des Perkolats, riskiert aber bei geringen KW-Gehalten einen merkbaren Plusfehler durch mitgelaufene polare Stoffe.

Bekanntlich wurde der KW-Grenzwert im Trinkwasser auf 10 µg/l festgelegt mit einem zugestandenen Fehler von ±50%. Vor diesem Hintergrund ist die Frage nicht abwegig, ob es sich bei solch kleinen Mengen überhaupt um Mineralölprodukte handelt und nicht vielmehr um den ubiquitären biogenen KW-Spiegel. Zur weiteren Klärung in diesem Sinne wurden die Extrakte von 20 Einzelproben entsprechend 20 l Wasser zusammengelegt. Die über IR bestimmte Extraktmenge, bezogen auf Squalan, betrug 160 µg. Im Al_2O_3-Eluat fanden wir nur noch ca. 10% der ursprünglichen Extraktmenge, was im Schnitt 0.8 µg/l an Kohlenwasserstoffen entspricht. Der größere Extraktanteil (Gesamtextrakt) wurde nach Abb. 5.9 auf Dünnschichten chromatographiert. Vom Gesamtextrakt und von den chromatographisch getrennten Alkanen und „Aromaten" sind IR-Spektren aufgenommen worden – Abb. 7.3. Nicht nur in der Gesamtfraktion, sondern auch bei den Alkanen und „Aromaten" deutet der geringe Anteil der CH_3-Gruppen im Verhältnis zu den CH_2-Gruppen, erkennbar besonders gut an der Absorption der symmetrischen Valenzschwingung (2848 cm^{-1}), auf rein biogene Stoffe hin.

In den IR-Übersichtsspektren – Abb. 7.4 – entdeckt man in der „Aromaten"-Fraktion Abb. 7.4.C – nicht einmal die Andeutung einer typischen Mineralölbande. Vielmehr gleicht das Spektrum durch die C=O-Bande (1736 cm^{-1}) sowie dem C-O-Bandenbereich inklusive der Spitzen bei 1280 und 1165 cm^{-1} weitgehend den bekannten Spektren von Carbonsäureestern (vgl. Abb. 3.11), so daß gerade die toxikologisch wichtige KW-

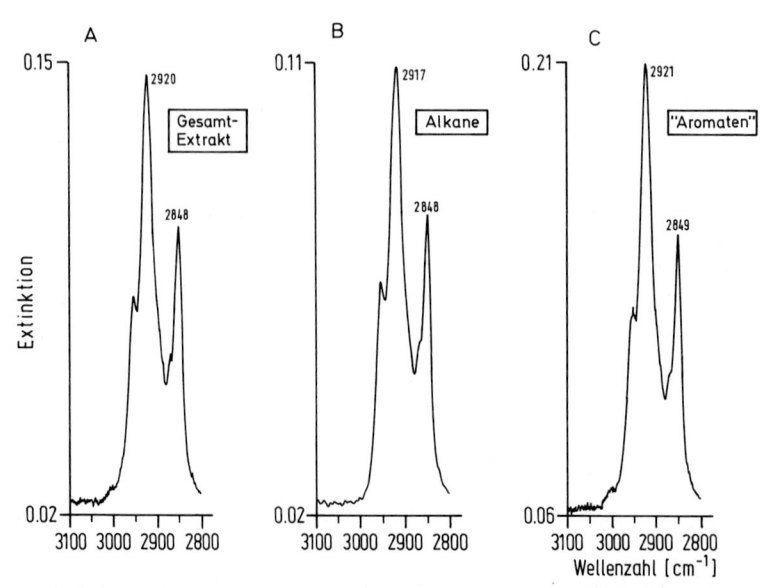

Abb. 7.3: IR-Teilspektren von insgesamt 20 l Leitungswasser (aus 20 Einzelproben), (A) Freon-Extrakt ohne clean up, (B) Dünnschichttrennung und Isolierung der Alkane sowie der Aromaten (C) auf KBr.

Fraktion in diesen Trinkwässern völlig fehlt. Und was die Alkane anbetrifft – Abb. 7.4.C – erscheint die Langketten-Paraffinbande (720 cm^{-1}) im Verhältnis zur CH$_3$-Bande (1375 cm^{-1}) nicht so intensiv, wie wir es von rezenten KW-Extrakten her gewohnt sind. Wie aber in Abschnitt 1.4.3 (Abb. 1.18) schon angedeutet, müssen wir mit dem bevorzugten Abbau langer Ketten im Untergrund rechnen. Außerdem kann im Rahmen von einigen ungelösten biochemischen und chemischen Vorgängen im Grundwasser [3] auch eine Umbildung vorhandener Stoffe in Kohlenwasserstoffe nicht ausgeschlossen werden.

So ergibt die Nachprüfung, daß im Trinkwasser nicht nur sehr geringe, gerade noch bestimmbare Extraktmengen vorhanden sind, sondern daß die minimalen KW-Konzentrationen mit ziemlicher Sicherheit keine Mineralöl-KW darstellen. Mineralölaromaten sind nicht nachweisbar.

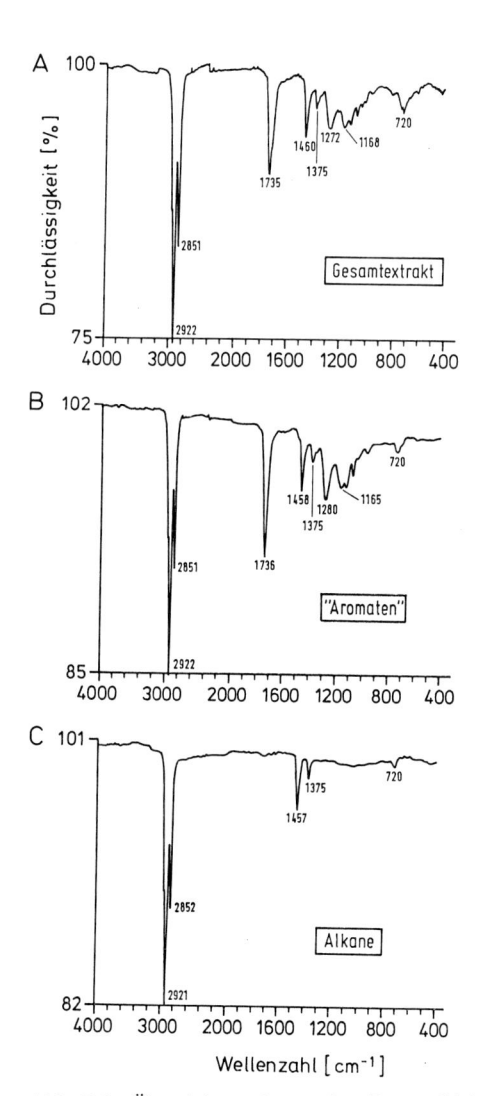

Abb. 7.4: Übersichtsspektren der Dünnschicht-getrennten Fraktionen (A), (C) und (B) aus Abb. 7.3 auf KBr.

7.1.3 Weitere Beispiele

Grundwässer: Die soeben besprochenen Untersuchungen von Trinkwässern mittels Freon ergaben Gesamtextrakte von weniger als 20 µg/l. Man geht wohl nicht fehl in der Annahme, daß mit dem weiter in den polaren Bereich hinein wirkenden CCl_4 etwas höhere Werte gefunden worden wären. Bei einem Vergleich mit den Meßergebnissen früherer Jahre, die auf dem CCl_4 beruhen, ist dies zu berücksichtigen. Es liegen umfangreiche background-Untersuchungen, z. B. in Verbindung mit Ölschadensfällen im Untergrund vor [4]. Nach Abb. 7.5 lagen in den nach fachlichem Ermessen unbeeinflußten Grundwässern die Gesamtextrakte zu 90 % unter 100 µg/l, die zugehörigen Kohlenwasserstoffkonzentrationen (die ja noch polare Stoffe enthalten) unter 30 µg/l. Bei den ölverdächtigen Grundwässern dagegen (verdächtig aufgrund der kontaminierten Region) lagen die 90 %-Werte der Gesamtextrakte unter 200, die KW-Gehalte unter 100 µg/l.

Unbereinigte Analysenergebnisse, d. h. KW-Gehalte, die zwar über ein Adsorbens wie Al_2O_3 erhalten wurden, die aber noch polare Stoffe enthalten können, und die für Grundwässer über 20–30 µg/l liegen, sind somit einer näheren Untersuchung auf Mineralöl-Produkte wert. Diese scheint dann unabdingbar, wenn KW-Konzentrationen von 50 oder gar 100 µ/l überschritten werden.

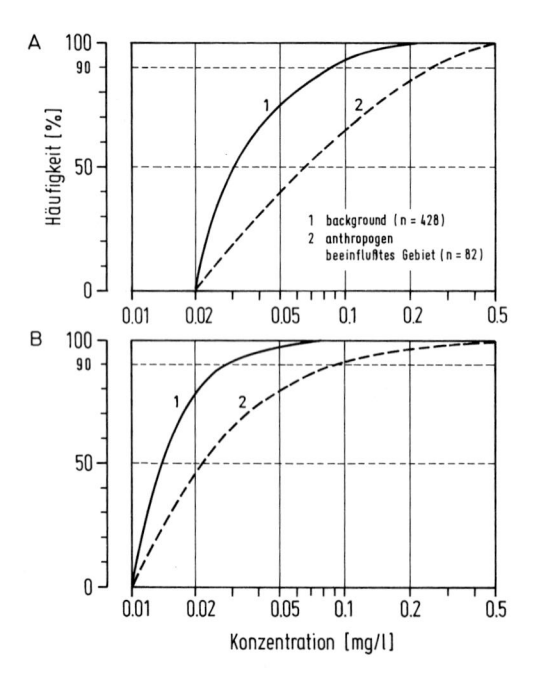

Abb. 7.5: Konzentration der mit CCl_4 extrahierbaren Stoffe in Kluftgrundwässern (Gesamtextrakte (A)) sowie der KW-Gehalte (Al_2O_3-Eluate (B)) in unbeeinflußtem sowie in möglicherweise kontaminiertem Untergrund. Summenlinien nach [4].

7.1.4 Oberflächen- und Sickerwasser

Da kein eigenes Kapitel über die KW-Analyse sonstiger Wässer folgen wird, wird an dieser Stelle ein weiterer wichtiger Gesichtspunkt besprochen, der zudem die Fragwürdigkeit der Freonextraktion in vielen praktischen Fällen beleuchten soll.

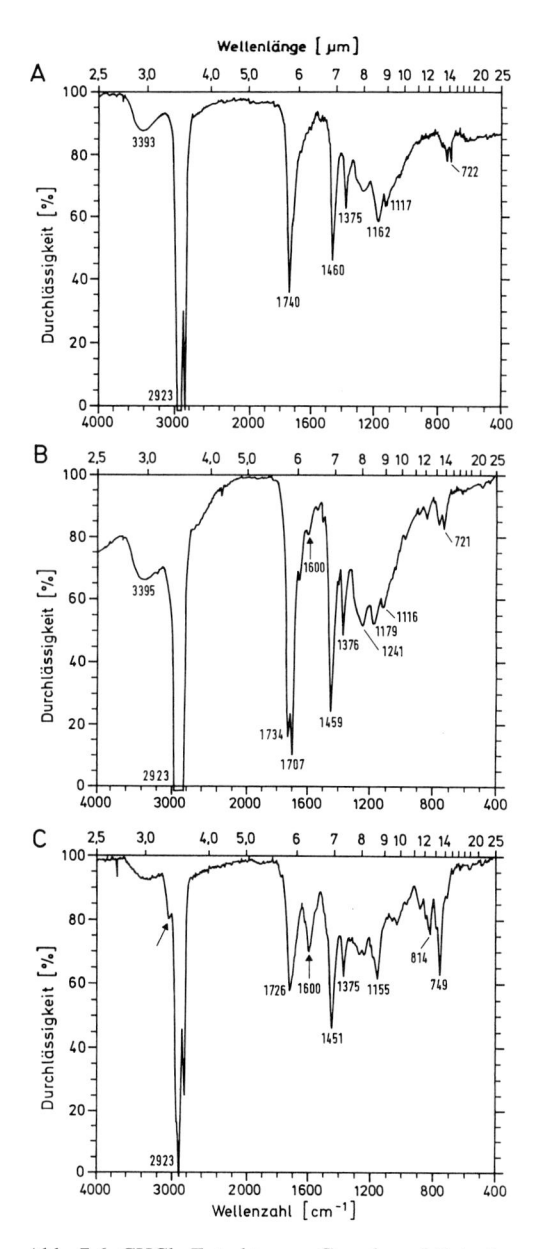

Abb. 7.6: $CHCl_3$-Extrakte von Grund- und Entwässerungswasser eines kontaminierten Bauhofgeländes (vergl. Tab. 7.1), auf KBr.

Tabelle 7-1. Bestimmung der Kohlenwasserstoffe im Entwässerungssystem eines (kontaminierten) Bauhofgeländes (vergl. Abb. 7.6).

Probe	Extraktions- mittel	organoleptische Prüfung des Extraktes	Gesamt- extrakt [mg/l]	Kohlenwasser- stoffe [mg/l]
1	Freon[a)] $CHCl_3$	klar, geruchslos klar, geruchslos	< 0.1 0.16	n.b. < 0.02
2	Freon $CHCl_3$	dunkelbraun, riechend dunkelbraun, riechend	n.b. 1.23	< 0.1 0.18
3	Freon $CHCl_3$	dunkelbraun, Geruch n. Teer dunkelbraun, Geruch n. Teer	1.25 2.1	0.20 0.40

[a)] 1,1,2-Trichlortrifluorethan
n.b. nicht bestimmt

In Abb. 7.6 wurden die $CHCl_3$-Extrakte von Wasserproben im Entwässerungssystem eines Bauhofgeländes IR-spektroskopisch charakterisiert. Abb. 7.6.A zeigt rein biogenen Zuschnitt: man findet keine Absorptionen in den typischen Aromatenregionen. Dafür jedoch typische Banden im Carbonsäureestergebiet (1740, 1162 cm^{-1}) nebst der Langketten-Paraffinbande (722 cm^{-1}). In Abb. 7.6.B ist sicherlich ebenfalls ein erheblicher Teil biogener Herkunft. Doch tritt bei 1600 cm^{-1} auch eine Aromatenbande auf, ganz abgesehen von der Stoffkonzentration in Tab. 7.1. Dieser Extrakt müßte also zur weiteren Klärung aufgetrennt werden.

In Abb. 7.6.C findet man um 3000, 1600, 814 und 749 cm^{-1}, nicht zu übersehende Banden, die zweifelsfrei aromatischen KW zuzuordnen sind. Und zwar, wie dem Fachmann einige Anzeichen, u. a. die dunkelbraune Farbe des Extraktes, verraten, weniger den Mineralöl- als den (Steinkohlen-)Teerölaromaten. Die quantitativen Ergebnisse in Tab. 7.1 stützen und ergänzen diese Befunde: Der Gesamtextrakt der Probe 1 – Abb. 7.6.A – lag mit Freon als Extraktionsmittel unter 0.1 mg/l. Eine Perkolation über Al_3O_3 erfolgte hier nicht, wohl aber mit einem $CHCl_3$-Extrakt, umgelöst in CCl_4, der für die KW-Fraktion weniger als 0.02 mg/l erbrachte. In der zweiten Probe – Abb. 7.6.B – lag der KW-Gehalt, auf Freon bezogen, unter 0.1 mg/l, auf $CHCl_3$ bezogen aber bei 0.18 mg/l. Noch aufschlußreicher war bei dem $CHCl_3$-Verfahren der Gesamtextrakt: er lieferte 1.23 mg/l, war dunkelbraun gefärbt und von teerartigem Geruch. Die sicherlich vorhandenen PAK dieser Probe gingen bei der Perkolation über Al_2O_3 verloren (Abb. 5.6), daher auch der verhältnismäßig niedrige Wert für den KW-Gehalt (0.18 mg/l). Die Probe 3 – Abb. 7.6.C – bestätigt diese Eigenarten auf einem etwas höheren Konzentrationsniveau. Die absolute Unbrauchbarkeit des Freons beruht in unserem Beispiel auf dem Verhalten der Teeröl-KW. Für sie muß man auf CCl_4 oder $CHCl_3$ zurückgreifen, und auch das clean up sollte entsprechend Abb. 5.6 modifiziert werden.

7.1.5 Zusammenfassung und Folgerungen für Trinkwasser

– Freon ist ein gut geeignetes Mittel zur Extraktion von Kohlenwasserstoffen aus Wasserproben, weil die Ausbeute hoch und die Miterfassung von Nicht-KW relativ gering ist.

- Gleichwohl werden auch Nicht-KW (polare Verbindungen) erfaßt. Je geringer die Stoffkonzentration insgesamt ist, umso mehr Gewicht erhalten die polaren Stoffe. Bei einem Gesamtextrakt von etwa 20 µg/l muß mit einem 90 %igem Anteil von polaren Stoffen gerechnet werden.
- Im Wasser findet man stets auch biogene KW (Alkane). Ihr Anteil kann den der mineralölbürtigen KW weit überwiegen oder in vielen Fällen 100 % betragen.
- Es scheint vertretbar, bei einem Gesamtextrakt von weniger als 30 µg/l (bezogen auf Freon als Lösungsmittel) auf weitere Untersuchungen zu verzichten. Die Wasserwerke können diesen Wert i. allg. einhalten.
- Die Abtrennung der Nicht-KW über Adsorbentien und Säulenchromatographie ist problematisch. Als bestgeeignet erwies sich die Kombination CCl_4/Al_2O_3, weil hierbei keine Aromaten mit Ausnahme höher kondensierter PAK adsorbiert werden.
- Übersteigt der Zahlenwert für den Gesamtextrakt 50 µg/l (Freon), so ist ein clean up anzuraten.
- Selbst bei diesem clean up mit CCl_4/Al_2O_3 können noch nennenswerte Mengen von biogenen Störstoffen ins Eluat gelangen. Deren Anteil dürfte allerdings bei Gesamtextraktkonzentrationen von 100 µg/l und mehr zu vernachlässigen sein.
- Für weitere Untersuchungen in Zweifelsfällen bietet sich die Trennung auf Kieselgel-Dünnschichten in eine Fraktion der Alkane und eine der Aromaten an. Von beiden werden nachfolgend IR-Übersichtsspektren aufgenommen.
- Bei der getrennten Analyse von Alkanen und Aromaten, gleichviel ob über IR oder GC, ist zu beachten, daß die beiden Fraktionen nicht unbedingt gleicher Herkunft sein müssen.

Handelt es sich um Abwässer, Sickerwässer oder Oberflächengewässer, so wird man u. U. auf andere Extraktionsmittel als Freon zurückgreifen. Dies besonders dann, wenn Teeröle und/oder Abbauprodukte erfaßt werden sollen.

7.2 Milieubezogene Analytik

In Anlehnung an [5] könnte man, mit gewissen Einschränkungen freilich, die „Sedimente der Binnenseen als Stoffwechseldeponien des Umsatzes in dem Gewässer" ansehen. In allgemeiner Form und analog müßte sich jedes Ökosystem durch bestimmte Stoff- und Energieflüsse charakterisieren lassen. Z. B. wäre zu erwarten, daß aquatische Sedimente je nach dem Trophiegrad des überstehenden Wassers eine mehr oder weniger typische chemische Zusammensetzung, ein „charakteristisches Gepräge" [5] aufweisen, ja, daß dies ebenso für Waldböden, Klärschlämme, Abwässer, Quell- und Regenwasser zutrifft. Wobei sicherlich häufig die Grenze zwischen dem rein-natürlichen Stoffmilieu und dem durch anthropogene Zuflüsse veränderten unscharf oder fließend sein wird. Man denke hier an die durch Phosphor- und Stickstoffverbindungen initiierten Eutrophierungsvorgänge.

Da auch der Kohlenwasserstoffgehalt von Sedimenten, als Resultat der Produktion biogener KW, unmittelbar von der Biomasse abzuhängen scheint und des weiteren die abiotische KW-Bildung bei den diagenetischen Prozessen im Faulschlamm, dem Sapro-

170   7 Wasser- und Feststoffanalysen

pel, stark ansteigt [6], ergeben sich interessante, wenn auch offenbar bislang wenig beachtete Zusammenhänge.

Die Eigenart des Milieus (Kompartiments) sollte sich selbstverständlich auch in der chemischen Zusammensetzung von Extrakten, die man mittels organischer Lösungsmittel erhält, widerspiegeln. Dies kann *elementspezifisch* gesehen werden: in den Relationen von C, P, N und anderen Elementen, *stoffspezifisch*: in den Relationen von Eiweiß, Zucker, Kohlenhydraten, Xanthophyllen usw., und schließlich *fraktionsspezifisch*, wie wir gleich sehen werden.

Um nun auf den entscheidenden Punkt zu kommen: nennenswerte oder gar massive Mineralöleinträge in ein solches Milieu müßten dann an den anderen Mengenrelationen

CCl_4-Extrakt
$CHCl_3$-Extrakt
Aceton-Extrakt

Grünalge

Schwebstoff
(Rhein b. Koblenz)

Klärschlamm
(Sapropel)

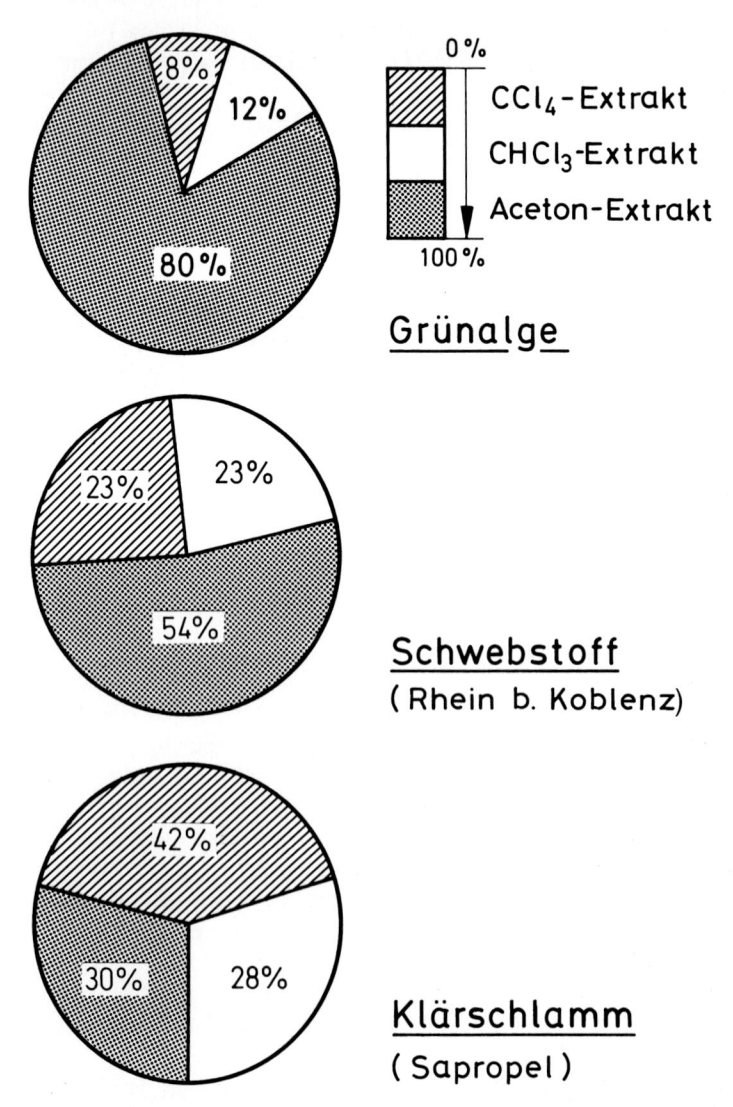

Abb. 7.7: Charakterisierung von drei Kompartimenten durch aufeinander folgende Extraktion mit Lösungsmitteln steigender Polarität und Ermittlung der zugehörigen Extraktanteile.

sowie geänderten Strukturen zu erkennen sein, letzteres anhand von spektroskopischen Messungen (s. Kap. 3) der isolierten Stoffgruppen.

Nach Abb. 7.7 folgen wir diesem Gedanken: extrahiert man die unterschiedlichen Kompartimente Grünalgen, Gewässerschwebstoffe und Klärschlamm nacheinander mit CCl_4, $CHCl_3$ und Aceton, also mit Lösungsmitteln zunehmender Polarität, so erhält man drei Fraktionen, deren Trockenrückstand gewichtsanalytisch bestimmt wurde. Wie man bemerkt, nimmt der relativ unpolare CCl_4-Extrakt von der Algenmatrix (8%) über den Schwebstoff (ca. 25%) bis zum Klärschlamm (ca. 40%) hin zu, während der Anteil des Acetonextraktes in gleicher Richtung abnimmt. Man könnte auch sagen, daß die reduktive Fraktion in dieser Reihenfolge an Bedeutung gewinnt, unabhängig von der Frage, was sich in diesen reduktiven Fraktionen verbirgt. Daß es überwiegend KW sein werden, zeigt Abb. 7.8. Betrachtet und vergleicht man die drei chromatographisch getrennten Fraktionen der Alkane, Aromaten und polaren Stoffe (in summa) respektive Asphalthene in rezenten Sedimenten und Böden mit denen von Rohölen – Abb. 7.8, so findet man wiederum eine typische Aufteilung des $CCl_4/CHCl_3$-Gesamtextraktes/Rohöles nach dem clean up (s. Kap. 5).

Abb. 7.9 führt noch etwas weiter in die Einzelheiten. Chromatographiert man den CCl_4-Probenextrakt von vier verschiedenen Kompartimenten über Kieselgel-Säulen mit n-Hexan und steigenden Anteilen an Benzol (womit man weitgehend im unpolaren Bereich bleibt), so ergeben sich unterschiedliche Profile. Die Form der Profile im einzelnen wird von der Adsorbensmenge und dem Perkolatvolumen mitbeeinflußt. Die Profile in Abb. 7.9 unterscheiden sich sehr deutlich von denen der Mineralölprodukte in Abb. 7.10, in welchen die Alkanfraktion mit über 70 Gew.-% dominiert. Auf dem Wege der Zuordnung über die Bestimmung des reduktiven Anteils, läßt sich auch ohne IR- und GC-Analysen eine erste Beurteilung des Probengutes vornehmen. Eine Profilierung in anderer Form bringt Tab. 7.2.

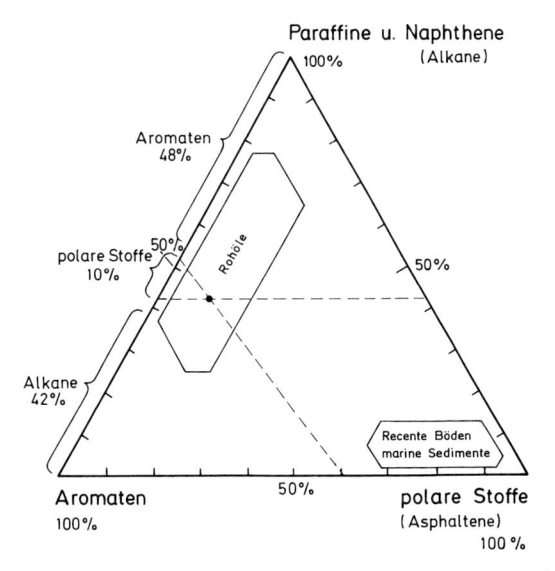

Abb. 7.8: CCl_4/Aceton-Extraktzusammensetzung von Rohölen einerseits und der Extrakte von rezenten Böden/Sedimenten andererseits (Alkane, Aromaten, polare Stoffe).

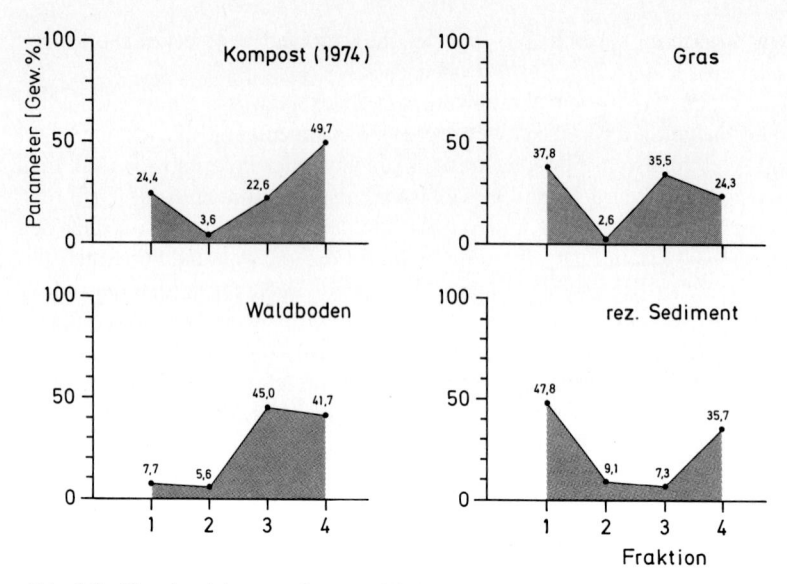

Abb. 7.9: Charakterisierung vier verschiedener Kompartimente in Form eines Profils von Einzelfraktionen, nach Säulen-chromatographischer Auftrennung ihrer $CHCl_3$-Extrakte an SiO_2 mit n-Hexan(1) sowie n Hexan/Benzol = 9:1 bis 6:4 v/v (2–4). 1 – n-Alkane, 2 – ein- und zweikernige Aromaten, 3–4 PAK und polare Stoffe (Säureester u. a.).

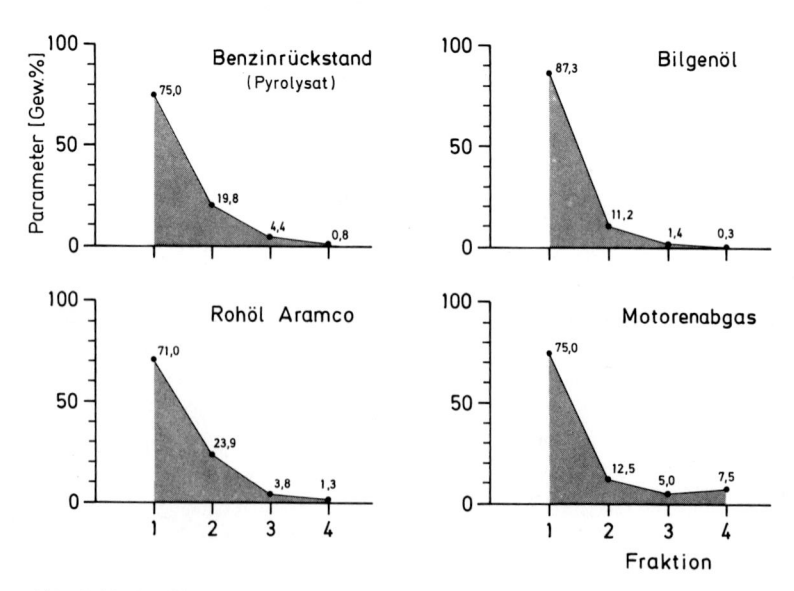

Abb. 7.10: Profile analog Abb. 7.9 für Mineralölprodukte und deren Pyrolysate ermittelt. Fraktionen: 1 – Alkane, 2 – Alkylbenzole und -naphthaline, 3 – und 4 – alkyierte zwei- und mehr-Kern-Aromaten (PAK).

7.2 Milieubezogene Analytik   173

Tabelle 7-2. Zusammensetzung der $CHCl_3/CCl_4$-Extrakte bei unterschiedlichem Probegut in Gew.-%.

Fraktion	Stoffgruppe	Mineralöle[a] [Gew. %]	pflanzl. Extrakte [Gew. %]	rezente Sedimente [Gew. %]
1	Alkane/Alkene	75	ca. 5	ca. 19
2	ein- und zwei-kernige Aromaten	23	< 0.1	≤ 0.1
3	polycyclische Aromaten	$10^{-2} - 10^{-4}$	$10^{-2} - 10^{-3}$	≤ 1
4	Rest	ca. 2	95	80
Σ		100	100	100

[a] Mitteldestillate, Schmieröle

Die dortigen Angaben unterscheiden sich von denen der Abb. 7.9 für das rezente Sediment in zweifacher Hinsicht. Zum einen ist anstelle der Säulentrennung in vier Fraktionen (ad 100%), die den auf der Säule verbleibenden polaren Restanteil unberücksichtigt läßt, hier auf die über Dünnschichten getrennten Fraktionen einschließlich des polaren, nur mit Aceton/Methanol vom Adsorbens mobilisierten Restes (ad 100%) abgehoben. Zum anderen ist in Tab. 7.2 bei den pflanzlichen Extrakten und dem rezenten Sediment der Anteil der Pseudoaromaten – im Gegensatz zur Säulentrennung – nicht in der Fraktion 2, sondern in der Fraktion 4 einbezogen, da diese Tabelle einen direkten Vergleich der Konzentration ausschließlich der Mineralölaromaten zum Ziel hat.

Besonders komplexe Aromatenfraktionen, die bezüglich der Adsorbentien Al_2O_3 und SiO_2 mit den Fließmitteln n-Hexan/Benzol über einen weiten Polaritätsbereich schmieren, wie die des Straßenstaubs, sind noch weiter in Teilfraktionen zerlegbar – Abb. 7.11. Bei der Säulenchromatographie gemäß dem Muster der Abb. 7.9 und 7.10 erhielten wir zunächst für die vier Fraktionen 49.5, 23.3, 19.7 und 7.8 Gew.-%. (Der Anteil der 3. Fraktion wäre für ein reines Mineralöl recht hoch.) Die weitere Auftrennung der Fraktionen 2 und 3, zusammen 12.2 mg, an einer mit 4 g Kieselgel gefüllten Säule mit n-Hexan/Benzolgemischen erbrachte das Resultat der Abb. 7.11. Die einzelnen Fraktionen wiesen diese Färbungen auf: farblos schwach gelb-grün, gelb, orange-gelb und braun-gelb bei nachstehender Eluationsabfolge:

1. 5 ml n-Hexan
2. 3 ml n-Hexan/Benzol (9:1 v/v) + 3 ml (8:2 v/v)
3. 5 ml n-Hexan/Benzol (6:4 v/v)
4. 5 ml n-Hexan/Benzol (6:4 v/v)
5. 5 ml n-Hexan/Benzol (6:4 v/v).

Die Ergebnisse sprechen für ein extrem komplexes Aromatengemisch mit hohem Anteil an hochsiedenden Stoffen sowie alkylierten PAK, wie auch die Befunde der Gaschromatographie in Abb. 3.48 und der NS-Massenspektrometrie in Abb. 3.60 belegen. Bei derartigen Analysentechniken ist natürlich stets auf gleiche Bedingungen im einzelnen zu achten, falls mehrere Proben miteinander verglichen werden sollen.

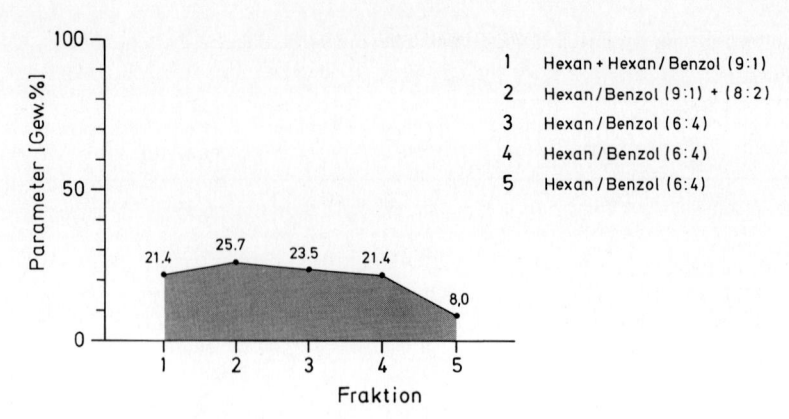

Abb. 7.11: Weitergehende Zerlegung der Aromatenfraktion, sie entspricht den Fraktionen 2–4 in Abb. 7.10, eines Straßenstaubes über Säulenchromatographie an SiO_2 mit n-Hexan bis n-Hexan/ Benzol (6:4 v/v) – Darstellung der Ergebnisse als „Profil". Fraktionen: 1 – vorwiegend alkylierte Benzole, 2–4 – zunehmend höher molekulare Aromaten mit zwei bis 5 kondensierten Kernen.

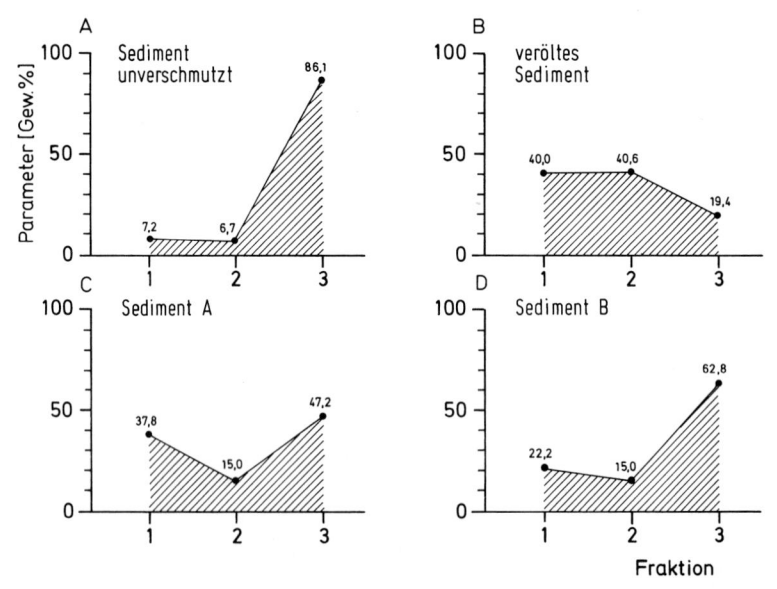

Abb. 7.12: Stoffgruppentrennung der Extrakte von aquatischen Sedimenten zur Beurteilung einer potentiellen Verschmutzung an A_2O_3/SiO_2 mit Heptan, Heptan/Benzol (2:3 bis 1:3 v/v), Benzol/ CH_3OH (1:1 v/v) und Ethylether. Fraktionen: 1 – Alkane, 2 – alkylierte ein- bis drei-Kern Aromaten, 3 – polare Stoffe, Asphaltene. Darstellung als Profil nach [7].

Dem analogen Gedanken folgte man in der Fachliteratur [7] und Abb. 7.12. Es handelt sich dort um Sedimente aus dem Mündungsästuar der Seine. Dem, aufgrund von begleitenden spektroskopischen Untersuchungen, unverschmutzten Sedimentextrakt – Abb. 7.12.A – steht das Stoffverteilungsprofil eines verölten Sediments – Abb. 7.12.B – gegenüber. Die Sedimente A und B – Abb. 7.12.C und D – sind dementsprechend Mineralöl-verdächtig, da ihre Profile durch relativ hohe Anteile der Fraktionen 1 und 2 gekennzeichnet sind.

Mit derartigen typischen Stoffverteilungen hängt auch das Phänomen des KW-backgrounds zusammen, also die Konzentration biogener KW u. a. in den Sedimenten. In der obersten durchwurzelten Bodenzone von Grünland und Wäldern werden i. allg. 100 ppm nicht überschritten. In den tieferen bindigen Schichten dürften KW-Gehalte unter 50 ppm normal sein, in sandigen Böden zumeist weniger als 10 ppm.

Aquatische Sedimente mit größerer Biomasse können von Natur aus erheblich höhere backround-Werte aufweisen. In Schwebstoffen des Rheins fanden wir Konzentrationen von 100 bis 1000 ppm, so daß ohne die Hilfe durch weitere Angaben die KW-Belastung einer Probe schwerlich a priori abzuschätzen sein wird. Hilfreiche Angaben bieten sich an in Form der Biomasse, des totalen organischen Kohlenstoffgehaltes (TOC-Gehalt), des Glühverlustes der Probe oder des Phosphatgehaltes (P-Gehalt), nicht zu vergessen

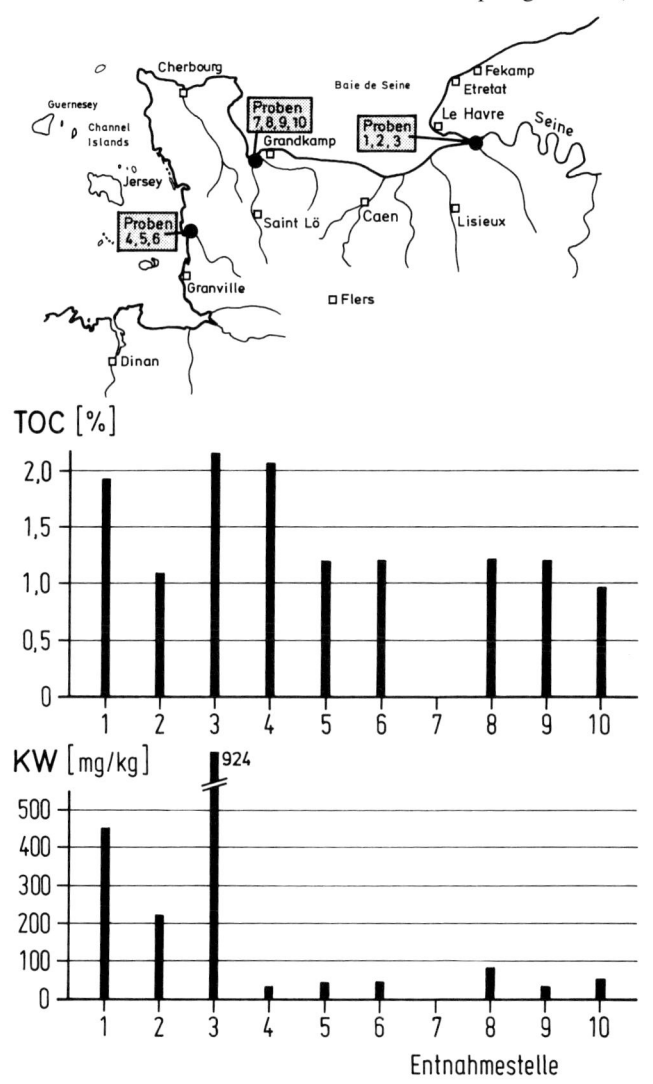

Abb. 7.13: Gegenüberstellung von TOC- und KW-Gehalten in aquatischen Sedimenten zur Abschätzung einer möglichen Mineralölkontamination nach [7].

bei Sedimenten die Korngrößenverteilung [8]. Bei gegebener Matrix, z. B. aquatischen Sedimenten, spiegelt sich ein hoher Anteil an organischem Material (belebt oder abgestorben) in entsprechend hohen Glühverlusten, TOC- und P-Werten wider. TOC- und P-Gehalte signalisieren in etwa, welchen KW-Gehalt man erwarten kann. KW-Konzentrationen von 3 bis 6% des TOC-Wertes sind nach unseren Erfahrungen für unbelastete Sedimente üblich. Werte über 10 oder gar 20% (Abb. 7.13) sind nahezu sichere Zeichen einer Mineralölverschmutzung.

Die soeben zitierten Parameter sind nicht voneinander unabhängig. In biologischem Material findet man häufig ein Verhältnis C : P = 100:1. Der Glühverlust beträgt nicht selten das doppelte des TOC-Wertes, so daß sich für eine Plausibilitätsprüfung etwa gemäß Abb. 7.14 einige Anhaltspunkte ergeben.

Abb. 7.14 faßt für rezente Sedimente die Erfahrungswerte der praktisch unbelasteten Feststoffe zusammen. Bei den anderen Kompartimenten Klärschlamm, Luft- und Straßenstaub handelt es sich zwar auch um Erfahrungswerte, jedoch kann bei ihnen Mineralöl (Pyrolysate) nicht ausgeschlossen werden. Die unterschiedliche Positionierung der einzelnen Kompartimente ist Ausdruck der verschiedenartigen Milieuzusammensetzung, insbesondere der C- und P-Gehalte.

Ein weiterer Aspekt begegnet uns in Grundwässern. In einem zunächst natürlichen Milieu rufen Mineralölkontaminationen typische Folgeerscheinungen hervor, die dem Analytiker nicht zwangsläufig durch einen Anstieg der KW-Konzentrationen auffallen müssen. „Mineralölprodukte werden in gelöster Form (s. Abb. 2.13) offenbar relativ rasch abgebaut" [9], wobei Reduktionszonen entstehen, die weiter wandern. Reduzierte Grundwässer sind also O_2-frei, sie enthalten keine Nitrate und Sulfate, häufig dagegen Fe^{2+} und Mn^{+2}-Ionen neben Ammonium in deutlichen Konzentrationen. Nicht selten wandern polare geruchsaktive Verbindungen von teils phenolartiger Struktur im Grundwasserstrom den KW voraus. Jene lassen sich durch ansteigende Werte des $KMnO_4$-

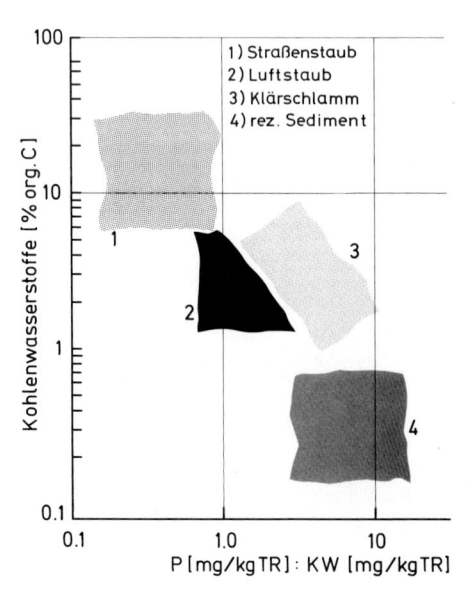

Abb. 7.14: Positionierung ausgewählter Kompartimente aufgrund ihrer KW-, org. Kohlenstoff-C- und Phosphat-P-Gehalte.

Verbrauchs und von kupplungsfähigen Stoffen indizieren. Nach [10] „stellen die wasserlöslichen Ölbestandteile (also nicht unbedingt die KW) in der Regel die Hauptgefahr für Uferfiltratrückgewinnungsanlagen dar".

Kurz: starke Veränderungen der Grundwasserbeschaffenheit, die außer durch häufig vorkommendes reduktives Milieu [9] noch durch ungewöhnliche Konzentrationen an $KMnO_4$ verbrauchenden Stoffen und wasserdampfflüchtigen Phenolen ausgezeichnet sind, stellen Indikatoren für eine Mineralölverschmutzung dar, selbst wenn KW nicht nachgewiesen werden.

Bei alledem sollte man über große Wissenslücken gerade bezüglich der Vorgänge in Grundwässern nicht hinwegsehen, zumal die Bildung von KW aus Huminstoffen und Lignozellulosen der darüberliegenden Bodenschichten nicht für ausgeschlossen gehalten wird [3].

Die Philosophie einer milieubezogenen Analytik, in verwandter Form auch als Plausibilitätsprüfung bekannt, sollte sich nicht auf rein natürliche Bedingungen beschränken. Sofern sich Kohlenwasserstoff- (auch PAK-)Konzentrationen von der Größenordnung her auf bestimmte Kompartimente fixieren lassen, als Ist-Zustand sozusagen, dürfte sie auch dort am Platze sein. In Abb. 7.15 sind die Häufigkeitsverteilungen der PAK-Gehalte als Summe der 6 Trinkwasseraromaten für Küstensedimente, Ackerböden in ländlichem Raum sowie in Straßennähe und für Luftstäube angegeben. Sie stellen mithin das dar, was man heutzutage an PAK-Konzentrationen finden kann, ohne die Frage der Herkunft bzw. der Quelle unmittelbar aufzuwerfen. Eine PAK-Belastung von etwa 3 ppm wäre demnach für Küstensedimente ebenso ungewöhnlich, wie die Konzentration von nur 5 ppm in einem Luftstaub.

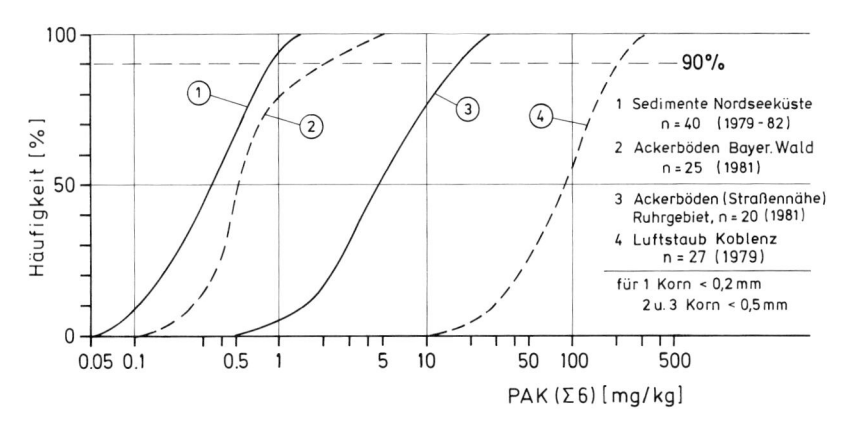

Abb. 7.15: Häufigkeitsverteilung der PAK-Gehalte (Σ 6 Aromaten der deutschen Trinkwasserverordnung) ausgewählter Kompartimente.

7.3 Hochwasserschwebstoffe

Man kann die Gewässerschwebstoffe unter verschiedenen Gesichtspunkten betrachten: als örtlich und zeitlich variables Gemenge von Plankton, Detritus und mineralischen Bestandteilen, im Sinne des Abschnittes 7.2 als Kompartiment bzw. Milieu, als Vorstufe von aquatischen Sedimenten und schließlich als Träger des Massentransportes von organischen und anorganischen Stoffen einschließlich der KW und Mineralöle in Fließgewässern. Als Folge von Niederschlägen werden abgetragene Bodenpartikel in die Gewässer eingespült, die sich dort mit weiterem Erosionsmaterial und der bodenständigen Schwebstoffmasse verbinden. In [11, Kapitel 2 und 4) ist eingehend über die Zusammenhänge berichtet worden, so daß hier nur noch auf folgendes aufmerksam gemacht wird:

Aufgrund ihrer Herkunft und großen Menge gelten die Hochwasser (HW)-Schwebstoffe allgemein als anthropogen gering belastet, jedenfalls im Vergleich zu den durch Abwässer konzentriert belasteten Niedrigwasserschwebstoffen. Man ist geneigt, in den HW-Schwebstoffen die Verhältnisse auf und in landwirtschaftlichen Nutzflächen wiederzufinden. Auf der anderen Seite ist eine HW-Welle durchaus nicht einheitlich kontaminiert! Der eingespülte Straßen- und Luftstaub gleich zu Beginn von Niederschlägen ist sicherlich deutlich mit Mineralölpyrolysaten und PAK sowie Schwermetallen belastet. Im folgenden wird die Analyse eines Schwebstoffes beschrieben, der sich beim Rückgang der HW-Welle im Dezember 1993 vor der Bundesanstalt für Gewässerkunde in Koblenz abgesetzt hatte, wobei die Analyse aber sicherlich nicht den gesamten Schwebstoff der Welle repräsentiert. Bei diesem Jahrhunderthochwasser dürfte der Rhein nach Schätzungen vom 21. bis 27. Dezember 1993 ca. 1.3 Mio t Schwebstoff transportiert haben [12].

Das Probengut wurde mit Aceton und nachfolgend mit Freon erschöpfend extrahiert. Nach dem Umlösen in CCl_4 ergaben sich über IR für den Gesamtextrakt 1670 mg/kg, für den über Al_2O_3 gereinigten KW-Anteil (Abschnitt 5.1) 210 mg/kg. (Die Differenz 1670–210 = 1460 ppm steht für die polaren Stoffe. Für diese wurde der gemessene Squalan-Wert (Extinktion der CH_2-Gruppe) mit dem Faktor 2 multipliziert, um die C=O-Gruppen zu berücksichtigen.) Von der Größenordnung her (210 ppm) ließe sich der ermittelte KW-Gehalt als milieukonform und daher biogen einordnen. Der Schwerpunkt dieses Abschnittes liegt nun gerade darin zu zeigen, daß eine detaillierte instrumentelle Analytik zu etwas anderen Resultaten kommen kann. In diesem Sinne wurde der Gesamtextrakt u.a. über Kieselgel-Dünnschichten mehrstufig chromatographiert – Technik s. Abschnitt 5.2 –, wobei Fraktionen von unpolarem bis zunehmend polarem Charakter erhalten wurden, die dann mittels IR-, UV- und Fluoreszenzspektroskopie weiter untersucht wurden.

7.3.1 IR-Spektroskopie

Die IR-Übersichtsspektren sind in Abb. 7.17, das zugehörige Trennschema in Abb. 7.16 dargestellt. Bei den Alkanen – Abb. 7.17.1 – sei hier lediglich auf das Verhältnis der beiden Banden bei 1374 und 723 cm^{-1} hingewiesen: es spricht nicht für die erwartete biogene Herkunft (Tab. 3.6), doch können biogene Alkane mit anwesend sein. Im Spektrum Abb. 7.17.2 treten zwischen 600 und 800, bei 1600 und 3050 cm^{-1} typische Aroma-

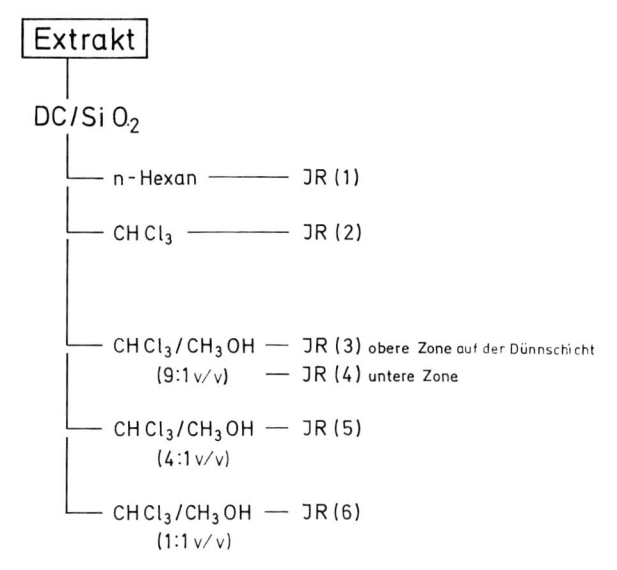

```
Extrakt
  |
DC/SiO₂
  |── n-Hexan ──────── JR (1)
  |── CHCl₃ ────────── JR (2)
  |── CHCl₃/CH₃OH ──── JR (3) obere Zone auf der Dünnschicht
  |     (9:1 v/v)    ── JR (4) untere Zone
  |── CHCl₃/CH₃OH ──── JR (5)
  |     (4:1 v/v)
  |── CHCl₃/CH₃OH ──── JR (6)
        (1:1 v/v)
```

Abb. 7.16: Trennschema eines Schwebstoff-Extraktes an SiO_2-Dünnschichten.

tenbanden auf, die zweifelsfrei Mineralölprodukte anzeigen. In den Spektren Abb. 7.17.3 bis 6 bemerkt man die zunehmende Intensität der O-H-Banden um 3360 bzw. 3400 cm^{-1}. Ferner erscheint die C=O (Ester-)-Bande zwischen 1700 und 1730 cm und ein anwachsender Untergrund (–C–O–) im fingerprint-Gebiet mit Maxima bei 1116 (Abb. 7.17.5) und 1073 cm^{-1} (Abb. 7.17.6). Diese letztgenannten Strukturelemente sind überwiegend biogen, doch sind Anteile von Mineralölabbauprodukten nicht auszuschließen. In den Ausschnittvergrößerungen der IR-Spektren 3 (= I), 5 (= II) und 6 (= III) – Abb. 7.18 – findet man wesentliche Unterschiede in der Region zwischen 600–800 cm^{-1} (vergl. Abschnitt 3.1 und Abb. 3.10). Ausschnitt III zeigt eine typisch biogene Struktur (721 cm^{-1}) und nur diese. Die anderen beiden Ausschnitte zeigen Mineralöle an, so durch die Banden bei 700 und 748 cm^{-1} der monosubstituierten Alkylbenzole.

Bei einem Vergleich des IR-Spektrums der Aromatenfraktion (Abb. 7.17.2) mit den Spektren von Standardraffinaten in Abb. 3.10.C käme in erster Näherung ein Mitteldestillat, biogen „verdünnt" in Frage. Fraktioniert man diese Aromaten über Al_2O_3-Säulen mit CCl_4, und zwar nicht gemäß Abschnitt 5.1 durch einfaches Filtrieren ohne Nachspülen, sondern durch Verdrängung, und spült dann mit $CHCl_3$ nach – Schema in Abb. 7.19 –, so gewinnt man zwei Teilfraktionen I und II (Abb. 7.20). In I tauchen nicht nur die schon erwähnten Absorptionen von Mineralölelementen, sondern bei 808, 1029, 1093 und 1260 cm^{-1} auch diejenigen von Siliconölen auf. Siliconöle trifft man häufig in verschmutzten Sedimenten der Wasserstraßen an. Spektrum 7.20.II unterscheidet sich von Spektrum 7.20.I nicht nur durch das Fehlen der Siliconölbanden, sondern durch Einzelheiten nahe 3000 cm^{-1}, im fingerprint-Gebiet und im Bereich der out-of-plane-Schwingungen zwischen 600 und 1000 cm^{-1}. Während z. B. in I, wenn auch schwach, Alkylbenzole erscheinen (699 cm^{-1}) bemerkt man in II einerseits eine ausgeprägte Langketten-Paraffinbande (720 cm^{-1}). Andererseits erreicht die 745er Aromatenabsorption in II sogar die Höhe der CH_3-Bande um 1375^{-1}. Ohne die Beweisführung im einzelnen weiter zu verfolgen sei festgestellt, daß sich unter I wahrscheinlich ein Mitteldestillat-Siliconölgemisch, unter II ein PAK-reiches Öl zusammen mit biogenen Komponenten verbirgt.

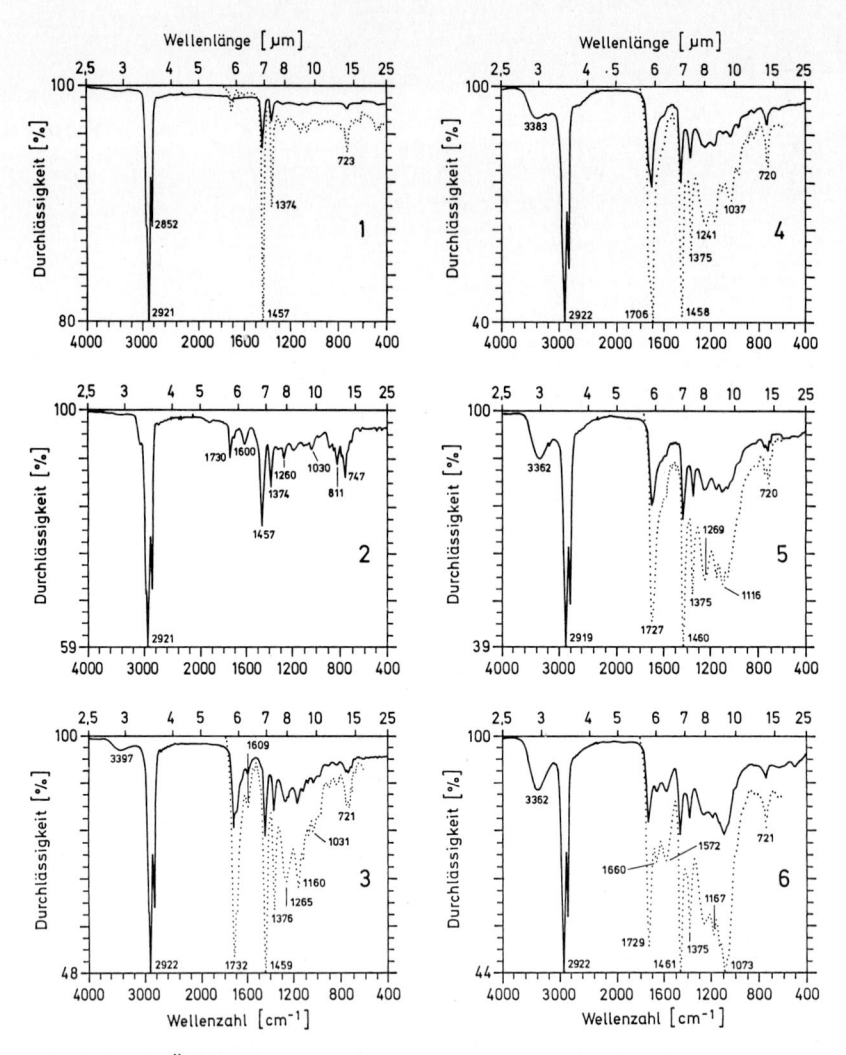

Abb. 7.17: IR-Übersichtsspektren der nach Abb. 7.16 erhaltenen Fraktionen vom Extrakt eines Hochwasser-Schwebstoffes (Dezember 1993) nach SiO$_2$-Dünnschicht-Trennung auf KBr. Durchgezogene Linie: CH$_2$-Bande bei 2920 cm^{-1}, gestrichelte Linie: CH$_2$-Bande bei 1460 cm^{-1} auf full scale normiert.

7.3.2 UV-Spektroskopie

Das Gegenstück zu Abb. 7.20.I stellt in UV-Absorption die Abb. 7.21, dasjenige zu Abb. 7.20.II die Abb. 7.22 dar. Die geringe Konzentration des Siliconöls stört in Abb. 7.21 nicht. Hier tauchen neben einem durchaus für Mitteldestillate oder Schmieröl typischen Spektrenteil (vgl. mit Abb. 3.21 in D1) auch Banden im längerwelligen Gebiet auf, die in D1 für das Fluoranthen mit den Ziffern -284/-287 markiert wurden. Möglicherweise liegen zwei Grundöle vor, deren vollständige Trennung nach Abb. 7.19 nicht gelang.

7.3 Hochwasserschwebstoffe   181

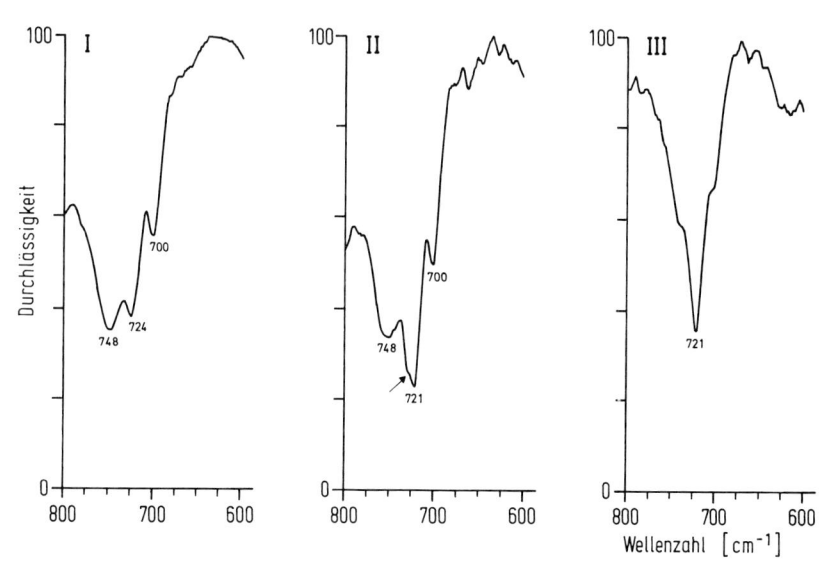

Abb. 7.18: Ausschnittvergrößerung der IR-Spektren Nr. 3, 5 und 6 aus Abb. 7.17 mit zusätzlicher Verstärkung der y-Achse.

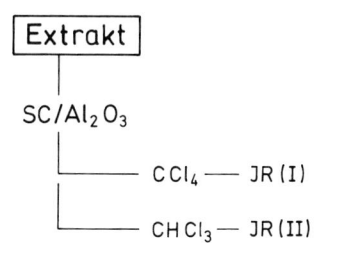

Abb. 7.19: Trennschema der Aromatenfraktion aus Abb. 7.17.2 an Al_2O_3-Säulen.

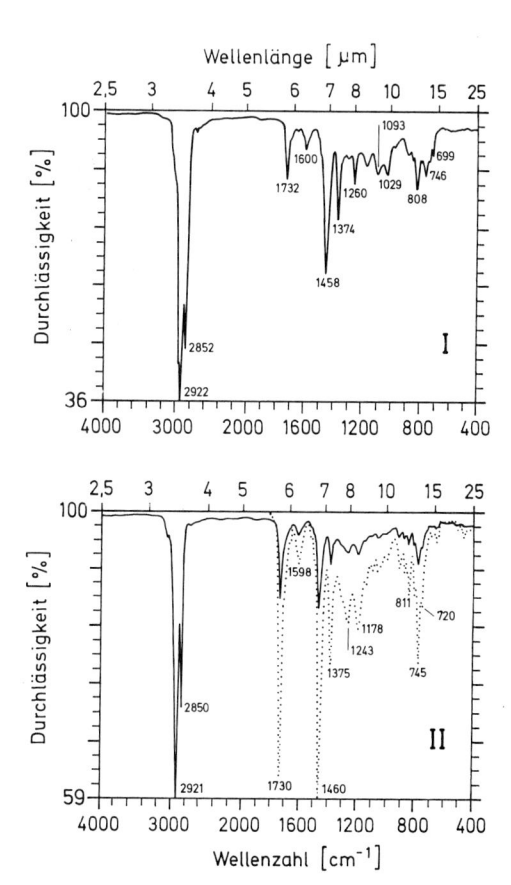

Abb. 7.20: IR-Übersichtsspektren der nach Abb. 7.19 erhaltenen Teilfraktionen der Aromatenfraktion aus Abb. 7.17.2 nach Trennung an Al_2O_3-Säulen.

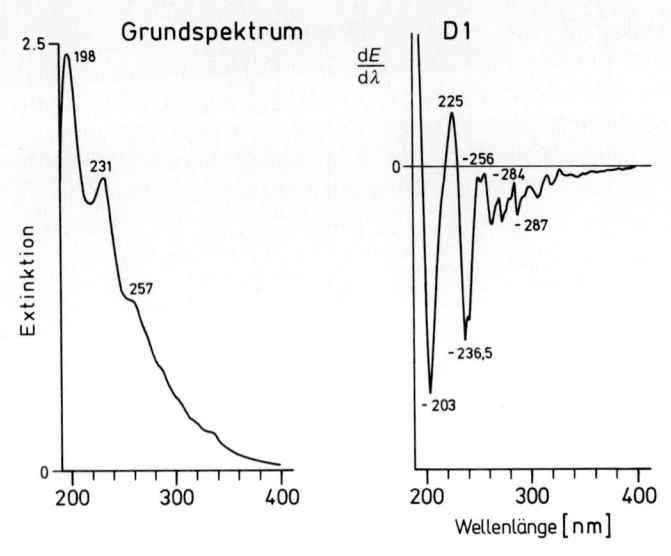

Abb. 7.21: UV-Spektren in 0. und 1. Ordnung der Schwebstofffraktion aus Abb. 7.20 I.

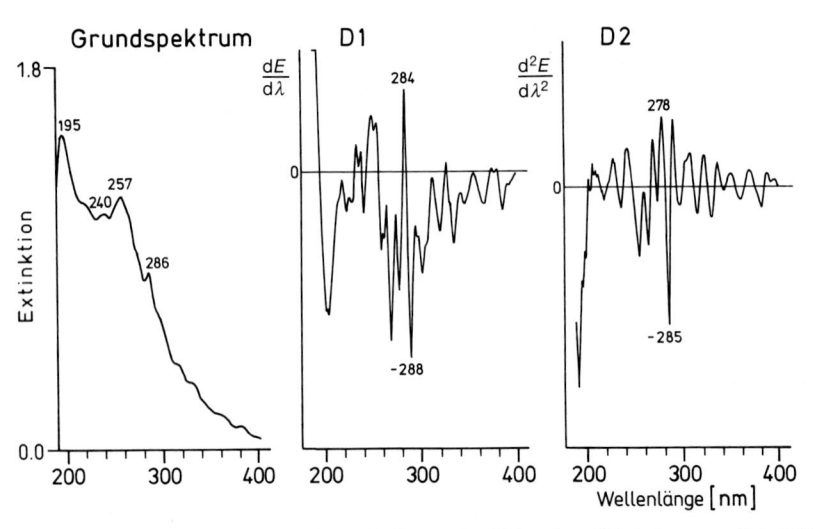

Abb. 7.22: UV-Spektren in 0. bis 2. Ordnung der Schwebstofffraktion aus Abb. 7.20 II.

Dieses mögliche zweite Grundöl erweist sich nach Abb. 7.22 als hocharomatisch, d. h. ausgezeichnet durch eine erhebliche PAK-Konzentration. Die Entscheidung, ob es sich um ein Altöl oder Teeröl handelt, ist nicht sicher zu treffen. Im übrigen sei, wie auch bezüglich der Fluoreszenz, auf die Ausführungen der Abschnitte 3.2 und 3.3 verwiesen.

7.3.3 Fluoreszenzspektroskopie

Führt man ein clean up des Schwebstoff-Extraktes in CCl_4 über Al_2O_3-Säulen gemäß Abschnitt 5.1 durch (Filtration ohne Nachspülen oder Verdrängen), so erhält man ausschließlich Mineralölaromaten ohne merkbare Anteile von mehrkernigen kondensierten Aromaten. Nach dem Aussehen des Synchron-Fluoreszenzspektrums in Abb. 7.23 kommt sowohl ein Mitteldestillat wie Motorenöl gleichen Siedebereiches in Betracht. Zwischen diesen beiden Möglichkeiten würde wohl erst die Gaschromatographie und/ oder Niederspannungs-Massenspektrometrie entscheiden.

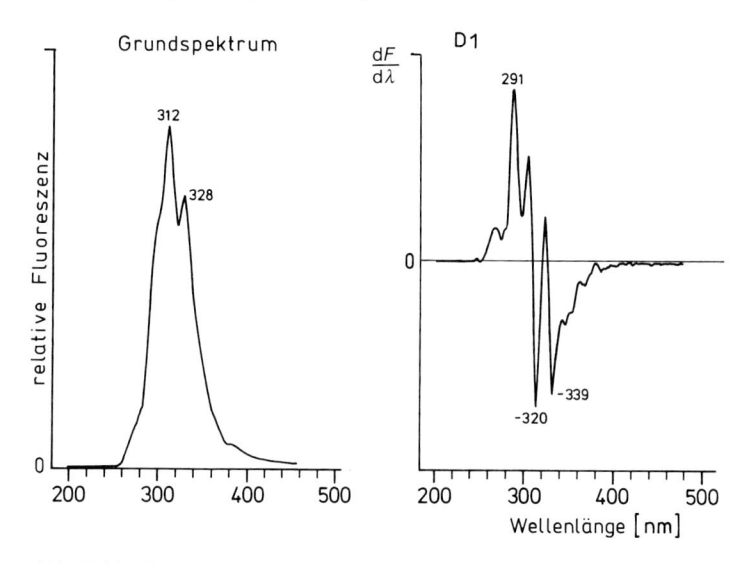

Abb. 7.23: Synchron-Fluoreszenz-Grundspektrum und Spektrum 1. Ordnung (D1) des HW-Schwebstoffextraktes, perkoliert mit CCl_4 über Aluminiumoxid-Säule, $\Delta\lambda = 2$ nm, Spaltbreite Ex und Em = 2 nm.

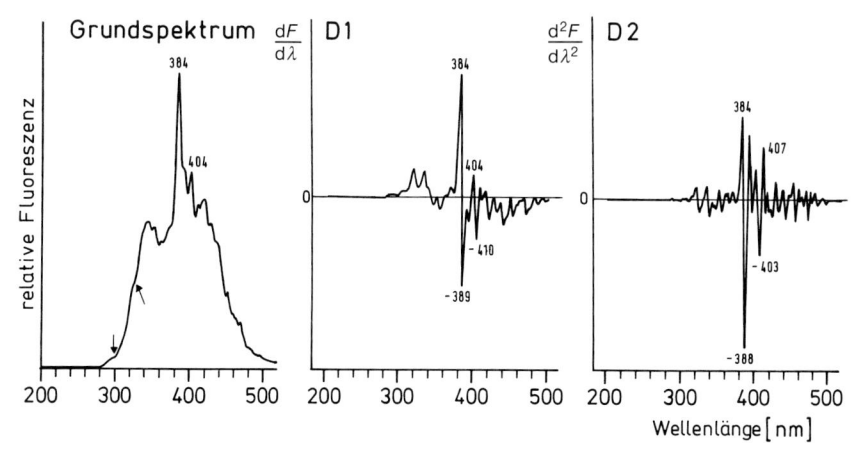

Abb. 7.24: Synchron-Fluoreszenz-Grundspektrum und Spektren 1. und 2. Ordnung (D1 und D2) der gesamten Aromaten (Mitteldestillat und Teeröl) des Schwebstoffs, über Dünnschicht isoliert (s. Abb. 7.16 und Abb. 7.17.2), $\Delta\lambda = 2$ nm, Spaltbreiten in Ex und Em = 2 nm.

Die über Dünnschichten erhältliche gesamte Aromatenfraktion – Abb. 7.17.2 – liefert ein recht komplexes Synchron-Spektrum vom mittleren bis zum höheren Siedebereich, Abb. 7.24, in welchem der Anteil des Mitteldestillates – durch zwei Pfeile im Grundspektrum markiert – unterrepräsentiert erscheint, gemessen an der Wichtung des PAK-Anteils. Es gleicht im übrigen frappierend einem mit PAK hochbelasteten (PAK-Summe 6 der TV > 100 ppm) Schwebstoff des Rheins in [13, Abb. 12].

7.3.4 Schlußfolgerungen

Das soeben beschriebene Beispiel vermittelt uns einige Lehren. Zunächst die Tatsache, daß in Kompartimenten mit unsicherem background, wie in Gewässerschwebstoffen und -Sedimenten, nur eine detaillierte Analyse Auskunft darüber geben kann, ob Mineralölprodukte vorhanden sind oder nicht. Zweitens findet man unter solchen Voraussetzungen stets biogene Strukturen, denen sich fallweise die typischen Mineralölaromatenstrukturen überlagern. Es wurde drittens gezeigt, daß die IR-Spektroskopie nach einer mehrstufigen Chromatographie des Extraktes in der Lage ist, Mineralöle, ausgehend von den Aromaten, bis in die polaren Fraktionen hinein nachzuweisen. Die Feststellung des Öltyps, bei Mischungen auch die der verschiedenen Grundöle, setzt weitere clean up-Operationen innerhalb der Aromatenfraktion voraus. Durch die spezielle Ausführung der chromatographischen Folgeschritte, z.B. nach Abb. 7.25 in der Variante X, d.h. durch *Stoffverdrängung* auf der Säule, oder durch Y, bei dem der Extrakt lediglich über das Adsorbens *filtriert* wird, können im Eluat unterschiedliche Mischungen gefunden werden. Die UV-Absorptions- und Fluoreszenz-Spektren ergänzen und vertiefen die Ergebnisse der IR-Spektroskopie, ohne aber diese zu ersetzen! Sie engen den in Frage kommenden Kreis von Mineralölen weiter ein, wobei hier offensichtlich die biogenen Stoffe weit weniger stören. Um die Siedebereiche festlegen zu können, wären die Ergebnisse der Gaschromatographie wünschenswert.

Der vorliegende Fall ist insofern besonders schwierig, als Anzeichen für einen Mineralölabbau in den polaren Fraktionen über die IR-Spektren gefunden wurden. Hier wäre noch einige Forschungsarbeit von Nöten, um eine endgültige Aussage über die Zusammensetzung der KW des HW-Schwebstoffes machen zu können.

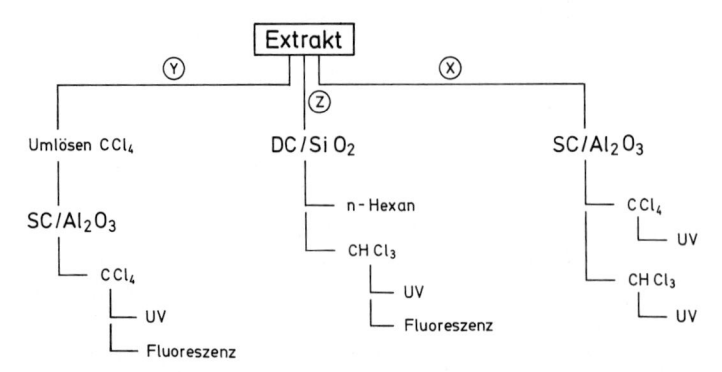

Abb. 7.25: Verschiedene Auftrennungsvarianten des Schwebstoffextraktes und Möglichkeiten des Einsatzes von UV- und Fluoreszenzspektroskopie.

Letztendlich bestätigt sich noch einmal die Problematik des clean ups bei der quantitativen KW-Bestimmung, weil in Anlehnung an die Norm selbst mit CCl_4 ein Teil der Aromaten nicht die Adsorbersäule passiert.

7.4 Terrestrische Sedimente (kontaminiert)

7.4.1 Einführung

Die sicherlich nicht in rosigem Licht erscheinende Erfahrung der letzten Jahrzehnte besagt, daß die Probleme in Verbindung mit der Kontamination der Landflächen eher noch gravierender, als die der aquatischen Sedimente sein dürften. Nicht zuletzt deswegen, weil auf dem Land der Verdünnungseffekt von großen Wasservolumina ebenso fehlt, wie die durchgreifende Verteilung der potentiellen Schadstoffe auf die Phasen Wasser/Schwebstoff (Sediment) und Luft. Daß sich stattdessen Boden-Luft-spezifische Schadenssituationen herausbilden können, wurde in Abschnitt 2.2 geschildert. Örtlich in Böden vorkommende Kohlenwasserstoffkonzentrationen sind denn auch fallweise so hoch, wie sie in aquatischen Sedimenten nur bei i. allg. seltenen Ölkatastrophen (Abschnitt 2.1) vorkommen.

Die derzeit unbefriedigende Lage offenbart sich vor allem auf dem Gelände von Werften, Häfen und Bauhöfen, zuweilen auch von Tankstellen. Im Boden von Werftgeländen rechnet man schon von vornherein mit Schwermetallen wie Eisen, Blei (Mennige) und Zink. Die Verschmutzung des Untergrundes mit Mineralölprodukten war häufig nicht ganz vermeidbar. Vor Jahrzehnten hat man Ölvorräte und -lager eingebunkert, die teilweise nach Luftangriffen und/oder durch Korrosion freigesetzt wurden. Inwieweit Grundwässer davon betroffen sind, und was alles noch – besonders in den neuen Bundesländern – auf uns zukommt, vermag niemand mit Sicherheit vorauszusagen.

Eine besonders schwerwiegende, dabei durchaus nicht seltene Verunreinigung geht von den im Abschnitt 1.3 vorgestellten Teerölen aus. In verhältnismäßig vielen Bauhöfen und Werften wurden in den 30er und 40er Jahren Gasanstalten betrieben. Der bei der Vergasung von Steinkohlen entstehende Teer stellt eine hochprozentige Mischung von PAK dar, in welcher die für Mineralöle typischen Alkane, Alkylaromaten usw. praktisch völlig fehlen. Im folgenden Abschnitt geht es um einen Schadensfall, der vom Verfasser mit dem in Kap. 3 geschilderten Instrumentarium untersucht wurde. Da allein die Meßergebnisse und -protokolle einen Ordner füllen, kann hier nur ein Auszug davon vorgelegt werden.

Abb. 7.26 informiert über das Gelände, die Baulichkeiten und die Lage der 12 Bohrungen. Letztere wurden bis teilweise 6 Meter Tiefe niedergebracht und sollten eine Beurteilung des gesamten Geländes ermöglichen. Neben ausgesprochen ländlichen Arealen (z. B. Entnahmestelle Nr. 10), ein Gartengelände mit Wohnhaus, findet man die soeben erwähnte Gasanstalt, von den Entnahmestellen 4, 5 und 9 eingerahmt. Die visuelle und organoleptische Ansprache der Bohrkernsegmente wies das Probengut, je nach Entnahmestelle, als ölfrei bis öltriefend aus. In Abb. 7.26 ist das Analysenergebnis der obersten 20 bis 30 cm mächtigen Bodenschicht (dort als Proben-Nr. 1 bezeichnet) für sämtliche 12 Bohrprofile zu finden. Unter Mineralölprodukten sind hier alle KW, also auch die

186   7 Wasser- und Feststoffanalysen

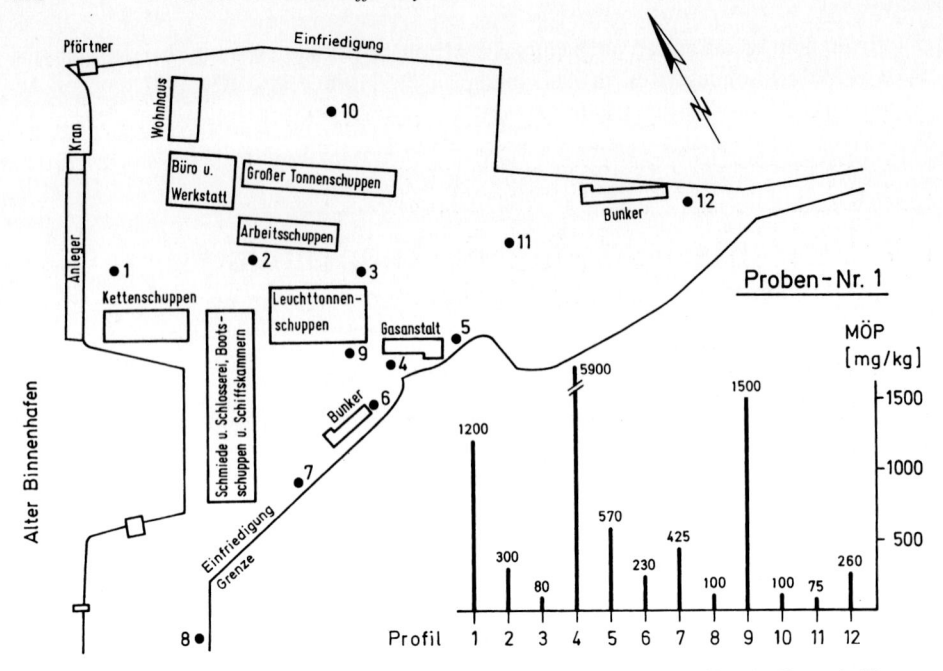

Abb. 7.26: Lageplan, Werftgelände mit Entnahmestellen (Bohrungen/Profile) 1–12 sowie Konzentrationen an Mineralölprodukten in der jeweils obersten Schicht 0–30 cm.

Teeröle, subsummiert. Erwartungsgemäß treten in dem näheren Umkreis der Gasanstalt die höchsten Konzentrationen, in ländlichem Gebiet die niedrigsten auf.

Das Schichtenverzeichnis nach DIN 4022 Blatt 1 (Tab. 7.3 und 7.4) ergänzt die Vorortuntersuchungen und ist für die chemische Analyse und die schlußendliche Interpretation der Meßergebnisse unentbehrlich. (Die tieferen Segmente sind in diesen beiden Tabellen nicht mehr mitaufgeführt.) Bei der Bohrung Nr. 4 konnte man Dieselgeruch bis in eine Tiefe von 2.80 m bemerken. Unter dem Auffüllboden liegt hier sandiger Schluff. Von der Konsistenz her löst weicher Schlick ab etwa 1 m Tiefe abwärts den steifen Klei ab.

Eine Kornfraktionierung derartiger Proben vor der Extraktion, wie etwa bei aquatischen Sedimenten empfehlenswert, erscheint hier jedoch mehr als unzweckmäßig. Besonders beim Auffüllboden ist die Sachkenntnis des Analytikers hinsichtlich des weiteren Vorgehens gefordert (vgl. Abschnitt 6.2). Das geologisch-bodenkundliche Bild wiederholt sich im Prinzip bei den Segmenten der Bohrung 10 (Tab. 7.4) mit dem Unterschied, daß – nach der Tiefe zu – auf den Oberboden (Mutterboden) der sandige Schluff folgt.

7.4.2 Chemische Analysen – Stoffkonzentrationen

Anhand der Abb. 7.27 erkennen wir ein etwas merkwürdiges Analysenergebnis für den Bohrkern 4. Auf das Phänomen, daß sowohl Diesel- als auch Teerölkontaminationen vorliegen, wird noch eingegangen. Daß die höchste Belastung in den obersten Segmenten vorkommt, erscheint plausibel. Erwähnenswert ist aber zum einen der krasse Wechsel von stark (>1000 mg/kg) mit sehr gering (<100 mg/kg) belasteten Zonen, und insbesondere der Wechsel von praktisch unbelasteter zur wiederum hoch belasteter

7.4 Terrestrische Sedimente

Tabelle 7-3. Schichtenverzeichnis für Bohrungen ohne durchgehende Gewinnung von gekernten Proben.

Bohrung / Schurf Nr.: 4   Zeit: 17.12.91

a) Bis ... m unter Ansatzpunkt b) Mächtigkeit in m	a1) Benennung und Beschreibung der Schicht a2) Ergänzende Bemerkung¹) b) Beschaffenheit gemäß Bohrgut / c) Beschaffenheit gemäß Bohrvorgang / d) Farbe / e) Kalkgehalt f) Ortsübliche Bezeichnung / g) Geologische Bezeichnung¹) / h) Gruppe²)					Feststellungen beim Bohren: Wasserführung; Bohrwerkzeuge; Werkzeugwechsel; Sonstiges	Entnommene Proben		
							Art	Nr.	Tiefe in m (Unterkante)
1	2					3	4	5	6
a) 0,50 b) 0,50	a1) Auffüllboden a2) Dieselgeruch b) lose c) d) grau e) f) g) h)					Ansatzpunkt Gelände	G	1	0,20
a) 1,20 b) 0,70	a1) Schluff, feinsandig a2) Dieselgeruch b) steif c) d) dunkel grau e) f) Klei g) h)					Wasser 1,00 m unter Ansatzpunkt	G	2	0,60
a) 2,00 b) 0,80	a1) Schluff, feinsandig a2) stark Dieselgeruch b) weich c) d) blau e) f) Schlick g) h)						G	3	1,50
a) 2,50 b) 0,50	a1) Schluff, stark feinsandig a2) stark Dieselgeruch b) weich c) d) blau grau e) f) Schlick g) h)						G	4	2,30
a) 3,40 b) 0,90	a1) Schluff, feinsandig a2) stark Dieselgeruch b) weich c) d) blau grau e) f) Schlick g) h)						G	5	2,80
a) 4,00 b) 0,60	a1) Schluff, feinsandig a2) oelhaltig b) weich c) d) e) f) Schlick g) h) blau						G	6	3,90

¹) Eintragung nimmt der wissenschaftliche Bearbeiter vor
²) Eintragung nimmt der wissenschaftliche Bearbeiter nach DIN 18 196 vor

Formblatt 2 nach DIN 4022 Blatt 1

7 Wasser- und Feststoffanalysen

Tabelle 7-4. Schichtenverzeichnis für Bohrungen ohne durchgehende Gewinnung von gekernten Proben.

Bohrung / ~~Schurf~~ Nr.: 10   Zeit: 16.12.91

a) Bis ... m unter Ansatzpunkt b) Mächtigkeit in m	a1) Benennung und Beschreibung der Schicht / a2) Ergänzende Bemerkung¹) / b) Beschaffenheit gemäß Bohrgut / f) Ortsübliche Bezeichnung		c) Beschaffenheit gemäß Bohrvorgang / g) Geologische Bezeichnung¹)	d) Farbe / h) Gruppe²)	e) Kalkgehalt	Feststellungen beim Bohren: Wasserführung; Bohrwerkzeuge; Werkzeugwechsel; Sonstiges	Entnommene Proben		
							Art	Nr.	Tiefe in m (Unterkante)
1	2					3	4	5	6
a) 0,30	a1) Oberboden					Ansatzpunkt Gelände			
	a2)						G	1	0,20
b) 0,30	b) steif	c)		d) schwarz	e)				
	f) Mutterboden		g)	h)					
a) 0,60	a1) Schluff, schwach feinsandig schwach tonig								
	a2)						G	2	0,50
b) 0,30	b) steif	c)		d) dunkel grau	e)				
	f) Klei		g)	h)					
a) 0,90	a1) Schluff, schwach feinsandig schwach tonig								
	a2)						G	3	0,80
b) 0,30	b) steif	c)		d) dunkel grau	e)				
	f) Klei		g)	h)					
a) 1,20	a1) Schluff, feinsandig schwach tonig								
	a2)						G	4	1,20
b) 0,30	b) steif	c)		d) grau	e)				
	f) Klei		g)	h)					
a) 1,50	a1) Schluff, schwach feinsandig								
	a2)						G	5	1,40
b) 0,30	b) weich	c)		d) blau grau	e)				
	f) Schlick		g)	h)					
a) 1,90	a1) Schluff, schwach feinsandig								
	a2)						G	6	1,90
b) 0,40	b) weich	c)		d) blau grau	e)				
	f) Schlick		g)	h)					

¹) Eintragung nimmt der wissenschaftliche Bearbeiter vor
²) Eintragung nimmt der wissenschaftliche Bearbeiter nach DIN 18 196 vor

Formblatt 2 nach DIN 4022 Blatt 1

7.4 Terrestrische Sedimente   189

(>3000:mg/kg) Probe zwischen 2 und 3 m Tiefe. Da denkt man als erstes natürlich an eine Vertauschung der Probenbehälter. Doch dies ist nicht geschehen. Auch bei einigen anderen Bohrungen wurde diese Art der *Alternierung der KW-Gehalte* beobachtet. Die Lösung des Rätsels könnte in der Tatsache gesehen werden, daß das Gelände in der Endphase des zweiten Weltkrieges bombardiert wurde, und die Bombentrichter nach Kriegsende – ohne an kommenden Bodenschutz zu denken – einfach aufgefüllt wurden. Bereits vorhandene Teerölkontaminationen konnten auf diesem Wege in unterschiedli-

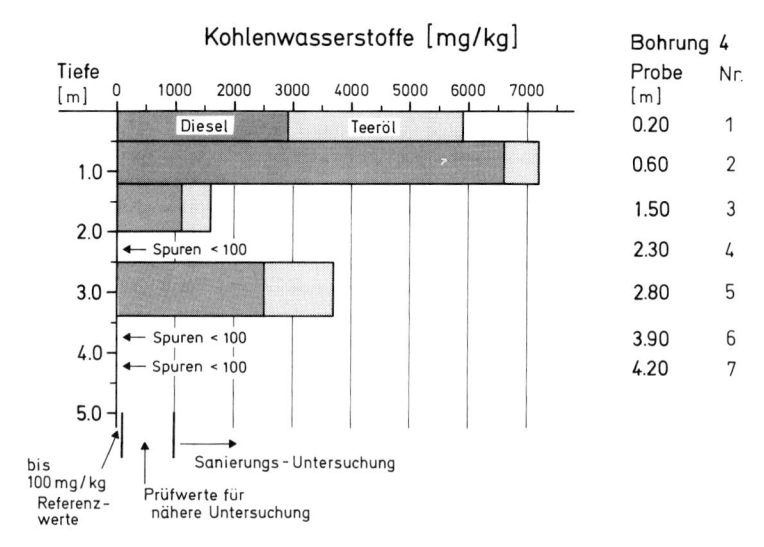

Abb. 7.27: KW-Konzentration der Segmente im Tiefenprofil der Entnahmestelle 4, differenziert nach Dieselkraftstoff und Teeröl.

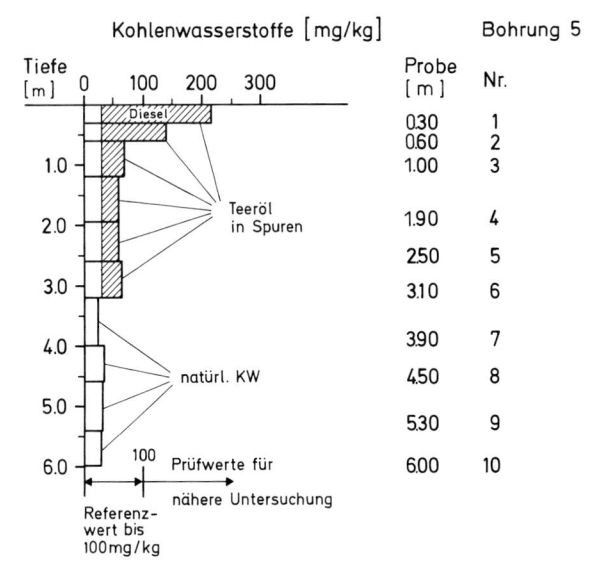

Abb. 7.28: KW-Konzentration der Segmente im Tiefenprofil der Entnahmestelle 5, differenziert nach Dieselkraftstoff und Teeröl sowie natürlicher KW.

chen Tiefen deponiert werden. Ob der Dieselkraftstoff das gleiche Schicksal erlitt, ließe sich u. U. durch die Untersuchung der Alterungsbanden (Abschnitt 8.2) klären.

Bei der Bohrung Nr. 5 (Abb. 7.28) lagen die KW-Gehalte um eine Größenordnung niedriger. Neben dem Hauptbestandteil Dieselöl war das Teeröl nur in Spuren nachweisbar. Wir schließen aber hier Reste von (Steinkohlen-)Teeranstrichen in Partikelform anstelle von Teeröl nicht aus, da diese weitverbreitet im Boden von Bauhöfen und Werften vorkommen. Als dritte Kategorie sind die natürlichen biogenen KW zu nennen. Ihr Beitrag wird mit 30 mg/kg geschätzt. Das Konzentrationsgefälle von oben nach unten ist hier nachvollziehbar und mit dem Versickerungsverhalten von Dieselöl zu vereinbaren.

Verwerfungen wie bei der Bohrung Nr. 4 sind nicht zu erkennen. Im übrigen sind die Entnahmestellen 4 und 5 räumlich über die zwischen ihnen liegende Gasanstalt getrennt, was die unterschiedliche KW-Belastung der Profile erklären dürfte.

Beide Abbildungen enthalten unten einige Hinweise (Referenzwert, Prüfwerte, Sanierungsuntersuchung), die aus der sog. Holland-Liste [14] entlehnt wurden. Es sei aber auch mit Nachdruck auf die in den einzelnen Bundesländern jeweils geltenden Prüfrichtlinien etc. verwiesen, z. B. [15].

7.4.3 IR-Spektren

Da hier nicht die gesamte Palette der instrumentellen Möglichkeiten diskutiert werden kann, beschränken wir uns auf die IR-Spektroskopie und die HPLC (PAK). Wie unterscheidet man Dieselkraftstoff bzw. allgemein Mineralöle, von den hocharomatischen Teerölen?

Bereits aus Abschnitt 5.1 sowie in Abb. 5.6 konnte man ersehen, daß die Teeröle wie alle hocharomatischen KW unter den entsprechenden Versuchsbedingungen an Aluminiumoxid adsorbiert werden, während die Mineralöle, in CCl_4 gelöst, die Adsorbersäule passieren. Abb. 7.29 bezieht sich in diesem Zusammenhang auf die Mineralöle der Bohrung 4, oberstes Segment Probe Nr. 1. Die quantitative Bestimmung erfolgt wie üblich

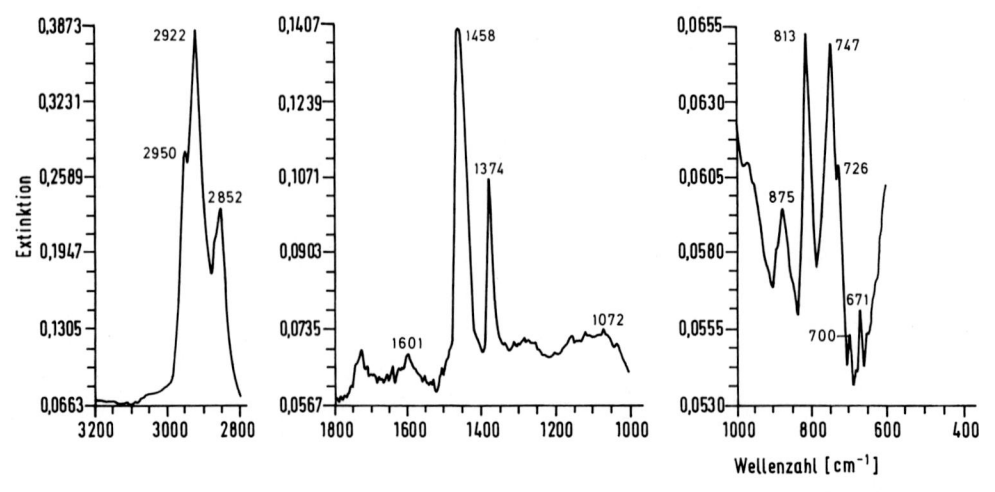

Abb. 7.29: Alkan- und Aromatenfraktion des Mineralöls (Dieselkraftstoff) im obersten Segment der Bohrung 4, Probe Nr. 1, Abb. 7.27, isoliert über eine Al_2O_3-Säule mit CCl_4. IR-Spektren im Ausschnitt auf KBr.

und im linken Ausschnitt angedeutet. Vom Lösungsmittel befreit und auf KBr aufgetragen lassen sich zusätzlich die aussagekräftigen IR-Bandenausschnitte der Teilbereiche 1000–1800 und 400–1000 cm^{-1} gewinnen – vergl. die Ausführungen in Abschnitt 3.1. Da dieses Eluat aus der Alkan- und Aromatenfraktion besteht, überwiegt im gesamten der paraffinische Molekülteil, wie man u. a. an der geringen Extinktion der Aromatengerüstschwingung bei 1600 cm^{-1} sowie im Vergleich zu den starken Deformationsschwingungen der CH$_2$- und CH$_3$-Gruppen bei 1374 und 1458 cm^{-1} erkennen kann.

Eluiert man nun nachfolgend das Adsorbens in der Säule mit CHCl$_3$, so fallen, falls vorhanden, die Teeröle (und ähnliche Stoffe) zur weiteren, u. a. quantitativen Analyse an. Sie werden hier als solche nicht weiter beschrieben, und wurden gemäß den Ausführungen zu Abb. 7.30 weiter aufgearbeitet.

Das IR-Spektrum der Abb. 7.30 bezieht sich nur auf die Aromatenfraktion des obersten Segments, allerdings auf die gesamten Aromaten (Dieselöl und Teeröl) der Probe Nr. 1 Bohrung 4. Es sind Ausschnitte wie in Abb. 7.29, aber mit auffallenden Abweichungen im Detail. Im Gebiet der Valenzschwingung z. B. fällt die äußerst intensive Absorption der H-C-Molekülgruppen der PAK ins Auge – 3044 cm^{-1}. Der hocharomatische Charakter – hier als Ausdruck der Polyaromaten – spiegelt sich dann auch im mittleren Spektrum wider, einmal in der 1599er Bande, sodann in der scheinbaren Verschiebung der CH$_2$-Deformationsschwingung von gewöhnlich 1460 auf 1441 cm^{-1}, der CH$_2$-Schwingung, die in Wirklichkeit zu einer CH$_3$-Gruppe gehört und die kurzen (Methyl-)Ketten der Teeröle repräsentiert. Sehr informativ ist weiterhin das Intensitätsverhältnis der drei Spektrenbereiche, welches man über die Angaben an den Ordinatenachsen gewinnt: im vorliegenden Beispiel findet man die Relationen 0.133 : 0.105 : 0.243. Das bedeutet, daß der Schwerpunkt der Extinktionen im Gebiet der o.o.p-Schwingungen (400–1000 cm^{-1}) liegt. Ganz anders in der über Al$_2$O$_3$ gewonnenen Dieselölmischung aus Alkanen und Aromaten der Abb. 7.29. Hier lauten die Verhältniszahlen 0.387 : 0.141 : 0.066.

Nun zu der Frage der biogenen Kohlenwasserstoffe. Abb. 7.31 gehört zu dem Extrakt des Bohrkerns 10 aus ländlicher Umgebung, oberstes Segment. Die Alkane, über Dünn-

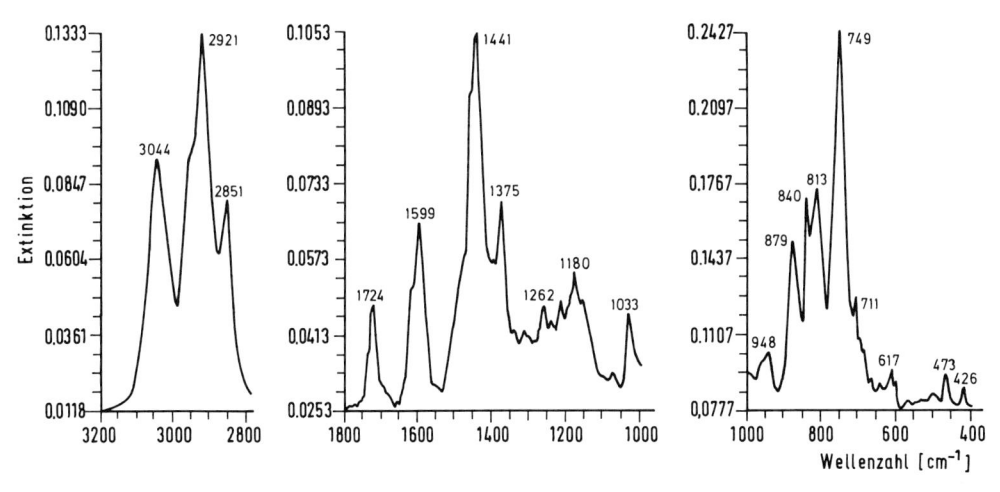

Abb. 7.30: Aromatenfraktion des Diesel- und Teeröls aus Probe Nr. 1, Abb. 7.27, vom Aluminiumoxid mit CHCl$_3$ abgelöst, IR-Ausschnitt auf KBr im Anschluß an die CCl$_4$-Eluation (s. Abb. 7.29).

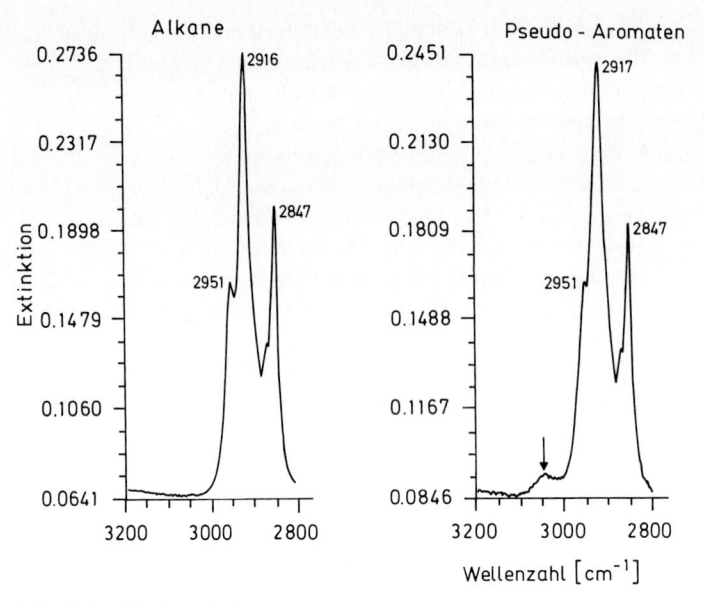

Abb. 7.31: IR-Ausschnitte der KW im obersten Segment der Bohrung 10; Alkane und Pseudo-Aromaten, über Dünnschicht isoliert, auf KBr.

schicht-Chromatographie vom Rest abgetrennt, lassen bereits aufgrund der IR-Spektren die überwiegend biogene Struktur (und Herkunft) erkennen – die weiteren Untersuchungen, u. a. analog der Tab. 3.6, bestätigen dies hier sowie an einigen weiteren Bohrkernen. Die „Aromaten"-Fraktion dieser Abbildung hat ebenfalls durchaus einen biogenen Habitus: es fehlen die notwendigen typischen Aromatenbanden z.B. von Mitteldestillaten, die man wohl am ehesten erwarten könnte. Das Bild wird allerdings durch den markierten kleinen Hügel um 3045 cm^{-1} gestört, der in biogenen Fraktionen nichts zu suchen hat, und der eine Spur von Teeröl, wohl eher aber von Teerfarben anzeigt. Daß dem so ist, könnte durch eine HPLC- oder DC-Analyse verifiziert werden.

7.4.4 HPLC-Analyse der Aromaten

Wie schon wiederholt betont, unterscheiden sich Mineralölprodukte (Raffinate) wesentlich von ihren Pyrolysaten und noch wesentlicher von (Steinkohlen-)Teerölen durch ihren PAK-Anteil an der gesamten KW-Gruppe, und zusätzlich durch die spezielle Zusammensetzung der PAK-Fraktion. Hohe PAK-Konzentrationen in Bodenproben weisen bereits auf Teeröle, nicht aber auf Mineralöle hin, insbesondere dann, wenn gleichzeitig verhältnismäßig große Mengen an Naphthalin detektiert werden! In unbelasteten, d.h. auf ubiquitärem PAK-Spiegel angesiedelte Bodenproben findet man mit normalem Analysenaufwand (Einwaage 1–100 g) kein Naphthalin, und die Gesamtmenge der sechs Aromaten der Trinkwasserverordnung (Abb. 3.35) überschreitet nicht den Wert von 5 mg/kg, in der Regel liegt sie sogar unter 1 mg/kg.

Im Rahmen der Untersuchung des Werftgeländes wurden generell die 16 Aromaten nach EPA (Abb. 1.9) bestimmt, soweit sie bestimmbar waren. Im Endergebnis wurden

Naphthalinkonzentrationen bis maximal 19 mg/kg und für die Summe der 16 Polycyclenkonzentrationen bis 300 mg/kg im trockenen Probengut nachgewiesen, und der Verfasser hat Zweifel, ob damit überhaupt die höchsten Belastungen erfaßt wurden.

Abb. 7.32 zeigt Analysedaten zu einer zweiten Probenahme etwa ein Jahr nach der ersten. Die dort ausgewiesene Bohrung 25 entspricht lagemäßig in etwa der schon abgehandelten Bohrung 4 in unmittelbarer Nähe des Gaswerkes. Die Ziffern 1 und 2 rechts neben der Entnahmestelle weisen auf die zugehörigen Segmente (0–30 cm = 1, 30–60 cm = 2) hin. In beiden Segmenten der Bohrung 25 liegen die Naphthalingehalte (Nr. 1) über 7 mg/kg, sie werden übertroffen von Acenaphthen (Nr. 3 der EPA-Liste und der Abszisse) im unteren Segment. Das Phenanthren (Nr. 5) erscheint mit nur kleinem Gipfel, das Fluoranthen (Nr. 7) in der tieferen Lage wiederum stärker. Für diese Art der Darstellung der Stoffkonzentrationen wurde schon früh der Begriff Profil geprägt [16]. In unserem Beispiel fällt neben dem Naphthalin die besonders große Konzentration des Dibenz(a,h)anthracens (Nr. 14 n. EPA) auf, welche i. allg. diejenige der Benzopyrene und Benzofluoranthene deutlich übertrifft und an die Konzentration des Fluoranthens heranreicht. Auch von anderen Autoren wurde der herausragende Anteil dieser Verbindung als typisch für Teeröle diagnostiziert [17]. Ob die PAK der schwach belasteten Bodenprobe in Abb. 7.33 (Entnahmestelle 27), die doch in etwa der Bohrung 5 des Lageplans in Abb. 7.26 entspricht, ebenfalls auf Teeröl und nicht, mit größerer Wahrscheinlichkeit, auf Teerfarben zurückgehen, kann ohne nähere Untersuchung auch des Probengutes nicht entschieden werden. Immerhin fällt auch hier das Dibenz(a,h)anthracen auf, während die Aromaten mit geringerer Nachweisempfindlichkeit, vom Naphthalin bis zum Anthracen (Nr. 1–6 n. EPA) nicht gefunden werden konnten.

Im großen und ganzen kann man von einer einheitlichen Struktur der PAK-Profile dieses Geländes sprechen, wobei die nach [16] gewählte Bezeichnung *Profil* nicht zu

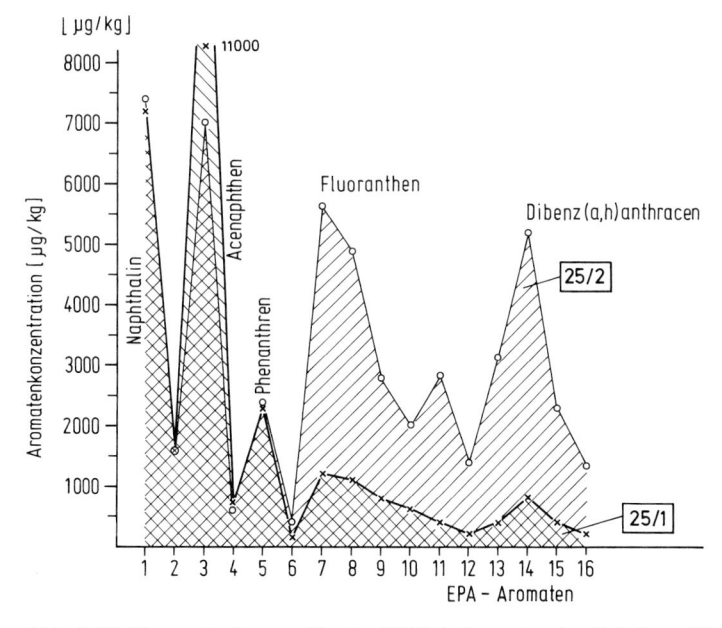

Abb. 7.32: Konzentrationsprofile der 16 EPA-Aromaten im Bohrkern 25 (entspricht Bohrung 4 in Abb. 7.26) in den beiden obersten Segmenten /1 und /2.

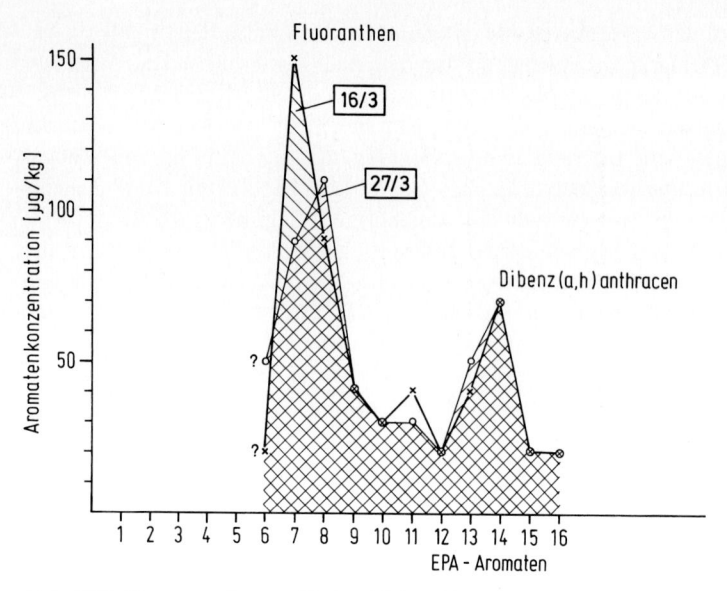

Abb. 7.33: Konzentrationsprofil der 16 (−5) EPA-Aromaten im Bohrkern 27 (entspricht Bohrung 5 in Abb. 7.26) sowie einer weiteren Probe aus schwach belastetem Gelände jeweils im dritten Segment von oben.

verwechseln ist mit den sog. *Tiefenprofilen*, bei denen die Stoffkonzentrationen in Relation zur Sediment-Entnahmetiefe graphisch aufgetragen werden, sowie den Profilen in Abb. 7.9–7.11.

Abweichungen vom Normalprofil sollte man indessen nachgehen. So der stark überhöhten Konzentration des Acenaphthens in Probe 25/2 (Abb. 7.32), desgleichen der schwachen Ausprägung des gesamten Teilprofils (Nr. 7–16 n. EPA) in der Probe 25/1. Sofern hier Analysenfehler auszuschließen sind, könnte man vor allem an Transportvorgänge im Untergrund denken. Nach dieser These könnten aus der hoch belasteten tieferen Schicht die Stoffe mit besonders hohem Dampfdruck (Naphthalin/Acenaphthen) in die darüber liegende Bodenschicht diffundieren, wobei gleichzeitig die überhöhten Acenaphthengehalte dort ihre Erklärung finden würden.

Kurz: Die Diskussion leitet dann in die wichtige Frage nach dem Verhalten von Kohlenwasserstoffen im Untergrund über, wie sie in Abschnitt 2.2 lediglich für raffinierte Mineralöle gestreift wurde. Die PAK-Analytik nimmt in diesem Rahmen die Schlüsselstellung ein.

Insgesamt gesehen kann die nähere Beschäftigung mit der quantitativen Zuordnung der einzelnen Aromaten zueinander in Form eines Profils zu interessanten Informationen führen. In Abb. 7.34 ist z.B. das Profil der polycyclischen Aromaten eines Bitumens dargestellt [18]. Dieses kontrastiert in hohem Maße mit den oben vorgelegten Profilen der Teeröle durch die herausragenden Konzentrationen von Chrysen und Benzo(ghi)perylen und dem geradezu verschwindenen Gehalt an Dibenz(a,h)anthracen.

In diesem Zusammenhang unterscheiden sich auch die Pyrolysate von Mineralölen je nach Öltyp und Verbrennungsprozeß, was die grundsätzliche Sensibilität der Profile als fingerprint erhöht.

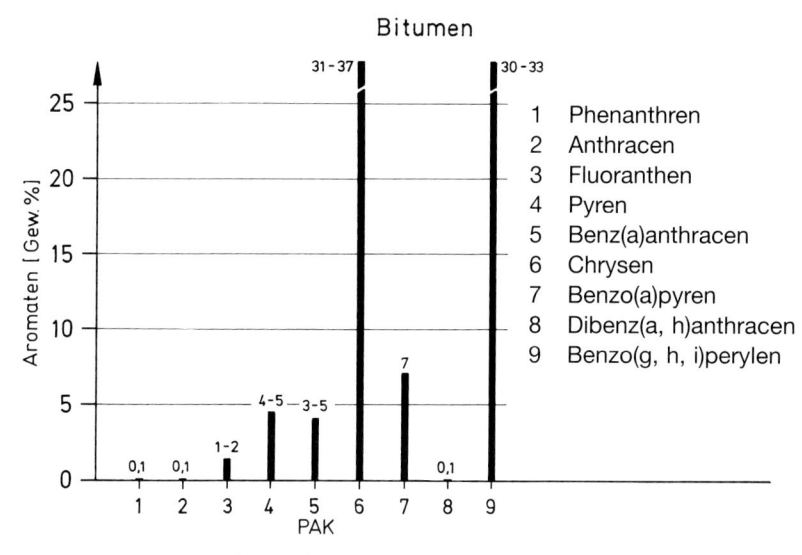

Abb. 7.34: Konzentrationsprofil einiger ausgewählter polycyclischer Aromaten eines Bitumens nach [18].

So bedeutsam die PAK-Profile für die Identifizierung von Verschmutzungen und gegebenenfalls für den Verursachernachweis sein könnten: ohne die Kenntnis vom Verhalten der Einzelverbindungen im Untergrund wären gewisse Probleme, wie sie schon angedeutet wurden, vorprogrammiert. Daß der Mengenanteil von einzelnen Verbindungen auch in Steinkohlenteerölen sehr unterschiedlich sein kann, ist in Abschnitt 1.3 nachzulesen. Hinzu kommt, daß die Ermittlung der Profile je nach Autor und Analysenverfahren unterschiedlich gehandhabt wird. Gaschromatogramme z. B. sind nicht ohne weiteres mit HPLC-Analysen zu vergleichen, letztere im Detail sehr von den Einstellungs- und Programmierbedingungen am Gerät abhängig. Schließlich wird aus der Vielzahl der Einzelaromaten immer nur ein Auszug berücksichtigt. Der eine Autor nennt das Perylen, der andere nicht; hier sind die Benzofluoranthene b und k aufgetrennt, dort nicht usw.

So gesehen ist die Profilanalyse nur dann als fingerprint wertvoll, wenn Analyse und Auswertung stets unter den gleichen Bedingungen vonstatten gehen.

7.4.5 Weitere Fallbeispiele

Terrestrische Sedimente (Böden, Untergrund) bieten reichlich Fallbeispiele von Kohlenwasserstoffkontaminationen, die überwiegend individuellen Charakter tragen. Das meint Typ und Menge der beteiligten KW-Mischungen, ihr Alterungszustand und ihr – vorangegangenes – Verhalten auf der Erdoberfläche und darunter. In den Abschnitten 8.1 und 8.2 wird dazu noch einiges nachgetragen.

Bei all dieser Vielfalt bleibt jedoch das Instrumentarium des Analytikers das gleiche, mögen auch die Schwerpunkte im Einsatz der einzelnen Instrumente und Techniken verschieden sein.

7.5 Sonstige Kompartimente

Soeben wurde angedeutet, daß massive Ölverschmutzungen auf Böden und im Untergrund immer dann spezielle Fälle darstellen, wenn Alterungsprozesse wirksam geworden sind. Natürlich kann man alle Fälle mit dem Normverfahren zu bearbeiten versuchen, doch dürfte dies selten den Anforderungen genügen. Andererseits könnte man auch eine Sammlung von Fallbeispielen zusammenstellen, und die jeweiligen Analysenstrategien nebst Ergebnissen im Detail diskutieren. Doch dazu ist hier kein Raum. Nachdem aber soeben in etwas breiterer Form die Situation bei Trinkwasser, Gewässerschwebstoffen sowie terrestrischen Sedimenten abgehandelt wurde, scheint es nicht überflüssig, einen Blick auf die bereits in den Kapiteln 1–6 angesprochenen Kompartimente zu werfen, in Form einer kurzen Rekapitulation also.

7.5.1 Mineralöle

In Kapitel 1 haben wir einiges über die Zusammensetzung, aber auch die charakteristischen Unterschiede der einzelnen Mineralölprodukte – Benzine, Mitteldestillate, Schmier- und Motorenöle, Bitumen und Teeröle – erfahren. Die wesentlichen Merkmale können außer nach den älteren klassischen (Abschnitt 3.8) durch chromatographisch/spektroskopische Verfahren, in der Regel durch deren Kombination, herausgearbeitet werden. In dem Kapitel 3 sind die typischen Aussagemöglichkeiten der IR-, UV- und Fluoreszenzspektroskopie, der Gaschromatographie und der GC/MS-Spektroskopie ausführlich besprochen worden. Insofern genügt hier dieser Hinweis.

7.5.2 Weitere Kompartimente

In Kapitel 3 wie auch in den Kapiteln 1, 4 und 6 finden sich zudem Beispiele, die andere Kompartimente betreffen. So bezüglich unbelasteter Bodenproben (Abb. 3.7–3.9, 3.11, 3.18, 3.47, 3.49 und 3.56). Luftproben sind u. a. mit Abb. 4.4., Luft- und Straßenstaub in Abb. 3.48, 3.54, 3.60 und 6.2 erwähnt. Zu Quell- und Grundwässern wurden die Abb. 3.52 und 6.3 erstellt, zu biologischen Matrices die Abb. 3.59.

Stets ist nur ein instrumentelles Verfahren angegeben, da die Darstellung des gesamten bekannten Instrumentariums den Rahmen dieser Monographie sprengen würde. Dafür wird an Ort und Stelle häufig auf die weiterführenden Einzelpublikationen verwiesen.

Literatur zu Kap. 7

[1] Widmer, E.: In der Analytik noch zu viele Spezialisten? Chem. Rundschau 16, 3 (1993)
[2] Tölg, G.: Spurenanalyse der Elemente – Zahlenlotto oder exakte Wissenschaft? Naturwissenschaften 63, 99–100 (1976)
[3] Obst, U.: Biologische Umsetzungen – Zusammenfassung und Ausblick. In: Refraktäre organische Säuren in Gewässern. VCH Verlagsgesellschaft, Weinheim 1993
[4] Schwille, F. und Linke, R.: Der Kohlenwasserstoffgehalt nicht kontaminierter Kluftgrundwässer in der Bundesrepublik Deutschland. gwf-Wasser/Abwasser 117, 75–80 (1976)
[5] Züllig, H.: Sedimente als Ausdruck des Zustandes eines Gewässers. Schweizer. Z. für Hydrologie XVIII, 5–143 (1956)
[6] Smith, P. V. jr.: Studies on the origin of Petroleum. Bull. Americ. Ass. Petrol Geologist 37, 3–15 (1954)
[7] Tissier, M. und Oudin, J. L.: Characteristics of Natural Occuring and Pollutant Hydrocarbons in Marine Sediments. Prev. Control Oil Spills. Joint Conf. Proc. 205–214, Washington 1973
[8] Hellmann, H.: Eisen, Titan, Aluminium in Sedimenten und Böden – ihr Zusammenhang mit der Korngröße und ihre Rolle als Referenzelemente. Vom Wasser 78, 73–89 (1992)
[9] Schwille, F.: Grundwasserbelastung durch organische Substanzen. Österr. Wasserwirtschaft 29, 307–313 (1977)
[10] Bertsch, W., Schloz, W. und Schwille, F.: Modellversuche zur Infiltration von Mineralöl aus einem Oberflächengewässer in einen porösen Grundwasserleiter. Deutsche Gewässerk. Mitt. 19, 11–16 (1975)
[11] Hellmann, H.: Analytik von Oberflächengewässern. Georg Thieme Verlag, Stuttgart 1986
[12] Engel, H. und Dröge B.: Das Dezemberhochwasser 1993 im Rheingebiet. Information 1, 1–4, Koblenz (1994)
[13] Hellmann, H.: Eignung der Synchron-Fluoreszenzspektroskopie bei der Analyse von kontaminierten aquatischen und terrestrischen Sedimenten. Vom Wasser 80, 89–108 (1993)
[14] Leidraad Bodensanering. Deel II. Techn. Inhandelijk Deel; Afl.4, s'Gravenhage 1988 (= Holland-Liste)
[15] IWS: Ableitung von Sanierungswerten für kontaminierte Böden. IWS-Schriftenreihe 13, E. Schmidt Verlag, Berlin 1991
[16] Grimmer, G., Hildebrandt, A. und Böhnke, H.: Profilanalyse der polycyclischen aromatischen Kohlenwasserstoffe in proteinreichen Nahrungsmitteln, Ölen und Fetten (gaschromatographische Bestimmungsmethode). Deutsche Lebensmittel-Rundschau, 71, 93–100 (1975)
[17] N. N.: Mikrobiologische On-Site-Sanierung eines ehemaligen Gaswerksgeländes, dargestellt am Beispiel Blackburn/England, Teil 2. ENTSORGA-Magazin 10, 35–39 (1988)
[18] Neumann, H. J. und Kaschani, D. T.: Bestimmung und Gehalt von polycylischen aromatischen Kohlenwasserstoffen in Bitumen. Wasser, Luft und Betrieb 21, 648–650 (1977)

8 Änderungen der Kohlenwasserstoffzusammensetzung

Kohlenwasserstoffgemische sind durchaus nicht samt und sonders *persistent*, wie manche Formulierungen sogar in „Internationalen Konventionen zur Verhütung von Meeresverschmutzungen" vermuten lassen. In weiten Einsatzbereichen von Mineralölprodukten kann eine spezielle Form der Änderung der stofflichen Zusammensetzung, die sog. Ölalterung, sogar äußerst unerwünscht sein.

„Alterungsvorgänge sind in der Regel mit einer Sauerstoffaufnahme des betreffenden Mediums verbunden" [1]. Es entstehen in der Hauptsache Ester, Carbonsäuren, Alkohole und Lactone, dies über die Zwischenstufen der Aldehyde und Ketone. Die Vorgänge lassen sich sehr gut mit Hilfe der IR-Spektroskopie, durch die Betrachtung der Absorptionen der C=O-, OH- und C-O-Gruppen nachweisen und verfolgen – Abb. 8.1.

Bekannt sind die Alterungsprozesse in Trafo-, Hydraulik-, Motoren- und Umlaufölen [1]. Vom Verfasser wurde die C=O-Alterungsbande eines gebrauchten Härtebades zur Identifizierung beim Ölschadens(verursacher)nachweis ausgewertet [2]. Die weniger thermisch als photochemisch ausgelöste Änderung der chemischen Zusammensetzung von schwimmenden Rohölen in relativ dicken Schichten wurde bereits in Abschnitt 2.1 sowie in Abb. 2.8 angesprochen.

In all diesen und ähnlichen Fällen ist für die Analyse die IR-Spektroskopie das bestgeeignete Verfahren.

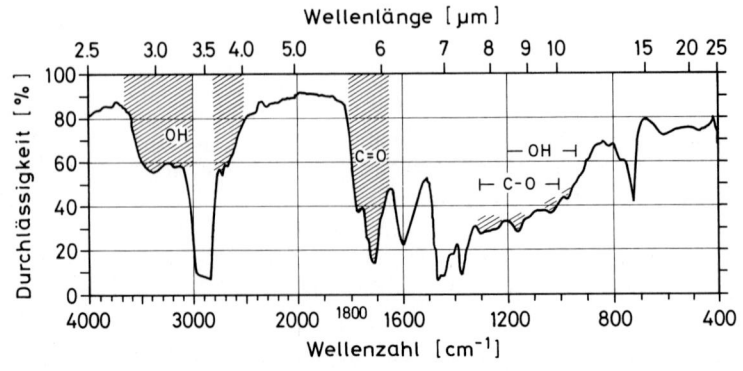

Abb. 8.1: Schlüssel- und Alterungsbanden und -bandenbereiche bei der Veränderung der Zusammensetzung von Mineralölen nach [1].

Wir möchten nun die differenziert zu sehenden Vorgänge an und in KW-Gemischen primär unter biochemischen und photochemischen Aspekten betrachten, wobei die *Möglichkeiten der Analytik* im Vordergrund stehen.

Änderungen der KW-Zusammensetzung zeigen sich erstens darin, daß die relative Konzentration von Einzelverbindungen abnimmt oder sogar ganz gegen Null tendiert. Das muß aber nicht gleich den Totalabbau bedeuten; es besagt lediglich, daß diese oder jene Verbindung, z. B. ein n-Alkan, unter den Bedingungen der Analyse, der Chromatographie, nicht mehr in der üblichen Fraktion (der Alkane) gefunden wird. Biochemische, photochemische und thermische Prozesse unterscheiden sich in dieser Hinsicht nicht.

Zweitens nimmt bei derartigen Vorgängen zumindest intermediär die Konzentration von sauerstoffhaltigen, polaren Stoffen zu, bzw. es treten erstmals solche auf. Die Dünnschichtchromatographie vermag solche Abbauprodukte vom (noch) intakten KW-Gemisch zu trennen und weiter nach zunehmender Polarität aufzuspalten. Am Beispiel des Hochwasserschwebstoffs (Abschnitt 7.3) wurde dies vorgeführt.

Anstelle eines fortschreitenden Abbaus können aber auch definierte schwer abbaubare Stoffe wie z. B. die Säureester oder aber hochmolekulare Komplexe mit huminsäureartigen Strukturen entstehen.

8.1 Biochemischer Abbau

8.1.1 Abbau im Fließgewässer

Für die Förderung von Rohölen ist der Umstand, daß der Abbau an den wertvollen Paraffinen ansetzt, geradezu ein Ärgernis und die Ursache finanziellen Mehraufwandes und großer Sorge. Man schätzt, daß die in den Tiefen der Erde lebenden Bakterien etwa zehn Prozent der Welterdölreserven zerstören und weitere zehn Prozent wesentlich vermindert haben [3]. Auch für die Ölweiterverarbeitung ist die Gegenwart von Bakterien sehr unangenehm, weil ihre Tätigkeit häufig zur verstärkten Korrosion an Treibstoff- und Vorratstanks führt [4]. Die volkswirtschaftlichen Schäden: Verölung des Untergrundes, Schäden an Bauwerken u. ä. mehr sind beträchtlich.

So unerwünscht in vielen Fällen der Ölabbau auch ist, so sehnlich wird er auf der anderen Seite herbeigewünscht. Zahlreiche Autoren befaßten sich mit dem Abbau in Gewässern, im Untergrund und speziell in Kläranlagen.

In der jüngeren Vergangenheit, in einer Periode, in der die Belastung des Rheins mit Mineralölen noch deutlich über 0.2 mg/l lag, konnte man diesen bakteriellen Abbau indirekt über den Gang der KW-Konzentrationen mit der Jahreszeit, genauer: mit der Wassertemperatur, verfolgen – Abb. 8.2 [5]. Wie man in der Grafik sieht, durchläuft die KW-Konzentration im Mittelrhein während der warmen Sommermonate Juli – September (III) ein Minimum. Daß dieser *postulierte Abbau* primär an den n-Alkanen ansetzt, läßt sich durch die Auswertung der zugehörigen Gaschromatogramme beweisen [5]. Beispielsweise enthält die Abb. 8.3.A die diesbezügliche Verteilung der Alkane aus den zusammengelegten Proben von Januar und Februar, Abb. 8.3.B die analoge der Proben von August bis Oktober 1971. Demnach liegen im wesentlichen die Siedebereiche von Mitteldestillaten und Schmierölen (Abb. 1.6) vor. Vom Winter zum Sommer hin nimmt

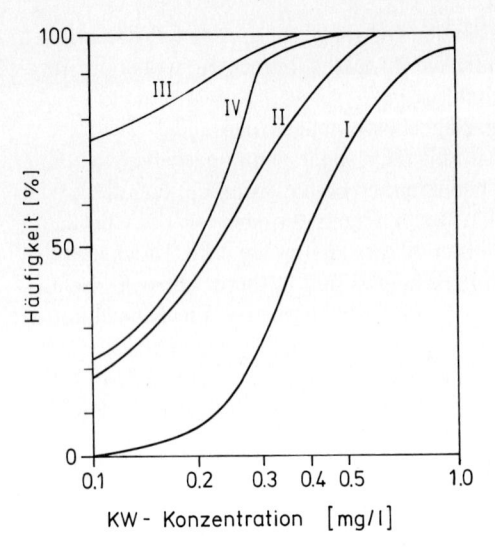

Abb. 8.2: Häufigkeitsverteilung der Kohlenwasserstoffgehalte im Rhein bei Koblenz 1971. I Januar–März, II April–Juni, III Juli–September, IV Oktober–Dezember.

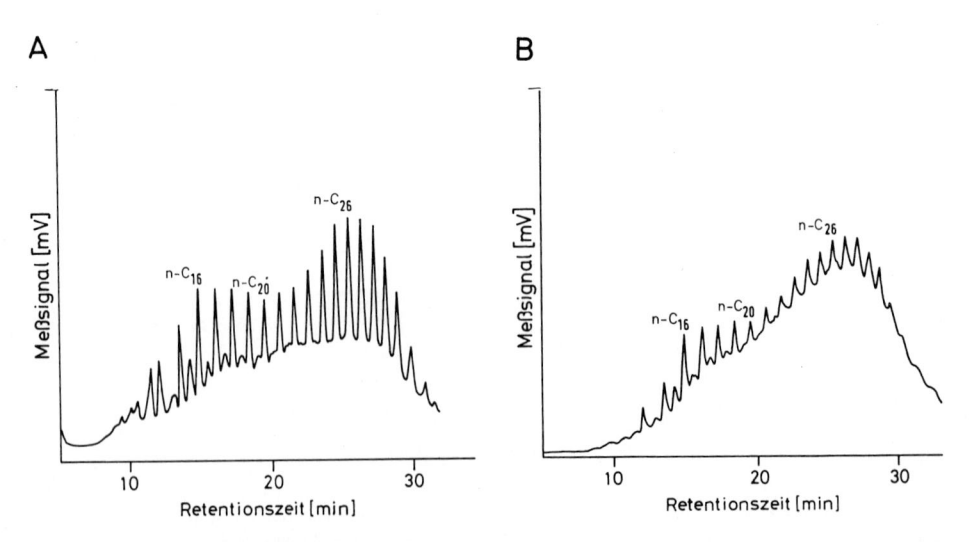

Abb. 8.3: Gaschromatogramme der Alkane von Rheinwasserextrakten. (A) Januar–Februar, (B) August–Oktober 1971. Rhein bei Koblenz.

vor allem der Anteil der n-Paraffine ab, während der nicht aufgelöste Untergrund (NKG) relativ gesehen, zunimmt, wie es in Abb. 8.4 schematisch dargestellt ist. Daß außerdem zum Sommer hin der Anteil des Mitteldestillats abzunehmen scheint, könnte zum Teil auch auf einem Austrag in die Gasphase beruhen.

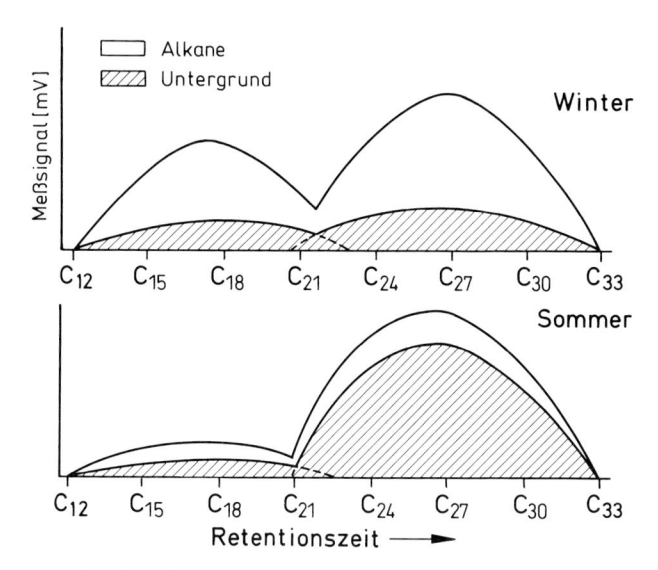

Abb. 8.4: Durch den biochemischen Abbau im Rheinstrom hervorgerufene Änderung der Zusammensetzung der Alkanfraktion vom Winter zum Sommer (1971).

8.1.2 Mikrobieller Abbau von n-Hexadecan

n-Hexadecan wird in einer belüfteten Nährsalzlösung – und vermutlich ebenso in Gewässern und in Böden – zu Alkoholen, Säuren und Estern degradiert – Abb. 8.5 [6]. Bemerkenswert scheint, daß der Ester der C_{16}-Säure und des C_{16}-Alkohols, das Cetylpalmitat, offenbar ein Endprodukt darstellt, somit also das Alkan nicht vollständig zu CO_2 und Wasser mineralisiert wird. Bereits mit Abb. 3.11 wurde auf das weitverbreitete Vor-

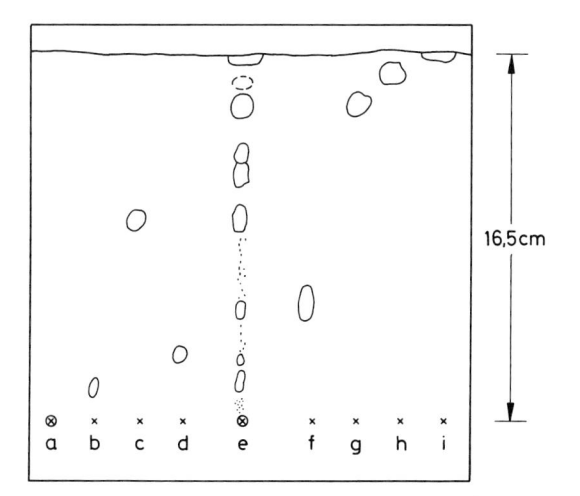

Abb. 8.5: Trennung der beim mikrobiellen Abbau von n-Hexadecan gebildeten Stoffe auf Kieselgel nach [6]. (a) mono-, (b) di-, (c) tri-Glycerinstearat, (d) Cetylalkohol, (e) Abbauprodukt, (f) Palmitinsäure, (h) Myristinaldehyd, (g) n-Decylstearat, (i) n-Hexadecan. Dünnschicht: Kieselgel G sauer, Laufmittel n-Hexan/Diethylether (85:15 v/v) 40 min.

kommen solcher biogener Ester in Böden (wie auch in Gewässern) hingewiesen. In diesem Zusammenhang ist es unerheblich, ob die Ausgangsstoffe (biogene) Neubildungen oder (fossile) Mineralöle darstellen.

Der allgemeine Kenntnisstand zum Abbaumechanismus aliphatischer, naphthenischer und aromatischer KW ist u. a. in [7] detailliert beschrieben. Dort wird behauptet, daß der Abbau unter natürlichen Bedingungen relativ langsam vonstatten gehe, allerdings sind diese natürlichen Bedingungen nicht genau definiert.

In (adaptierten) Fließgewässern aber werden die Alkane sehr rasch angegriffen, wie wir noch sehen werden. Sehr wichtig für die *Abbaugeschwindigkeit* ist natürlich der *Verteilungsgrad der KW*. So liegt bei massiven Ölunfällen ein extremer Fall vor, der einen nur verzögerten Abbau erwarten läßt. Zu den Versuchen, diesen künstlich zu beschleunigen, bemerken wir mit [8] „ist es in keinem Fall gelungen, in einem marinen Milieu unter natürlichen Freilandbedingungen oder im Großversuch durch eine Impfung mit ölabbauenden Bakterien eine signifikante Beschleunigung des Ölabbaus zu erreichen".

8.1.3 Abbau biogener Kohlenwasserstoffe in Rheinwasser

Ein anderer Sonderfall wird nun erörtert. Die biogene Produktion von KW wird vom Verfasser auf rund 800 Mio t/a geschätzt (Abschnitt 1.4), wozu noch die Gruppe der Terpene hinzukommt. Man kann wohl annehmen, daß im Gleichgewicht der Natur der Abbau in gleicher Größenordnung liegt, abgesehen von geringen KW-Anteilen, die im Sapropel neuer Erdölgenese entgegengehen.

Der zeitliche Abbau eines Extraktes von derartigen biogenen Alkanen (nebst PAK) wurde in einem Modellversuch mit original Rheinwasser gestartet. Die Alkane gewannen wir durch Extraktion von luftgetrockneten Blättern und Blüten mit $CHCl_3$, die PAK überwiegend aus rezenten Sedimenten. Die Reindarstellung beider Verbindungsgruppen über die Dünnschichtchromatographie ist in [9] beschrieben bzw. zitiert. Für den Versuch standen nun folgende Standardkonzentrationen in 50 ml Stammlösung zur Verfügung:

45 mg Alkane in 25 ml $CHCl_3$ (1.9 mg/ml)
225 µg PAK in 25 ml $CHCl_3$ (9 µg/ml)
Bei den PAK handelte es sich um die sechs der TV.

10 ml der Stammlösung wurden nach dem Verdünnen mit 50 ml Aceton bei gleichzeitiger starker Turbulenz mit einem Ultraturraxgerät in 10 l Rheinwasser gegeben. Ein Magnetrührer bewegte den Wasserkörper für die gesamte Versuchsdauer und verhinderte Schichtenbildung oder Entmischung. Im Zeitraum von vier Wochen wurde mehrmals je 1 l Wasser entnommen, extrahiert und auf Alkane und PAK aufgearbeitet [9]. Der Abbau der Alkane – konzentrationsmäßig sowie nach Einzelverbindungen differenziert – ist im Auszug der Abb. 8.6 zu entnehmen: links die Ausgangssituation, rechts die Verteilung der Alkane nach nur drei Tagen, jeweils auf 1 l Wasser bezogen. Die Konzentrationsabnahme der gesamten Fraktion im Verlauf des Versuchs wurde über die IR-Spektroskopie (Normalverfahren) und parallel dazu über die Gaschromatographie (Flächenintegration) verfolgt; mit übereinstimmenden Resultaten – Abb. 8.7.

Daß die geradkettigen n-Alkane rascher als die zumeist den Untergrund des Gaschromatogrammes bildenden iso-Alkane, Cycloalkane und die terpenoiden KW abgebaut werden, belegt die Abb. 8.8.

8.1 Biochemischer Abbau 203

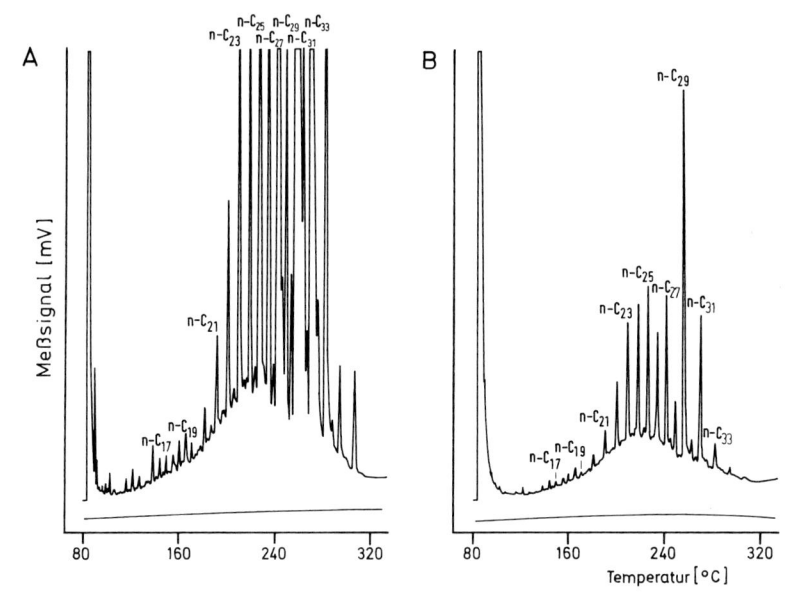

Abb. 8.6: Gaschromatogramme zum Abbau biogener Kohlenwasserstoffe in Rheinwasser nach [9]. (A) Alkanfraktion zum Zeitpunkt 0, (B) nach 3 Tagen, Temperaturprogramm 80–320 °C, 8 °/min.

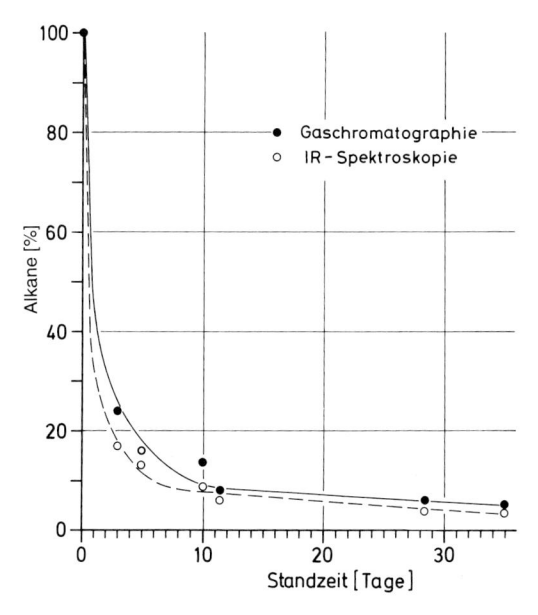

Abb. 8.7: Abbau der (biogenen) Alkanfraktion aus Abb. 8.6 in Rheinwasser in Relation zur Zeit.

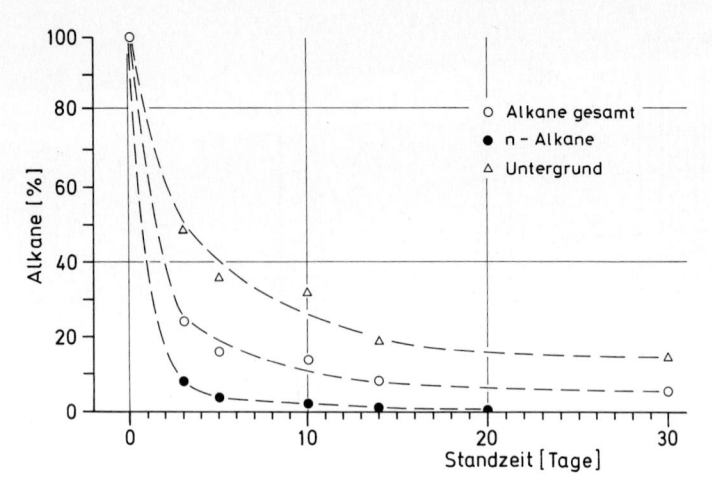

Abb. 8.8: Differenzierung der Abbaugeschwindigkeit biogener Alkane aus Abb. 8.6 aufgrund ihrer Struktur (n-Alkane, Untergrund).

Aber auch die landauf landab als besonders persistent eingestuften PAK erwiesen sich während der Versuchsdauer als biochemisch angreifbar, wenn auch je nach Einzelverbindung unterschiedlich und in insgesamt geringerem Ausmaße als die Alkane – vergl. [10]. Gemäß Abb. 8.9 z. B. wird das Fluoranthen im Vergleich zum Benzo(k)fluoranthen recht zügig degradiert. Nach vier Wochen entspricht die PAK-Verteilung (= Profil) – getrennt für die Wasser- und Schwebstoffphase – der Abb. 8.10. Diese drei HPLC-Chromatogramme sind untereinander vergleichbar und auf je 1 l Wasser bzw. die zugehörige Bakterienmasse (7.5 mg/l) bezogen. Mit gewissem Vorbehalt könnte man aus ihr die sehr interessanten Verteilungskoeffizienten

$$k = \frac{c_F}{c_W}$$

k = Verteilungskoeffizient,
c_F = Stoffkonzentration im Feststoff nach Einstellung des Gleichgewichtes in mg/kg,
c_W = Stoffkonzentration im Wasser nach Einstellung des Gleichgewichtes in mg/l

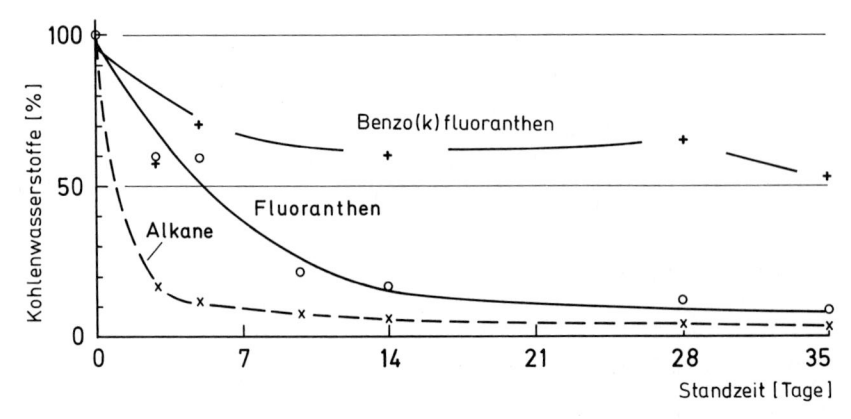

Abb. 8.9: Abbaugeschwindigkeit zweier Polycyclen aus derselben Probe (Abb. 8.6) im Vergleich zur Alkanfraktion.

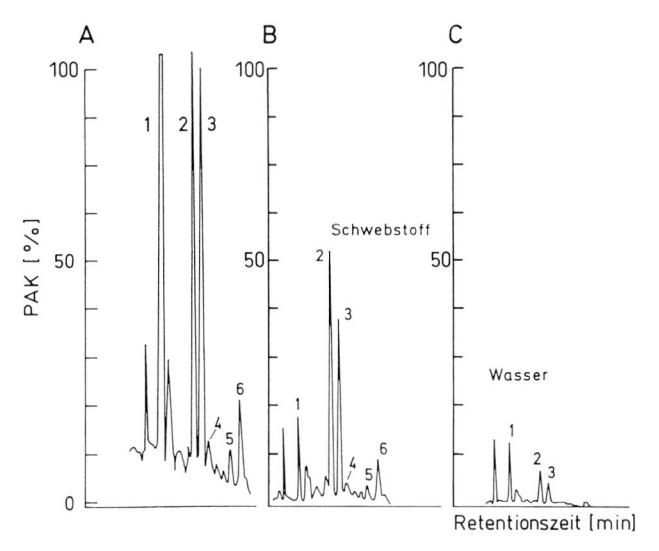

Abb. 8.10: HPLC-Chromatogramme zur Verteilung der polycyclischen Aromaten (Profil) zum Zeitpunkt 0 (A) und 4 Wochen später (B) und (C). Nachweis des unterschiedlichen Abbaus der Einzel-Aromaten der TVO: 1 – Fluoranthen, 2 – Benzo(b)fluoranthen, 3 – Benzo(k)fluoranthen, 4 – Benzo(a)pyren, 5 – Benzo(g,h,i)perylen, 6 – Indeno(1,2,3-c,d)pyren.

(s. Abschnitt 4.3) ableiten, die vom Fluoranthen zum Indenopyren von ca. 100 000 auf mehr als 10^6 l/kg, also um mehr als eine Zehnerpotenz, ansteigen.

8.1.4 Abbau von Heizöl EL in Rheinwasser

Die Halbwertszeiten für den Abbau biogener Alkane in Rheinwasser erwiesen sich als relativ kurz; sie lagen für das n-C_{29} bei 1–2 Tagen, bei den anderen n-Alkanen etwa um 4–10 Tage. Die Zeiten werden länger, wenn die KW an bestimmten Feststoffen wie

Tabelle 8-1. Biochemischer Abbau von Heizöl EL in Rheinwasser.

Nr.	Standzeit [Tage]	Gesamtextrakt[a] [mg/l]	Kohlenwasserstoffe[b] [mg/l]	[Gew. %]
1	0	5.1	5.0	100
2	1	5.0	4.3	86
3	2	3.9	3.0	60
4	5	2.7	2.0	40
5	7	2.5	0.7	14
6	9	2.3	0.95	19
7	12	2.3	1.0	20
8	14	2.1	1.2	24
9	16	2.0	0.7	0.7

[a] mit CCl_4
[b] über Al_2O_3

Quarz oder Tonpartikel gebunden sind. Da dies in Fließgewässern überwiegend so ist, muß man für den KW-Abbau entsprechende Zeiten kalkulieren. Hierbei ist zu beachten, daß z. B. die Fließzeit des Rheins von Basel bis zu den Niederlanden 8 Tage beträgt.

In der in [9] geschilderten Anordnung kann auch der Abbau von Mineralölen verfolgt werden. Das in einem Acetonstandard gelöste Heizöl EL wird dann, wie in Abschnitt 8.1.3 beschrieben, in Rheinwasser dispergiert. Entsprechende Ergebnisse, über die IR-Spektroskopie gewonnen, sind der Tab. 8.1 zu entnehmen.

Bekanntlich wird so nicht der Totalabbau gemessen, sondern der über das Adsorbens Al_2O_3 bestimmbare jeweilige Rest der KW-Fraktion. Normalerweise ist der Abfall der Konzentrationszeit/Zeitkurven unterschiedlich: die Abnahme der KW-Konzentration erfolgt zeitlich rascher, als die des CCl_4-Gesamtextraktes.

8.1.5 KW-Abbau im Untergrund

Da der KW-Abbau stets an bakteriell verfügbaren Sauerstoff gebunden ist und vom Verteilungsgrad des Öles abhängt, bleiben massive Mineralölverunreinigungen in der Regel langlebige Bestandteile des Untergrundes. Abb. 8.11 steht im Zusammenhang mit einem seit vielen Jahren kontaminierten Hafengelände. Dargestellt sind die Gaschroma-

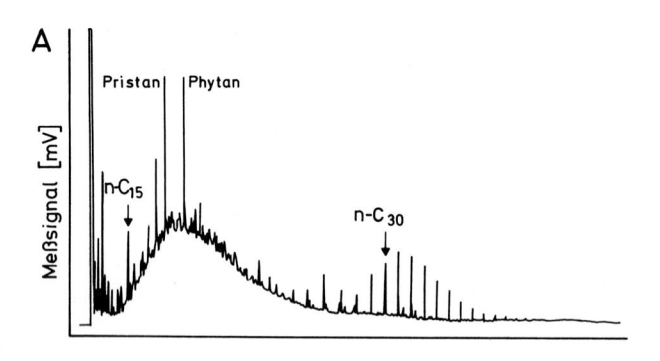

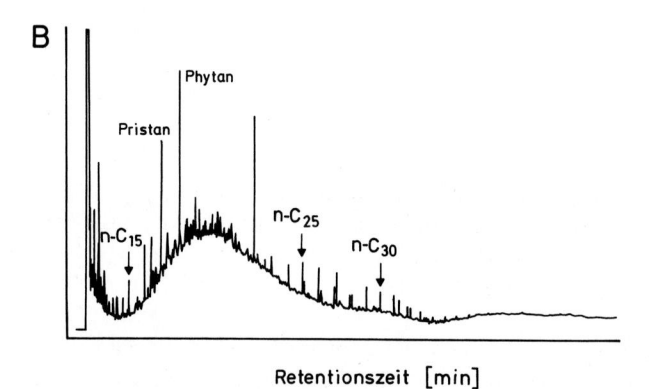

Abb. 8.11: Auswirkungen des biochemischen Abbaus im Untergrund. Gaschromatogramme der Alkanfraktionen eines verschmutzten Hafengeländes in unterschiedlichen Tiefen (A) 3 m und (B) 5.40 m.

togramme der über Dünnschichten isolierten Alkane. Man erkennt in beiden Chromatogrammen die Siedebereiche eines Mitteldestillates.

Die Probe aus dem sandigen Untergrund, aus 3 m Tiefe entnommen, deren Alkane in Abb. 8.11.A zu sehen sind, enthielt 1300 mg/kg an KW, dazu allerdings nur 5 mg/kg an PAK (Σ 6 der TV), eine für Mineralölprodukte nach Kapitel 1 normale Relation. Aus dem beträchtlichen NKG ragen nur die beiden isoprenoiden Verbindungen Pristan und Phytan heraus, die zuweilen gerne für die Charakterisierung des Alterungsgrades herangezogen werden. Offenbar wurden alle anderen n-Alkane bis auf das n-C_{15} bakteriell angegriffen. Neben dem Mitteldestillat erscheint eine weitere Fraktion im höheren Siedebereich zwischen C_{30} und C_{40}, deren Eintrag jüngeren Datums zu sein scheint, da der Abbau dieser n-Alkane noch nicht wirksam geworden ist.

Dem gleichen Bohrkern, 5.40 m tief, entstammt die Probe aus Abb. 8.11.B, für welche 470 mg/kg an KW und 7.7 mg/kg an PAK bestimmt wurden. In diesem Chromatogramm ist ein, allerdings geringer, Schmierölanteil in höherem Siedebereich nicht auszuschließen. Nicht uninteressant sind die – hier nicht vorgelegten IR-Spektren. Für die C-H-Bandenrelationen erhielten wir für die obere Probe und die beiden Banden bei 2920/720 cm^{-1} den Wert 79, für 1370/720 aber 10.6. Die Zahlen für die untere Probe lauten 60 und 6.1. Nach den Ausführungen des Abschnittes 3.1 und der Tab. 3.6 sowie der Abb. 3.9 stützen diese Zahlen den intensiven Abbau der n-Alkane, der im oberen Bereich weiter fortgeschritten ist als im unteren.

Leider fehlen systematische Untersuchungen zur Ölalterung im Modell und im Freiland, welche die Veränderungen in der KW-Fraktion auch zeitlich erfassen und zuordnen, und die zu diesem Zwecke die verschiedenen instrumentellen Möglichkeiten nach Abschnitt 3.1–3.7 einsetzen. Auch wenn man davon ausgeht, daß – um es extrem zu formulieren – jeder Ölunfall auf dem Lande ein Sonderfall darstellt, würden diese Untersuchungen die Interpretation der Meßergebnisse für Fälle aus der Praxis wesentlich fördern und die nicht zuletzt aus Versicherungsgründen eminent wichtige Altersdatierung des Ölschadens erleichtern.

8.2 Photochemischer Abbau

8.2.1 Alterung auf Gewässern

Bilgenöl. Schwimmende Öle werden umso rascher photochemisch verändert, je dünner die Schichten sind und je energiereicher die Sonneneinstrahlung ist. Die Veränderungen werden im IR-Spektrum zumeist an dem Auftreten bzw. der Extinktionszunahme der Carbonylbande bei 1720 cm^{-1} und der Anhebung des Untergrundes zwischen 800 und 1400 cm^{-1} sichtbar – Abb. 8.12.

Allerdings geht diese Einlagerung von Sauerstoff auch im Dunklen vonstatten [11, 12], wenn auch mit entsprechend geringerer Geschwindigkeit. Bei Schichtstärken von weniger als 1 mm führen die im Öl ablaufenden Vorgänge in nur wenigen Tagen zu einer solch weitgehenden Änderung der chemischen Zusammensetzung, daß eine Identifizierung nahezu unmöglich wird [13].

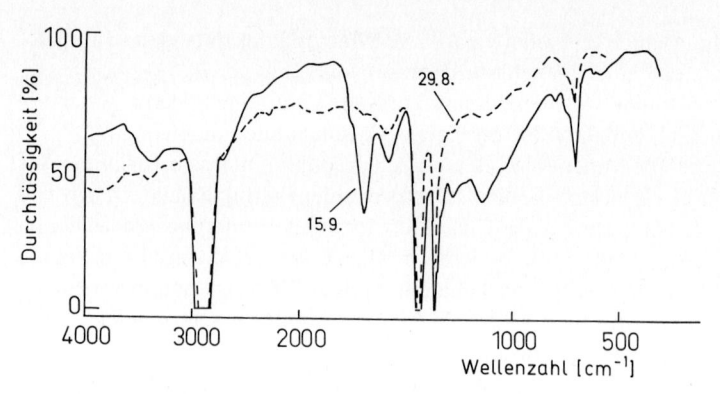

208   8 Änderungen der Kohlenwasserstoffzusammensetzung

Abb. 8.12: IR-Spektrum der zeitlichen Veränderungen eines schwimmenden Bilgenöles unter dem Einfluß von Licht und Luft. Schichtstärke 40 µm.

Durch Verdunstungsverluste allein wird in einem Zeitraum, der hier zur Debatte steht, nach dem Stand unseres Wissens, die Extinktion der für die Entstehung der Schlüsselbanden verantwortlichen funktionellen Gruppen nicht angehoben. Auch biochemische Prozesse können innerhalb von nur wenigen Tagen kaum gravierend bei *schwimmenden Ölen* ins Gewicht fallen, sofern die Dicke nicht wenige Mikrometer unterschreitet [14] – s. jedoch Abschnitt 8.3.

Da man in der Praxis nicht nur von einer Ölschichtstärke ausgehen sollte, wurde im Modellversuch eine Probenserie mit Bilgenöl in den Schichtstärken von 1000, 200, 40, 20, 8 und 4 µm angesetzt, bei einer Beobachtungszeit von insgesamt 10 Tagen. In [14] ist der Aufbau und Ablauf des Versuches, die Art der Probenahme mit Hilfe vorextrahierter Papierfilter und das Schema zur Auswertung der Extinktion der Carbonylbande (Bilgenöl „Josef Langen") beschrieben. Die Versuchsmodelle bestanden aus flachen Kunststoffbehältern der Abmessungen $50 \times 50 \times 10$ cm, gefüllt mit je 10 Liter Trinkwasser und dotiert mit entsprechenden Ölmengen. Die Ölschichthöhe wurde aus der zugegebenen Ölmenge und der verfügbaren freien Wasseroberfläche berechnet. Nach zunehmenden Standzeiten, während der die Versuchsmodelle im Freiland der Witterung ausgesetzt waren, wurden mit $CHCl_3$ vorextrahierte Papierrundfilter von 8 cm Durchmesser vorsichtig auf die schwimmende Ölschicht aufgebracht und nach der Ölaufnahme wieder herausgezogen. Das auf dem an der Luft getrockneten Papier anhaftende Öl wurde mit $CHCl_3$ abgelöst und der erhaltene Extrakt auf Kaliumbromid-Fenstern nach Abschnitt 3.1.3 weiter analysiert. In Abb. 8.13 findet man die Extinktionszunahme in Relation zu Standzeit und Ölschichtstärke.

Als Folgerung ist festzuhalten: die oxidative Ölalterung zeigte sich in dem relativ kurzen Zeitraum erst merkbar bei Ölschichthöhen unter 1 mm. Dann aber steigt sie exponentiell zu dünnen Schichten hin an. Bei nur 4 µm ist bereits innerhalb von 24 Stunden mit einer Extinktionszunahme von 400 % zu rechnen. Sie führt daher rascher zu gravierenderen Veränderungen, als dies durch biochemische Vorgänge allein möglich wäre – vergl. [15, 16]. Da in der Praxis Öleinträge auf Binnengewässern rasch zu Filmen der Schichtstärke von 1 µm und weniger auseinanderlaufen – sofern es sich nicht um schweres Heizöl oder abgetoppte Rohöle handelt –, ist bei diesen mit einer nochmals rascheren zeitlichen Veränderung der Ölzusammensetzung und damit des IR-Spektrums zu rechnen. Die Messungen stützen die Hypothese, daß bevorzugt Aromaten (π-Systeme) oxidiert werden, denn meßtechnisch kann man parallel zur C=O-Zunahme eine Abnahme

8.2 Photochemischer Abbau

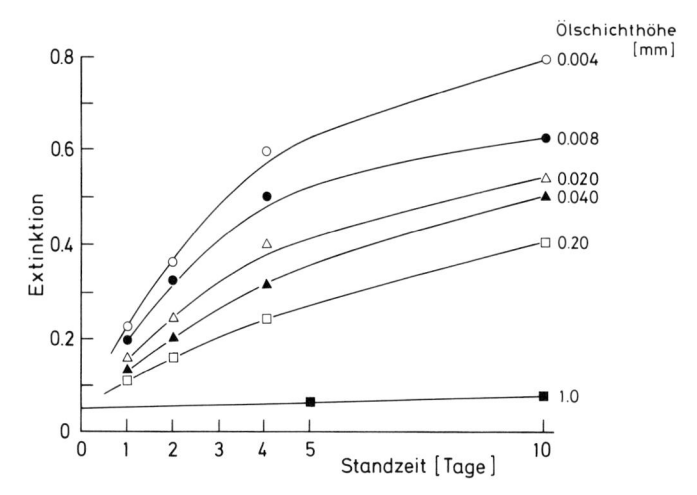

Abb. 8.13: Extinktionszunahme der Carbonylbande in einer Probenserie mit Bilgenöl in Abhängigkeit von der Versuchszeit und der Ölschichtstärke.

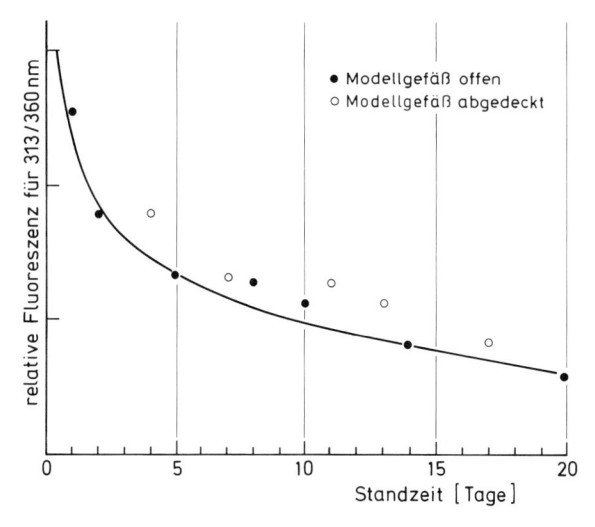

Abb. 8.14: Zeitliche Abnahme der Aromatenfraktion des schwimmenden Bilgenöles, aus Abb. 8.13, gemessen über die Kombination Ex/Em = 313/360 nm auf Kieselgel.

der Aromatenfraktion belegen: man verwendet hierfür die Dünnschicht und die sich nach dem Chromatographieprozeß anbietende Fluoreszenzdetektion (Abschnitt 3.4).

Die um einen R_f-Wert von 0.8 abgelegte Aromatenfraktion kann über die Kombination Ex/Em = 313/365 und 365/445 nm (Filtergerät) detektiert werden. Die erstgenannte Einstellung ist Aromaten-spezifischer: Abb. 8.14 stellt die Fluoreszenzabnahme des schwimmenden Bilgenöles dar. Sie folgt annähernd einer Exponentialfunktion. Die intermediär entstehenden aber teilweise mitextrahierten polaren Verbindungen bleiben bei der Dünnschichtchromatographie am Auftragepunkt liegen – Abb. 8.15 und vergrößern dort das Meßsignal der Fluoreszenzortskurve bei der Kombination 365/445 nm. Zum

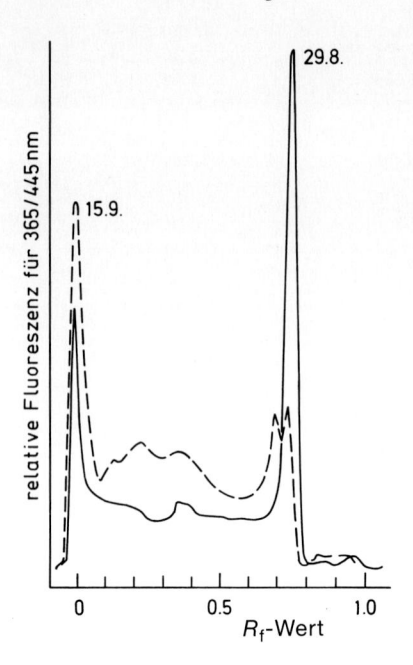

Abb. 8.15: Veränderungen des schwimmenden Bilgenöles, Schichtstärke 40 μm, detektiert nach Chromatographie des Extraktes auf Dünnschichten mit der Kombination Ex/Em = 365/445 nm Fließmittel n-Hexan (10 cm) und Benzol (8 cm).

geringeren Teil gehen sie auch in den Untergrund zwischen R_f = 0.1 und 0.7 ein. (Abb. 8.15 korrespondiert mit Abb. 8.12.)

Weitere Detektionsvarianten s. [13] sowie mit modernen Monochromatoren in beiden Strahlengängen.

Heizöl EL. Bei einem weiteren Versuch wurde Heizöl EL mit einer Anfangsschichthöhe von 7 μm auf dem Modellwasser aufgebracht. Direkte Sonneneinstrahlung war hier nur des nachmittags möglich. Die drei IR-Spektren der Abb. 8.16 sind Auszüge aus diesem Modellversuch. Nr. 1 stellt das Öl nach dem Ausbringen dar, Nr. 2 nach 10 Tagen. Man bemerkt in diesem Intervall die Ausbildung von Esterstrukturen. Nr. 3 gehört zu einem Wasserauszug ($CHCl_3$ als Extraktionsmittel) der schwimmenden Ölreste nach 10 Tagen. Bemerkenswerterweise fehlt hier u. a. die Langketten-Paraffinbande bei 720 cm^{-1}, das Kennzeichen langkettiger Alkane. Tab. 8.2 dokumentiert das Verschwinden des schwimmenden Ölanteils, wobei wiederum ein Bruchteil in Form nunmehr wasserlöslicher Stoffe in den Wasserkörper diffundiert ist und mit dem Spektrum Nr. 3 wenigstens zum Teil erfaßt wurde.

Über die Bildung von Einzelstoffen im Öl bzw. deren Veränderung beim Übertritt in die Wasserphase berichteten u. a. [16, 17]. Der Versuchsaufbau im Modell präjudiziert entscheidend das Untersuchungsergebnis im einzelnen, und dies läßt sich im Hinblick auf die Verhältnisse in der Natur nicht unbedingt ohne Abstriche übertragen. Bei Versuchen mit einem Schwefel-reichen Mittelostrohöl (2 % S) z. B., in denen man die recht große Menge von 400 ml Öl auf 20 l Wasser künstlich beleuchtete [16], sollte der Über-

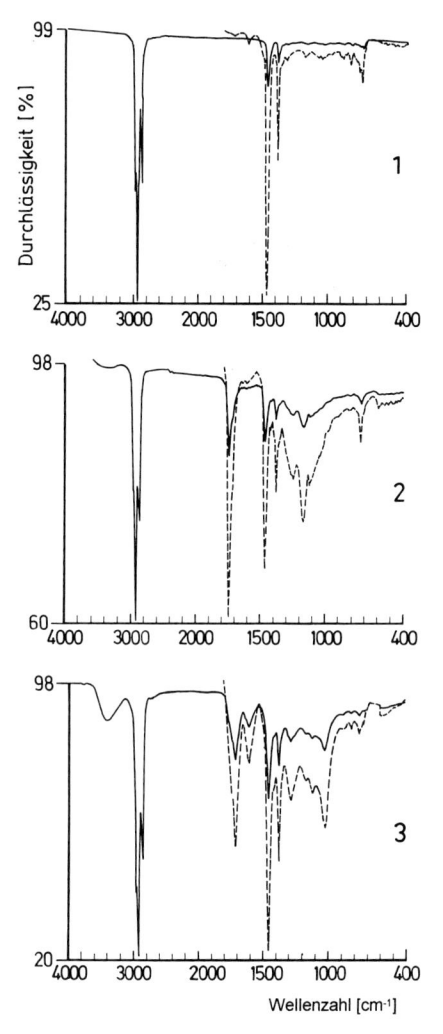

Abb. 8.16: Veränderungen an einem schwimmenden Heizöl EL. (1) Zeitpunkt 0, (2) nach 10 Tagen, (3) nach 10 Tagen aus dem Wasser mit CHCl$_3$ extrahierbare Stoffe im IR-Spektrum. Durchgezogene Linie = CH$_2$-Bande (2920 cm^{-1}) auf full scale, gestrichelte Linie = CH$_2$-Bande (1460 cm^{-1}) auf full scale normiert.

tritt von Ölbestandteilen in die Wasserphase verfolgt werden. Dem Ergebnis zufolge gehen zwar die leichteren Aromaten rasch in Lösung; die dann aber nach Extraktion des Wassers mit iso-Octan erhaltenen Stoffe gehören jedoch hauptsächlich den höher siedenden Verbindungen an. Und diese wiederum seien nicht durch Oxidation aus den Aromaten, sondern den Schwefelverbindungen entstanden.

Auch weitere Versuchsansätze [17] gingen von relativ großen Ölmengen im Verhältnis zum verfügbaren Wasservolumen aus. Die dort mit Rohölen und einem raffinierten Mitteldestillat (Dieselkraftstoff) simulierten Alterungsprozesse einschließlich intensiver UV-Bestrahlung führten zu recht geringen Stoffkonzentrationen in der Wasserphase: sie lagen im unteren mg/l-Bereich, wobei wiederum die Sauerstoff-haltigen Stoffe vorherrschten. Die weitgetriebene Analytik, u. a. mit der in Abschnitt 3.6 erwähnten Niedervolt-

Tabelle 8-2. Abnahme der flächenbezogenen Ölschicht (Heizöl EL) unter dem Einfluß der Witterung. Anfangsschichtstärke 7 µm.

Nr.	Standzeit [Tage]	Extrakt/Ölfilm[a) [mg]	Restmenge [Gew. %]
1	0	2.5	100
2	1	0.64	25.6
3	2	0.53	21.2
4	3	0.34	13.6
5	4	0.08	3.2
6	5	0.07	2.8

[a) bezogen auf Papierfilter 5.5 cm Durchmesser als Adsorbens des schwimmenden Öles

Massenspektrometrie, führte zwar zu detaillierten Resultaten – z. B. wird zwischen dem zeitlichen Verhalten von Aromaten mit einem Ring bis zu vier kondensierten Ringen, desgleichen von Sauerstoff-enthaltenden kondensierten Ringen unterschieden –, gleichwohl wird die Übertragbarkeit auf Naturverhältnisse und insbesondere dünnere Ölschichten mit Recht offen gelassen. Vergl. hier Abschnitt 2.1.

8.2.2 Sonstige Oberflächen

PAK-reiche Teeröle. Die folgenden Versuchsbedingungen simulieren Naturverhältnisse nur ungenügend. Der Schwerpunkt liegt denn auch in der Erprobung der Meßtechnik. Gleichwohl lassen die Ergebnisse einen gewissen Rückschluß auf die Vorgänge in der Natur zu.

Es wurde die, nach Abschnitt 3.4 über Dünnschichten isolierte, Aromatenfraktion eines der im Abschnitt 7.4 beschriebenen Teeröle filmförmig (Dicke 2–5µm) auf dem Boden eines Becherglases sommerlichen Sonnenstrahlen ausgesetzt [18]. Wie sich das IR-Spektrum durch Einlagerung von O_2 nach 6 Tagen verändert hat, geht aus Abb. 8.17 hervor. Während die aliphatischen Strukturelemente (CH_2/CH_3) offenkundig kaum angegriffen wurden, ist das aromatische System durchgreifend betroffen. Dem Auftreten der O–H-, C=O- und C–O-Gruppen steht ein beträchtlicher Abbau der Extinktionen um 3046 und in der o.o.p.-Region zwischen 600 und 1000 cm^{-1} gegenüber. In signifikanter Weise kennzeichnen auch die Synchron-Fluoreszenzspektren die hochgradigen Veränderungen bis zum 4. Tag, in dem die ursprünglichen Spektrenstrukturen verschwinden und neue im längerwelligen Gebiet entstehen – Abb. 8.18. Im Endeffekt bleiben hochmolekulare, in Cyclohexan und z.T. auch in CHCl$_3$ nicht mehr lösliche Verbindungen von huminstoffähnlichen Aussehen und Konsistenz zurück. Alkane wurde unter diesen Bedingungen nicht nachweisbar oxidiert.

Als eine wichtige Randbedingung für Ausmaß und Geschwindigkeit der Photooxidation geht die Eigenart der Oberfläche ein – Abb. 8.19. Die Aromatenfraktion von – gering mit PAK belasteten – Böden wurde auf einer Glasoberfläche Abb. 8.19.A bereits innerhalb von 2 Tagen weitgehend verändert, während dies auf Kieselgel-Dünnschichten Abb. 8.19.B nur in sehr viel geringerem Ausmaß der Fall war – eine Parallele zum Verhalten von KW im Wasserkörper gegenüber dem biochemischen Angriff.

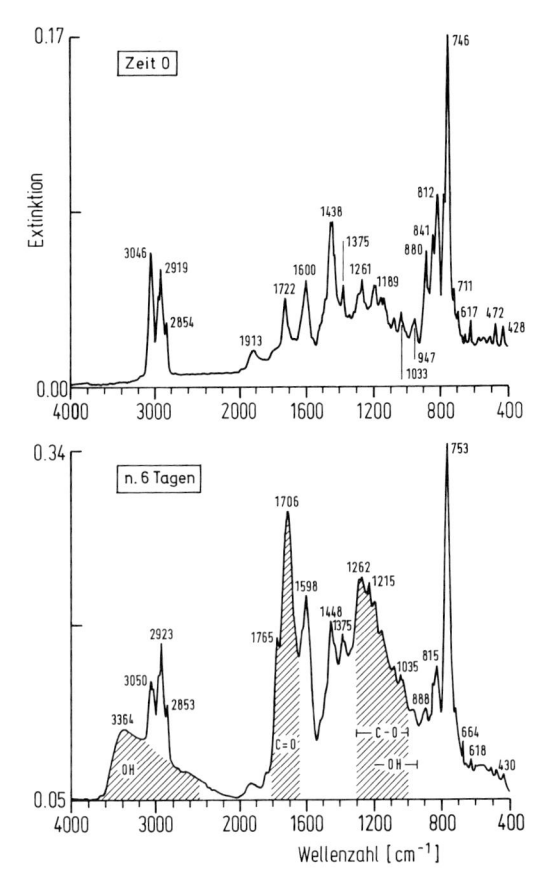

Abb. 8.17: Photochemisch induzierte Veränderungen an einem PAK-reichen Teeröl nach 6 Tagen auf einer Glasunterlage im IR-Spektrum im Vergleich zur Charakteristik der Probe zum Zeitpunkt 0.

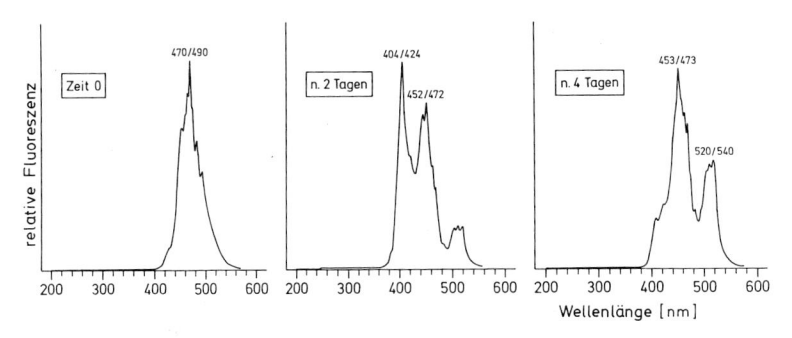

Abb. 8.18: Photochemisch induzierte Veränderungen an einem PAK-reichen Teeröl (Vers. s. Abb. 8.17), nachweisbar am Synchron-Fluoreszenzspektrum in Cyclohexan, $\Delta Ex/Em = 20$ nm.

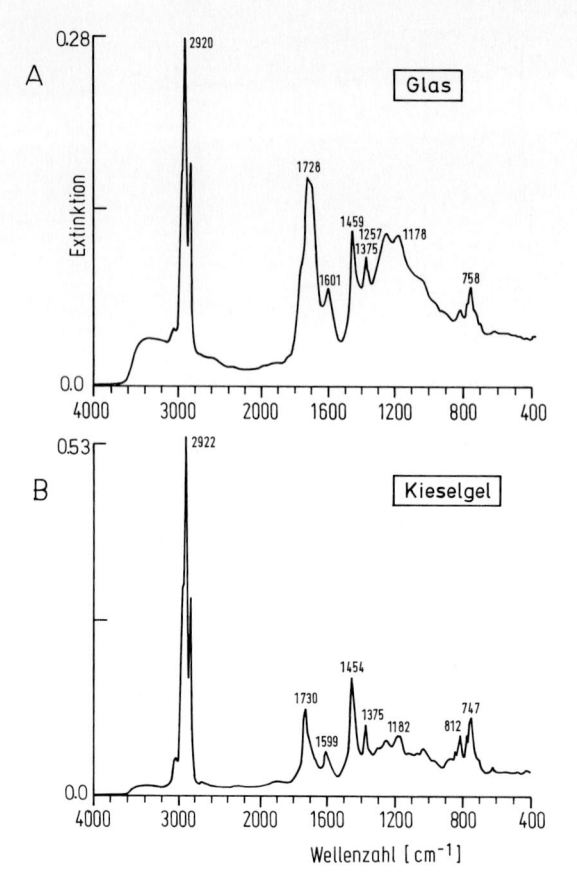

Abb. 8.19: Veränderung der Aromatenfraktion von Bodenproben. Vergleich der IR-Spektren nach zwei Tagen auf einer Glasunterlage sowie auf einer Kieselgel-Dünnschicht. Das Spektrum zum Zeitpunkt 0 entspricht annähernd dem unteren Spektrum auf Kieselgel.

Eine wiederum andersartige Situation liegt vor, wenn solche Extrakte in einem Radikale bildenden Lösungsmittel wie $CHCl_3$ belichtet werden – Abb. 8.20. Es handelt sich um den Extrakt von mit PAK belasteten Böden in Form der vorher isolierten Aromatenfraktion. Unter den normalen Lichtverhältnissen eines Laboratoriums im Sommer registrierten wir den innerhalb von 28 Tagen vor sich gehenden Abbau, das Verschwinden aller Polycyclen außer dem Fluoranthen und dem Benzo(b)fluoranthen, diese jedoch ebenfalls zum größten Teil. In Abb. 8.21 ist die Konzentrationsabnahme von drei ausgewählten Aromaten im zeitlichen Verlauf wiedergegeben.

Als Resümee der hier nur in sehr geraffter Form vorgelegten Befunde steht fest, daß die Aromaten einschließlich der PAK unter dem Einfluß energiereicher Strahlung – Abb. 1.16 – oxidiert werden, und zwar mit unterschiedlicher Geschwindigkeit, die zudem sehr stark von der Beschaffenheit des Trägers abhängt. Interessanterweise wird das Fluoranthen biochemisch bevorzugt, photochemisch aber am langsamsten angegriffen (Bezug: Σ 6 der TV). Ob tatsächlich Radikale bildende Stoffe, wie hier das Lösungsmittel, den Prozeß beschleunigen, kann jedoch aus diesem einen Versuch nicht abgeleitet werden.

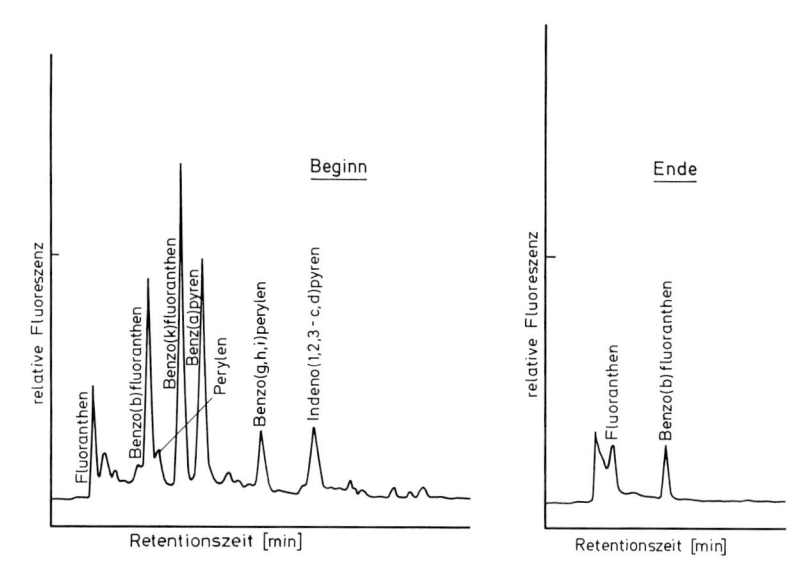

Abb. 8.20: Aromatenfraktion eines PAK-reichen Bodenextraktes in CHCl$_3$ dem Sonnenlicht ausgesetzt. (A) 6 Aromaten der TV einschließlich des Perylens zum Zeitpunkt 0, (B) nach 28 Tagen. Bestimmung über HPLC.

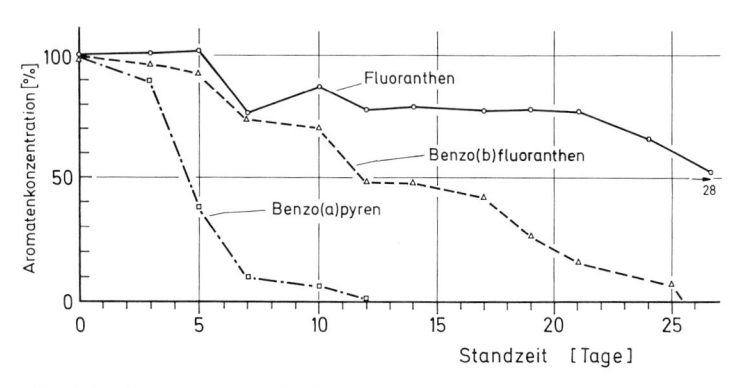

Abb. 8.21: Konzentrationsabnahme dreier ausgewählter Aromaten nach Abb. 8.20 im zeitlichen Verlauf.

8.3 Sonstige Prozesse

Der Abschnitt 2.1 behandelt hauptsächlich die physikalisch-chemischen Prozesse, denen massive (Roh-)Öl-Einträge auf Gewässern unterliegen. Die dort u. a. erwähnte Alterung betrifft also relativ dicke Schichten, die durch die Bildung von Wasser- in Öl-Emulsionen, die Verdunstung der leichteren Bestandteile, die Photooxidation und den biochemischen Angriff Charakter und Zusammensetzung wesentlich verändern. Die Zeiträume, in denen dieses geschieht, erstrecken sich über Wochen und Monate, sofern das Öl überhaupt schwimmfähig bleibt. Im Kurzzeitraum betrachtet dominiert bei Ölen mit leicht- bis mittelschweren Anteilen allerdings die Verdunstung, wodurch sich die untere Siedegrenze bis etwa zum n-C_{12} erhöht. Diese Vorgänge sind insofern analytisch überschaubar, als sich der Typ des Öles noch erkennen läßt. Gravierender ist die Lage bei Kontaminationen, an denen überwiegend Vergaserkraftstoffe, Düsentreibstoffe und ähnliche KW-Mischungen beteiligt sind. Hier verschwinden ja die *Hauptbestandteile*, die Benzole und niedrig alkylierte ein- und zweikernige Aromaten, so daß u. U. der Öltyp aus dem verbleibenden Ölrest kaum mehr abgeleitet werden kann. Diese Situation sowie Zwischenstadien hat man im porösen Untergrund wie auf Gewässern zu gegenwärtigen, und auch die Probenahme ist dann darauf abzustellen (Kapitel 6).

Über die mit dem KW-Übergang in den Grundwasserstrom und die Diffusion von Stoffen verbundenen Vorgänge empfiehlt sich die Lektüre von Abschnitt 2.2 und der dort zitierten Literatur. Im Normalfall entweichen aus dem ölimprägnierten Bodenkörper die leichterflüchtigen KW bis zu einem gewissen Grade in die Atmosphäre. Die kurzkettigen, relativ leicht wasserlöslichen Aromaten mit niedriger Molmasse sowie polare Komponenten dagegen dringen überwiegend im Gefolge von Niederschlägen in tiefere Bodenschichten vor. In eigenen Versuchen mit Modellsanden unterschiedlicher Korngrößen in Lysimetern bis 3 m Höhe fanden wir ausnahmslos, daß beim Beregnen die polaren Stoffe den KW vorauseilen. Diese werden im Boden und im Grundwasser auch zuerst bakteriell und chemisch angegriffen. Durch den Verbrauch an Sauerstoff entstehen in der Praxis von Ölschadensfällen häufig Reduktionszonen, die sich nicht selten mit der organoleptisch nachgewiesenen Zone der gelösten Ölbestandteile decken, und die ihren chemischen Ausdruck in den Werten für den $KMnO_4$-Verbrauch und dem Gehalt an kupplungsfähigen Phenolen finden.

Inwieweit eine nennesnswerte Fraktionierung des Schadensöles im Boden und im Untergrund in Stoffgruppen (höher molekulare Alkane + Aromaten, leichtere Aromaten und polare Stoffe) stattfindet, hängt verständlicherweise von Öltyp und -menge, Infiltrationsvolumen = Dispersionsgrad, von Art des Bodens und des Untergrundes sowie von Bodenfeuchte und -temperatur ab.

Lediglich erwähnt sei noch die Tatsache, daß sich viele Verbindungen auch im sonnenbelichteten Gewässer photochemisch verändern lassen, dies selbst bei relativ kleinen Quantenausbeuten [19]. Und bezüglich der Photooxidation von KW in der Gasphase (Atmosphäre, Troposphäre, Stratosphäre) sei zitiert [20], daß „weitere Untersuchungen unbedingt notwendig" seien.

Literatur zu Kap. 8

[1] Kägler, S. H.: Neue Mineralölanalyse. Dr. Alfred Hüthig Verlag, 2. Auflage Heidelberg 1987
[2] Hellmann, H.: Mit welchen Methoden können Mineralölverschmutzungen dem Verursacher nachgewiesen werden? Vom Wasser 41, 45–64 (1973)
[3] Defner, C.: Bakterien zehren am Öl. DIE ZEIT 12 (1973)
[4] Wallhäuser, K. H.: Ölabbauende Mikroorganismen in Natur und Technik. Helgoländer wissen. Meeresuntersuchungen 16, 328–335 (1967)
[5] Hellmann, H.: Zum Abbau von Mineralölkohlenwasserstoffen im Rheinstrom. Tenside Detergents 10, 285–289 (1973)

[6] Rübelt, C.: Analytische Methoden zum Mineralöl-Wasser-Boden-Komplex. Helgoländer wissen. Meeresuntersuchungen 16, 306–314 (1967)
[7] Schöberl, P.: Kohlenwasserstoffe und ihr Abbau. Der Lichtbogen 199, 8–14 (1981), Hrsg. Chemische Werke Hüls, Marl
[8] Gunkel, W.: Kann Impfen mit Bakterien den Ölabbau im Meer beschleunigen? Wissenschaftsmagazin 7, 112–115 (1984), Hrsg. Biotechnologie. Techn. Universität Berlin
[9] Hellmann, H.: Abbau biogener Kohlenwasserstoffe. Vom Wasser 54, 81–92 (1980)
[10] Neff, J.M.: Polycyclic Aromatic Hydrocarbons in the Aquatic Environment. Applied Science Publishers Ltd., London 1979
[11] Crigee, R. und Ludwig, P.: Über den Mechanismus der Autoxidation von Kohlenwasserstoffen zu Bihydroperoxiden. Erdöl und Kohle 15, 523–529 (1962)
[12] Matsas, E.: Lubricating – oil impurities. Rev. Inst. Franc. Pétrol. Ann. Combustibles Liquides 7, 83–95 (1952)
[13] Hellmann, H.: Zur Analytik der photochemischen Oxidation schwimmender Ölfilme. Z. Anal. Chem. 275, 193–199 (1975)
[14] Hellmann, H. und Zehle, H.: Unter welchen Voraussetzungen können Mineralöle in Gewässern identifiziert werden? Z. Anal. Chem. 269, 353–356 (1974)
[15] Pilpel, N.: Sunshine on a Sea of Oil. New Scientist 59, 636 (1973)
[16] Burwood, R., Speers, G.: Photo-Oxidation as a Factor in the Environment Dispersal of Crude Oil. Estuarine Coastal Marine Sci. 2, 117–135 (1974)
[17] Frankenfeld, J. W.: Factors governing the fate of oil at sea; variations in the amounts and types of dissolved or dispersed materials during the weathering process. Prev. Contr. Oil Spills Joint Conf. Proc. Band 1, 485–495 (1979)
[18] Hellmann, H.: Photochemisch ausgelöste Veränderungen an Schadensölen. Ergebnisse der IR- und Fluoreszenzspektroskopie. Vom Wasser 84, 207–227 (1995)
[19] Sigg, L. und Stumm, W.: Aquatische Chemie. Verlag der Fachvereine Zürich, B.G. Teubner Verlag, Stuttgart 1994 (3. Aufl.)
[20] Zeller, R.: Abbau von Kohlenwasserstoffen in der Atmosphäre. Erdöl und Kohle, Erdgas Petrochemie 37, 212–219 (1984)

> „Wenn es in irgendeiner Wissenschaft absolute Gewißheit gibt, dann darf, wie es scheint, in erster Linie die Mathematik den Anspruch erheben ..."
>
> Peter Wust [1]

9 Charakterisierung – Identifizierung – Verursachernachweis

Dieses Kapitel beschäftigt sich mit eben den Sachverhalten, die eine KW-Bestimmung nach dem Normverfahren nicht vorsieht, die aber den Charakter dieser Monographie prägen. Für sich genommen könnte man dem Dreigespann
    Charakterisierung – Identifizierung – Verursachernachweis
durchaus eine eigene Schrift widmen, eine Art „Leitfaden" mit empfehlenswerten Fließschemata. Nun aber sind die Voraussetzungen für ein solches Unternehmen bereits in den Kapiteln 1–8 geschaffen. Man kann dort auch ohne große Mühe ersehen, daß der Verfasser ein allgemein anwendbares Schema für weniger zweckmäßig erachtet, weil die anstehende Problematik von Fall zu Fall durchdacht und mit einer Auswahl der insgesamt verfügbaren instrumentellen Analytik angegangen werden muß. Insofern beschreiben die folgenden Ausführungen überblicksmäßig die Methoden und geben Querverweise auf das bereits Gesagte.

9.1 Charakterisierung

Ein Kohlenwasserstoffgemisch wird durch physikalische Kenngrößen wie Dichte, Viskosität, Flammpunkt und Siedegrenzen charakterisiert (Abschnitt 3.8). Rein chemische Verfahren ermitteln den Schwefelgehalt, bestimmte Schwermetalle (vor allem in Rohölen) [2], [3], unter Umständen spezielle Zusätze wie Emulgatoren, Korrosionsinhibitoren und dergl. [4], auf die in dieser Schrift nicht eigens eingegangen wurde – vergl. aber Abschnitt 1.1. Mit dem physikalisch-chemischen Instrumentarium erfolgt dann das, was den Hauptteil dieser Abhandlung ausmacht:

- Die Aufnahme der Gaschromatogramme, zuvörderst der Alkanfraktion,
- die Gewinnung der IR-Übersichtsspektren von der Alkan- und besonders der Aromatenfraktion,
- die Fluoreszenz- und UV-Messungen sowohl in quantitativer Hinsicht wie in qualitativer Darstellung (Spektren 0.–2. Ordnung),
- die Anwendung der UV- und Fluoreszenz-Detektion auf Adsorberschichten mit den praktisch unbegrenzten Variationsmöglichkeiten der Fließmittel und der Detektionskombinationen in Extinktion und Emission.

Damit nicht genug: Es steht ein Angebot bei den GC/MS-Spektren, der Aufnahme von Massenchromatogrammen und das „Selected Ion Monitoring"-Programm bereit (Abschnitt 3.7). Wichtige Unterscheidungs- und damit Charakterisierungskriterien stellen die polycyclischen aromatischen KW dar: sie werden über HPLC (auch wieder unter ausgewählten Bedingungen) oder Gaschromatographie bestimmt und erlauben u. a. die Darstellung eines *PAK-Profils*.

Es ist völlig klar, daß man aus den insgesamt verfügbaren Methoden und Analysenstrategien immer nur eine Auswahl in Betracht ziehen kann, eine Auswahl, die sich nach dem Kompartiment, der tatsächlich vorliegenden KW-Mischung und der fachlichen Kompetenz des Analytikers richtet. Fachliche Kompetenz aber bedeutet in erster Linie Erfahrung und breites instrumentelles Know-how. Mit speziellen Techniken etwa auf dem Gebiet der Gaschromatographie allein wird man vermutlich schon bei einfachen Proben versagen bzw. zu Fehlurteilen kommen.

9.2 Identifizierung

Für eine Identifizierung sind quantitative Angaben, wie sie die IR-Spektroskopie über den Spektrenausschnitt der Valenzschwingung (CH_2/CH_3) und die Wichtung einzelner Strukturelemente über das Übersichtsspektrum ermöglicht, unentbehrlich. Bei Verdacht auf Vergaserkraftstoffe im sandigen Untergrund etwa wird man mit Freon oder CCl_4 diesen in Verbindung mit der IR-Spektroskopie bei 3100–2800 cm^{-1} rasch erhärten und ihn durch eine simultan vorzunehmende Extraktion mit n-Hexan oder Cyclohexan und Aufnahme der UV- bzw. Fluoreszenzspektren bestätigen.

Ein Ölklumpen am Strand oder am Ufer eines Flusses kann z. B. ein gealtertes Rohöl, ein Altöl oder ein schweres Heizöl darstellen: nur die Kombination mehrerer instrumenteller Verfahren mit quantitativer Bestimmung der beiden Fraktionen der Alkane und Aromaten, evtl. der PAK führt hier zum Ziel. Bei der Interpretation der Meßergebnisse ist zu berücksichtigen, was in Kapitel 8 über die möglichen Veränderungen der KW-Zusammensetzung ausgeführt wurde. Ständig sind auch die Meßverfahren im kritischen Blick zu halten: die Schwäche der IR-Spektroskopie für die Anzeige von Aromaten, das Unvermögen der Gaschromatographie, hochsiedende Fraktionen angemessen zu erfassen, die scheinbare Überbewertung mancher Aromaten bei der Fluoreszenzmessung in Lösung, wie beim Fluoranthen. Nicht zu vergessen die mögliche Zersetzung von Aromaten in Lösungsmitteln, bei der GC oder der HPLC und den Umstand, daß letztere im Gegensatz zur GC immer nur einen ausgewählten Teil von Verbindungen detektiert, von der Anfälligkeit mancher Analysensysteme mit festem Programm gegen Veränderungen der Retentionszeiten ganz zu schweigen.

Kurz: Die Identifizierung des KW-Gemisches setzt einige Kenntnisse über die Zusammensetzung von Mineralölen einschließlich Teerölen, biogenen KW, Alterungserscheinungen und die Möglichkeiten und Grenzen der instrumentellen Verfahren voraus.

Besondere Vorsicht ist dort am Platze, wo man das KW-Gemisch nicht als Phase, sondern in Form des Extraktes aus der Wasserphase in die Hände bekommt. Eine Identifizierung ist dann äußerst problematisch – vergl. Abb. 2.11 und Abb. 9.4.

9.3 Verursachernachweis

Zuweilen gipfelt die Identifizierung im Verursachernachweis, nicht selten ist dieser überhaupt das Ziel der Untersuchung. Dabei soll nicht übersehen werden, daß die Feststellung der Identität eines Schadensöles und einer typischen Mineralölsorte bereits ein Verursachernachweis sein kann – das Fließschema in [2] z.B. führt den Nachweis von Schmierölen über die Schwermetalle Ca, Ba und Zn, die in den Destillaten keine Rolle spielen, und geht dann weiter über die clean up-Verfahren, die IR-Spektroskopie der polaren Verbindungen und die GC-Analyse der Alkane und Aromaten. Rückschauend ist es lehrreich, dieses damals ausreichend erscheinende Schema zu skizzieren: Der Erstellung von IR-Übersichtsspektren folgte die Bestimmung des Schwefelgehaltes, sodann die Aufnahme von Gaschromatogrammen jeweils vom Schadensöl und den in Frage kommenden Referenzölen. Sofern dann noch keine signifikanten Unterschiede eine mögliche Identität sicher ausschließen, setzt man den Analysengang bei den Rohölen mit der Bestimmung der Vanadium- und Nickelgehalte, bei den Schmierölen von Calcium-, Barium- und Zinkgehalten fort. Destillate – siehe Abschnitt 1.1.3 – werden erst in der nächsten Operation, der Säulenchromatographie, wieder einbezogen. Diese trennt das vorliegende Gemisch in KW-Fraktionen einerseits und polare Fraktionen andererseits. Von den ersteren nimmt man erneut die Gaschromatogramme, von den letztgenannten die IR-Übersichtsspektren auf. In der Praxis scheint dies jedoch in den meisten Fällen nicht zu genügen. Denn ein Heizöl EL z.B. ist ein Massenprodukt ohne individuelle Zusammensetzung und kann von beliebigen Verursachern abgelassen oder eingetragen worden sein. In diese Richtung stößt denn auch der Vorschlag, mit „markierten Isotopen Umweltsünder zu überführen" [5]. Ob dies letztendlich dem Richter genügt, der nicht einmal den genetischen Fingerabdruck mit 99.986 prozentiger Wahrscheinlichkeit gelten ließ, weil die Analyse lediglich eine „statistische Aussage enthalte" (Bundesgerichtshof Az.: 5 StR 239/92 vom 12. August 1992) [6], darf bezweifelt werden. Das Eingangsmotto deutet bereits auf die Neigung des Menschen allgemein hin, allenfalls der Beweisführung der Mathematik, zu der bekanntlich auch die Statistik gehört, zu folgen. Aber welcher Analytiker, und sei er noch so erfahren in seinem Fach, wäre in der Lage, seine Ergebnisse mit Zahlen aus der Statistik zu verifizieren? Vergessen wir nicht, daß wir es bei den KW mit veränderlichen Stoffen zu tun haben, so daß der Analytiker nicht in der teilweise einfacheren Lage eines Kriminalwissenschaftlers ist, der an Hand von Lackspuren eines Autos oft nicht nur Fabrikat und Modell, sondern sogar das Werk, in dem das Auto gebaut wurde, bestimmen kann [7].

Wenn in [8] von den dreidimensionalen (3D-) Fluoreszenzspektren gesagt wird, daß „sie selbst die geringsten Unterschiede zwischen identischen Verbindungen aufzeigen, die von herstellungsbedingten Verunreinigungen oder Kontaminationen herrühren", andererseits aber auch erwähnt wird, daß es bei der Bestrahlung der Stoffe während der Messungen zu einem photochemischen Abbau lichtempfindlicher Stoffe kommen kann, ist eine Klarstellung notwendig: Die heute bekannten und vorstehend vor allem in den Abschnitten 3.1–3.7 erläuterten Techniken sind empfindlich genug, um ein KW-Gemisch zu identifizieren. Neue Techniken sind nach Meinung des Verfassers nicht unbedingt vonnöten. Das Problem liegt ja doch in der Veränderung von Ölen in der Umwelt *vor* dem Zugriff des Analytikers, dem Abschätzen und Bewerten dieser möglichen Veränderungen sowie der Forderung an den Gutachter, gerichtsfeste und möglichst 100%ige Beweismittel zu erarbeiten, die keinerlei Spielraum für eine andere Ansicht offen lassen.

Wie sehr die Erfahrung eine gutachtliche Ansicht von ehedem ändern kann, mußte der Verfasser selbst erkennen: In [9] sind IR-Spektren und Gaschromatogramme von Referenzöl und schwimmendem Schadöl als nicht identisch deklariert worden, die aus heutiger Sicht durchaus „identisch sein könnten", was eben heißt, daß nach dem Ergebnis dieser beiden instrumentellen Verfahren „nichts gegen eine Identität spricht".

Ein verwandtes Beispiel entnehmen wir der Fachliteratur. Dort wird der aufsehenerregende Ölunfall der „Exxon Valdez" in Alaska zum Anlaß genommen, das *ausgelaufene Öl* mit einer *ausgewitterten* Rohölprobe aus der Umwelt zu vergleichen [10]. Leider

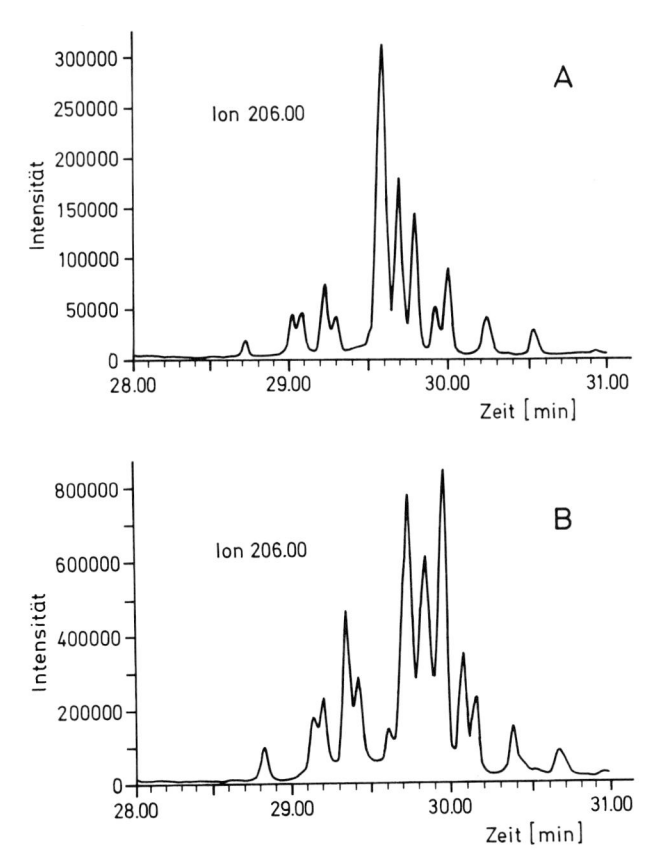

Abb. 9.1: GC/MS-Massen-Chromatogramme der C-2-Phenanthrene (Ion 206) der Referenzprobe „Exxon Valdez" (A) und der aus der Umwelt entnommenen gealterten Schadölprobe (B) nach [10].

wird der Fundort nicht angegeben. Es werden die derzeit modernsten Techniken eingesetzt und mit deren Hilfe die Ionenchromatogramme der gesättigten Kohlenwasserstoffe mit spezieller und hierfür entwickelter Software [10, Abb. 1] und die Chromatogramme der C-2-Phenanthrene (Ion 206) vergl. Abschnitt 3.7, die hier mit Erlaubnis der Autoren wiedergegeben werden – Abb. 9.1 erstellt. Das Ionenchromatogramm der Alkane präsentiert uns genau das Bild (hier nicht abgedruckt), das man von einem gealterten Rohöl dieses Types erwartet – vergl. auch Abb. 2.7 –, so daß nichts gegen eine Identität mit dem Öl der „Exxon Valdez" spricht. Zumindest wäre die Beweisführung des gegenteiligen Standpunktes u. E. mehr als schwierig. Aber auch die beiden SIM-Fragemente der Abb. 9.1 enthalten im Chromatogramm B alle Meßausschläge, die auch im Referenzchromatogramm A vorkommen. Es bleibt dem Analytiker vorbehalten zu beweisen, daß die (nach unserer Erfahrung) geringen Abweichungen *nicht* auf die Alterungsvorgänge bzw. photochemischen Einwirkungen zurückgehen.

Auf diese grundsätzliche Schwierigkeit scheint auch hinzuweisen, daß eine ältere deutsche Publikation zur *selben SIM-Technik*, als „sichere Methode zum Verursachernachweis" bezeichnet [11], bislang keine uns bekannte Fortsetzung erfahren hat, wiewohl dies angekündigt wurde.

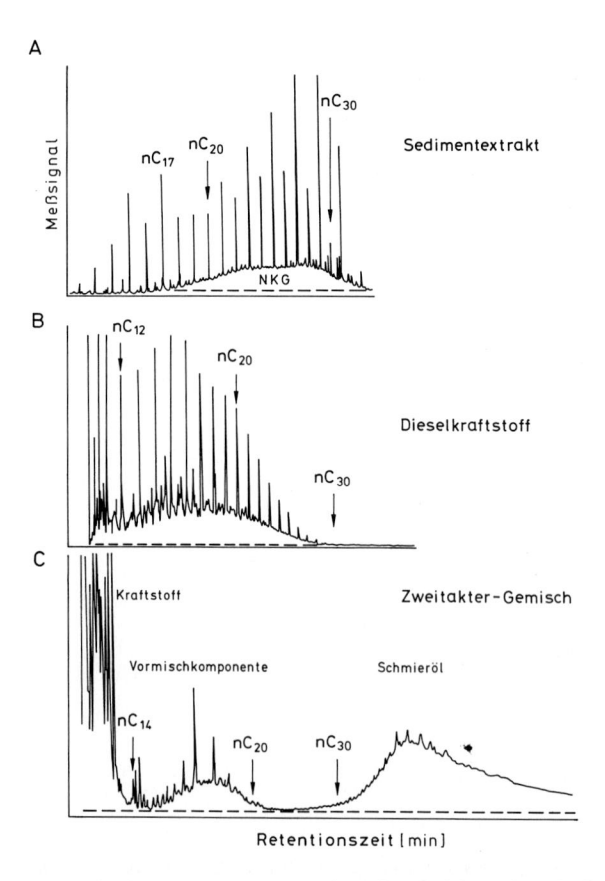

Abb. 9.2: Gaschromatogramme der Alkanfraktion eines Sedimentextraktes aus der Bodenseemitte (1981) (A) sowie von Dieselkraftstoff (B) und eines Zweitaktergemisches (C).

So unsicher das menschliche Urteilsvermögen „im Sinne einer absoluten Gewißheit" nach Peter Wust [1] auch ist, so wertvoll sind die Analysenergebnisse als *Teil eines Beweisverfahrens* und häufig als stärkste Stütze im Rahmen des Ausschließungsprinzips.

Es sei gestattet, die Informationen des Kapitels 3 noch etwas abzurunden. Abb. 9.2 enthält die Gaschromatogramme der Alkanfraktion eines Sedimentes aus Bodensee-Mitte (1981) – Abb. 9.2.A – und darunter die Alkanfraktion von Dieselkraftstoff und eines Zweitaktergemisches – Abb. 9.2.B und C. Die Alkane des Sedimentextraktes erstrecken sich über den Siedebereich von C_{11} bis C_{32}. Die n-Alkane überwiegen mit Abstand, insbesondere die ungeradzahligen Vertreter im Siedebereich C_{20}–C_{32}. Der nicht aufgelöste Untergrund (NKG) ist relativ klein. Dieses Chromatogramm dokumentiert den biogenen Charakter des Extraktes.

Chromatogramm 9.2.B steht hierzu in starkem Kontrast. Neben dem Auftreten von KW des Siedebereiches unter C_{10} (angedeutet) liegt eine zum n-C_{15} als Maximum symmetrische Kohlenstoff-Verteilung vor. Zwischen den n-Alkanen erscheinen mit geringerer Intensität die Signale der iso-Alkane. Das NKG ist beträchtlich. Nach Abschnitt 1.1.3 sind dies die Kennzeichen eines Mineralölproduktes, eines Mitteldestillates. Chromatogramm 9.2.C charakterisiert die KW eines Zweitaktergemisches vor dem Hintergrund der wasserwirtschaftlich wichtigen Frage, ob sich seine Bestandteile im Sedimentextrakt nachweisen lassen. Dies ist erkennbar und im Rahmen der Analysengenauigkeit nicht der Fall.

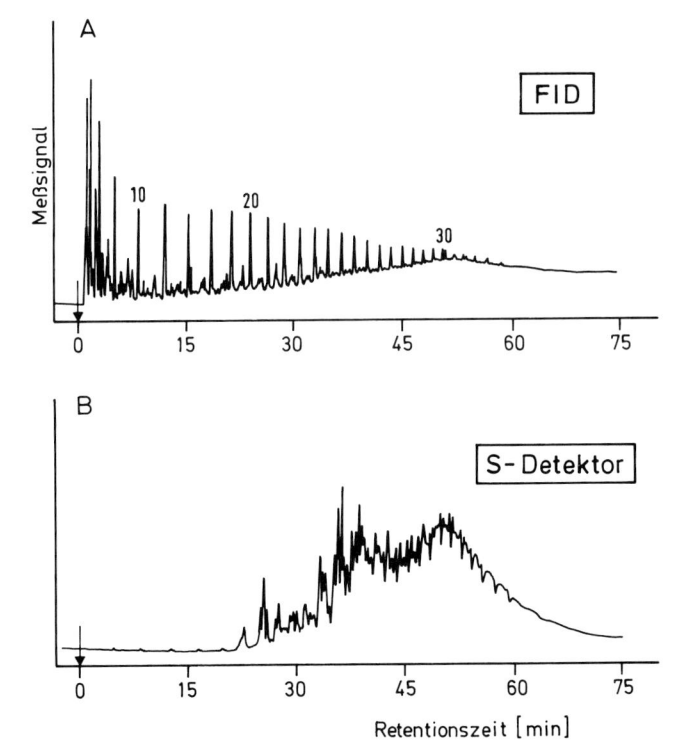

Abb. 9.3: Gaschromatogramme eines frischen Kuwait-Rohöls, aufgenommen mit einem Flammenionisationsdetektor (A) und mit einem Flammenphotometrischen-Schwefeldetektor (B) nach [12]. Kapillarsäule 25 m.

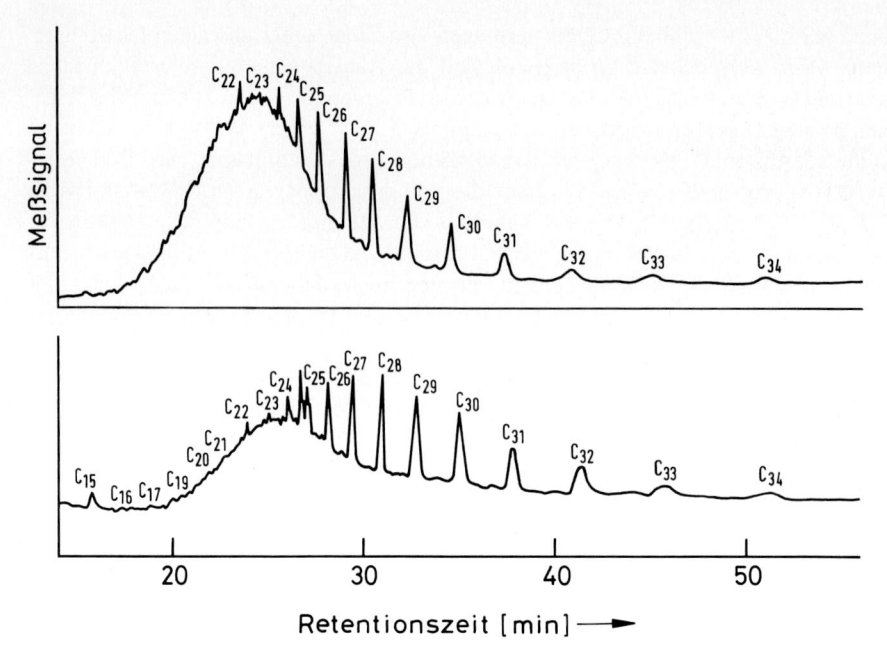

Abb. 9.4: Gaschromatogramme der Kohlenwasserstofffraktionen von Meerwasserextrakten, entnommen an der Wasseroberfläche in der Nähe der Bermuda Inseln nach [13]. 4,5 m gepackte Säule.

In Abb. 9.3 ist das GC eines Kuwait-Rohöls einmal mit dem FID, zum anderen mit einem Schwefel(S)detektor aufgenommen [12]. Während über den FID im wesentlichen der Siedebereich und in gewissem Umfang die Mengenverteilung der n-Alkane nebst dem NKG angezeigt werden, gibt der S-Detektor Auskunft über die Anwesenheit von organischen Schwefelverbindungen sowie deren ungefähren Siedebereich. Beide Chromatogramme lassen sich als wertvolle fingerprints nutzen. Die Beweiskräftigkeit des Einzelchromatogramms wird ergänzt und erhöht.

Gaschromatogramme der KW- bzw. Alkanfraktion werden auch bei der Untersuchung von Meerwasser-Extrakten herangezogen – Abb. 9.4 [13]. Die abgebildeten Chromatogramme sind nicht leicht zu interpretieren. Das relativ große NKG im Vergleich zu den markierten n-Alkanen spricht u. E. für gealterte Rohöle. Chromatogramm 9.4.B. deutet auf ein höher siedendes Rohöl mit größerem Siedebereich als dasjenige unter 9.4.A hin.

Über die erwähnte Schwierigkeit, die im Rahmen eines Herkunftsnachweises im Ölschadensfall auftreten kann, unterrichtet Abb. 9.5 [12]. Das Chromatogramm 9.5.A gehört zu einem Kuwait-Rohöl, das etwa 20 Gew.-% der leichtflüchtigen KW abgegeben hat. Der Rest der Ladung (Rückstand) weicht im GC 9.5.B im Detail erheblich von dem erstgenannten Chromatogramm ab, so daß man über diesen Weg kaum eine Identität der beiden Chargen aus dem gleichen Bunkerraum belegen könnte. Mit diesem Beispiel soll die Problematik der richtigen Probenahme im Schadensfall noch einmal unterstrichen werden.

Aus der Verteilung und den relativen Mengenverhältnissen der n-Alkane sowie der Siedelage und der Ausprägung des NKG's kann der erfahrene Analytiker allerdings

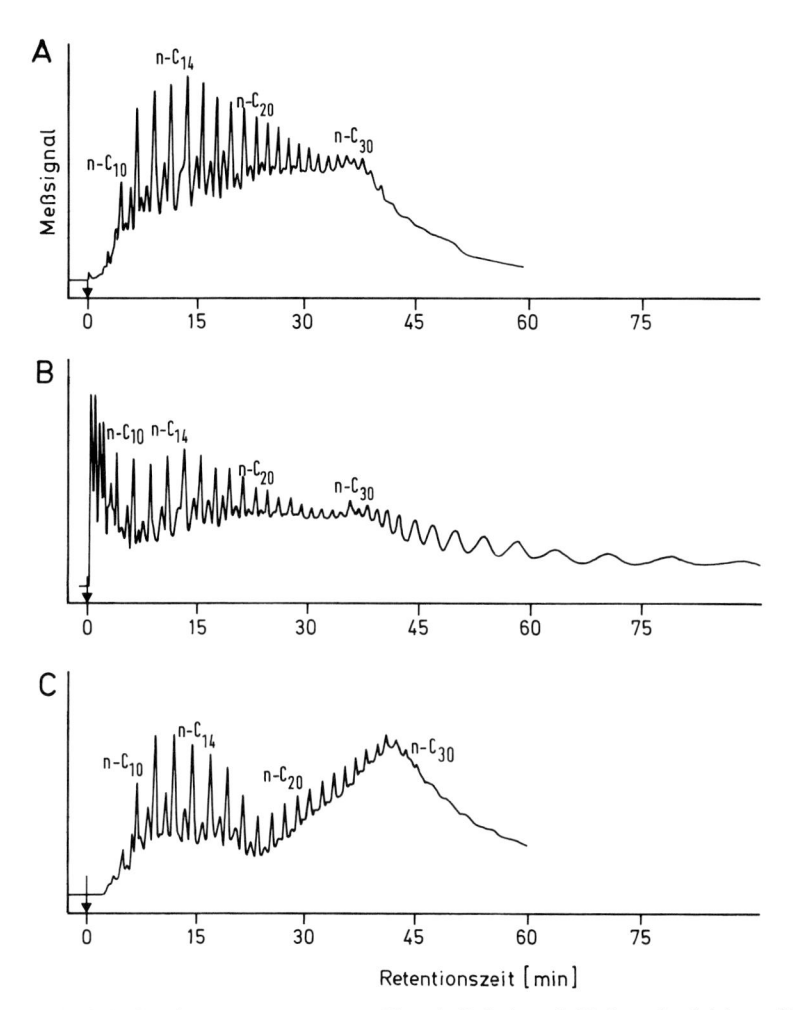

Abb. 9.5: Gaschromatogramme von Kuwait-Rohöl nach Verlust der leichten Komponenten (A), des Restes der Ladung (B) sowie eines Rohöles von Bahrain (C) nach [12]. Kurze gepackte Säule.

ableiten, daß das Rohöl aus Bahrain (Abb. 9.5.C) nicht mit den beiden anderen Ölen identisch sein kann: der Ausschließungsbeweis ist stets einfacher und sicherer zu führen.

Literatur zu Kap. 9

[1] Wust, P.: Ungewißheit und Wagnis. Kösel-Verlag, München 1955 (6. Aufl.)
[2] Deutsche Gesellschaft für Mineralölwissenschaft und Kohlechemie e.V. (Hrsg.): Analysenschema zur Chrakterisierung und Identifizierung von Ölverschmutzungen auf dem Wasser. DGMK-Projekt 4599. Bearbeitet von I. Berthold, M. Erhardt, H. Hellmann, H. Menzel, G. Prahm und D. Wagnitz. Hamburg 1973
[3] Korte, F. und Boedefeld, E.: Ecotoxicological Review of Global Impact of Petroleum Industry and its Products. Ecotoxicology and Environment Safety. 6(1), 1–103 (1978)

[4] Coates, J.P.: The Analysis of Lubricating Oils and Oil Additives by Thin-layer-Chromatography. J. Inst. Petrol. 57, 209–218 (1971)
[5] Wacker, M.: Markierte Isotopen überführen Umweltsünder. Chemische Rundschau 9, 5 (1994)
[6] DPA: Die Grenzen der Statistik. „Genetischer Fingerabdruck" allein kann keinen Täter überführen. Rhein-Zeitung v. 2. 9. 1992
[7] Wacker, M.: Aus „nichts" ein Maximum an Information. Chemische Rundschau 16, 4 (1994)
[8] N. N. Mit 3D-Technik exakt identifiziert. Standort Chemie 1, 11 (1994)
[9] Hellmann, H.: Mit welchen Analysenmethoden können Mineralölverschmutzungen dem Verursacher nachgewiesen werden? Vom Wasser 41, 45–64 (1973)
[10] Wong, R., Henry, Ch. und Overton, E.: Herkunftsbestimmung von Ölverschmutzungen. Hewlett Packard 1, 2–4 (1993)
[11] Dahlmann, G.: Eine neue, sichere Methode zur Identifizierung der Verursacher von Ölverschmutzungen. Deutsche Hydrogr. Z. 37, 217–220 (1985)
[12] Adlard, E. R.: A Review of the Methods for the Identification of Persistent Hydrocarbon Pollutants an Seas and Beaches. J. Inst. Petr. 58, 63–74 (1972)
[13] Brown, R.A., Elliott, J.J., Kelliher, J.M. und Searl, T.D.: Sampling and Analysis of Nonvolatile Hydrocarbons in Ocean Water. Analytical Methods in Oceanography. Amer. Chem. Soc. Advances in Chemistry, 147, 172–187 (1975)

10 Gewässerkundliche und weitere Untersuchungen

Welchen Sinn sollte es haben, in einem Buch der Analytik noch zu gewässerkundlichen Fragestellungen abzuschweifen? Nun: in der Monographie „Analytik von Oberflächengewässern" [1] wurde dargelegt, daß jeder Meßwert aus der Umwelt seine Bewertung und seine Bedeutung aus eben dieser Umwelt, d.h. nicht nur des Gewässers, erhält und darauf bezogen werden sollte. Die Erfahrung zeigt sogar, daß von dem solcherweise geweiteten Blickwinkel Rückschlüsse auf die Güte der Analytik im Sinne einer Plausibilität möglich werden. Raum-Zeit-Prozesse wie etwa die Veränderungen der Ölzusammensetzung, der Ölabbau usw. werden aus solchen Beobachtungen abgeleitet.

Die folgenden wenigen Beispiele werden hoffentlich deutlich machen, welchen Wert Umwelt-bezogene Meßreihen haben können.

10.1 Schwebstoffe im Flußlängsprofil

Ein gutes Beispiel dürften die KW-Analysen von Schwebstoffen aus dem Hoch- bis Mittelrhein abgeben – Abb. 10.1. Nur wenig unterhalb des Bodensees wurden im Hochrhein 1.23 mg Schwebstoff/l (i. Trockenrückstand) erhalten, die 2.33 µg/l an KW enthielten. Auf die Schwebstoffe umgerechnet ergibt dies 1900 mg/kg (!), während als Gesamtextrakt ($CHCl_3$) 5300 mg/kg analysiert wurden. Ohne gewässerkundliches Hintergrundwissen würde man vermutlich sofort von einer Ölkontamination sprechen. Doch erweist sich die KW-Fraktion nach den in Abschnitt 3.1 mitgeteilten Kriterien als praktisch ausschließlich biogen. Die Folgerung: der reine Zahlenwert einer KW-Belastung ohne Berücksichtigung des Kompartiments (hier: Schwebstoff) und der Entnahmestelle (hier: nahezu naturbelassenes Fließgewässer) kann zu einer völlig falschen Diagnose führen.

Wir sehen, daß rheinabwärts mit steigendem Schwebstoffgehalt – bis 20 mg/l bei Koblenz – auch die KW-Konzentration, auf die Wasserphase bezogen, ansteigt. Die KW-Belastung der Schwebstoffe selbst schwankt bei allen vier Entnahmestationen um 1000 mg/kg. Sofern Mineralöle beteiligt sind, liegen sie sicher im Verein mit biogenen KW vor.

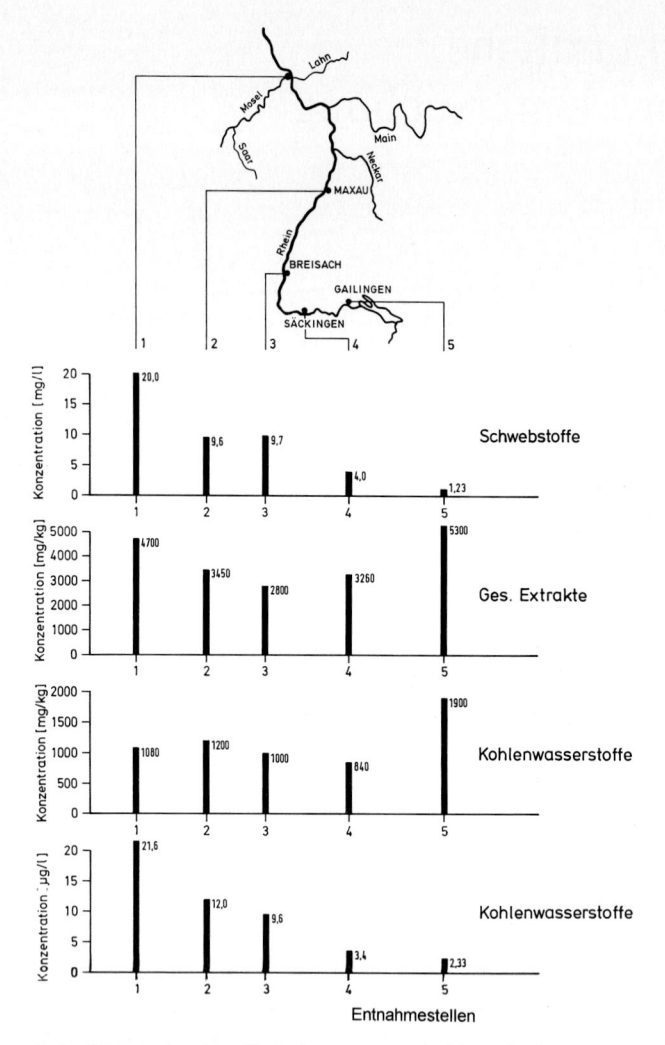

Abb. 10.1: Schwebstoffgehalte an ausgewählten Stellen vom Hochrhein zum Mittelrhein (16.–19. 9. 1985) und KW-Belastung der Schwebstoffe.

10.2 Fracht und Abfluß

Auch die Abb. 10.2 wäre ohne Berücksichtigung biogener KW-Anteile nicht zu erklären: denn wie sollte der Anstieg der KW-Fracht des Rheins bei Koblenz mit dem Abfluß, übrigens gleichsinnig mit der Schwebstoff-Fracht (vergl. [1, Kap. 2]) sonst gedeutet werden können? Daß die KW-Fracht regelmäßig mit der Wasserführung ansteigt, kann doch wohl nicht mit dem zusätzlichen Eintrag von Mineralölen (was analytisch leicht zu überprüfen wäre) allein erklärt werden.

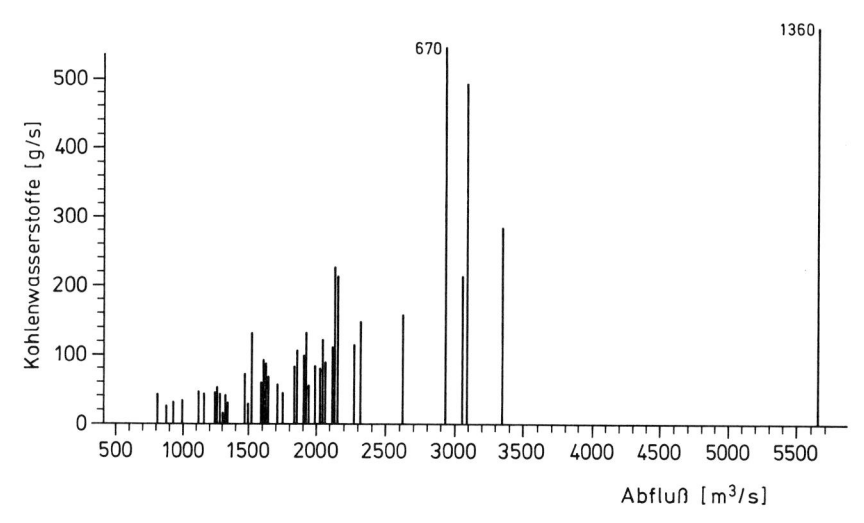

Abb. 10.2: Kohlenwasserstoff-Fracht des Mittelrheins 1983/84 in Relation zum Abfluß.

10.3 Gesamtextrakt und Kohlenwasserstoffe

Gewässerschwebstoffe sind, zumindest in Form des Phytoplanktons, KW-Produzenten. Sie produzieren aber noch andere extrahierbare Stoffe, so daß – gemäß Abschnitt 7.2 – der Extrakt analog dem TOC-Gehalt ein, wenn auch relatives, Maß für die biogene Komponente in Schwebstoffen und Sedimenten ist. Insofern steigt der Gesamtextrakt in einem Gewässer mit der Planktonproduktion und der Schwebstofführung allgemein. Abb. 10.3 veranschaulicht letzteres am Beispiel von Schwebstoffen des Rheins bei Koblenz. Die ersten Spitzenwerte vom 17. 1. 1984 sowohl für den Gesamtextrakt wie die Kohlenwasserstoffe fallen mit dem steilen Anstieg einer Hochwasserwelle zusammen, die bekanntlich besonders hohe Schwebstoffkonzentrationen mit sich führt. Das gleiche wiederholte sich am 10. 2. 1984, während der relativ hohe Gesamtextrakt am 15. 6. 1984 mit der großen Wasserführung auf gleichbleibendem Niveau und entsprechenden Schwebstoffkonzentrationen korrespondiert. Schließlich fallen die erhöhten Werte im September wiederum in eine Periode ansteigenden Abflusses. Natürlich ist damit noch nichts zum Auftreten von Mineralölen in den Hochwasserschwebstoffen gesagt – ein Problem, dem in Abschnitt 7.3 intensiv nachgegangen wurde.

10.4 Kohlenwasserstoffabbau

Den jahreszeitlich bedingten temperaturgesteuerten Abbau der KW im Rhein entnimmt man der Grafik in Abb. 10.4. Die auf den Stoffkonzentrationen beruhenden Indizien für den biochemischen Abbau ließen sich über die Gaschromatogramme erhärten (Abschnitt 8.1).

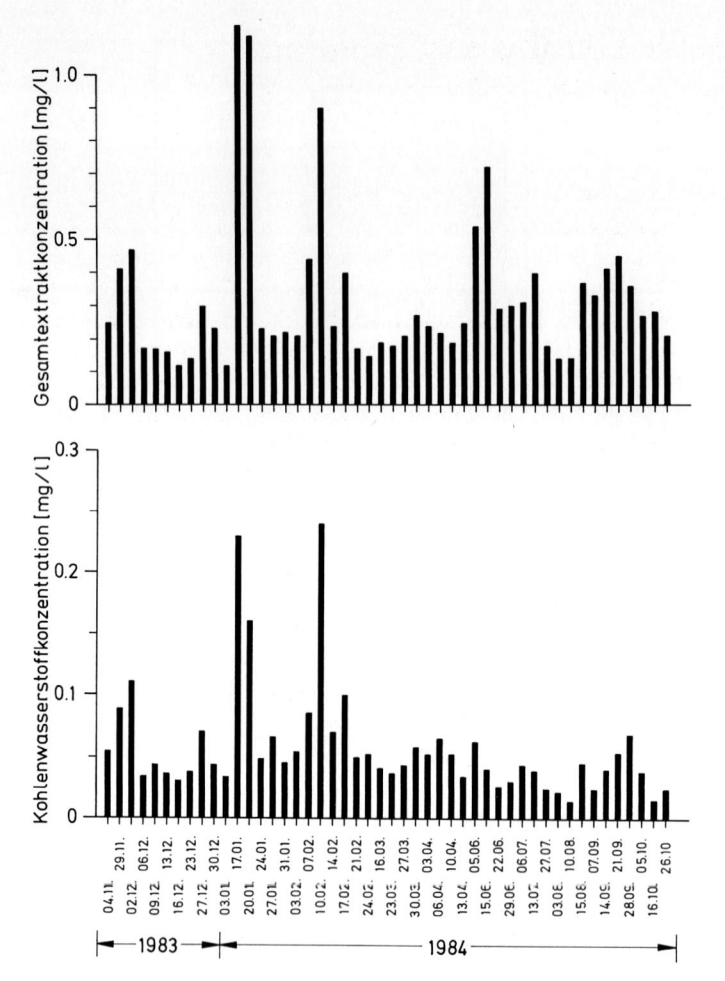

Abb. 10.3: Belastung der Schwebstoffe des Mittelrheins 1983/84 mit extrahierbaren organischen Stoffen (CHCl$_3$) sowie mit Kohlenwasserstoffen – umgerechnet auf die Wasserphase.

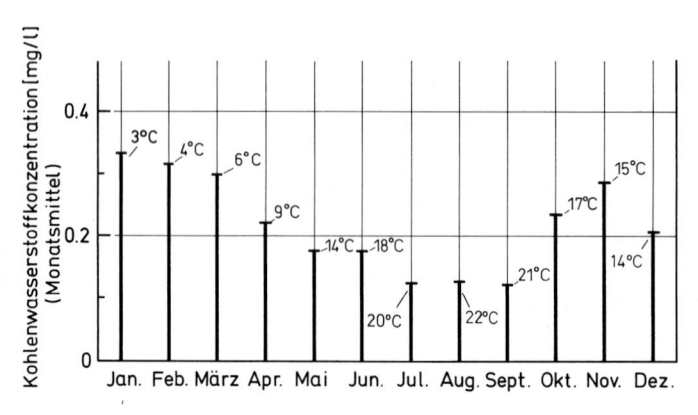

Abb. 10.4: Kohlenwasserstoffgehalte des Mittelrheins 1972 in Relation zur jahreszeitlich bedingten Wassertemperatur.

10.5 Kohlenwasserstoffe in Elbemündung und Deutsche Bucht

In der Elbe bei Hamburg und abwärts zur Mündung erwartet man besonders hohe KW-Gehalte. Die Route einer ausgedehnten Reise zur näheren Untersuchung geht aus Abb. 10.5 hervor. Die Ergebnisse der an 42 Stellen entnommenen Wasserproben beinhalten den CCl_4-Gesamtextrakt (über IR Normkonform gemessen) – Abb. 10.6.A, den unpolaren Anteil (KW) – Abb. 10.6.B über IR und über die Fluoreszenzmessung in n-Hexan nach Kap. 3.3 bestimmt – Abb. 10.6.C. Eine detaillierte Interpretation der Einzelwerte müßte die Strömungen, die Einmischung der Elbe und die Güteverhältnisse im Ästuar und in der Deutschen Bucht miteinbeziehen, und dazu fehlt dem Autor die Kompetenz. Einige Bemerkungen sollten jedoch nicht fehlen. Die Konzentrationsspitzen zwischen der 20. und 25. Station korrespondieren mit einer besonders trüben und Schwebstoff-reichen Wasserphase. Bei Nr. 24 wurde sogar Mineralöl gesichtet, was sich in den Konzentrationsmaxima der KW wiederfindet. Ein zweites Maximum erscheint in den beiden oberen Meßreihen bei der Station 35. Die Fluoreszenz bestätigt diesen Befund nicht, doch bestehen gerade gegen das fluormetrische Bestimmungsverfahren grundsätzliche Bedenken [2]. Zu denken sollte auch geben, daß die über IR mit an sich geringem Meßfehler bestimmten KW-Gehalte um eine Zehnerpotenz über den Fluoreszenzwerten liegen. Hier steht u. a. das Problem an, daß mit IR fast ausschließlich die Strukturelemente der Alkane, mit UV die der Aromaten gemessen werden.

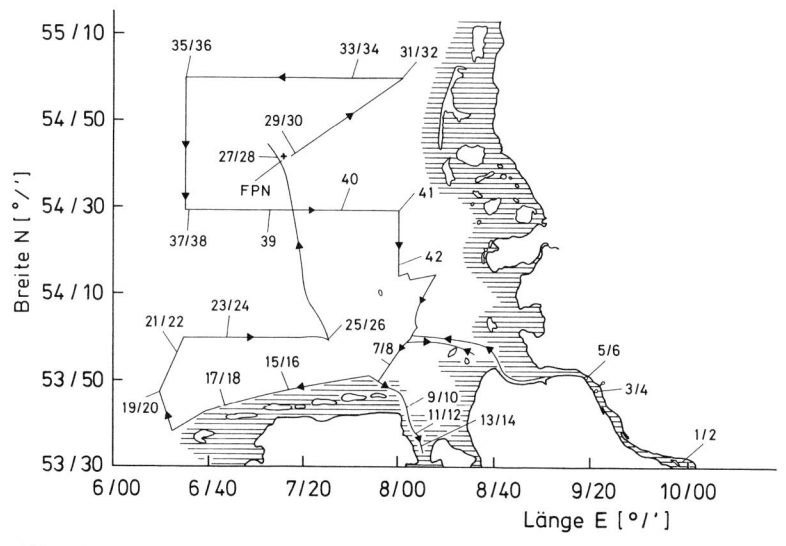

Abb. 10.5: Entnahmestellen auf der Strecke untere Elbe/Deutsche Bucht 1981.

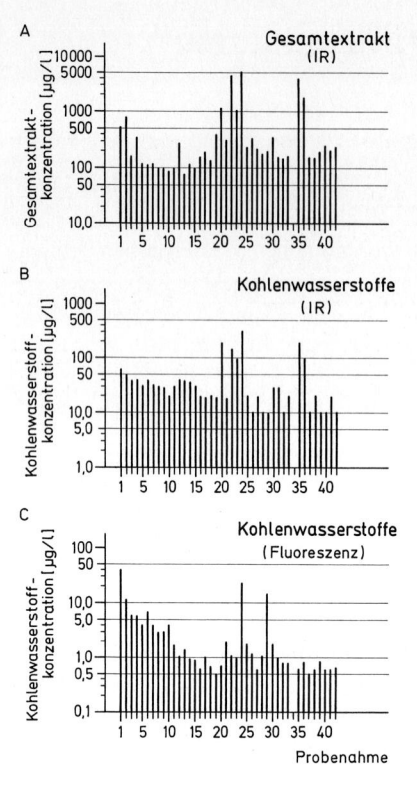

232 10 Gewässerkundliche und weitere Untersuchungen

Abb. 10.6: Ergebnisse der Entnahmen nach Abb. 10.5. (A) Gesamtextrakt mit CCl_4 und (B) KW-Bestimmung über IR Messung. (C) Fluoreszenz-Messung in n-Hexan. Näheres s. KW-Bestimmung über [2].

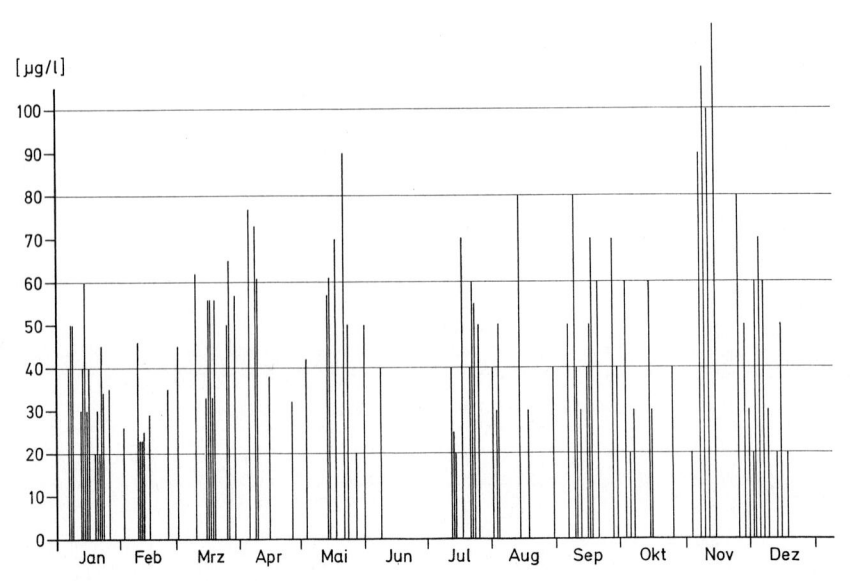

Abb. 10.7: Kohlenwasserstoffkonzentration im Regenwasser. Koblenz 1976. CCl_4-Extrakt und IR-Messung.

10.6 Kohlenwasserstoffe im Regenwasser

Die nach Abb. 10.7 in Regenwasser mit CCl_4 extrahierten und über Al_2O_3 perkolierten KW (Einschränkungen s. Abschnitt 7.1) schwanken innerhalb eines Kalendermonats, und zeigen keinen Gang mit der Jahreszeit. Man könnte annehmen, daß sich zum Winter hin die KW-Konzentration durch steigende Kraftstoffemissionen erhöhen würden. Demgegenüber ist aber auch an die Produktion und Emission biogener KW zu erinnern (Abschnitt 1.4), die zwar jahreszeitlich unterschiedlich sein dürften, die aber sicher nicht dem Trend der anthropogenen Emissionen folgen. Und schließlich hängt die Stoffkonzentration der KW im Regen von der vorhergehenden Trockenperiode und der Ergiebigkeit des Niederschlages ab, wie es auch für die Nitratgehalte gemessen werden konnte [3].

10.7 PAK-Gehalte in Böden

Zu einem anderen Kompartiment gehören die PAK-Gehalte der Grafik in Abb. 10.8. Der Häufigkeitsdarstellung liegen die auf 0.5 mm abgesiebten trockenen Bodenproben zugrunde. Das günstigste Bild mit 90%iger Häufigkeit der PAK-Gehalte unter 3 ppm bieten die Proben aus dem Bayerischen Wald. Etwas höher liegen die PAK-Gehalte der

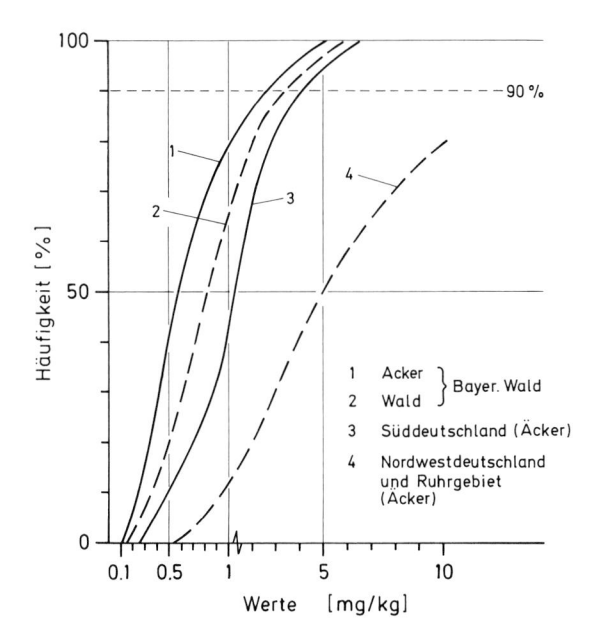

Abb. 10.8: Häufigkeitsverteilung der PAK-Gehalte (sechs Aromaten der TV) in Acker- und Waldböden der Bundesrepublik Deutschland 1983.

Böden vom Straßenrand in Süddeutschland, einer allerdings wenig befahrenen Landschaft. Äcker in Straßennähe im Ruhrgebiet sowie in Nordwestdeutschland dagegen spiegeln die allgemeine Umweltbelastung auch in erhöhten PAK-Gehalten wider.

10.8 PAK in pflanzlichem Material

Besonders kontrovers wurde in den 60er und 70er Jahren die biogene Synthese von mehrkernigen Aromaten in Pflanzen diskutiert [4], [5] (anstelle einer umfangreichen Dokumentation). Anhand der sechs Aromaten der TV und mit der Methode der Fluoreszenzdetektion auf Kieselgel (Abschnitt 3.4) sind wir diesen Phänomenen zeitweise nachgegangen – Abb. 10.9. Es wurde an Blättern desselben Baumes differenziert zwischen dem Fluoranthen- und den restlichen fünf Aromaten der TV, an einem grünen und einem braunen Blatt, die zur gleichen Zeit entfernt wurden, der PAK-Gehalt gemessen. Die Grafik zeigt, daß im braunen Blatt die Konzentration von Fluoranthen und $\Sigma 5$ bedeutend höher ist, als im grünen. Die $CHCl_3$-Extraktausbeute dagegen fiel vom grünen zum braunen Blatt um nahezu 50%.

An weiteren Gehölzen wurde diese Erscheinung bestätigt. Hält man sich vor Augen, daß gerade die Polycyclen sich dem Licht gegenüber als empfindlich erweisen (Abschnitt 8.2), dann stehen hier einige Fragen zur Beantwortung an.

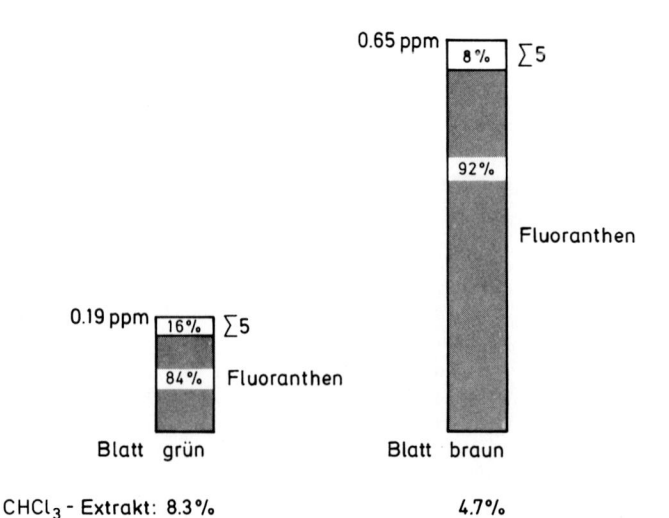

Abb. 10.9: Auftreten von Fluoranthen und der restlichen fünf Aromaten der TV in grünen und braunen Blättern.

Literatur zu Kap. 10

[1] Hellmann, H.: Analytik von Oberflächengewässern. Georg Thieme Verlag, Stuttgart 1986
[2] Hellmann, H.: Fluorimetrie als Alternative zur IR-Spektroskopie bei der Kohlenwasserstoff-Bestimmung? Vom Wasser 59, 181–194 (1982)
[3] Hellmann, H.: Unveröffentlichte Messungen zur Bestimmung von Nitrat über die UV-Spektroskopie nach 1. Ordnung (1992)
[4] Borneff, J., Selenka, F., Kunte, H. und Maximos, A.: Die Synthese von 3,4-Benzpyren und anderen polyzyklischen aromatischen Kohlenwasserstoffen in Pflanzen. Arch. Hyg. 152(3), 279–282 (1968)
[5] Neff, J.M.: Polycyclic aromatic hydrocarbons in the aquatic environment. Applied Science Publishers Ltd., London 1979

Teil IV
Anhang zur speziellen Analytik

11 Chromatographische Methoden

Von R.E. Kaiser stammen die etwas provokativ erscheinenden Sätze: „Probenspezifität kann in *vorgeschriebenen* Analysenmethoden grundsätzlich nicht berücksichtigt werden"; andersherum: „Deshalb kann man eine Analysen- oder Meßvorschrift in der stofflichen Umweltanalytik grundsätzlich nicht vorher im Detail festlegen" [1].

Kaiser bleibt den Beweis für seine Thesen nicht schuldig. Um aber den unbestreitbar vorhandenen Bedarf an geprüften Verfahren zu befriedigen, um die intensive Arbeit von Ausschüssen und Arbeitsgruppen nicht zu entwerten, folgt Kaiser der (neueren) Philosophie der amerikanischen EPA: „Das *Vorschreiben* von ausschließlich anzuwendenden Methoden ist nicht mehr zulässig". Dieser Kompromiß entspricht auch unserer Erfahrung. Wir schlagen vor, wir empfehlen und wir teilen mit, mit welchen Methoden und unter welchen Bedingungen wir dieses oder jenes Spektrum bzw. Ergebnis erhielten. Viele wichtige Einzelheiten sind überdies nicht mitteilbar, manche Kniffe bleiben ungesagt, und so muß auf den Fachverstand und die persönliche Erfahrung des Analytikers vertraut werden.

In diesem Sinne sind die folgenden Angaben zu verstehen. Neben den bereits am Schluß der jeweiligen Kapitel zitierten Schriften sei noch auf die umfassende Monographie in [2] hingewiesen.

Unter chromatographischen Verfahren verstehen wir hier die im wesentlichen zum clean up und zur Gruppentrennung eingesetzte Dünnschicht- und Säulenchromatographie auf der einen Seite, und die zur Einzelstofftrennung verwandte Gas- und Hochdruckflüssigkeitschromatographie auf der anderen Seite.

11.1 Säulen- und Dünnschichtchromatographie

Säulenchromatographie

Sie dient vorrangig dem clean up und – in eingeschränktem Maße – zur Fraktionentrennung. Wir verwendeten ein Glasrohr, 7 mm innerer Durchmesser und 20–25 cm lang, dessen unteres, verjüngtes Ende mit einem Wattepfropfen versehen wird. Die Watte muß vorextrahiert werden, z.B. mit n-Hexan/Aceton im Soxhlet. Als stationäre Phase wird entweder Kieselgel oder Aluminiumoxid eingefüllt. Die Spezifikationen sind:

Kieselgel 60 (63–200 µm), z.B. Merck, 6 Stunden bei 600 °C vorgeglüht, gegebenenfalls im Chromatographierohr mit entsprechendem Lösungsmittel vorextrahiert und am Wasserstrahlvakuum trocken gesaugt.

Anwendung 1 bis maximal 8 g, je nach Volumen und Konzentration des Extraktes. Aluminiumoxid 90 (63–200 μm) aktiv neutral, 1 Stunde bei 600 °C geglüht, sonst wie bei Kieselgel.

Bei Verdacht auf Wasserspuren trocknet man den Extrakt – auch als Überschichtung im Chromatographierohr – mit Natriumsulfat, bei 600 °C geglüht.

Der Probenextrakt wird entweder im Durchlaufverfahren ohne Nachwaschen und Auffüllen (Normkonform) über die Säule gegeben. Das Perkolat dient für die IR-, UV- und Fluoreszenzuntersuchungen.

Oder, bei einer Trennung in Fraktionen, geht man so vor: Das weitgehend eingeengte Konzentrat (1–2 ml Volumen) wird mit einer Pasteurpipette (15 cm lang) und Gummibällchen auf die vorbereitete Säule gegeben. Sofern mit einem anderen Lösungsmittel eluiert werden soll, saugt man das vorher verwendete Lösungsmittel am Wasserstrahlvakuum ab.

Bei Extrakten, die Harze, Asphalthene, Feststoffpartikel u.a. enthalten, wird dem Adsorbens auf der vorbereiteten Säule ein Wattepropfen und/oder Na_2SO_4 überschichtet. Das Eluat/Perkolat fängt man in Meßkölbchen, Bechergläsern (10–25 ml) oder Spitzkölbchen (10 ml) auf.

Dünnschichtchromatographie

Es werden generell Fertigplatten verwendet. Die Spezifikationen:

Kieselgel 60, zumeist 10 × 20 cm, auf 10 × 10 cm geschnitten, $d = 0,25$ mm, Korndurchmesser ca. 5–15 μm [3], spezifische Oberfläche 490 m^2/g, Porenvolumen 0.75 ml/g [4],

Aluminiumoxid als ALOX-25 (Macherey & Nagel), 20 × 20 cm, auf 10 × 10 cm geschnitten, $d = 0.25$ mm.

Die Platten werden grundsätzlich kurz vor Gebrauch (1–2 Tage) vorgereinigt, für die KW-Analytik mit $CHCl_3/CH_3OH$ (1 : 1 v/v). Sonst wird nicht weiter konditioniert. Bei den Platten der Abmessungen 20 × 20 cm trägt man den Extrakt mit einem Auftragegerät auf, bei den kleineren Platten von Hand mit einer 50 μl-Spritze (70 mm Kanüle), und zwar auf die zu 60–80 °C vorgewärmte Adsorberschicht, so daß das Lösungsmittel rasch verdunsten kann.

Entwickelt wird in Doppeltrogkammern mit Edelstahldeckel in ungesättigter Gasphase. Oft genügt für die Fraktionentrennung eine Laufmittelhöhe von 5 cm für die Alkane und 4 cm für die Aromaten. Für die PAK-Bestimmung auf Dünnschichten trägt man ein Aliquot des Extraktes mit einer 10 μl-Spritze punktförmig auf.

Zum Abheben der DC-getrennten Fraktionen von der Dünnschicht dient ein DC-Plattenschaber mit 15 cm Klingenbreite. Die weiteren Operationen s. [5]. Zur Sichtbarmachung der Aromatenzonen und sonstiger Stoffgruppen kann das CAMAC UV-Kabinett II mit den Wellenlängen 254 und 366 nm dienen. (Auch andere Fabrikate sind geeignet.)

Sämtliche Gruppen können auf der Adsorberschicht mit Rhodamin B als Sprühreagenz sichtbar gemacht werden – 0.03%ige Lösung in H_2O: 30 mg Rhodamin B in 3–5 ml Methanol anlösen und mit Wasser auf 100 ml auffüllen.

Die Auswertung von Stoffkonzentrationen auf der Dünnschicht kann vorteilhaft mit dem CAMAC TLC Scanner mit Integrator und rechnergestützter DC-Auswertung erfolgen. Eigene Untersuchungen werden im spektroskopischen Teil erwähnt.

11.2 Gas- und Hochdruckflüssigkeitschromatographie

Gaschromatographie

Es wurden überwiegend die DC-getrennten Alkane analysiert, und zwar zunächst mit gepackten Säulen (1.8 m, gefüllt mit Silicongummi SE 50 oder SE 52), sowie einem Temperaturprogramm 8°/min von 80–280 °C. Beispiele sind die Abbildungen 2.7; 3.42; 3.47 und 3.52. Eine bessere Trennung auch bei höheren Temperaturen wurde mit der Säule $KNO_3/NaNO_3$-Eutektikum, 3 m lang, und dem Programm 10°/min 100 (80)–320 °C erzielt – Abb. 1.18; 3.43 und 3.50. Diese Säule (Perkin-Elmer) erlaubte bei guter Konditionierung auch eine sonst für gepackte Säulen ungewöhnlich gute Trennung der PAK, dies zudem noch in relativ hohem Siedebereich.

An Kapillarsäulen wurden eingesetzt (Abb. 3.44; 3.49 u. a.) 10–100 m lange, in der Regel 50 m lange Glaskapillarsäulen, gefüllt mit OV 101. Als Temperaturprogramme dienten 4°/min von 80–270 °C oder 2.5°/min von 60 250 °C. Die Geräte waren mit einem Integrator versehen.

Hochdruckflüssigkeitschromatographie

Die Auftrennung von Aromatenteilfraktionen geschah mit dem System UFC 1000, 3 m Stahlsäulen und 1 mm innerem Durchmesser. Die Chromatogramme in Abb. 3.55.A und 3.56.A wurden unter folgenden Bedingungen erhalten: Reversephase Chromatographie an VYDAC TM-201 RP, Methanol 70–100% Wasser und UV-Detektion bei 254 nm. Für die Abb. 3.55.B und 3.56.B gilt: Perisorb A, Isooctan und 254 nm. Näheres siehe im Abschnitt 3.6 bzw. in der Fachliteratur.

Für die Auftrennung der polycyclischen Aromaten stand uns ein HPLC-Gerät Modell 601 (Fa. Perkin-Elmer) mit zwei Langhubkolbenpumpen sowie dem Fluoreszenzspektrometer 3000 zur Verfügung. Die Säulen: u. a. ODS-HC SIL-X Nr. 3/89, 25 cm lang, Durchmesser 4 mm. Die PAK-Fraktion wurde vorher über die Dünnschichtchromatographie unter Zusatz von Paraffin (zur Stabilisierung der Aromaten) erhalten. Die Eluationsbedingungen: Methanol/Wasser 9 : 1 v/v, 1 ml/min, Ex 0 ± 2.5 nm; Em 0 ± 20 nm. Siehe die Abb. 3.58, 3.59, 8.10 und 8.20. Oder es wurde gearbeitet mit Acetonitril/Wasser 4 : 1 v/v, 0.3 ml/min, 18 °C Säulentemperatur, Ex 365 ± 15 nm, Em Kantenfilter KV 389 ± 2.5 nm. Als Eichstandard diente der FERAPOL-Standard der Fa. Gründemann, Berlin.

12 Spektroskopische Methoden

12.1 IR-Spektroskopie

Sie nimmt im Rahmen dieser Monographie eine besondere Stellung ein: für die quantitative Bestimmung der Kohlenwasserstoffe nebst KW-Verbindungsgruppen (Alkane, Aromaten) ist sie unentbehrlich, desgleichen für die Strukturaufklärung, die Prüfung der Reinheit von chromatographisch getrennten Fraktionen und die Festlegung der weiteren Untersuchungsstrategien mit UV- und Fluoreszenzmessungen.

Von 1967 bis 1982 bedienten wir uns des IR-Spektralphotometers Modell 521 (Fa. Perkin-Elmer). Die Abb. 3.5 und 8.12 wurden mit dem Zweitschreiber dieses Gerätes gewonnen. Alle anderen Spektren gehen auf das Zweistrahl-Modell 983 G der gleichen Firma zurück. Die variable spektrale Auflösung liegt zwischen 0.5 und 10 cm^{-1}. Angeschlossen ist ein integrierter Datenprozessor mit zwei Speicherregistern für die Differenzspektroskopie, interaktive Bildschirmgraphik und quantitative Auswertung. Die Spektren dieses Gerätes sind mit Backcorrection gefahren. Mit der normalen scan-Geschwindigkeit 3, Spaltprogramm inbegriffen, wird das Spektrum von 4000 bis 400 cm^{-1} in ca. 3 min abgefahren. In Ausnahmefällen wurde die scan-Geschwindigkeit 4 (ca. 6 min) gewählt, wodurch vor allem die sog. Langketten-Paraffinbande bei 720 cm^{-1} etwas intensiver wird. Weitere Einzelheiten auch im Vergleich verschiedener Geräte entnehme man [6]. Grundsätzlich können auch Spektren abgeleitet werden [7], die – in hier nicht aufgeführten Fällen – weitere wertvolle fingerprints liefern.

Die vor allem im Kapitel 3 beschriebenen Operationen führen praktisch ausnahmslos zu einer öligen KW-Fraktion, die auf einem KBr-Preßling, Durchmesser 13 mm, plaziert werden kann. Unschöne Spektren werden vermieden, wenn
– die aufgegebene Stoffmenge nicht zu groß (maximal 200 µg), der Film also nicht zu dick,
– die Substanz auf dem Preßling verteilt und nicht im Tablettenzentrum konzentriert ist [8].

Der belegte Preßling sollte nicht in Trockenschränken bei Temperaturen über 20 °C aufbewahrt und außerdem nicht unnötig lange im Strahlengang des Gerätes belassen werden.

12.2 UV-Spektroskopie

Die durchwegs in Lösung (n-Hexan, Cyclohexan) aufgenommenen Spektren gehen auf das UV/VIS-Spektralphotometer Lambda 5 (Fa. Perkin-Elmer) zurück. Das Gerät arbeitet mit Doppelmonochromatoren, einer UV-Lampe (Deuterium) und einer Halogenlampe im Bereich 190–900 nm. Bildschirm und Plotter sind angeschlossen und gestatten eine optimale Präsentation der Spektren.

Die Küvettendicke betrug 10 mm. Für die Aufnahme der Spektren 0. Ordnung gilt: Spalt 2 nm, Geschwindigkeit 30–60 nm/min, Response 0.5 Sekunden. Für die Spektren nach 1. Ordnung empfiehlt sich: Spalt 2 nm, scan 30–60 nm/min und Response 2 (5) s.

Die zweite Ableitung wird mit Spalt 2 (4) nm, scan 30–60 nm und Response 2 (5) s gefahren. Da sich die relativen Extinktionen mit der Ordnung ändern, wird das Spektrum vor dem Ausdruck auf dem Bildschirm optimiert: Abb. 3.15–3.16 und 3.18–3.23; 7.21 und 7.22.

12.3 Fluoreszenzspektroskopie

Zur Verfügung stand ein Fluoreszenzspektrophotometer 650–40 (Fa. Perkin-Elmer) mit zwei Monochromatoren, einer Xenonlampe, dem Wellenlängenbereich 200–850 nm, Spaltbreiten 1.5 bis 20 nm, einer scan-Geschwindigkeit von 1–480 nm/min nebst synchron-mitlaufendem Schreiber. Überwiegend wurden bekanntlich *Synchron-Fluoreszenzspektren* aufgenommen. Die Differenz beider Spalte Ex und Em lag generell bei 20 nm. Die Spektren 0. Ordnung konnten meist mit Spaltbreiten von 2 nm gefahren werden. Nach höheren Ableitungen mußten die Spaltbreiten aus energetischen Gründen fallweise auf 3 bis 5 nm vergrößert, bei sehr schwachen Spektren außerdem $\Delta \lambda$ in

$$\frac{\Delta E}{\Delta \lambda}$$

auf 2–3 nm erhöht werden.

Als scan-Geschwindigkeit kann man bei den KW durchaus 120 nm/min vorgeben, den Papiervorschub zweckmäßig im Normalfall zu 60 nm/min [9]. Die Spektren (u. a. Abb. 3.31–3.34; 7.22–7.24) wurden nicht korrigiert, was bei der vorliegenden Problemstellung auch nicht weiter von Bedeutung ist. Auch die allenfalls schwache Ramanbande der Lösungsmittel ist vernachlässigbar.

12.4 Fluoreszenzdetektion

Zur Aufnahme der Fluoreszenz (UV-Absorptions)-Ortskurven auf Kieselgel-Dünnschichten verwendeten wir anfangs und überwiegend das Chromatogramm-Spektralphotometer KM 3 (Fa. Zeiss). Die Meßfläche wurde auf 0.6×0.2 cm festgesetzt. Als Strahlungsquelle fungierte eine Quecksilberlampe, so daß über ein Filter die Linien um 313 und 365 nm zur Anregung genutzt werden konnten. Die Fluoreszenzstrahlung passierte sodann einen Monochromator und einen variablen (0.3–2 nm) Spalt. Für Proben mit beträchtlichem Anteil an höher-kondensierten Aromaten setzten wir in der Regel die Kombination 365/445 nm ein, bei Standardölen des mittleren Siedebereichs und für Schmieröle meist die Variante 313/360 nm. Die Anregung kann aber auch über den Monochromator vorgegeben werden. Mit Vorteil – vor allem in energetischer Hinsicht – benutzt man sodann im Emissionsteil einen Kantenfilter KV 389 nm, wodurch vor allem die PAK der Trinkwasserverordnung optimal detektierbar werden. (Die analoge Kombination diente auch bei der HPLC-Bestimmung dieser Aromaten.)

Papier- und Kreuztischvorschub betrugen 30 mm/min.

Spätere Messungen konnten mit dem Fluoreszenz-Spektrophotometer 650 –40 vorgenommen werden, was bereits erwähnt wurde. Der Vorteil bestand in der Ausrüstung mit nunmehr zwei Monochromatoren, der Aufnahme von Derivativspektren und in komfortablen Variationsmöglichkeiten in Ex und Em. Die Abbildungen 3.24; 3.36–3.39 und 6.3 entstanden jedoch mit Hilfe des Zeiss-Gerätes.

12.5 Weitere Hinweise

IR- und andere spektroskopische Verfahren sind empfindlich gegen eine Reihe von weitverbreitet vorkommenden (technischen) Verunreinigungen, die z.T. bereits auf Dünnschichten vorliegen, teilweise aber auch bei den clean up-Maßnahmen und aus der Luft eingeschleppt werden. Im unteren Mikrogrammbereich ist die Analytik besonders auf solche Stoffe hin im Auge zu behalten. Nähere Angaben findet man u.a. in [10].

In [11] sind die zuletzt genormten und derzeit gültigen Begriffe für die optischen Messungen zusammengefaßt.

Literatur zu Kap. 11 und 12

[1] Kaiser, R. E.: Meßfehlern auf der Spur. ENTSORGA-Magazin 6, 14–21 (1990)
[2] Beyermann, K.: Organische Spurenanalyse. Georg Thieme Verlag, Stuttgart 1982
[3] Bauer, K., Gros, L. und Sauer, W.: Dünnschichtchromatographie. Dr. Alfred Hüthig Verlag, Heidelberg 1989
[4] Merck (Hrsg.): GLP in der Chromatographie. Reproduzierbarkeit in der Dünnschichtchromatographie. Druckschrift, Darmstadt 1994

[5] Hellmann, H.: Kombination Dünnschichtchromatographie/IR-Spektroskopie bei der Analyse von Wasser, Abwasser, Schlamm und Abfall – eine Einführung. Fresenius Z. Anal. Chem. 232, 433–440 (1988)
[6] Molt, K.: Infrarot-Spektroskopie. Nachr. Chem. Techn. Lab. 33 (10). M1–M28 (1985), sowie FT-IR-, NIR- und Raman-Spektroskopie. Nachr. Chem. Techn. Lab. 42(9), M1–M34 (1994)
[7] Serfas, O., Standfuss, G., Flemming, I. und Naumann, D.: FTIR-Spektroskopie in der Bioanalytik. BioTec Analytik 3, 42–47 (1991)
[8] Hellmann, H.: Technik der IR-Spektroskopie bei Nachweis, Identifizierung und quantitativer Bestimmung organischer Stoffgemische in wässrigem Milieu. Gewässerschutz – Wasser – Abwasser 79, 254–288 (1985)
[9] Hellmann, H.: Eignung der Synchron-Fluoreszenzspektroskopie bei der Analyse von kontaminierten aquatischen und terrestrischen Sedimenten. Vom Wasser 80, 89–108 (1993)
[10] Wotschokowsky, M.: Strukturaufklärung organischer Verbindungen im Mikrogrammbereich. Kontakte 8(1) 14–22 (1975)
[11] DIN 1349 Blatt 1: Durchgang optischer Strahlung durch Medien. Ausgabe Juni 1972

Register/Sachnachweis

Abbau, biochemisch in Gewässern 199 ff
− biogene Kohlenwasserstoffe 202 f
− Fließgewässer 199 f
− Heizöl EL 205 f
− Hexadecan 201 f
− polycyclische aromatische KW 204
Abbau, biochemisch im Untergrund 206 f
Abbau, photochemisch auf festen Oberflächen 212 ff
− Einfluß der Oberfläche 214
− PAK-reiche Bodenextrakte 214
− Teeröle 212 ff
Abbau, photochemisch auf Gewässern 207 ff
− Bilgenöle 207 f
− Heizöl EL 210 f
− Rohöle, dicke Schichten 215
Abbau, photochemisch in Gewässern 216
Abbau, photochemisch in organischen Lösungsmitteln 214
Abgaskondensat 8, 109 f
Abgasmessungen (IR) 58
Ableitung s. Differentiation
Absorption, Strahlung
− IR-Bereich 55
− UV-Bereich 73
Absorption flüchtiger Kohlenwasserstoffe s. a. Anreicherung
− AK-Kohle 131
− organische Lösungsmittel 132
Abtoppen, Rohöle 41
Adsorbentien 136 ff

Ahornblatt, IR-Ausschnitt der Alkane 57
Alkane
− biogener Charakter 21 ff
− Dünnschichtchromatographie 143 f
− Entfernung von n-Alkanen aus MÖP 11
− Gaschromatographie 30, 98 ff
− IR-Spektroskopie 64 ff
− Massenspektrometrie 113 ff
− Trennung n- und iso-Alkane 144
− Unterscheidung Mineralölprodukte/ biogene Alkane 23 ff
Alkene 24
Alkylanthracen/-phenanthren in MÖP 10, 24
Alkylbenzol 4, 10, 24
− Indikator 141
− monosubstituiert, Nachweis über IR 69
Alkylnaphthalin in MÖP 4, 9 f, 24
Alternierung bei n-Alkanen 23
Altersbestimmung von Schadölen 7, 206
Alterung von Rohölen und Raffinaten
− Fluoreszenzspektroskopie 213
− Gewässer 44, 198, 207
− IR-Spektroskopie 198, 208, 213
− Photooxidation 198
− Phytan- und Pristan-Konzentrationen 206 f
− Untersuchung 133, 136
Altöle 182
Anregungsenergie
− Fluoreszenz 83
− UV 73

Anreicherung, KW aus Luftproben
  131 ff
aquatische Sedimente   150 f
– Probenaufbereitung   154 ff
Aromaten
– alkylierte   9 ff, 24
– Fluoreszenzdetektion in Lösung   84
– Fluoreszenzsynchronspektren   89
– Gaschromatographie   107
– GC/MS   114 f
– IR-Spektroskopie   60, 68
– Trinkwasserverordnung   93
– UV-Derivativspektren   79 f
– UV-Detektion in Lösung   84
– Verhalten auf Adsorberschichten
  137 ff, 143, 145
Aromaten, Teeröle s. a. Teeröle
– Fluoranthen   180, 192
– Fluoreszenzspektroskopie   183
– Gaschromatographie   20
– HPLC   192 ff
– IR-Spektroskopie   190 ff
– UV-Spektroskopie   182
Aromaten in Mineralölprodukten
– Auftreten   6, 8 ff
– Fluorszenzspektroskopie   86 ff, 95 ff
– Gaschromatographie   100, 104 f
– HPLC   109 ff
– IR-Spektroskopie   62, 68, 167, 181
– Unterschied zu biogenen „Aromaten"
  s. a. Pseudoaromaten   24, 70
– Unterschied zu Teerölaromaten   4, 17,
  20, 140 f
– UV-Spektroskopie   72 ff
Asphaltene   14, 174
Ausschließungsprinzip bei
  Verursachernachweis   273

backcorrection (IR)   64, 71, 242
background   174 f, 184
– Grundwasser   166, 169
– Sedimente   175
– Trinkwasser   164
Bakterien   202
Barium   220
batch-Verfahren bei
  Probenaufbereitung   130
– Vor- und Nachteile   139

Bauhof s. a. Werft   185 ff
Benzin s. Vergaserkraftstoff
Bestimmungsgrenze
– Fluoreszenzdetektion in Lösung   84 f
– IR-Spektroskopie   71
– UV-Detektion in Lösung   76
Bestimmungsverfahren, instrumentelle
– allgemeine physikalische Verfahren
  117 ff
– Fluoreszenzdetektion auf
  Adsorberschichten   92 ff
– Fluoreszenzspektroskopie   83 ff
– Gaschromatographie   98 ff
– GC/MS   113 ff
– HPLC   108 ff
– IR-Spektroskopie   55 ff
– UV-Spektroskopie   72 ff
Bilgenentölerboote   86, 150
Bilgenöle   3, 207
– Fließkurve   121
biochemischer Kohlenwasserstoffabbau,
  s. a. Abbau
– Carbonylbande (IR)   198, 211
– Extinktion von IR-Schlüsselbanden
  198
– Gaschromatographie   200 f, 203
– IR-Übersichtsspektren   208, 211
– relative Pristan- und
  Phytankonzentrationen   206
biogene Kohlenwasserstoffe   21 ff
– Abbau   31, 202 f
– Auftreten   26 f
– biologische Matrices   22 ff
– Emission   28
– Gaschromatographie   22 f
– Grundwasser   106
– Hochwasserschwebstoffe   178
– IR-Spektroskopie   64, 67
– Luftstaub   156
– Phytoplankton   27, 103
– Regenwasser   30
– Sedimente   27, 192
– Umweltverhalten   28 ff
– UV-Spektroskopie   78
Bioproduktion   26 ff
Biosphäre, Kohlenwasserstoffe   28 ff
Bitumen   12 ff
– chemische Zusammensetzung   14 f

- Einsatzgebiete 14 f
- Fluoreszenzdetektion 95
- Kennzeichnung nach DIN 118
- PAK-Konzentration 14
- Verbrauch 15

Boden, allgemein s. a. terrestrische Sedimente
- Klassifizierung 46

Boden, kontaminiert 185 ff
- Analyse
- – Alternierung von Schichten 189
- – Darstellung der Ergebnisse als Profil 189, 193 f
- – HPLC-Einsatz 192 ff
- – IR-Spektren 190 ff
- – Nachweis Teeröl 185, 192
- – Unterscheidung Dieselöl/Teeröl 190
- Diffusion PAK im Untergrund 194
- Ober- und Mutterboden 187 f
- Referenz- und Prüfwerte 190
- Schichtenverzeichnis 186 ff
- Segmente 185

Braunkohlenteeröl 20

Calcium 220
Carbon preference Index (CPI) 31
Carbonsäureester
- Auftreten 70, 165 ff, 179
- Entstehung, biogene 201
- IR-Spektren 70
- UV-Spektren 78

Carbonylbande (IR)
- Alterungsbande 198
- Indikator biochemischer Abbau 198, 211
- Indikator Photooxidation 208

Charakterisierung von Kohlenwasserstoffgemischen 218 ff
- fingerprinting s. a. fingerprint 61, 96, 195

Clean up-Verfahren
- Adsorbersäulen s. a. Säulenchromatographie 136 ff
- Adsorberschichten s. a. Dünnschichtchromatographie 142 ff

C (Kohlenstoff)-Verteilung von n-Alkanen

- biogene Matrices 23, 28, 103, 105
- Mineralölprodukte 98 ff, 104, 107

Cycloalkane 6, 9 ff
Cycloaromaten s. a. polycyclische aromatische Kohlenwasserstoffe 9 ff

Deformationsschwingung der Moleküle s. Schwingung
Derivativspektren
- Fluoreszenz 91 f
- Merkmale 79 ff
- Synchron 91 f
- UV 80 ff

Desaktivierung
- Adsorbentien 240
- Strahlung (UV) 83

Destillation, Rohöl
- atmosphärische 6, 12, 14
- Vakuum 5, 11 f, 14

Detektoren, Gaschromatographie 223
Dibenzo(a,h)anthracen 192
Dichte
- Änderung bei schwimmenden Ölen 39
- Anforderungen an MÖP nach DIN 118
- Rohöle 4, 36

Dieselkraftstoffe 9 ff
- Aromatenfraktion 10 f
- chemische Zusammensetzung 9 f
- Kennzeichnung nach DIN 118
- Qualitätsverbesserer 9

Differentiation
- Fluoreszenzspektroskopie 91, 243
- UV-Spektroskopie 78

Diffusion, Kohlenwasserstoffe 49, 216
Dispersiv (IR) s. IR-Gerät
Druckextraktion s. a. Extraktion 129
Dünnschichtchromatographie 142 ff
- Auswertung TLC-Scanner 240
- Bedeutung Fließmittel 137
- Erfassung 143 f
- fingerprinting 137
- Fließschemata 146
- Kammersättigung 146
- Kombination mit anderen Verfahren 146
- Mischdünnschichten, Einsatz 144

– Trennung Alkane/Alkene 103
– Trennung Alkane/Aromaten 143
– Verwendung von Rhodamin B-Lösung 137
Durchlässigkeit, spektrale (IR) 55, 57, 61
Durchlaufzentrifuge s. Probenahme
Düsentreibstoffe 8

Eichfaktor s. Referenzgemisch
Einpressen, Substanz in KBr 71
Eisen in reduziertem Grundwasser 49
Elektronen 74
Elektronensprungspektren 75 ff
Emission
– Kohlenwasserstoffe 26
– Pyrolysate 28 f
– Terpene, biogen 28
Emulgatoren, natürliche
– Mineralölprodukte 40
– Rohöle 37, 40
Emulsionen
– Lösungsmittel-in-Wasser 129
– Öl-in-Wasser 40
– Wasser-in-Öl 41
Entparaffinierung 11
– Herstellung Schmieröl 11
– synthetische Öle 16
EPA-Liste der 16 Einzelaromaten 19
Erscheinungsformen, Umweltproben 133
Esteröle s. synthetische Öle
Extinktion (spektrales Absorptionsmaß)
– IR-Spektroskopie 59 f
– UV-Spektroskopie 73
Extinktionskoeffizient
– Alkane (IR) 60, 70
– Aromaten (Fluoreszenz) 84
– Aromaten (IR) 56, 60
– Aromaten (UV-Absorption) 73
Extinktionsquotient, Alkane 66 f
Extraktion, Feststoffe 132 ff
– batch-Verfahren 134
– Hochwasserschwebstoffe 178
– Normverfahren 13
Extraktion, gasförmige Kohlenwasserstoffe s. a. Anreicherung 131

Extraktion, gelöste Kohlenwasserstoffe 126 ff
– Einsatz Freon oder CCl_4 128
– Emulsionsbildung 129, 162
– fest/flüssig 134
– Festsphasen 129
– flüssig/flüssig 127
– Stripping-Verfahren 129, 131
– überkritisches Kohlendioxid (SFE) 129
– Wasserproben 126 ff
Extraktionsausbeute 127 ff, 134
Extraktzusammensetzung 126
Exxon Valdez 221 f

Feinkornfraktion (< 20 μm) s. a. Probenaufbereitung 155
Feinstruktur, Spektren s. Differentiation
Festphasenextraktion 129
fingerprint
– Fluoreszenzderivativ-Spektren 91
– Fluoreszenzdetektion auf Adsorberschicht 96
– Fluorszenzspektroskopie 90
– Gaschromatographie 100
– HPLC 195
– IR-Spektren 61 f, 67 f
– KW auf Dünnschichten nach Ansprühen 137
– Mindestanforderungen (MÖP) nach DIN 118
– Schwefeldetektor (Rohöle) 223
– Strukturviskosität (MÖP) 119
– Veränderung durch thermische Prozesse 25
Flammpunkt 38
– Mindestanforderungen, MÖP nach DIN 118
– Veränderung bei schwimmenden Ölen 39
Fließeigenschaften s. a. Viskosität 119 ff
Fließfähigkeit, Beeinträchtigung durch n-Alkane
– im Boden 46
– in Rohölen 9, 11
Fließschemata 144 f
Flugbenzin 8

Fluoranthen
- biochemischer Abbau 204
- Fluoreszenzspektren 88
- Leitsubstanz für PAK 180
- Photooxidation 214
- UV-Absorptionsspektren 79, 81
- Vorabschätzung der Extraktzusammensetzung 78

Fluoreszenzanregungsspektren 86 ff
Fluoreszenzdetektion auf Adsorberschichten 92 ff
- besondere Selektivität bei Aromaten 92, 96
- Bestimmung der Trinkwasseraromaten 92
- Charakterisierung von Extrakten 97
- Fehlinterpretationen 97
- Fluoreszenz-Ortskurven als fingerprint 94
- Fraktogramme von Umweltprobenextrakten 95
- Maskierung von Aromaten 94, 96
- PAK-Gruppenbestimmungsverfahren 96
- Steigerung der Fluoreszenzausbeute durch Paraffin 92 ff
- Störung durch Schwefel 97
- Unterscheidung Mineralöl/biogene Kohlenwasserstoffe 96

Fluoreszenzdetektion in Lösung 84 f
Fluoreszenzemissions-Spektren 86 ff
- fingerprint 87
- Normierung über pre-scan-Mechanismus 88

Fluoreszenzmonitore 84 ff
- Betriebsstörung durch biogene Verbindungen 86

Fluoreszenzspektren 83 ff
- Bestimmung von PAK quantitativ 86
- dreidimensionale 91
- Wahl der Wellenlängen 87

Fluoreszenzspektroskopie 83
- Bestimmungsgrenze in Lösungen 84 f
- dreidimensionale 91, 220
- Eichkurven bei MÖP 84
- Intensität in Relation zu Spaltbreiten 85

- molarer Extinktionskoeffizient von Aromaten 84
- Nutzung qualitativ 86
- Nutzung quantitativ 84
- Vergleich mit IR-Messungen 77
- Vergleich mit UV-Messungen 83

Fluoreszenzsynchron-Derivativspektroskopie 91 f
- fingerprint 91, 183

Fluoreszenzsynchron-Spektroskopie 89 ff
- Charakterisierung von Stoffgemischen/Siedebereiche 90, 183
- Mineralölprodukte und Rohöle 89

Flüssigkeitsküvette (IR) 60, 62
Fraktionen s. Kohlenwasserstoffe
Fraktionierung s. a. Korngrößenfraktionierung 37, 155
- aquatische Sedimente nach Korngrößen 156
- KW-Bestandteile auf Gewässern 149
- KW-Bestandteile im Untergrund 216

Fraktogramme, Adsorberschichten
- Fluoreszenzdetektion 92 ff
- UV-Absorption in Remission 82, 96

Freon (1,1,2-Trichlortrifluorethan)
- Eigenschaften bei Chromatographie auf Adsorbentien 137 f
- Extraktion von Feststoffen 133 f
- Extraktion von Wasserproben 128
- Nachteile bei der Aromatenbestimmung 167 f
- Vergleich mit CCl_4 128 f

Furfurol 11

Gasanstalt s. a. Kokerei 17, 185 f
- Entstehung von Teerölen 17, 185
- Kontamination des Geländes 185 ff

Gaschromatographie 98 ff
- Anwendung beim biochemischen KW-Abbau 104, 164
- - Bedeutung Phytan/Pristan-Konzentrationen 206
- - Oberflächengewässer 200
- - Untergrund 206
- Bestimmung, Alkane 106 f
- Bestimmung Aromaten 104 f
- biogene KW 102

- Charakterisierung von KW-Gemischen 99
- Ermittlung Siedebereiche 98, 223
- fingerprint 100, 222 ff
- GC/MS 113 ff
- KW-Bestimmung quantitativ 107 f
- Mineralölanalytik 98 f
- Relation Einzelpeak/NKG 100
- Umweltanalytik 99 f, 102, 106

Gasöl 13
Gasphasenzone 131
- Untergrund 50, 131

Gasspürgeräte 131
Gefriertrocknung s. a. Probenaufbereitung 155
Gesamtextrakt 229
Glaskugelschöpfer (Meerwasser) s. a. Probenahme 149
Grenzflächenaktivität, Ölbestandteile beim Spreiten 40
Grenzflächenenergie 40
Grenzwerte
- Holland-Liste für Böden 190
- Trinkwasserverordnung 22

Grundschwingung von Kohlenwasserstoffen s. Spektren
Grundspektren s. Spektren
Grundwasser
- Eisen und Mangan 49 ff
- kupplungsfähige Stoffe 177, 216
- KW-Konzentrationen 166
- mikrobieller Abbau 176
- reduziertes 172, 216

Gruppenextinktionen s. Extinktionskoeffizient
Gruppentrennung 140 f

Halbwertszeit
- Abbau Alkane 205
- Abbau Heizöl EL 206

Härtebad, Alterungsbanden Verursachernachweis 198
Harze in Mineralölprodukten 141
Häufigkeitsverteilung
- KW-Konzentration in Fließgewässern 199
- KW-Konzentration in Grundwässern 166

- PAK-Konzentration in Böden 177

HD (heavy duty) Motorenöle s. a. Motorenöl 11 ff
- Fluoreszenzspektren 92
- IR-Übersichtsspektren 62, 68
- UV-Absorption in Lösung 74, 80
- UV-Detektion, Absorption in Remission 82

Heizöl EL 9 ff
- Fluoreszenzspektren 89
- Gaschromatogramme 98, 100 ff
- IR-Spektren 62, 68
- UV-Spektren 74, 80

Heizöl S (schweres Heizöl) 12 ff
- Fluoreszenzdetektion auf Kieselgel 95

Heteroverbindungen u.a. Rohöle 218
- Emulgatoren 40
- Schwefelverbindungen 4
- Schwermetalle 220

Hochleistungsflüssigkeitschromatographie 108 ff
- Bestimmung Aromatenteilfraktionen 108 f
- Bestimmung PAK
- - Abgaskondensat 108 f
- - Bodenextrakte 112
- - Feststoffe 109, 192 ff
- - pflanzliches Probengut 113
- - rezente Sedimente 109 f
- - Teeröle 111 f
- - Wasserproben 109
- Kapillar- 112
- überkritische Flüssigkeits- 112

Hochtemperaturteer s. a. Teeröl 17 ff
- Umweltrelevanz 20 f

Hochwasserschwebstoffe s. Schwebstoffe
Holland-Liste 190
Huminstoffe 177, 212 f
Hydrauliköle 15 ff
- Alterung bei Gebrauch 198

Hysteresekurven s. Viskosität

Identifizierung von Kohlenwasserstoffgemischen 219 ff
- Extinktionsrelationen von Schlüsselbanden (IR) 67
- fingerprinting s. fingerprint

- GC-spezifische Detektoren 223
- Mindestanforderungen nach DIN (MÖP) 118
- Quantitative Bestimmung von Teilfraktionen 170 ff
- Quantitative Messungen von Fraktionen 219

Indane 11
Indene 11
Indikatoren 148, 177
- Alkylbenzol für MÖP 4, 10, 24
- Dibenz(a,h)anthracen für Teeröle 192
- Fluoranthen für PAK allgemein 90
- Naphthalin für Teeröle 192
- Phytan/Pristan für Ölalterung 206

Industriesonderöle 12
instrumentelle Bestimmungsverfahren s. Bestimmungsverfahren
IR-Spektroskopie
- Absorptionsbanden 55 ff, 61, 63
- Alkanfraktion 64 ff
- Aromatenfraktion 67 ff
- Bestimmung von Kohlenwasserstoffen
- - auf KBr 63, 72
- - in Lösungsmitteln 63
- - Normverfahren 60
- - Substanzbedarf 71
- Deformationsschwingung 61 ff, 69
- Eignung 184
- Gruppenextinktionskoeffizienten 58, 60
- IR-Analysatoren für Abgase 58
- IR-Gerät als Photometer 58 f
- Ölreferenzgemisch s. a. Referenzgemische 58
- Übersicht Molekülspektren 55 f
- Übersichtsspektren 62 f, 68 ff
- Valenzschwingung 56 f
- Vergleich IR/Fluoreszenzdetektion in Lösung 232

Isoalkane s. Alkane
Isoprenoide Verbindungen s. Terpene
Isotopen, markiert, Verursachernachweis 220

Kammersättigung, Dünnschichtchromatographie 146, 240

Kantenfilter bei UV- und Fluoreszenzmessungen 241, 244
K-Band s. a. UV-Absorption 75
KBr, Fenster 64
- Technik 242
Kieselgel s. Adsorbentien
Klärschlammverordnung (AbfKlärV), Probenahme 151
Kluftgrundwässer s. a. Grundwasser 166
Koeffizient s. Extinktionskoeffizient
Kohlenstoff-Verteilung s. C-Verteilung
Kohlenwasserstoffe
- Abbau in Reaktion zur Wassertemperatur 229 f
- Analyse 63, 133
- Bestimmung nach Normverfahren 60
- Bildung, biogene Prozesse 26 ff
- Bildung, Diagenese 25
- Definition 3 ff
- Diagnose und Prognose 45 ff
- Fracht 228 f
- Gesamtmenge 26
- Löslichkeit 47 f
- rezente s. biogene
- Verhalten s. Mineralöl
Kohlenwasserstoffkonzentration 166
- Elbe-Ästuar 231
- Grundwasser 166
- Luftstaubniederschläge 152
- Meerwasser 232
- Niederschlag 232 f
- Schwebestaub 153
- Schwebstoffe 178, 227
- Sedimente, aquatisch 175 f
- Sedimente, terrestrisch (belastet) 185 ff
- Sickerwasser 168
- Trinkwasser 163 f
Kohlenwasserstoffzusammensetzung s. Mineralölprodukte und Rohöle
Kokerei 17
Kompartiment s. Milieu
Konservierung s. a. Probenaufbereitung 154 f
Korngröße s. a. Korngrößenfraktionierung 151
Korngrößenfraktionierung 155 ff

- Bedeutung bei terrestrischen Sedimenten 157, 186
- natürliche in Gewässern 151
- Probenaufbereitung 156

Korngrößenverteilung
- aquatische Sedimente 151
- Elbe-Sediment 155
- Luftstaubniederschlag 156

Korrosion, durch Bakterien 199
Korrosionsinhibitoren 7, 218
Kraftstoff. s. Vergaserkraftstoff

Lambert-Beer-Gesetz
- Fluoreszenzspektroskopie 83
- IR-Spektroskopie 59
- UV-Spektroskopie 73

Langkettenparaffinbande 61, 64 ff, 242
Langzeitverhalten, Mineralöle auf Gewässern 44 ff
Leichtöl 9
- Siedebereich 13

Leitsubstanz s. Indikator
Lösevorgänge 46 f
- Grundwasserbereich 46 ff
- Wasseroberflächen 39

Luft
- Kohlenwasserstoffe 28
- KW-Analyse 131
- Probenahme 131, 154

Lufthülle s. a. Troposphäre 28
Luftstaub 152 f
- Belastung mit KW und PAK 152 f
- biogene KW 156
- Konzentration/Summenhäufigkeit 154
- Niederschlag s. a. Staubniederschlag 152
- Schwebestaub 153

Mangan in reduzierten Grundwässern 49
Maschinenölraffinat
- Analyse (UV) 74, 80
- Fluoreszenzspektren 86, 89

Maskierung, Fluoreszenzmessungen 94, 96 f
Massenchromatogramme 115

- Anwendung als GC/MS u. a. biologische Matrices 115
- Molekülpeakmethode 114
- Niederspannungs- 114
- SIM-Technik (Zielverbindungen) 116 f
- Totalionenstrom- 115
- Untersuchung von Mineralölen 110, 114 ff

Massenspektrometrie 113 ff
Massenzahlen, Hinweis auf Molekülstrukturen 113 ff
Matrix s. a. Milieu
- Schadstoffgruppe/Matrix-Kongruenz 152

Meerwasserextrakte
- Alkanverteilung (GC) 224
- Fluoreszenzdetektion 232
- IR-Spektroskopie 232

Mesosphäre 28
Meßschiff zur Probenahme 149
Meßsignal/Untergrund, Relationen 94, 100, 104, 110 f, 200
Milieu 169 ff
- Analytik 169
- fraktionierte Probenextrakte 170 f
- KW-background 175
- KW-Konzentration 169, 175 f
- Plausibilitätsprüfung 177
- reduktives 176
- Standardraffinate 196

Mineralölanalyse 117 ff
- Viskosität 119 ff

Mineralöle, Verhalten auf Gewässern 34 ff
- Absinken 36
- Alterung 42 ff
- Ausbreitung 35 ff
- Ausmaß der Teilvorgänge 40
- Löseprozesse 39 ff
- Prognose Verhalten 44
- Verdunstung 39 ff
- Wasser-in-Öl-Emulsionen 41 ff

Mineralöle, Verhalten im Untergrund 46 ff
- Ausbreitung 46, 49
- Fließfähigkeit der Öle 46

- Fraktionierung von Ölbestandteilen 48 f
- Löslichkeit von Einzelverbindungen 47

Mineralölerzeugnisse und Anwendungsgebiete 8 ff
Mineralölprodukte 7 ff
- Eintrag ins Gewässer 150, 200 f, 228
- Erzeugnisse und Anwendungsgebiete 8 ff
- Gegensatz zu Teerölen 4
- Gewinnung aus Rohöl 4 ff
- Identifizierung 178 ff
- Mindestanforderungen nach DIN 118
- Siedebereiche 13
- Verbrauch 7
- Verhalten s. Mineralöle, Verhalten auf Gewässern

Mitteldestillate s. Dieselkraftstoff
Molekularsieb, Abtrennung der n-Paraffine 101
Molekül- und Strukturformeln, aromatische Kohlenwasserstoffe 11
Molekülschwingung s. Schwingung
monomolekulare Schichten
- Ölausbreitung 39
- Zerfall 41

Motorenöl 11 ff
Muster, Stoffverteilung bei Alkanen s. a. C-Verteilung, fingerprint 28, 100

Naphthalin, Indikator für Teeröle 192
Naphthene s. Cycloalkane
Newton'sche Flüssigkeiten s. a. Viskosität 120
nicht-aufgelöstes komplexes Gemisch (NKG)
- Alkanfraktion, Meerwasser 224 f
- fingerprint 95, 100 f, 104
- Fluoreszenzdetektion 210
- Gaschromatographie 30, 100, 200 ff
- HPLC 111
- IR-Spektroskopie 198, 213
- Unterscheidung biogene KW/ Mineralöle 31 f, 104 f
- UV-Spektroskopie 74

Nickel, Verursachernachweis Rohöle 220

Niederschlag 152 f
Norm, Trinkwasser 60, 136
Normalkraftstoff s. Vergaserkraftstoff
Normsiebe zur Kornfraktionierung 155

Oberflächengewässer, Kohlenwasserstoffkonzentration 227 ff
offene Fragen
- Ablauf, zeitlich, biochemischer Abbau im Untergrund 184
- Bildung von KW im Untergrund 177
- biogene Synthese von PAK 234
- Natur des NGK im Einzelfall 31
- Umbildung der organischen Stoffe im Sapropel 25
- Verursachernachweis im Detail 222

Öl s. a. Mineralöl 40 ff
- abgetoppt 41
- Phasen 49 f

Ölabscheider, KW-Messungen 58
Ölgemische, unbekannte s. a. Referenzgemisch 84
Ölindikatoren s. Indikatoren
Öl-in-Wasser-Emulsion
- Auftreten 40
- Folgeprozesse 41

Ölkontamination 63
- Feststoffe 63, 133
- Untergrund 49 f

Ölreferenzgemisch s. Referenzgemisch
Ölrest 40
Ölteppich 39, 41
Öltestpapier 148
optische Messungen 244
Ordinatendehnung s. Normierung
Ottokraftstoff s. Vergaserkraftstoff
Oxidation s. Abbau
Ozonschicht und KW-Abbau 28 f

Paraffine 11, 46
- Abtrennung n- von iso- 101, 144
- Abtrennung aus Schmierölen 101
- Bedeutung im Untergrund 46
- Verhinderung der PAK-Verflüchtigung 112

Perylen 111 f
Petroleum 8, 13

photochemische Reaktionen, Troposphäre
s. a. Abbau 28
Photometer, IR-Gerät 58
Photooxidation s. Abbau
Phytan
- Bildung 24
- fingerprint 100
- Leitsubstanz bei Ölabbau s. a.
  Indikator 207
Plausibilitätsprüfung 177
- Gewässerkunde 227
- umweltbezogen 227 ff
polare Verbindungen
- Bildung bei Photooxidation 207 ff
- Mineralöle 40
- Rolle beim Spreiten 37
- Zusätze in MÖP 7, 9
Poly-alpha-Olefine s. Hydrauliköle
polycyclische aromatische Kohlenwasser-
  stoffe
- Auftreten 8, 18
- Bildung 8, 17, 234
- Darstellung der Meßergebnisse als
  Profil 186, 195
- EPA-Liste 19
- Fluoreszenzdetektion 94
- Gaschromatographie 20
- Häufigkeitsverteilung 177, 233 f
- HPLC 192
- Luftstaub 152
- Mineralölprodukte 10, 12, 14
- Pflanzen 234
- Referenzstandard 19 f, 93
- Spiegel, natürliche Systeme 25, 177
- Trinkwasserverordnung 93
- Verflüchtigung auf
  Adsorberschichten 112
- Vergleich GC/HPLC 219
- Verhalten 140, 195
- Zersetzung bei Analytik 219
Polyglykole s. Hydrauliköle
Pristan s. Phytan
Probenahme 148 ff
- aquatische Sedimente 150 ff
- Fehlerquellen 148, 224
- Luft 131, 154
- Luftstaub 152 ff
- nasser Niederschlag (Regen) 153

- Purge & Trap-Technik 129, 131
- Schwebstoffe 149 ff
- terrestrische Sedimente 151 ff
- Wasserproben 148 ff
Probenaufbereitung 154 ff
- biologische Matrices 157
- Einsatz Ultra-Turrax 157
- Konservierung 154 ff
- Trocknen 155 f
Probenzusammensetzung, Änderung
- Einfluß Probenahme und
  Probenaufbereitung 148
- Extraktion 126
- Milieukennzeichen 169
- Vorabschätzung 137
Produktgruppe s. Mineralölprodukt
Produktion
- biogene KW 26 f
- MÖP 6, 7
- Teeröle 17
Profil
- Bitumen 195
- MÖP 172
- PAK-Verteilung 193 f
- Teeröle 20
- Teilfraktionen 171
- Tiefen- 186, 189
- Umweltproben 127
Prüfröhrchen, Boden-Luft-
  Untersuchung 131
Pseudoaromaten s. Carbonsäureester
Purge & Trap-Technik 129, 131
Pyrolyseprodukte 8

Qualitätsverbesserer 7

Raffinate s. Mineralölprodukte
Raffination, Aufarbeitung von
  Schmierölen 11
Reabsorption, UV-Energie 75
Reduktionszone, Grundwasser 216
reduktive Fraktion, Milieuanalytik 171
Referenzbande (IR) s. a.
  Schlüsselbande 69
- Langkettenpraffinbande 64
Referenzelemente
- Bezug zur
  Sedimentzusammensetzung 151

– Feinkornfraktion   115
Referenzgemisch
– Fluoreszenzspektren   84
– Gaschromatographie   30, 107
– IR-Spektroskopie   58, 60
– PAK   19 f
– Probleme bei Auswertung   84
Regenwasser   153
– KW-Konzentration   232
– Probenahme   152
Resorption gelöster KW im Untergrund   18
Restöle bei Ölausbrüchen   40, 207
Rhodamin B s. Sprühreagenz
Ringkohlenstoff, Deformationsschwingung (IR)   63
Rohöl   4 ff
– Aufschlüsselung nach KW-Einzelverbindung   13
– Mineralölverbrauch   7
– physikalisch-chemische Daten   4 f
– Vergleich mit Mitteldestillat   10
– Verhalten auf Gewässern   35 ff
– Verursachernachweis   7
– Weiterverarbeitung   6
– Zuordnung zu Mineralölprodukten   13
Rotverschiebung, Spektren im UV-Gebiet   75
Rückstandsöle   6, 8
– Ausgangsprodukt für Schmieröle   12

Sapropel   25, 169
Säulenchromatographie   136 ff,
– Apparatur   139
– Erfassung   143
– Gruppentrennung   142
– quantitative KW-Bestimmung   136 f, 142
– Störung durch Schwefel   141
– Trennung MÖP/Teeröle   144
– Umlagerung von Stoffen   142
– Umweltproben   141
– Vergleich CCl$_4$/Freon   128 f, 137
– Verhalten PAK auf Aluminiumoxid   140
– Zersetzung PAK   142
Scan-Geschwindigkeit (IR)   66
Schadensfall, trockener   43

Schätzkurve, halbquantitativ (IR), KBr   72
Schichthöhe
– Lösevorgänge   39, 41
– Öl, Ausbreitung   36
– Photooxidation   207 f
Schlüsselbanden, spektroskopische
– biochemischer KW-Abbau   211
– Ölalterung   198
– Photoabbau   208, 211, 213
Schmieröle s. a. Motorenöl   11 ff
– Entparaffinierung   11
– Qualitätsverbesserer   7
Schnee, Adsorbens für KW   29
Schulter, UV-Spektrum   74
Schwebestaub s. a. Luftstaub   153
Schwebstoffe   178 ff
– Einsatz Säulenchromatographie   179
– Fließgewässer   227 ff
– Fließschema zur Auftrennung   184
– Fluoreszenzspektren   183
– IR-Spektren   180 f
– Korngrößenverteilung   149
– Synchronfluoreszenzspektren   183
– Trennschema des Extraktes   179
– Übergang in Sedimente   150
– UV-Spektren   182
Schwefel
– Auftreten   141, 220
– Detektor   223
– Entfernung bei Analyse   97, 141
– Störung bei Analyse   143 f
Schwingung, Molekül s. a. Spektren
– Deformations-   61
– Valenz-   56 f
Screening-Verfahren
– Fluoreszenzdetektion auf Dünnschicht   83, 94, 96
– Gaschromatogramme   99
Sedimente s. aquatische und terrestrische Sedimente
Selbstemulgierung   35, 41
Selbstreinigung, Troposphäre   28 f
Selected Ion Monitoring (SIM)   116 f, 221
Sickerwasser   167 f
Sickerwasserzone   46 ff
Siedeverlauf   98 ff

Silikonöl
- Auftreten   179, 181
- Isolierung   141, 179
- Nachweis IR-Spektroskopie   179
SIM-Technik, GC/MS   222
Smog, KW-Beteiligung   28
Sofortmaßnahmen, Ölschadensfälle   151
Solventextraktion, Rohöl-Destillate   11
Sonderöl s. Industriesonderöl
spektrale Energieverteilung,
    Sonnenlicht   29
spektrales Absorptionsmaß s. Extinktion
spezielle Angaben zur Analytik
- Dünnschichtchromatographie   240
- Fluoreszenzdetektion   244
- Fluoreszenzspektroskopie   243
- Gaschromatographie   241
- HPLC   241
- IR-Spektroskopie   242
- Säulenchromatographie   239
- UV-Absorptionsspektroskopie   243
Spreiten, Mineralöle auf Gewässern   37
Sprühreagenz für Kohlenwasserstoffe
    137, 240
Squalan   23, 162
Stadtgas, Gewinnung   17, 185
Standard
- KW s. Referenzgemisch
- Milieu   169 ff
- Raffinat s. Mineralölprodukte
statistische Aussage   220
Staub   152 ff
- biogene KW   156
- Niederschlag   152 f, 155
Steinkohlen   17 ff
Steinkohlenteer s. a. Teeröl   18 ff
- Aufarbeitung   17 f
- Produktionsmengen   17, 20
- Umweltrelevanz   20
Stockpunkt
- Erhöhung durch Entparaffinierung
    11, 16
- Untergrund   46
Stoffdiffusion
- Einzelaromaten im Boden   194
- Mineralölteilfraktionen (Gewässer)
    37
Stoffgruppen s. Fraktionen

Störverbindungen bei spektroskopischen
    Verfahren   244
Straßenstaub
- Fluoreszenzdetektion   96, 173
- Gaschromatogramm   104
- KW–Belastung   156
Stratosphäre   28 f
Streustrahlung bei HPLC   112
Stripping-Verfahren s. Purge & Trap-
    Technik
Strömungsparameter bei
    Gaschromatographie   241
Strukturviskosität s. Viskosität
Substanzbedarf
- Fluoreszenzmessungen in Lösung
    84 f
- IR-Messungen   71
- UV-Absorptionsmessungen in
    Lösung   76
Summenlinien s. Häufigkeitsverteilung
Super-Kraftstoff s. Vergaserkraftstoff
synthetische Öle   15 ff
- Poly-alpha-Olefine   16 f

Technik der IR-Spektrengewinnung   242
Teeröle (Steinkohlen-)   17 ff
- Bestimmung   82, 140, 190 ff
- Einsatzgebiete   20
- Erzeugung   17
Teilvorgänge, Verhalten von Öl auf
    Gewässern   34 ff
Tenside s. Emulgatoren
Terpene   23 ff
- biogene KW   23
- globale Produktion   28
- Trennung auf Dünnschicht   103
terrestrische Sedimente (Boden, Unter-
    grund) kontaminiert   189
- Analytik   185
- Diffusion von PAK   194
- Einsatz IR-Spektroskopie   190
- HPLC-Analyse der PAK   192
- Klassifizierung   187 f
- Nachweis biogene KW   190
- Tiefenprofil (Schadstoff-)   189
Testbenzine   7
Tetrachlorkohlenstoff   128 ff
- Extraktion von Wasserproben   126

- Vergleich mit Freon   128 ff
Toleranzbereich bei IR–Spektren/
  Identifizierung   70
Totalabbau   199
Totalionenstrom (GC/MS)   115
- Chromatogramme   115, 222
- fingerprint   222
- Verursachernachweis   116, 222
Trafoöle, Alterung   198
Transfer, Probenextrakt auf KBr (IR)
  64, 72
Transparenzänderung, Dünnschichten
  durch Paraffine   92
Trichlortrifluorethan (1,1,2-) s. Freon
Trinkwasser   161 ff
- Beurteilung der Ergebnisse   168
- biogener background   164
- clean up   163
- Ersatz CCl_4 durch Freon   127, 137, 163
- Extraktion   162 f
- Grenzwert TV   22
- IR-Spektren   163 ff
Triterpene   116
- pentacyclische   96, 109
Trocknung s. Probenaufbereitung
Troposphäre   28 ff

Übersichtsspektren (IR) s. a. IR-
  Spektroskopie   55
Ultraschallbad s. Korngrößenfraktionie-
  rung
Untergrund (NKG) s. nicht-aufgelöstes
  komplexes Gemisch
Unterscheidung biogene KW/MÖP   24, 70
- Gaschromatographie   22 ff, 104 f
- IR-Spektroskopie   67 f, 70
- UV-Spektroskopie   78
Unterscheidung MÖP/Teeröl   4, 17, 20, 140, 181
UV-Absorptionsspektroskopie   72 ff
- Charakterisierung der Spektren   77
- Fehlinterpretation   77 f
- fingerprint   96
- Fluoranthen   78 f
- Mineralölprodukte   74 f
- molare Extinktionskoeffizienten   73

- Rotverschiebung   75
- Siedeverlauf von MÖP   79
- spezielle Angaben zur Analytik   243
- Vergleich IR/UV-Ergebnisse   76 f
UV-Derivativspektren   78 ff
- Charakterisierung von KW-
  Gemischen   79
- fingerprint   79
- Fluoranthen   81
- Mineralölprodukte   80
UV-Detektion auf Adsorberschichten
  82 ff
- Absorption in Remission   82, 95
- Auswertung, Cabinett   240
- fingerprint   96
- Kombination UV/
  Fluoreszenzdetektion   96
- TLC-Scanner   240

Vakuumdestillation
- Aufarbeitung von Rohöl   11 ff
- Gewinnung von Bitumen   6, 8, 12 f
Valenzschwingung, Moleküle s. Schwin-
  gung
Vanadium, in Rohöl   220
Verbindungsgruppen s. Fraktionen
Verdrängungschromatographie   179
Verdriftung, Rohöle auf Gewässern   35
Verdunstung, Mineralöle   216
- Untergrund   50, 216
- Wasseroberfläche   38 f
Vergaserkraftstoff   7 ff
- Siedebereich   7
- Zusammensetzung   8
Vergleichbarkeit, Ergebnisse IR/UV-
  Spektroskopie   76 f
Vergleichsgas (IR)   59
Verhalten von Kohlenwasserstoffen s. Mi-
  neralöle
Versickerung im Boden   49
Verteilungskoeffizient   204 f
- Feststoffe   134
- Wasser   127
Verteilungsmuster s. a. fingerprint
- Alkane (MÖP)   10
- Aromaten (MÖP)   12
- PAK   12, 14
- Vergaserkraftstoffe   28

Verursachernachweis 220 ff
- Anwendung der Statistik 220
- Beispiele 221 f
- Berücksichtigung Probenveränderung 221
- besondere Probleme Rohöl-Entnahme 224 f
- Beweisführung 221, 223
- chromatographische Extraktauftrennung 220
- Fließschemata 220
Vierkantflasche s. Extraktion
Viskosität 119 ff
- Bedeutung, Mineral- und Rohöl 119 ff
- Hysteresekurven 119 ff
- Messung, Rohöle 121
- Mindestanforderungen nach DIN 118
- Ölalterung 36, 42
- Zunahme 41 f

Wasser-in-Öl-Emuslionen 41
- Viskositätsmessung 119
Wassertemperatur, KW-Abbau 230
Wellenlänge
- Fluoreszenzspektren 86 ff
- IR-Spektren 56
- UV-Spektren 73 f
Wellenzahl, IR-Spektren 56
Werftgelände, kontaminiert 185 ff
Wiederfindung
- Aromaten, Säulenchromatographie 136 ff
- KW, flüssig/flüssig-Extraktion 127

Zersetzung, Kohlenwasserstoffgemische
- Ablauf Analyse 214, 220 f
- Gaschromatographie 104, 108
- HPLC 219
- Lösungsmittel 219
Zink, Schmieröle 220